Einführung in die Nachrichtentechnik
Herausgegeben von Alfons Gottwald

Im Zeitalter der Kommunikation ist die ELEKTRISCHE NACHRICHTENTECHNIK eine vielschichtige Wissenschaft: Ihre rasche Entwicklung und Auffächerung zwingt Studenten, Fachleute und Spezialisten immer wieder, sich erneut mit sehr unterschiedlichen physikalischen Erscheinungen, mathematischen Hilfsmitteln, nachrichtentechnischen Theorien und ihren breiten oder sehr speziellen praktischen Anwendungen zu befassen.

EINFÜHRUNG IN DIE NACHRICHTENTECHNIK ist daher eine ebenso vielfältige Aufgabe. Dieser Vielfalt wollen unsere Autoren gerecht werden: Aus ihrer fachlichen und pädagogischen Erfahrung wollen sie in einer REIHE verschiedenartiger Darstellungen verschiedener Schwierigkeitsgrade EINFÜHRUNG IN DIE NACHRICHTENTECHNIK vermitteln.

Nachrichten-übertragung 2

Systementwurf und Signalübertragung

von
Professor Dr. Ing. habil. Robert Schwarz
und
Professor Dr. rer. nat. Hans Poisel
Georg-Simon-Ohm-Fachhochschule Nürnberg

Mit 340 Bildern, 76 Aufgaben mit Lösungen

R. Oldenbourg Verlag München Wien 1995

Die Deutsche Bibliothek - CIP-Einheitsaufnahme

Nachrichtenübertragung / von Robert Schwarz und Hans Poisel.
- München ; Wien : Oldenbourg.
  (Einführung in die Nachrichtentechnik)
  Bd. 1 verf. von Robert Schwarz
NE: Schwarz, Robert; Poisel, Hans

2. Systementwurf und Signalübertragung : mit 76 Aufgaben mit
   Lösungen. - 1995
   ISBN 3-486-22318-6

© 1995 R. Oldenbourg Verlag GmbH, München

Das Werk einschließlich aller Abbildungen ist urheberrechtlich geschützt. Jede Verwertung außerhalb der Grenzen des Urheberrechtsgesetzes ist ohne Zustimmung des Verlages unzulässig und strafbar. Das gilt insbesondere für Vervielfältigungen, Übersetzungen, Mikroverfilmungen und die Einspeicherung und Bearbeitung in elektronischen Systemen.

Gesamtherstellung: R. Oldenbourg Graphische Betriebe GmbH, München

ISBN 3-486-22318-6

Vorwort

In den letzten beiden Jahrzehnten wurde die *Nachrichtenübertragung*, die zu den klassischen Disziplinen der Elektrotechnik gehört, nochmals entscheidend weiterentwickelt. Hierbei seien insbesondere die digitale sowie die optische Nachrichtenübertragung genannt. Diese beiden Gebiete werden allgemein der *Signalübertragung* zugerechnet. Einen anderen Teilaspekt, der klassisch ebenfalls der Nachrichtenübertragung zugeordnet wird, stellt der *Systementwurf* dar. Dieser hat nun auch eine wesentliche Ergänzung erfahren durch die Entwicklung neuer Methoden und Programme zur Simulation elektrischer Schaltungen. Insbesondere lassen sich hiermit nichtlineare Systeme durch den Einsatz entsprechender Entwurfswerkzeuge systematisch entwickeln.

In einem Studiengang Elektrotechnik mit dem Schwerpunkt Nachrichtentechnik werden sowohl die klassischen als auch die modernen Teilgebiete der Nachrichtenübertragung meistens in unterschiedlichen Lehrveranstaltungen behandelt. Teilweise sind hierzu Spezialisten erforderlich, da das ganze Gebiet gar nicht mehr von einem einzigen Hochschullehrer abgedeckt werden kann. In diesem Zusammenhang sei an die Hochfrequenztechnik einschließlich der Funkübertragung erinnert, die an nahezu allen Fachhochschulen und Universitäten durch eine eigene Professur vertreten wird.

In dem zweibändigen Lehrbuch „Nachrichtenübertragung" wird der Versuch unternommen, klassische Theorien zusammen mit neueren Entwicklungen dieses Fachgebietes in einem Werk zusammenzufassen. Dabei steht nicht so sehr eine begriffliche, formale Vollständigkeit im Vordergrund des Interesses, sondern vielmehr ein in sich vollständiges und logisches Gedankengebäude, in dem grundlegende, interessante Strömungen knapp und präzise vorgestellt werden. Der vorliegende zweite Band ist dem Thema „Systementwurf und Signalübertragung" gewidmet; mit den fünf Hauptkapiteln:

- Entwurf linearer Systeme
- Übertragungsleitungen und Entzerrer
- Modulation und Codierung

- Optische Nachrichtenübertragung
- Simulation nichtlinearer Systeme.

Wie im ersten Band, so endet auch hier jedes Kapitel mit einer kleinen Aufgabensammlung, so daß das Buch nicht nur zum Gebrauch neben Vorlesungen geeignet ist, sondern auch zum Selbststudium des bereits in der Forschung bzw. Entwicklung tätigen Ingenieurs oder Physikers.

Vorausgesetzt wird natürlich die Kenntnis der Grundlagen des ersten Bandes „System- und Informationstheorie "; mit den drei Hauptkapiteln:

- Determinierte Signale und lineare Systeme
- Stochastische Signale
- Grundzüge der Informationstheorie.

In beiden Bänden werden neben den analogen bzw. zeitkontinuierlichen Verfahren auch stets die digitalen bzw. zeitdiskreten behandelt, wobei digitale Signale auf der physikalischen Ebene durchaus als analog zu betrachten sind.

An dieser Stelle möchte ich zahlreichen Leuten danken, die entscheidenden Anteil an der Fertigstellung dieses Buches haben. An erster Stelle danke ich meinem Kollegen Professor Hans Poisel dafür, daß er sich überzeugen ließ, sein hervorragendes Vorlesungsmanuskript „Optische Nachrichtentechnik " zu überarbeiten und als ein wichtiges Kapitel dieses Werkes einer größeren Öffentlichkeit vorzustellen. Mein besonderer Dank gilt wiederum Herrn Henning Heinze für die gesamte Erfassung des Textes und der meisten Zeichnungen mit LaTeX. Es ist ihm gelungen, auch dem zweiten Band zu einer gefälligen äußeren Form zu verhelfen. Bedanken möchte ich mich ferner bei den Herren Dipl.-Ing. Thomas Gründer, Prof. Dr.-Ing. Engelbert Hartl, Dipl.-Ing. Hubert Mayer, Dipl.-Ing. Markus Stark und Dipl.-Ing. Peter Wiegner für das mühevolle Korrekturlesen. Gedankt sei auch Frau cand. Ing. Silke Fersch sowie Herrn cand. Ing. Horst Thierbach für die Anfertigung der aufwendigen Zeichnungen zu Kapitel 7. Dank gebührt schließlich noch Herrn Dipl.-Ing. Manfred John, Lektor des Oldenbourg-Verlages, für seine stets freundliche Unterstützung sowie Herrn Professor Alfons Gottwald für die Aufnahme des Werkes in seine Reihe „Einführung in die Nachrichtentechnik ".

Nürnberg, im Frühjahr 1995   Robert Schwarz

Inhalt

4	**Entwurf linearer Systeme**	13
4.1	Lineare Mehrtore	13
4.1.1	Die Widerstands- und die Leitwertmatrix	14
4.1.2	Die Knotenleitwertmatrix des Zweipolnetzwerkes	19
4.1.3	Die geränderte Leitwertmatrix	21
4.1.4	Die Parallelschaltung von $(n+1)$-Polen	23
4.1.5	Die Torzahlreduktion der Knotenleitwertmatrix	26
4.2	Lineare Zweitore	30
4.2.1	Die Zweitormatrizen	31
4.2.2	Die Zusammenschaltung von Zweitoren	35
4.2.3	Der Übertrager als Zweitor	39
4.2.4	Passive Zweitore	43
4.2.5	Zweitore mit gesteuerten Quellen	48
4.2.6	Die Wellenparameter des Zweitores	55
4.2.7	Die Betriebsparameter des Zweitores	58
4.3	RLC-passive Realisierungen	62
4.3.1	Normierung und Realisierungsbedingungen	63
4.3.2	Reaktanzfunktionen	65
4.3.3	Synthese von Zweipolfunktionen	69
4.3.4	Synthese von H_B durch ein längssymmetrisches Zweitor	72
4.3.5	Synthese von A_B durch ein Reaktanzzweitor	76
4.4	Approximationen	79
4.4.1	Die Approximation normierter Tiefpässe	79
4.4.2	Der normierte Butterworth-Tiefpaß	82
4.4.3	Der normierte Tschebyscheff-Tiefpaß	85
4.4.4	Frequenztransformationen durch Reaktanzfunktionen	90
4.5	RC-aktive Realisierungen	92
4.5.1	Die Stabilitätsbedingungen	94
4.5.2	Synthese durch Erweiterung der Leitwertmatrix	97

4.5.3	Realisierung einer Zweipolfunktion	104
4.5.4	Nachbildung eines RLC-Netzwerkes	105
4.6	Zeitdiskrete Realisierungen	107
4.6.1	Wahl der Abtastfrequenz	108
4.6.2	Entwurf rekursiver Systeme	109
4.6.3	Entwurf nichtrekursiver Systeme	118
4.7	Aufgaben zu Kapitel 4	129

5 Übertragungsleitungen und Entzerrer — 138

5.1	Die Leitungsgleichungen	138
5.1.1	Der verlustfreie Fall	139
5.1.2	Der verlustbehaftete Fall	143
5.1.3	Die komplexen Leitungsparameter	144
5.2	Die Betriebseigenschaften der Leitung	147
5.2.1	Die Transformationseigenschaften	147
5.2.2	Die Übertragungseigenschaften	149
5.3	Das Einschwingverhalten der Leitung	152
5.3.1	Einseitige Anpassung und Impulsfahrplan	152
5.3.2	Beidseitige Fehlenpassung (analytische Darstellung)	154
5.4	Mehrleitersysteme (Nebensprechen)	156
5.4.1	Herleitung der Leitungsgleichungen	156
5.4.2	Gleich- und Gegentaktkomponenten	159
5.4.3	Nebensprechen zweier benachbarter Leitungen	162
5.5	Entzerrung linearer Signalverzerrungen	166
5.5.1	Der Echoentzerrer	167
5.5.2	Der adaptive Entzerrer	171
5.6	Aufgaben zu Kapitel 5	175

6 Modulation und Codierung — 180

6.1	Kontinuierliche Modulation und Tastung	181
6.1.1	Grundsätzliche Verfahren	182
6.1.2	Allgemeine Darstellung	184
6.2	Amplitudenmodulation (AM)	184
6.2.1	Zweiseitenband-AM	185
6.2.2	Einseitenband-AM	187

6.2.3	Demodulation von AM-Signalen	190
6.2.4	Frequenzmultiplex-Übertragung	192
6.3	Winkelmodulation	193
6.3.1	Frequenzmodulation (FM)	194
6.3.2	Spektrum der FM	195
6.3.3	Demodulation von FM-Signalen	198
6.3.4	Phasenmodulation	200
6.4	Störverhalten der modulierten Signalübertragung	201
6.4.1	Schmalbandrauschen	202
6.4.2	Störabstände bei AM	203
6.4.3	Störabstände bei FM	204
6.4.4	Informationstheoretische Beurteilung	207
6.5	Pulsmodulation	208
6.5.1	Grundsätzliche Verfahren	209
6.5.2	Zeitmultiplex-Übertragung	210
6.5.3	Pulscodemodulation (PCM)	211
6.5.4	Quantisierungsrauschen	214
6.5.5	Deltamodulation	217
6.6	Störverhalten der codierten Signalübertragung	220
6.6.1	Fehlerwahrscheinlichkeit gestörter Binärsignale	220
6.6.2	Übertragung von Binärsignalfolgen	224
6.6.3	Störabstände bei PCM	227
6.6.4	Quarternäre Phasenumtastung	230
6.7	Aufgaben zu Kapitel 6	232
7	**Optische Nachrichtenübertragung**	**239**
7.1	Grundkomponente 1: Lichtwellenleiter	241
7.1.1	Physikalische Grundlagen der Lichtleitung	241
7.1.2	Einfacher Schichtwellenleiter	248
7.1.3	Dielektrischer Schichtwellenleiter	256
7.1.4	Zylindrischer dielektrischer Wellenleiter	261
7.1.5	Herstellung von optischen Fasern	269
7.1.6	Planare Lichtwellenleiter	271
7.1.7	Übertragungseigenschaften I: Dämpfung	273
7.1.8	Übertragungseigenschaften II: Dispersion	278
7.2	Grundkomponente 2: Lichtquellen	292

7.2.1	Emission und Absorption von Licht	292
7.2.2	Halbleiter für die optische Nachrichtentechnik	295
7.2.3	Lumineszenzdioden (LED)	296
7.2.4	Laserdioden	302
7.2.5	Vergleichende Zusammenfassung	309
7.3	Grundkomponente 3: Detektoren	310
7.3.1	Funktionsprinzip	310
7.3.2	Empfindlichkeit	311
7.3.3	Betriebsarten	313
7.3.4	Detektortypen und Eigenschaften	315
7.3.5	Vergleichende Zusammenfassung	319
7.4	Kopplung der Grundkomponenten	319
7.4.1	Grundsätzliche Betrachtungen	319
7.4.2	Kopplung Lichtquelle – LWL	321
7.4.3	Kopplung LWL – Detektor	324
7.4.4	Kopplung LWL – LWL	324
7.5	Optische Nachrichtensysteme	330
7.5.1	Systemgrößen	330
7.5.2	Optischer Sender	331
7.5.3	Optischer Empfänger	333
7.5.4	Systemdämpfung	334
7.5.5	Systembandbreite	338
7.5.6	Punkt-zu-Punkt-Verbindungen	339
7.5.7	Netzwerke	344
7.5.8	Kohärente Systeme	346
7.5.9	Entwicklungstendenzen	348
7.6	Aufgaben zu Kapitel 7	349
8	**Simulation nichtlinearer Systeme**	**353**
8.1	Netzwerkelemente und -topologie	353
8.1.1	Ein Beispiel zur Netzwerktopologie	354
8.1.2	Die topologischen Netzwerkgleichungen	357
8.1.3	Berechnung der unbekannten Netzwerkgrößen	359
8.2	Die erweiterte Zustandsbeschreibung	362
8.2.1	Die Zustandsgleichungen nichtlinearer Systeme	362
8.2.2	Einbeziehung verzerrungsfreier Leitungen	364

8.2.3	Ein erläuterndes Beispiel	367
8.3	Transientanalyse	371
8.3.1	Numerische Integration und Zeitdiskretisierung	371
8.3.2	Iterative Lösung des nichtlinearen Gleichungssystems	373
8.3.3	Schrittweitensteuerung und Abbruchkriterien	378
8.4	Gleich- und lineare Wechselstromanalyse	383
8.4.1	Arbeitspunktberechnung	383
8.4.2	Linearisierung um den Arbeitspunkt	386
8.4.3	Transformation in den Frequenzbereich	387
8.4.4	Ein erläuterndes Beispiel	389
8.5	Modellbildung	391
8.5.1	Weitere Netzwerkelemente	391
8.5.2	Diskrete Halbleiter	395
8.5.3	Makromodellierung	406
8.5.4	Mehrleitersysteme	411
8.6	Simulationsbeispiele	414
8.6.1	Aktiver RC-Bandpaß	415
8.6.2	Antiparalleles Nebensprechen	416
8.6.3	Phase-Locked-Loop	419
8.7	Aufgaben zu Kapitel 8	422

Anhang   **426**

A.1	Umrechnungsformeln der Zweitormatrizen	426
A.2	Frequenztransformationen	427
A.3	Entnormierung der Bauelemente	428
A.4	Allpaßtransformationen	429
A.5	Bessel-Funktionen 1. Art der Ordnung n	429
A.6	Grundlagen elektromagnetischer Wellen	430
A.6.1	Mathematische Grundlagen	430
A.6.2	Physikalische Grundlagen	431
A.6.3	Wellengleichung	431
A.7	Ausbreitungsgeschwindigkeiten elektromagnetischer Wellen	432
A.7.1	Ausbreitung monochromatischer Wellen	432

A.7.2	Fourier-Zerlegung	433
A.7.3	Signalübertragung	435
A.7.4	Überlagerung von Wellen unterschiedlicher Frequenz: Schwebung	435
A.8	Halbleiter-Grundlagen	438
A.8.1	Bändermodell	438
A.8.2	Besetzungsdichte	440
A.8.3	Materialien	441
A.8.4	Der p-n-Übergang	442
A.9	Laser-Grundlagen	444
A.10	Ergebnisse zu den Aufgaben	447

Literaturverzeichnis   **466**

Sachverzeichnis   **469**

4 Entwurf linearer Systeme

In Kapitel 1 des ersten Bandes dieses Lehrbuches wurden die Methoden zur Ermittlung der Ausgangssignale von linearen, zeitinvarianten Systemen (*LZI-Systeme*) bei gegebenen Eingangssignalen und Systemcharakterisierungen behandelt. Diese Aufgabenstellung wird auch als Systemanalyse bezeichnet. Wir wollen uns nun der grundsätzlich komplizierteren Aufgabe zuwenden, für vorgeschriebene Ein- und Ausgangssignale sowohl die Systemcharakterisierung als auch die schaltungstechnische Realisierung zu bestimmen. Man spricht in diesem Zusammenhang von der System- bzw. *Netzwerksynthese*. Hierzu werden natürlich auch Kenntnisse aus der linearen Netzwerkanalyse benötigt, die zu einem großen Teil aus entsprechenden Grundlagenvorlesungen bekannt sind. Es zeigt sich jedoch, daß im Hinblick auf die Synthese kontinuierlicher Schaltungen eine übergeordnete Betrachtung als Mehr- bzw. Zweitore den gezielten Einsatz der Matrizenrechnung ermöglicht, womit eine übersichtlichere Darstellung erreicht wird.

4.1 Lineare Mehrtore

Elektrische Schaltungen bestehen aus einzelnen Schaltelementen wie Widerständen, Spulen, Kondensatoren, Übertragern, Transistoren, Gleich- und Wechselstromquellen usw. Diese können sowohl konzentriert als auch stetig verteilt sein. Letztere sind in ihren Abmessungen groß gegenüber der Wellenlänge der maximal auftretenden Betriebsfrequenz, während die Abmessungen der *konzentrierten Elemente* immer klein gegenüber der Wellenlänge sein müssen. Man kann demnach hier von der Tatsache der endlichen Wellenausbreitungsgeschwindigkeit innerhalb der Schaltung absehen.

Die einzelnen Schaltelemente sind in *Knoten* miteinander verbunden, oder anders ausgedrückt: Die Schaltung enthält eine Anzahl Knoten, zwischen denen die Elemente liegen. Man stellt sich vor, daß die Schaltung in einem geschlossenen Kasten liegt, so daß zwischen unzugänglichen und zugänglichen Knoten oder *Polen* zu unterscheiden ist. Die Grundkonzeption der Mehrtortheorie besteht darin, die Eigenschaften der Schaltung durch Größen zu beschreiben, die man durch Messungen an den Polen erhält. Um diese Messungen durchführen zu können, werden die Pole zu Energieeingängen bzw. -ausgängen zusammengefaßt, die als *Tore* bezeichnet werden.

Das einfachste und zugleich wichtigste Tor ist das *Polpaar*, bei dem zwischen einem positiven und einem negativen Pol unterschieden wird. Letzterer ist der Bezugsknoten für die Spannung. Alle positiven Pole einer Schaltung werden als getrennt angenommen, während von den negativen einzelne oder alle zusammengefaßt sein können. Ist n die Anzahl der Polpaare oder Tore einer Schaltung, dann unterscheidet man n-Tore mit gemeinsamem Bezugsknoten (Erde): $(n+1)$-Pole und n-Tore mit getrennten Bezugsknoten: $2n$-Pole.

Bei der Aufstellung des Gleichungssystems, das die Eigenschaften der Schaltung beschreibt, werden alle Tore zunächst als Eingangstore aufgefaßt und die Ströme in die positiven Pole hineinfließend positiv gezählt. Diese *symmetrischen Bezugspfeile* zeigt Bild 4.1 sowohl für einen $2n$-Pol als auch für einen $(n+1)$-Pol. Hierbei ist noch zu beachten, daß bei einem $2n$-Pol jeweils der Strom, der in den positiven Pol hineinfließt, aus dem entsprechenden negativen wieder herausfließt, während bei einem $(n+1)$-Pol die Summe aller Ströme der positiven Pole aus dem gemeinsamen Bezugsknoten herausfließen muß.

4.1.1 Die Widerstands- und die Leitwertmatrix

Wir wollen uns ausschließlich mit *linearen, zeitinvarianten, quellenfreien Mehrtoren* im Sinne der Gln. (1.1)-(1.3) des ersten Bandes beschäftigen. Dies bedeutet, daß alle Ausgangsgrößen den Eingangsgrößen proportional sind und das Superpositionsprinzip gilt. Ferner ändern sich die Parameter der Schaltelemente nicht mit der Zeit, und bei verschwindenden Eingangsgrößen sind auch alle Ausgangsgrößen identisch null. Bei den Mehrtoren von Bild 4.1 können z.B. die n Torströme $i_1, i_2, \ldots, i_n$ als Eingangsgrößen (unabhängige Variablen) und die n Torspannungen $u_1, u_2, \ldots, u_n$ als Ausgangsgrößen (abhängige Variablen) aufgefaßt werden. Betrachtet man hierbei alle Variablen stets im Frequenzbereich, also als Fourier- bzw. Laplace-Transformierte der entsprechenden zeitabhängigen Größen, so läßt sich folgendes lineares algebraisches Gleichungssystem der Ordnung n angeben:

4.1 Lineare Mehrtore

$$U_1 = Z_{11}I_1 + Z_{12}I_2 + \cdots + Z_{1n}I_n,$$
$$U_2 = Z_{21}I_1 + Z_{22}I_2 + \cdots + Z_{2n}I_n,$$
$$\vdots$$
$$U_n = Z_{n1}I_1 + Z_{n2}I_2 + \cdots + Z_{nn}I_n.$$

Werden sowohl die Torspannungen als auch die Torströme zu Vektoren mit jeweils n Komponenten zusammengefaßt, so erhält man die übersichtlichere Matrizenschreibweise

$$\begin{pmatrix} U_1 \\ U_2 \\ \vdots \\ U_n \end{pmatrix} = \begin{pmatrix} Z_{11} & Z_{12} & \ldots & Z_{1n} \\ Z_{21} & Z_{22} & \ldots & Z_{2n} \\ \vdots & & & \\ Z_{n1} & Z_{n2} & \ldots & Z_{nn} \end{pmatrix} \begin{pmatrix} I_1 \\ I_2 \\ \vdots \\ I_n \end{pmatrix} \quad (4.1\text{a})$$

mit der kompakten Darstellungsform

$$\boldsymbol{U} = \boldsymbol{Z}\boldsymbol{I}. \quad (4.1\text{b})$$

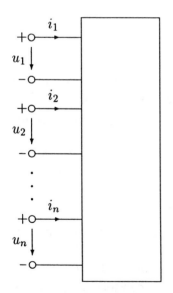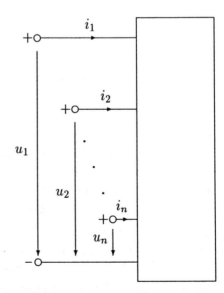

Bild 4.1 Symmetrische Bezugspfeile bei einem $2n$-Pol und einem $(n+1)$-Pol

Die Gln. (4.1) werden als Widerstandsgleichungen des Mehrtores bezeichnet und

$$Z = \begin{pmatrix} Z_{11} & Z_{12} & \ldots & Z_{1n} \\ Z_{21} & Z_{22} & \ldots & Z_{2n} \\ \vdots & & & \\ Z_{n1} & Z_{n2} & \ldots & Z_{nn} \end{pmatrix} \quad (4.2)$$

als seine *Widerstandsmatrix*, weil sämtliche Elemente die Dimension von Widerständen besitzen. Zur Bestimmung der i.allg. komplexwertigen Matrixelemente setzt man alle Ströme bis auf einen zu null und erhält z.B. für $I_2 = I_3 = \ldots = I_n = 0$:

$$U_1 = Z_{11} I_1, \quad U_2 = Z_{21} I_1, \ldots, \quad U_n = Z_{n1} I_1.$$

Hieraus folgt

$$Z_{11} = \left.\frac{U_1}{I_1}\right|_{I_2=I_3=\ldots=I_n=0},$$
$$Z_{21} = \left.\frac{U_2}{I_1}\right|_{I_2=I_3=\ldots=I_n=0},$$
$$\vdots$$
$$Z_{n1} = \left.\frac{U_n}{I_1}\right|_{I_2=I_3=\ldots=I_n=0}.$$

Die Elemente $Z_{\nu\nu}$ auf der Hauptdiagonalen der Z-Matrix können durch eine einfache Impedanzmessung am Tor ν bei Leerlauf der anderen Tore bestimmt werden. Man bezeichnet die Hauptdiagonalelemente deshalb als *Leerlauf-Eingangsimpedanzen*. Zur Messung der Nichthauptdiagonalelemente $Z_{\mu\nu} (\mu \neq \nu)$ muß am Tor ν der Strom eingeprägt und am Tor μ die Spannung bei Leerlauf der restlichen Tore gemessen werden. Diese Elemente nennt man auch *Leerlauf-Kopplungsimpedanzen* oder *Leerlauf-Übertragungsimpedanzen*.

Eine weitere Möglichkeit, die Eigenschaften eines n-Tores zu charakterisieren, besteht darin, die Torspannungen als Eingangsgrößen (unabhängige Variablen) und die Torströme als Ausgangsgrößen (abhängige Variablen) zu betrachten. In diesem Fall erhält man folgendes lineares algebraisches Gleichungssystem der Ordnung n:

4.1 Lineare Mehrtore

$$I_1 = Y_{11}U_1 + Y_{12}U_2 + \cdots + Y_{1n}U_n,$$
$$I_2 = Y_{21}U_1 + Y_{22}U_2 + \cdots + Y_{2n}U_n,$$
$$\vdots$$
$$I_n = Y_{n1}U_1 + Y_{n2}U_2 + \cdots + Y_{nn}U_n.$$

Es lautet in der übersichtlicheren Matrizenschreibweise

$$\begin{pmatrix} I_1 \\ I_2 \\ \vdots \\ I_n \end{pmatrix} = \begin{pmatrix} Y_{11} & Y_{12} & \ldots & Y_{1n} \\ Y_{21} & Y_{22} & \ldots & Y_{2n} \\ \vdots & & & \\ Y_{n1} & Y_{n2} & \ldots & Y_{nn} \end{pmatrix} \begin{pmatrix} U_1 \\ U_2 \\ \vdots \\ U_n \end{pmatrix} \quad (4.3a)$$

und in der kompakten Darstellungsform

$$\boldsymbol{I} = \boldsymbol{Y}\boldsymbol{U}. \quad (4.3b)$$

Die Gln. (4.3a) werden als Leitwertgleichungen des Mehrtores bezeichnet und

$$\boldsymbol{Y} = \begin{pmatrix} Y_{11} & Y_{12} & \ldots & Y_{1n} \\ Y_{21} & Y_{22} & \ldots & Y_{2n} \\ \vdots & & & \\ Y_{n1} & Y_{n2} & \ldots & Y_{nn} \end{pmatrix} \quad (4.4)$$

als seine *Leitwertmatrix*, weil sämtliche Elemente die Dimension von Leitwerten besitzen. Zur Bestimmung der i.allg. wiederum komplexwertigen Matrixelemente setzt man nun alle Spannungen bis auf eine zu null und erhält z.B. für $U_2 = U_3 = \ldots = U_n = 0$:

$$I_1 = Y_{11}U_1, \quad I_2 = Y_{21}U_1, \ldots, \quad I_n = Y_{n1}U_1.$$

Hieraus folgt

$$Y_{11} = \left.\frac{I_1}{U_1}\right|_{U_2=U_3=\ldots=U_n=0},$$
$$Y_{21} = \left.\frac{I_2}{U_1}\right|_{U_2=U_3=\ldots=U_n=0},$$
$$\vdots$$
$$Y_{n1} = \left.\frac{I_n}{U_1}\right|_{U_2=U_3=\ldots=U_n=0}.$$

Die Elemente $Y_{\nu\nu}$ auf der Hauptdiagonalen der Y-Matrix können durch eine einfache Admittanzmessung am Tor ν bei Kurzschluß der anderen Tore bestimmt werden. Man bezeichnet die Hauptdiagonalelemente deshalb als *Kurzschluß-Eingangsadmittanzen*. Zur Messung der Nichthauptdiagonalelemente $Y_{\mu\nu}(\mu \neq \nu)$ muß am Tor ν die Spannung eingeprägt und am Tor μ der Strom bei Kurzschluß der restlichen Tore gemessen werden. Diese Elemente nennt man auch *Kurzschluß-Kopplungsadmittanzen* oder *Kurzschluß-Übertragungsadmittanzen*.

Sowohl die Widerstandsmatrix als auch die Leitwertmatrix eines Mehrtores ist immer quadratisch von der Ordnung n. Man kann also, von Sonderfällen abgesehen, Z bzw. Y als regulär voraussetzen. In diesem Fall ist det $Z \neq 0$ bzw. det $Y \neq 0$, und es existiert jeweils die *reziproke Matrix* Z^{-1} bzw. Y^{-1}. Wird nun beispielsweise Gl. (4.1b) von links mit Z^{-1} multipliziert, so erhält man wegen $Z^{-1}Z = 1$ (Einheitsmatrix der Ordnung n):

$$I = Z^{-1}U.$$

Aus dem Vergleich mit Gl. (4.3b) folgt sofort

$$Y = Z^{-1} \tag{4.5a}$$

und entsprechend

$$Z = Y^{-1}. \tag{4.5b}$$

Beide Beschreibungen eines Mehrtores sind also ineinander umrechenbar und somit äquivalent, sofern die jeweilige reziproke Matrix ebenfalls existiert.

Als Anwendungsbeispiel betrachten wir das Dreitor von Bild 4.2, wofür sich folgende Widerstandsgleichungen sofort ablesen lassen:

$$U_1 = R_1 I_1 + R_3(I_1 + I_2 + I_3),$$

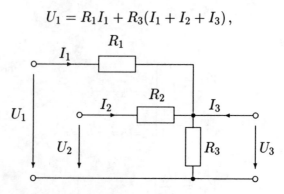

Bild 4.2 Dreitor als Anwendungsbeispiel

$$U_2 = R_2 I_2 + R_3(I_1 + I_2 + I_3),$$
$$U_3 = R_3(I_1 + I_2 + I_3).$$

Aus diesen drei Gleichungen erhält man die Widerstandsmatrix

$$Z = \begin{pmatrix} R_1 + R_3 & R_3 & R_3 \\ R_3 & R_2 + R_3 & R_3 \\ R_3 & R_3 & R_3 \end{pmatrix}.$$

Die Leitwertgleichungen können übersichtlicher aufgestellt werden, wenn die Widerstände R_i ($i = 1, 2, 3$) durch entsprechende Leitwerte G_i ersetzt werden:

$$I_1 = G_1(U_1 - U_3),$$
$$I_2 = G_2(U_2 - U_3),$$
$$I_3 = G_3 U_3 - G_1(U_1 - U_3) - G_2(U_2 - U_3).$$

Hieraus ergibt sich die Leitwertmatrix

$$Y = \begin{pmatrix} G_1 & 0 & -G_1 \\ 0 & G_2 & -G_2 \\ -G_1 & -G_2 & G_1 + G_2 + G_3 \end{pmatrix}.$$

Das Produkt aus der Z- und Y- Matrix liefert die Einheitsmatrix, womit Gl. (4.5) erfüllt ist. Wir bemerken noch, daß beide Matrizen symmetrisch zur Hauptdiagonalen sind. Diese Eigenschaft wird im nächsten Abschnitt eingehender betrachtet.

4.1.2 Die Knotenleitwertmatrix des Zweipolnetzwerkes

Eine lineare elektrische Schaltung wird durch ihre Widerstands- und Leitwertmatrix grundsätzlich gleichwertig beschrieben. Es zeigt sich jedoch, daß die Leitwertmatrix sich besonders für die Analyse und Synthese von Netzwerken mit aktiven Elementen eignet. Hierfür läßt sich ein durchgängiger Algorithmus angeben, der jedes kompliziertere Netzwerk als „Parallelschaltung" einfacherer Teilnetzwerke auffaßt, deren Teilleitwertmatrizen auf einfache Weise gewonnen werden können.

Wir beschränken uns zunächst auf ein reines *Zweipolnetzwerk* mit einem gemeinsamen *Bezugsknoten*. In diesem Fall ist jeder Zweigstrom der anliegenden Spannung proportional, und es handelt sich um einen

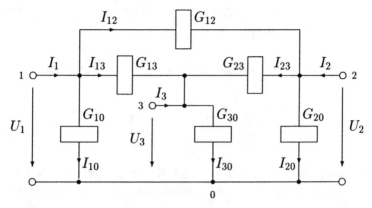

Bild 4.3 Zweipolnetzwerk als $(3+1)$-Pol

$(n+1)$-Pol. Zur Herleitung einer entsprechenden Strukturregel, mit deren Hilfe die sog. Knotenleitwertmatrix ohne jede Rechnung aufgestellt werden kann, betrachten wir die Schaltung gemäß Bild 4.3.

Es handelt sich um ein Netzwerk mit drei positiven Knoten und einem gemeinsamen Bezugsknoten, also um ein Dreitor mit den drei Torspannungen U_1, U_2, U_3 und den Torströmen I_1, I_2, I_3. Die restlichen Zweigspannungen ergeben sich aus Differenzen der Torspannungen, die auch als *Knotenpotentiale* bezeichnet werden. Sämtliche Zweigströme lassen sich jeweils als Produkt des entsprechenden Zweigleitwertes und der Zweigspannung ausdrücken, und es gilt z.B.

$$I_{10} = G_{10}U_1, \quad I_{12} = G_{12}(U_1 - U_2), \quad I_{20} = G_{20}U_2.$$

Damit ist alles vorbereitet, um für jeden positiven Knoten die Kirchhoffsche Knotenregel anzuwenden:

$$\begin{aligned} I_1 &= G_{12}(U_1 - U_2) + G_{13}(U_1 - U_3) + G_{10}U_1, \\ I_2 &= -G_{12}(U_1 - U_2) + G_{23}(U_2 - U_3) + G_{20}U_2, \\ I_3 &= -G_{13}(U_1 - U_3) - G_{23}(U_2 - U_3) + G_{30}U_3. \end{aligned}$$

Nach Umsortierung erhält man hieraus folgende Leitwertgleichungen in Matrizenschreibweise:

$$\begin{pmatrix} I_1 \\ I_2 \\ I_3 \end{pmatrix} = \begin{pmatrix} G_{12} + G_{13} + G_{10} & -G_{12} & -G_{13} \\ -G_{12} & G_{12} + G_{23} + G_{20} & -G_{23} \\ -G_{13} & -G_{23} & G_{13} + G_{23} + G_{30} \end{pmatrix} \begin{pmatrix} U_1 \\ U_2 \\ U_3 \end{pmatrix}$$

mit der kompakten Darstellungsform

$$\boldsymbol{I} = \boldsymbol{Y}_\mathrm{K} \boldsymbol{U}. \tag{4.6}$$

4.1 Lineare Mehrtore

Da die Torspannungen in diesem Fall gleichzeitig alle Knotenpotentiale des Zweipolnetzwerkes darstellen, bezeichnet man die Koeffizientenmatrix als *Knotenleitwertmatrix* Y_K. Der Aufbau dieser Matrix ist so übersichtlich, daß sie auch für andere Knotenzahlen leicht aufgestellt werden kann durch Anwendung der sog. **Strukturregel:**

Die Knotenleitwertmatrix eines erdgebundenen Zweipolnetzwerkes mit n+1 Knoten ist quadratisch von der Ordnung n und symmetrisch zur Hauptdiagonalen. Die Elemente der Hauptdiagonalen stellen die Summe sämtlicher Leitwerte (bzw. Admittanzen) dar, die von dem betreffenden Knoten ausgehen. Die Elemente außerhalb der Hauptdiagonalen sind mit negativen Vorzeichen jeweils diejenigen Leitwerte (bzw. Admittanzen), die zwischen den beiden zugehörigen Knoten liegen.

Wir werden diese Strukturregel der Knotenleitwertmatrix eines erdgebundenen Zweipolnetzwerkes noch häufiger anwenden. Hier möge als einfaches Anwendungsbeispiel das Dreitor von Bild 4.2 betrachtet werden, dessen Knotenleitwertmatrix Y_K mit der bereits berechneten Leitwertmatrix Y identisch ist.

4.1.3 Die geränderte Leitwertmatrix

Elektrische Schaltungen können neben zweipoligen Bauelementen auch noch mehrpolige in Form von aktiven Elementen wie Transistoren, Differenzverstärker, Elektronenröhren usw. enthalten. Diese lassen sich stets als $(n+1)$-Pole mit einem *lokalen Bezugsknoten* behandeln, der gewöhnlich nicht identisch ist mit dem *globalen Bezugsknoten* der Gesamtschaltung. Um einen Wechsel des Bezugsknotens des $(n+1)$-Poles zu ermöglichen, wird ein neuer Bezugsknoten außerhalb gewählt und der ursprüngliche als weiterer positiver Knoten eines weiteren Tores aufgefaßt. Die Torzahl erhöht sich damit von n auf $n+1$ und entsprechend auch die Ordnung der Leitwertmatrix, die stets als existierend vorausgesetzt werden soll.

Wir wollen dieses Verfahren an dem Beispiel eines beliebigen Dreipoles gemäß Bild 4.4 erläutern. Seine Leitwertgleichungen lauten mit Knoten 3 als lokalem Bezugsknoten:

$$I_1 = Y_{11}U_{13} + Y_{12}U_{23},$$
$$I_2 = Y_{21}U_{13} + Y_{22}U_{23}$$

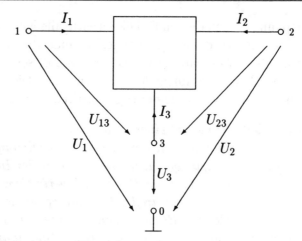

Bild 4.4 Dreipol mit neuem Bezugsknoten 0

und in Matrizenschreibweise:

$$\begin{pmatrix} I_1 \\ I_2 \end{pmatrix} = \begin{pmatrix} Y_{11} & Y_{12} \\ Y_{21} & Y_{22} \end{pmatrix} \begin{pmatrix} U_{13} \\ U_{23} \end{pmatrix}. \qquad (4.7)$$

Um auf den neuen Bezugsknoten 0 überzugehen, fügen wir eine weitere Gleichung mit

$$I_3 = -I_1 - I_2$$

hinzu und substituieren die Spannungen durch

$$U_{13} = U_1 - U_3,\, U_{23} = U_2 - U_3\,.$$

Damit lauten die Leitwertgleichungen des Dreitores von Bild 4.4 mit Knoten 0 als neuem Bezugsknoten:

$$\begin{aligned} I_1 &= Y_{11}(U_1 - U_3) + Y_{12}(U_2 - U_3),\\ I_2 &= Y_{21}(U_1 - U_3) + Y_{22}(U_2 - U_3),\\ I_3 &= -(Y_{11} + Y_{21})(U_1 - U_3) - (Y_{12} + Y_{22})(U_2 - U_3) \end{aligned}$$

und nach Umsortierung in Matrizenschreibweise:

$$\begin{pmatrix} I_1 \\ I_2 \\ I_3 \end{pmatrix} = \begin{matrix} 1 \\ 2 \\ 3 \end{matrix} \begin{pmatrix} \overset{1}{Y_{11}} & \overset{2}{Y_{12}} & \overset{3}{-Y_{11} - Y_{12}} \\ Y_{21} & Y_{22} & -Y_{21} - Y_{22} \\ -Y_{11} - Y_{21} & -Y_{12} - Y_{22} & Y_{11} + Y_{12} + Y_{21} + Y_{22} \end{pmatrix} \begin{pmatrix} U_1 \\ U_2 \\ U_3 \end{pmatrix}. \qquad (4.8)$$

4.1 Lineare Mehrtore

Die neue $(n+1)^2$-Matrix entsteht offenbar so, daß die ursprüngliche n^2-Matrix mit einer weiteren Zeile und Spalte versehen wird mit der Bedingung, daß *die Summe aller Elemente jeder Zeile und Spalte null ist*. Man nennt dieses Verfahren Rändern der Matrix und bezeichnet die *geränderte Leitwertmatrix* mit Y_R. Wegen des Verschwindens der Zeilen-und Spaltensummen von Y_R ist stets $\det Y_R = 0$, und es existiert keine geränderte Widerstandsmatrix.

Eine weitere Anwendungsmöglichkeit des Ränderns bietet der *Wechsel des Bezugsknotens* in einer Schaltung. Man kommt dazu durch folgende Überlegung: Wird im obigen Beispiel wieder 3 als Bezugsknoten gewählt, so muß in Gl. (4.8) $U_3 = 0$ gesetzt und die dritte Gleichung als überflüssig gestrichen werden. Man erhält also wieder die Matrix von Gl. (4.7), indem man die dritte Zeile und Spalte aus Y_R streicht. In gleicher Weise wird bei der Wahl eines anderen Bezugsknotens die entsprechende Zeile und Spalte aus Y_R gestrichen. Die Berechnung der Leitwertmatrix des Dreipoles von Bild 4.4 mit 1 als Bezugsknoten vollzieht sich so, daß in der Koeffizientenmatrix von Gl. (4.8) die erste Zeile und Spalte zu streichen ist:

$$Y_1 = \begin{pmatrix} Y_{22} & -Y_{21} - Y_{22} \\ -Y_{12} - Y_{22} & Y_{11} + Y_{12} + Y_{21} + Y_{22} \end{pmatrix} \begin{matrix} 2 \\ 3 \end{matrix} .$$

4.1.4 Die Parallelschaltung von $(n+1)$-Polen

Die Knotenleitwertmatrix eines erdgebundenen Zweipolnetzwerkes läßt sich mit Hilfe einer einfachen Strukturregel aufstellen. Enthält die Schaltung weitere mehrpolige Bauelemente, so können hierfür ebenfalls Leitwertmatrizen aufgestellt werden, deren Ordnung mit der Anzahl n der positiven Knoten des Gesamtnetzwerkes übereinstimmt. Hierzu müssen die Leitwertmatrizen der Mehrpole gerändert werden, wenn die lokalen Bezugsknoten nicht mit dem globalen identisch sind. Die restlichen Knoten der Schaltung, die ebenfalls außerhalb der Mehrpole liegen, führen zu entsprechenden Nullzeilen und Nullspalten, da zwischen ihnen und den Polen der lokalen Netzwerke keine endlichen Leitwerte (bzw. Admittanzen) liegen.

Stimmen also die Knoten eines mehrpoligen Elementes mit denen der Gesamtschaltung überein, so stellt sich die Aufgabe, die resultierende Leitwertmatrix der *Parallelschaltung* gemäß Bild 4.5 zu berechnen. Man spricht von einer Parallelschaltung, wenn die n Torströme der

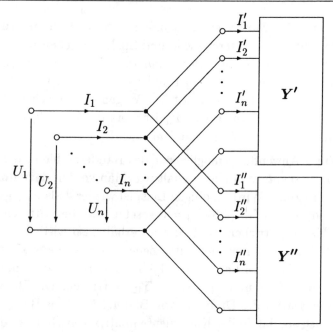

Bild 4.5 Parallelschaltung von zwei $(n+1)$-Polen

Gesamtschaltung sich aufteilen in I'_ν und I''_ν ($\nu = 1, \ldots, n$) und die Torspannungen (hier die Knotenpotentiale) der Teilschaltungen identisch sind. Mit den Leitwertgleichungen der Teilschaltungen

$$\begin{pmatrix} I'_1 \\ I'_2 \\ \vdots \\ I'_n \end{pmatrix} = \boldsymbol{Y}' \begin{pmatrix} U_1 \\ U_2 \\ \vdots \\ U_n \end{pmatrix}, \quad \begin{pmatrix} I''_1 \\ I''_2 \\ \vdots \\ I''_n \end{pmatrix} = \boldsymbol{Y}'' \begin{pmatrix} U_1 \\ U_2 \\ \vdots \\ U_n \end{pmatrix}$$

und den Strombedingungen

$$\begin{pmatrix} I_1 \\ I_2 \\ \vdots \\ I_n \end{pmatrix} = \begin{pmatrix} I'_1 \\ I'_2 \\ \vdots \\ I'_n \end{pmatrix} + \begin{pmatrix} I''_1 \\ I''_2 \\ \vdots \\ I''_n \end{pmatrix}$$

ergeben sich sofort die Leitwertgleichungen des Gesamtnetzwerkes zu

$$\begin{pmatrix} I_1 \\ I_2 \\ \vdots \\ I_n \end{pmatrix} = (\boldsymbol{Y}' + \boldsymbol{Y}'') \begin{pmatrix} U_1 \\ U_2 \\ \vdots \\ U_n \end{pmatrix}. \qquad (4.9)$$

4.1 Lineare Mehrtore

Die Parallelschaltung zweier $(n+1)$-Pole entspricht also der Addition der beiden Leitwertmatrizen

$$\boldsymbol{Y} = \boldsymbol{Y}' + \boldsymbol{Y}''. \tag{4.10}$$

Diese Regel gilt für $(n+1)$-Pole, wenn die Bezugsknoten übereinstimmen, ohne jede Einschränkung. Im Zusammenhang mit der Untersuchung der Zusammenschaltung von Zweitoren werden wir sehen, daß es bei $2n$-Polen Einschränkungen gibt. Da aber für jede elektrische Schaltung stets ein gemeinsamer Bezugsknoten oder ein Bezugspotential definiert werden kann, auf das alle Knotenpotentiale bezogen werden, ist Gl. (4.9) der Schlüssel zum sog. *Knotenpotentialverfahren* der Schaltungsanalyse.

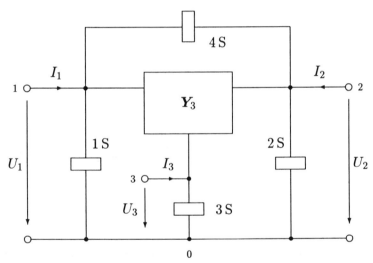

Bild 4.6 Zweipolnetzwerk mit einem Dreipol

Als Anwendungsbeispiel betrachten wir die Schaltung von Bild 4.6 mit einem Zweipolnetzwerk, bestehend aus vier Leitwerten und einem Dreipol, der z.B. das lineare Verhalten eines Transistors beschreiben könnte. Die Knotenleitwertmatrix des Zweipolnetzwerkes mit 0 als Bezugsknoten lautet

$$\boldsymbol{Y}' = \begin{pmatrix} 5\,\mathrm{S} & -4\,\mathrm{S} & 0 \\ -4\,\mathrm{S} & 6\,\mathrm{S} & 0 \\ 0 & 0 & 3\,\mathrm{S} \end{pmatrix} \begin{matrix} 1 \\ 2 \\ 3 \end{matrix} \cdot$$

Für den Dreipol mit dem lokalen Bezugsknoten 3 ist folgende Leitwertmatrix gegeben:

$$Y_3 = \begin{pmatrix} 1\,\text{S} & -2\,\text{S} \\ 2\,\text{S} & 1\,\text{S} \end{pmatrix} \begin{matrix} 1 \\ 2 \end{matrix},$$

mit Spaltenindizes 1, 2, deren Format nach dem Rändern mit dem der Matrix Y' übereinstimmt:

$$Y'' = \begin{pmatrix} 1\,\text{S} & -2\,\text{S} & 1\,\text{S} \\ 2\,\text{S} & 1\,\text{S} & -3\,\text{S} \\ -3\,\text{S} & 1\,\text{S} & 2\,\text{S} \end{pmatrix} \begin{matrix} 1 \\ 2 \\ 3 \end{matrix}.$$

Die Summe aus Y' und Y'' ergibt gemäß Gl. (4.10) die Leitwertmatrix der Gesamtschaltung, also

$$Y = Y' + Y'' = \begin{pmatrix} 6\,\text{S} & -6\,\text{S} & 1\,\text{S} \\ -2\,\text{S} & 7\,\text{S} & -3\,\text{S} \\ -3\,\text{S} & 1\,\text{S} & 5\,\text{S} \end{pmatrix} \begin{matrix} 1 \\ 2 \\ 3 \end{matrix}. \qquad (4.11)$$

Da die drei Torspannungen in Bild 4.6 gleichzeitig alle Knotenpotentiale repräsentieren, stellt Gl. (4.11) auch die Knotenleitmatrix Y_K der gegebenen Schaltung dar.

4.1.5 Die Torzahlreduktion der Knotenleitwertmatrix

Die Anzahl der von außen zugänglichen Knoten bzw. der Pole einer Schaltung ist meistens geringer als die Gesamtzahl der Knoten, von denen oft viele von außen unzugänglich sind. Beispielsweise könnte es sich bei der Schaltung vom Bild 4.6 um ein Zweitor handeln mit den Polen 1,2 und 0, während der Knoten 3 unzugänglich ist. In diesem Fall würde natürlich der Strom I_3 wegen der vorausgesetzten Quellenfreiheit verschwinden. Zur Aufstellung der Knotenleitwertmatrix, nach dem beschriebenen Knotenpotentialverfahren, werden jedoch zunächst alle Knoten der Schaltung betrachtet. Mit Hilfe einer sog. *Reduktionsformel* kann hieraus die Leitwertmatrix bezüglich der von außen zugänglichen Knoten berechnet werden. Die wichtigste Anwendung dieses Verfahrens besteht in der Gewinnung der Zweitoreigenschaften gegebener Schaltungen.

4.1 Lineare Mehrtore

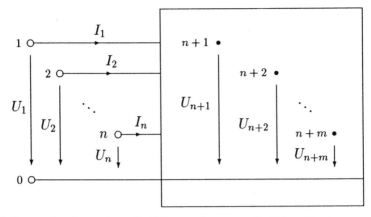

Bild 4.7 Netzwerk mit $n+1$ zugänglichen und m unzugänglichen Knoten

Die ursprüngliche Schaltung mit den Leitwertgleichungen

$$I = Y_K U \qquad (4.12)$$

möge gemäß Bild 4.7 $n+m+1$ Knoten besitzen, von denen m unzugänglich sind. Sowohl der Strom- als auch der Spannungsvektor wird unterteilt in

$$I = \begin{pmatrix} I_1 \\ I_2 \end{pmatrix}, U = \begin{pmatrix} U_1 \\ U_2 \end{pmatrix}, \qquad (4.13)$$

wobei der Index 1 jeweils die n zugänglichen und der Index 2 die m unzugänglichen Komponenten zusammenfaßt. Hierdurch ergeben sich für Y_K vier Teilmatrizen mit n bzw. m Zeilen und Spalten:

$$Y_K = \left(\begin{array}{c|c} Y_{K11} & Y_{K12} \\ \hline Y_{K21} & Y_{K22} \end{array} \right) \begin{array}{c} \}n \\ \}m \end{array} \qquad (4.14)$$

Beachtet man, daß in die inneren, unzugänglichen Knoten von außen keine Ströme fließen können, so ergeben sich aus den Gln. (4.12)-(4.14) für $I_2 = 0$ die beiden Matrizengleichungen

$$I_1 = Y_{K11} U_1 + Y_{K12} U_2, \qquad (4.15a)$$

$$0 = Y_{K21} U_1 + Y_{K22} U_2. \qquad (4.15b)$$

Die Teilmatrix Y_{K22} ist quadratisch von der Ordnung m und kann als regulär vorausgesetzt werden, so daß die reziproke Matrix existiert. Gl. (4.15b) von links mit Y_{K22}^{-1} multipliziert, liefert

$$U_2 = -Y_{K22}^{-1} Y_{K21} U_1 \,.$$

Diese Beziehung wird schließlich in Gl. (4.15a) eingesetzt:

$$I_1 = (Y_{K11} - Y_{K12} Y_{K22}^{-1} Y_{K21}) U_1 \,.$$

Damit ist der gesuchte Zusammenhang zwischen den Spannungen und Strömen der von außen zugänglichen Tore hergestellt, und man erhält die *reduzierte Knotenleitwertmatrix*

$$\widetilde{Y} = Y_{K11} - Y_{K12} Y_{K22}^{-1} Y_{K21} \,. \tag{4.16}$$

Durch diese Formel werden bei der Elimination der unerwünschten Variablen unnötige Rechenschritte vermieden, da die gesamte Schaltungsberechnung im wesentlichen auf das rein rechentechnische Problem der Multiplikation und Inversion von Matrizen zurückgeführt wird. Die Bedeutung des Verfahrens liegt darin, daß auf diese Weise durch die Verwendung von Digitalrechnern die numerische Berechnung umfangreicher Schaltungen keine Schwierigkeiten bereitet. Die Reduktionsformel läßt sich außerdem vorteilhaft bei der Synthese aktiver *RC*-Netzwerke anwenden, wie noch gezeigt wird.

Als einfaches Beispiel zur Analyse soll die Leitwertmatrix der Schaltung von Bild 4.6 in Zweitorform berechnet werden. Mit dem unzugänglichen Knoten 3 erhalten wir durch Anwendung von Gl. (4.16) auf Gl. (4.11)

$$\begin{aligned}\widetilde{Y} &= \begin{pmatrix} 6\,\mathrm{S} & -6\,\mathrm{S} \\ -2\,\mathrm{S} & 7\,\mathrm{S} \end{pmatrix} - \frac{1}{5\,\mathrm{S}} \begin{pmatrix} 1\,\mathrm{S} \\ -3\,\mathrm{S} \end{pmatrix} (-3\,\mathrm{S}\ 1\,\mathrm{S}) \\ &= \frac{1}{5} \begin{pmatrix} 30\,\mathrm{S}+3\,\mathrm{S} & -30\,\mathrm{S}-1\,\mathrm{S} \\ -10\,\mathrm{S}-9\,\mathrm{S} & 35\,\mathrm{S}+3\,\mathrm{S} \end{pmatrix} = \frac{1}{5} \begin{pmatrix} 33\,\mathrm{S} & -31\,\mathrm{S} \\ -19\,\mathrm{S} & 38\,\mathrm{S} \end{pmatrix}.\end{aligned}$$

Die beschriebene Torzahlreduktion liefert stets die Leitwertmatrix eines $(n+1)$-Poles und somit für $n=2$ die Beschreibung des Zweitores als Dreipol. Nun gibt es aber auch *echte Vierpole* unter den Zweitoren, deren Leitwertmatrix ebenfalls systematisch berechnet werden soll. In diesem Fall betrachtet man den Vierpol zunächst als Dreitor mit einem

4.1 Lineare Mehrtore

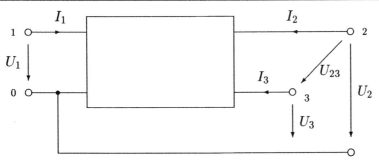

Bild 4.8 Betrachtung eines echten Vierpoles als Dreitor

beliebigen Pol als Bezugsknoten, wie Bild 4.8 zeigt. Die Leitwertgleichungen dieses Dreitores lauten

$$\begin{pmatrix} I_1 \\ I_2 \\ I_3 \end{pmatrix} = \begin{pmatrix} Y_{11} & Y_{12} & Y_{13} \\ Y_{21} & Y_{22} & Y_{23} \\ Y_{31} & Y_{32} & Y_{33} \end{pmatrix} \begin{pmatrix} U_1 \\ U_2 \\ U_3 \end{pmatrix}. \tag{4.17}$$

Durch die Substitution $U_2 = U_{23} + U_3$ läßt sich die Spannung U_2 in Gl. (4.17) eliminieren. Hierzu ersetzen wir U_2 durch U_{23} und addieren die zweite Spalte der Leitwertmatrix zur dritten:

$$\begin{pmatrix} I_1 \\ I_2 \\ I_3 \end{pmatrix} = \begin{pmatrix} Y_{11} & Y_{12} & Y_{12}+Y_{13} \\ Y_{21} & Y_{22} & Y_{22}+Y_{23} \\ Y_{31} & Y_{32} & Y_{32}+Y_{33} \end{pmatrix} \begin{pmatrix} U_1 \\ U_{23} \\ U_3 \end{pmatrix}. \tag{4.18}$$

Wird der echte Vierpol als Zweitor betrieben, so muß für die Stromsumme des rechten Tores $I_2 + I_3 = 0$ gelten. Deshalb wird die zweite Gleichung zur dritten addiert und es ergibt sich

$$\begin{pmatrix} I_1 \\ I_2 \\ 0 \end{pmatrix} = \begin{pmatrix} Y_{11} & Y_{12} & Y_{12}+Y_{13} \\ Y_{21} & Y_{22} & Y_{22}+Y_{23} \\ Y_{21}+Y_{31} & Y_{22}+Y_{32} & Y_{22}+Y_{23}+Y_{32}+Y_{33} \end{pmatrix} \begin{pmatrix} U_1 \\ U_{23} \\ U_3 \end{pmatrix}. \tag{4.19}$$

Dieses Gleichungssystem mit der *transformierten Leitwertmatrix* $\mathbf{Y}_T$ hat die Form von Gl. (4.15), so daß hierauf die Reduktionsformel angewendet werden kann.

Als Beispiel betrachten wir die *symmetrische X-Schaltung* von Bild 4.9 mit der Knotenleitwertmatrix als Dreitor

$$\mathbf{Y}_K = \begin{pmatrix} Y_1+Y_2 & -Y_1 & -Y_2 \\ -Y_1 & Y_1+Y_2 & 0 \\ -Y_2 & 0 & Y_1+Y_2 \end{pmatrix}.$$

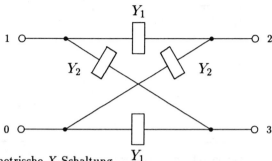

Bild 4.9 Symmetrische X-Schaltung

Die transformierte Knotenleitwertmatrix berechnet sich mit Gl. (4.19) zu

$$\mathbf{Y}_{\mathrm{KT}} = \left(\begin{array}{cc|c} Y_1 + Y_2 & -Y_1 & -Y_1 - Y_2 \\ -Y_1 & Y_1 + Y_2 & Y_1 + Y_2 \\ \hline -Y_1 - Y_2 & Y_1 + Y_2 & 2(Y_1 + Y_2) \end{array} \right).$$

Durch Anwendung der Reduktionsformel erhält man hieraus die Leitwertmatrix des echten Vierpoles als Zweitor:

$$\begin{aligned} \widetilde{\mathbf{Y}} &= \begin{pmatrix} Y_1 + Y_2 & -Y_1 \\ -Y_1 & Y_1 + Y_2 \end{pmatrix} \\ &\quad - \frac{1}{2(Y_1 + Y_2)} \begin{pmatrix} -Y_1 - Y_2 \\ Y_1 + Y_2 \end{pmatrix} \begin{pmatrix} -Y_1 - Y_2 & Y_1 + Y_2 \end{pmatrix} \\ &= \begin{pmatrix} Y_1 + Y_2 & -Y_1 \\ -Y_1 & Y_1 + Y_2 \end{pmatrix} - \frac{1}{2} \begin{pmatrix} Y_1 + Y_2 & -Y_1 - Y_2 \\ -Y_1 - Y_2 & Y_1 + Y_2 \end{pmatrix} \\ &= \frac{1}{2} \begin{pmatrix} Y_2 + Y_1 & Y_2 - Y_1 \\ Y_2 - Y_1 & Y_2 + Y_1 \end{pmatrix}. \end{aligned} \qquad (4.20)$$

4.2 Lineare Zweitore

Ein lineares, zeitinvariantes Mehrtor läßt sich im Frequenzbereich durch die Torspannungen und Torströme als algebraisches Gleichungssystem beschreiben. Die Grundlagen dieser Mehrtortheorie wurden in Abschn. 4.1 dargestellt. Sie umfassen damit auch als Sonderfall die Zweitortheorie, die man aus traditionellen Gründen meist ungenau als „*Vierpoltheorie*" bezeichnet. Mit Rücksicht auf die enorme praktische Bedeutung ist jedoch eine ausführliche Darstellung dieses Sonderfalles erforderlich.

4.2.1 Die Zweitormatrizen

Der Zusammenhang zwischen U_1, U_2, I_1 und I_2 eines Zweitores, entsprechend Bild 4.10, läßt sich durch ein homogenes lineares Gleichungssystem der Form

$$a_{11}U_1 + a_{12}U_2 + b_{11}I_1 + b_{12}I_2 = 0,$$
$$a_{21}U_1 + a_{22}U_2 + b_{21}I_1 + b_{22}I_2 = 0 \quad (4.21)$$

darstellen; denn das Gleichungssystem muß den Rang zwei haben, wenn zwei Größen als Funktion der beiden anderen eindeutig berechenbar sein sollen. Hierbei gibt es allerdings

$$\binom{4}{2} = \frac{4!}{2!(4-2)!} = \frac{4 \cdot 3 \cdot 2}{2 \cdot 2} = 6$$

verschiedene Möglichkeiten. Mit den Abkürzungen

$$\boldsymbol{U} = \begin{pmatrix} U_1 \\ U_2 \end{pmatrix}, \ \boldsymbol{I} = \begin{pmatrix} I_1 \\ I_2 \end{pmatrix}, \ \boldsymbol{a} = \begin{pmatrix} a_{11} \ a_{12} \\ a_{21} \ a_{22} \end{pmatrix}, \ \boldsymbol{b} = \begin{pmatrix} b_{11} \ b_{12} \\ b_{21} \ b_{22} \end{pmatrix}$$

läßt sich Gl. (4.21) sowohl nach $\boldsymbol{U}$ als auch nach $\boldsymbol{I}$ auflösen:

$$\boldsymbol{U} = -\boldsymbol{a}^{-1}\boldsymbol{b}\,\boldsymbol{I},$$
$$\boldsymbol{I} = -\boldsymbol{b}^{-1}\boldsymbol{a}\,\boldsymbol{U}.$$

Unter der Voraussetzung

$$\det \boldsymbol{a} = a_{11}a_{22} - a_{12}a_{21} \neq 0$$

bzw.

$$\det \boldsymbol{b} = b_{11}b_{22} - b_{12}b_{21} \neq 0$$

Bild 4.10 Zweitor mit symmetrischer Bepfeilung

existiert also die *Widerstandsmatrix*

$$Z = -a^{-1}b = \begin{pmatrix} Z_{11} & Z_{12} \\ Z_{21} & Z_{22} \end{pmatrix} \qquad (4.22)$$

bzw. die *Leitwertmatrix des Zweitores*

$$Y = -b^{-1}a = \begin{pmatrix} Y_{11} & Y_{12} \\ Y_{21} & Y_{22} \end{pmatrix}. \qquad (4.23)$$

Die Bestimmung der i. allg. komplexwertigen Matrixelemente erfolgt nach der in Abschn. 4.1.1 beschriebenen Methode. Ist hierbei $Z_{12} = Z_{21}$ bzw. $Y_{12} = Y_{21}$, so spricht man von *Kopplungs-* oder *Übertragungssymmetrie*. Der Fall $Z_{11} = Z_{22}$ bzw. $Y_{11} = Y_{22}$ wird als *Widerstandssymmetrie* bezeichnet. (Die doppelten Identitäten führen nicht zu Widersprüchen, wie noch gezeigt wird.) *Längssymmetrie* liegt vor, wenn ein Zweitor sowohl übertragungs- als auch widerstandssymmetrisch ist.

Unter der Voraussetzung

$$\det \begin{pmatrix} a_{11} & b_{11} \\ a_{21} & b_{21} \end{pmatrix} = a_{11}b_{21} - b_{11}a_{21} \neq 0$$

können die Größen am Tor 1 als Funktion der Größen am Tor 2 ausgedrückt werden. Um das Zusammenschalten mehrerer Zweitore zu einer Kette besser darstellen zu können (siehe Abschn. 4.2.2), schreibt man hier die Gleichungen in der Form

$$\begin{aligned} U_1 &= A_{11}U_2 + A_{12}(-I_2), \\ I_1 &= A_{21}U_2 + A_{22}(-I_2), \end{aligned} \qquad (4.24)$$

benutzt also die *Kettenbepfeilung* gemäß Bild 4.11. Anders als bei den Matrizen Z und Y haben die Elemente der *Kettenmatrix*

$$A = \begin{pmatrix} A_{11} & A_{12} \\ A_{21} & A_{22} \end{pmatrix} \qquad (4.25)$$

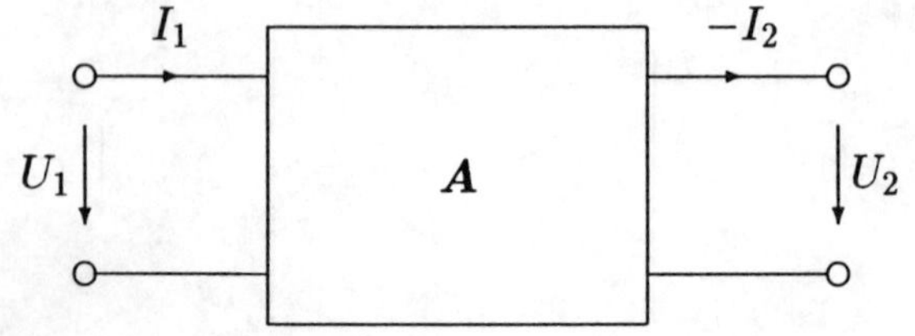

Bild 4.11 Zweitor mit Kettenbepfeilung

4.2 Lineare Zweitore

unterschiedliche Dimensionen:

$$A_{11} = \left.\frac{U_1}{U_2}\right|_{I_2=0}, \qquad A_{12} = \left.\frac{U_1}{-I_2}\right|_{U_2=0} = \frac{-1}{Y_{21}},$$

$$A_{21} = \left.\frac{I_1}{U_2}\right|_{I_2=0} = \frac{1}{Z_{21}}, \qquad A_{22} = \left.\frac{I_1}{-I_2}\right|_{U_2=0}.$$

Während A_{12} und A_{21} mit reziproken Elementen der **Y**- bzw. **Z**-Matrix übereinstimmen, nennt man A_{11} auch *Leerlauf-Spannungsübersetzung* und A_{22} *Kurzschluß-Stromübersetzung*.

Die *reziproke Kettenmatrix* für die Darstellung der Größen am Tor 2 als Funktion der Größen am Tor 1:

$$\begin{pmatrix} U_2 \\ -I_2 \end{pmatrix} = \mathbf{A}^{-1} \begin{pmatrix} U_1 \\ I_1 \end{pmatrix} \tag{4.26}$$

erhält gewöhnlich keine eigene Bezeichnung. Die beiden noch verbleibenden Gleichungssysteme

$$\begin{pmatrix} U_1 \\ I_2 \end{pmatrix} = \mathbf{H} \begin{pmatrix} I_1 \\ U_2 \end{pmatrix}, \qquad \begin{pmatrix} I_1 \\ U_2 \end{pmatrix} = \mathbf{P} \begin{pmatrix} U_1 \\ I_2 \end{pmatrix} \tag{4.27a,b}$$

mit der *Reihenparallelmatrix* **H** und der *Parallelreihenmatrix* **P** sollen nur der Vollständigkeit halber angegeben werden. (Die Erklärung für die Bezeichnung dieser Matrizen werden wir in Abschn. 4.2.2 finden.)

Alle Gleichungssysteme und damit alle Matrizen **Z**, **Y**, **A**, $\mathbf{A}^{-1}$, **H** und **P** beschreiben gleichwertig die Zweitoreigenschaften. Gelegentlich ist es notwendig, von einer Form zu einer anderen überzugehen. Die hierfür notwendigen *Umrechnungsformeln* sind in einer Tabelle im Anhang zusammengestellt. Hiermit kann man z.B. unmittelbar die Kettenmatrix der *symmetrischen X-Schaltung* von Bild 4.9 aus der zugehörigen Leitwertmatrix nach Gl. (4.20) herleiten:

$$\begin{aligned} \mathbf{A} &= \frac{1}{Y_1 - Y_2} \begin{pmatrix} Y_1 + Y_2 & 2 \\ 2Y_1Y_2 & Y_1 + Y_2 \end{pmatrix} \\ &= \frac{1}{Z_2 - Z_1} \begin{pmatrix} Z_1 + Z_2 & 2Z_1Z_2 \\ 2 & Z_1 + Z_2 \end{pmatrix}. \end{aligned} \tag{4.28}$$

Die Umrechnungsformeln zeigen, daß die Bedingungen der *Kopplungs-* oder *Übertragungssymmetrie* durch

$$\begin{aligned} &Z_{12} = Z_{21}, \quad Y_{12} = Y_{21}, \quad \det \mathbf{A} = 1, \\ &H_{12} = -H_{21}, \quad P_{12} = -P_{21} \end{aligned} \tag{4.29}$$

und die Bedingungen der *Widerstandssymmetrie* durch

$$Z_{11} = Z_{22}, \quad Y_{11} = Y_{22}, \quad A_{11} = A_{22},$$
$$\det \boldsymbol{H} = 1, \quad \det \boldsymbol{P} = 1 \qquad (4.30)$$

gleichwertig ausgedrückt werden.

Einige der Umrechnungen lassen sich mit Hilfe der reziproken Matrix durchführen, und es gilt

$$\boldsymbol{Z} = \boldsymbol{Y}^{-1}, \quad \boldsymbol{Y} = \boldsymbol{Z}^{-1},$$
$$\boldsymbol{H} = \boldsymbol{P}^{-1}, \quad \boldsymbol{P} = \boldsymbol{H}^{-1}.$$

Für eine Matrix der Ordnung zwei läßt sich hierfür eine einfache Formel angeben, die z.B. für die reziproke $\boldsymbol{Y}$-Matrix lautet:

$$\boldsymbol{Y}^{-1} = \frac{1}{\det \boldsymbol{Y}} \begin{pmatrix} Y_{22} & -Y_{12} \\ -Y_{21} & Y_{11} \end{pmatrix}. \qquad (4.31)$$

Als Beispiel berechnen wir die Widerstandsmatrix der *symmetrischen X-Schaltung* und erhalten

$$\boldsymbol{Z} = \frac{1}{2Y_1 Y_2} \begin{pmatrix} Y_1 + Y_2 & Y_1 - Y_2 \\ Y_1 - Y_2 & Y_1 + Y_2 \end{pmatrix} = \frac{1}{2} \begin{pmatrix} Z_2 + Z_1 & Z_2 - Z_1 \\ Z_2 - Z_1 & Z_2 + Z_1 \end{pmatrix}. \qquad (4.32)$$

Als weitere Anwendung soll noch die Kettenmatrix des *umgedrehten Zweitores* berechnet werden, die immer dann von Interesse ist, wenn ein Zweitor für beide Betriebsrichtungen verwendet wird. Hierzu müssen in den Kettengleichungen lediglich die Indizes 1 und 2 bei den Spannungen und Strömen vertauscht werden, und man erhält aus den Gln. (4.26) mit (4.31)

$$\begin{pmatrix} U_1 \\ -I_1 \end{pmatrix} = \frac{1}{\det \boldsymbol{A}} \begin{pmatrix} A_{22} & -A_{12} \\ -A_{21} & A_{11} \end{pmatrix} \begin{pmatrix} U_2 \\ I_2 \end{pmatrix}.$$

Gegenüber der normalen Kettenform haben hier die beiden Ströme das falsche Vorzeichen. Es verschwindet, wenn wir die zweite Zeile und Spalte der Matrix mit -1 multiplizieren:

$$\begin{pmatrix} U_1 \\ I_1 \end{pmatrix} = \frac{1}{\det \boldsymbol{A}} \begin{pmatrix} A_{22} & A_{12} \\ A_{21} & A_{11} \end{pmatrix} \begin{pmatrix} U_2 \\ -I_2 \end{pmatrix}. \qquad (4.33)$$

4.2 Lineare Zweitore

Die Kettenmatrix des umgedrehten Zweitores unterscheidet sich von der reziproken Kettenmatrix durch das Fehlen des negativen Vorzeichens bei A_{12} und A_{21}. Bei kopplungssymmetrischen Zweitoren ist nach Gl. (4.29)

$$\det \mathbf{A} = A_{11}A_{22} - A_{12}A_{21} = 1,$$

und in diesem wichtigen Sonderfall bedeutet das „Umdrehen" lediglich ein Vertauschen von A_{11} mit A_{22}.

4.2.2 Die Zusammenschaltung von Zweitoren

In Abschn. 4.1.4 wurde die Parallelschaltung von $(n+1)$-Polen als ein wichtiges Hilfsmittel im Zusammenhang mit dem Knotenpotentialverfahren der Netzwerkanalyse behandelt. Es gibt jedoch noch weitere Möglichkeiten der Zusammenschaltung, die hauptsächlich für Zweitore von Bedeutung sind.

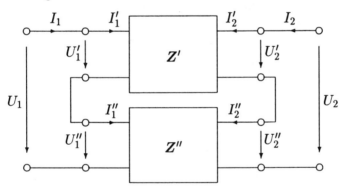

Bild 4.12 Reihenschaltung zweier Zweitore

Als *Reihenschaltung* von Zweitoren bezeichnet man die in Bild 4.12 dargestellte Schaltung, bei der die Torspannungen der Gesamtschaltung sich aufteilen. Die Widerstandsgleichungen der Teilschaltungen

$$\begin{pmatrix} U_1' \\ U_2' \end{pmatrix} = \mathbf{Z}' \begin{pmatrix} I_1' \\ I_2' \end{pmatrix}, \quad \begin{pmatrix} U_1'' \\ U_2'' \end{pmatrix} = \mathbf{Z}'' \begin{pmatrix} I_1'' \\ I_2'' \end{pmatrix}$$

gelten für Vierpole unter der Voraussetzung, daß *die Ströme jedes Polpaares entgegengesetzt gleich sind.* Ist die Strombedingung

$$\begin{pmatrix} I_1 \\ I_2 \end{pmatrix} = \begin{pmatrix} I_1' \\ I_2' \end{pmatrix} = \begin{pmatrix} I_1'' \\ I_2'' \end{pmatrix}$$

auch nach der Zusammenschaltung noch erfüllt, so ergeben sich mit den Spannungsbeziehungen

$$\begin{pmatrix} U_1 \\ U_2 \end{pmatrix} = \begin{pmatrix} U_1' \\ U_2' \end{pmatrix} + \begin{pmatrix} U_1'' \\ U_2'' \end{pmatrix}$$

sofort die Widerstandsgleichungen der Gesamtschaltung zu

$$\begin{pmatrix} U_1 \\ U_2 \end{pmatrix} = (\mathbf{Z}' + \mathbf{Z}'') \begin{pmatrix} I_1 \\ I_2 \end{pmatrix}.$$

Die Reihenschaltung zweier Zweitore entspricht also der Addition der beiden Widerstandsmatrizen

$$\mathbf{Z} = \mathbf{Z}' + \mathbf{Z}''. \tag{4.34}$$

Bei Dreipolen, also Zweitoren mit einem gemeinsamen Bezugspotential, gilt diese Beziehung ohne Einschränkung, wenn die beiden Bezugsknoten zusammengefügt werden. Bei echten Vierpolen ist die Strombedingung praktisch nur in Sonderfällen erfüllt. Zu diesen Sonderfällen gehört z.B. ein *Übertrager*, der die beiden Tore einer Teilschaltung galvanisch voneinander trennt. Einen weiteren Sonderfall stellt der obere *Trennvierpol* des Beispiels einer Reihenschaltung von Bild 4.13 dar. Die Widerstandsmatrizen der beiden Teilschaltungen lauten

$$\mathbf{Z}' = \begin{pmatrix} Z_1 & 0 \\ 0 & Z_2 \end{pmatrix}, \quad \mathbf{Z}'' = \begin{pmatrix} Z_3 & Z_3 \\ Z_3 & Z_3 \end{pmatrix}.$$

Die Summe dieser beiden Matrizen liefert die Widerstandsmatrix der rechten *T-Schaltung* von Bild 4.13:

$$\mathbf{Z} = \mathbf{Z}' + \mathbf{Z}'' = \begin{pmatrix} Z_1 + Z_3 & Z_3 \\ Z_3 & Z_2 + Z_3 \end{pmatrix}. \tag{4.35}$$

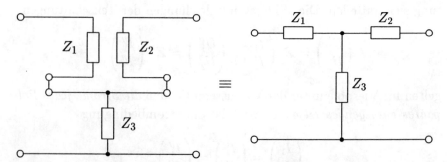

Bild 4.13 Beispiel einer Reihenschaltung von Zweitoren

4.2 Lineare Zweitore

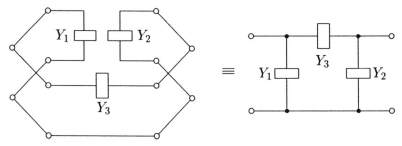

Bild 4.14 Beispiel einer Parallelschaltung von Zweitoren

Die *Parallelschaltung* zweier Zweitore entspricht nach Abschn. 4.1.4 der Addition der beiden Leitwertmatrizen

$$\boldsymbol{Y} = \boldsymbol{Y}' + \boldsymbol{Y}''. \tag{4.10}$$

Wie bereits festgestellt wurde, gilt diese Beziehung bei Dreipolen ohne Einschränkung, wenn die beiden Bezugsknoten zusammengefügt werden. Bei echten Vierpolen gilt die gleiche Voraussetzung wie bei der Reihenschaltung. Als Beispiel betrachten wir wiederum die Parallelschaltung mit einem Trennvierpol gemäß Bild 4.14. Die Leitwertmatrizen der beiden Teilschaltungen lauten

$$\boldsymbol{Y}' = \begin{pmatrix} Y_1 & 0 \\ 0 & Y_2 \end{pmatrix}, \; \boldsymbol{Y}'' = \begin{pmatrix} Y_3 & -Y_3 \\ -Y_3 & Y_3 \end{pmatrix}.$$

Die Summe dieser beiden Matrizen liefert die Leitwertmatrix der rechten π-*Schaltung* von Bild 4.14:

$$\boldsymbol{Y} = \boldsymbol{Y}' + \boldsymbol{Y}'' = \begin{pmatrix} Y_1 + Y_3 & -Y_3 \\ -Y_3 & Y_2 + Y_3 \end{pmatrix}. \tag{4.36}$$

Die Polpaare zweier Zweitore können am Eingang und Ausgang auch verschieden zusammengestellt werden, d. h. zwei Tore werden in Reihe und zwei Tore werden parallel geschaltet, wie es in Bild 4.15 dargestellt ist. Dabei bezeichnet man die linke Schaltung als *Reihenparallel-* und die rechte als *Parallelreihenschaltung*. Im ersten Fall gilt für die beiden Teilzweitore

$$\begin{pmatrix} U_1' \\ I_2' \end{pmatrix} = \boldsymbol{H}' \begin{pmatrix} I_1' \\ U_2' \end{pmatrix}, \; \begin{pmatrix} U_1'' \\ I_2'' \end{pmatrix} = \boldsymbol{H}'' \begin{pmatrix} I_1'' \\ U_2'' \end{pmatrix}.$$

Mit den Spannungs- und Strombedingungen

$$\begin{pmatrix} U_1 \\ I_2 \end{pmatrix} = \begin{pmatrix} U_1' \\ I_2' \end{pmatrix} + \begin{pmatrix} U_1'' \\ I_2'' \end{pmatrix}, \; \begin{pmatrix} I_1 \\ U_2 \end{pmatrix} = \begin{pmatrix} I_1' \\ U_2' \end{pmatrix} = \begin{pmatrix} I_1'' \\ U_2'' \end{pmatrix}$$

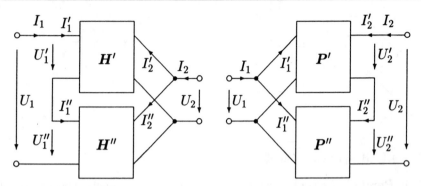

Bild 4.15 Reihenparallel- und Parallelreihenschaltung

ergeben sich sofort die Reihenparallelgleichungen der Gesamtschaltung zu

$$\begin{pmatrix} U_1 \\ I_2 \end{pmatrix} = (\boldsymbol{H'} + \boldsymbol{H''}) \begin{pmatrix} I_1 \\ U_2 \end{pmatrix}.$$

Die Reihenparallelschaltung zweier Zweitore entspricht damit der Addition der beiden Reihenparallelmatrizen

$$\boldsymbol{H} = \boldsymbol{H'} + \boldsymbol{H''}. \tag{4.37}$$

Auf gleiche Weise kann man zeigen, daß der Parallelreihenschaltung zweier Zweitore die Addition der beiden Parallelreihenmatrizen entspricht:

$$\boldsymbol{P} = \boldsymbol{P'} + \boldsymbol{P''}. \tag{4.38}$$

Damit ist auch die Bezeichnung dieser Matrizen erklärt. Natürlich gelten die beiden letzten Gleichungen ebenfalls nur unter der im Zusammenhang mit der Reihenschaltung angegebenen Voraussetzung.

Die letzte Möglichkeit der Zusammenschaltung von Zweitoren ist die in Bild 4.16 dargestellte *Kettenschaltung*. Mit den Kettengleichungen der Teilzweitore

$$\begin{pmatrix} U_1' \\ I_1' \end{pmatrix} = \boldsymbol{A'} \begin{pmatrix} U_2' \\ -I_2' \end{pmatrix}, \quad \begin{pmatrix} U_1'' \\ I_1'' \end{pmatrix} = \boldsymbol{A''} \begin{pmatrix} U_2'' \\ -I_2'' \end{pmatrix}$$

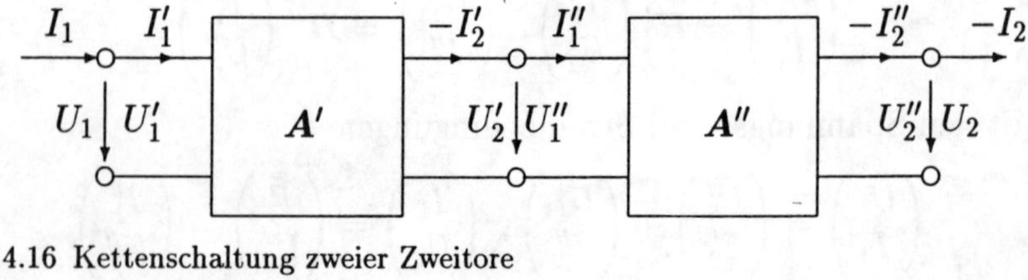

Bild 4.16 Kettenschaltung zweier Zweitore

4.2 Lineare Zweitore

sowie den Spannungs- und Strombedingungen

$$\begin{pmatrix} U_1 \\ I_1 \end{pmatrix} = \begin{pmatrix} U_1' \\ I_1' \end{pmatrix}, \quad \begin{pmatrix} U_2' \\ -I_2' \end{pmatrix} = \begin{pmatrix} U_1'' \\ I_1'' \end{pmatrix}, \quad \begin{pmatrix} U_2'' \\ -I_2'' \end{pmatrix} = \begin{pmatrix} U_2 \\ -I_2 \end{pmatrix}$$

erhält man sofort die Kettengleichungen der Gesamtschaltung zu

$$\begin{pmatrix} U_1 \\ I_1 \end{pmatrix} = \boldsymbol{A}'\boldsymbol{A}'' \begin{pmatrix} U_2 \\ -I_2 \end{pmatrix}.$$

Die Kettenschaltung zweier Zweitore entspricht also der Multiplikation der beiden Kettenmatrizen

$$\boldsymbol{A} = \boldsymbol{A}'\boldsymbol{A}''. \tag{4.39}$$

In diesem Fall ist die Voraussetzung, daß die Ströme jedes Polpaares auch nach der Zusammenschaltung entgegengesetzt gleich sind, stets erfüllt. Die Reihenfolge der Faktoren darf nicht vertauscht werden, weil i. allg. $\boldsymbol{A}'\boldsymbol{A}'' \neq \boldsymbol{A}''\boldsymbol{A}'$ ist.

4.2.3 Der Übertrager als Zweitor

Lineare elektrische Schaltungen bestehen im wesentlichen aus zweipoligen Elementen wie Widerständen, Spulen und Kondensatoren sowie vier- bzw. dreipoligen Elementen wie Übertragern und Verstärkerdreipolen. Sowohl für die Schaltungsanalyse als auch die -synthese benötigen wir die Zweitorbeschreibungen dieser mehrpoligen Elemente.

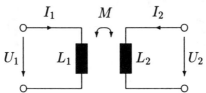

Bild 4.17 Übertrager aus zwei magnetisch gekoppelten Spulen

Als *Übertrager* oder *Transformator* bezeichnet man eine Anordnung aus zwei magnetisch gekoppelten Spulen, wie sie in Bild 4.17 dargestellt ist. In entsprechenden Grundlagenvorlesungen wird gezeigt, daß die Ströme und Spannungen im Frequenzbereich durch die Gleichungen

$$\begin{aligned} U_1 &= j\omega L_1 I_1 + j\omega M I_2, \\ U_2 &= j\omega M I_1 + j\omega L_2 I_2 \end{aligned} \tag{4.40}$$

miteinander verknüpft sind, wenn man die symmetrische Bepfeilung wählt, einen linearen Zusammenhang zwischen den Strömen und magnetischen Flüssen annimmt und die ohmschen Widerstände der Wicklungen vernachlässigt. $L_1, L_2 > 0$ sind die beiden Hauptinduktivitäten und

$$M = \pm k(L_1 L_2)^{1/2} \qquad (4.41)$$

ist die *Gegeninduktivität* mit dem *Kopplungsfaktor*

$$0 < k \leq 1. \qquad (4.42)$$

Der Übertrager besitzt gemäß Gl. (4.40) eine Widerstandsmatrix

$$\mathbf{Z} = \begin{pmatrix} j\omega L_1 & j\omega M \\ j\omega M & j\omega L_2 \end{pmatrix} \qquad (4.43)$$

mit der Eigenschaft $Z_{12} = Z_{21}$; er ist also übertragungssymmetrisch und somit durch ein Zweipolnetzwerk beschreibbar. Die *T-Ersatzschaltung* nach Bild 4.18 ergibt sich unmittelbar aus dem Koeffizientenvergleich von Gl. (4.43) mit der Widerstandsmatrix der T-Schaltung gemäß Gl. (4.35). Diese Ersatzschaltung stellt allerdings nur einen Dreipol dar und kann somit die galvanische Trennung der beiden Tore nicht richtig wiedergeben. Ferner sei noch darauf hingewiesen, daß eine der drei Induktivitäten wegen Gl. (4.41) auch einen negativen Wert annehmen kann.

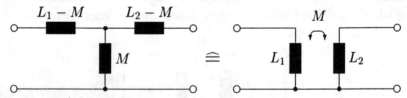

Bild 4.18 T-Ersatzschaltung des Zweiwicklungsübertragers

Um zu geeigneteren Ersatzschaltbildern zu kommen, bestimmen wir zunächst die Kettenmatrix des Übertragers aus seiner Widerstandsmatrix. Hierfür ergibt sich nach den Umrechnungsformeln aus dem Anhang

$$\mathbf{A} = \begin{pmatrix} \dfrac{L_1}{M} & j\omega\left(\dfrac{L_1 L_2}{M} - M\right) \\ \dfrac{1}{j\omega M} & \dfrac{L_2}{M} \end{pmatrix}.$$

4.2 Lineare Zweitore

Mit dem *Streufaktor*

$$\sigma = 1 - k^2 = 1 - M^2/(L_1 L_2)$$

erhält die Kettenmatrix die Form

$$\boldsymbol{A} = \begin{pmatrix} \dfrac{L_1}{M} & j\omega\sigma\dfrac{L_1 L_2}{M} \\ \dfrac{1}{j\omega M} & \dfrac{L_2}{M} \end{pmatrix} = \dfrac{1}{k}\begin{pmatrix} \left(\dfrac{L_1}{L_2}\right)^{1/2} & j\omega\sigma(L_1 L_2)^{1/2} \\ \dfrac{1}{j\omega(L_1 L_2)^{1/2}} & \left(\dfrac{L_2}{L_1}\right)^{1/2} \end{pmatrix}. \quad (4.44)$$

Läßt man für verschwindende Streuung $\sigma = 0$ ($k = 1$) L_1 und L_2 beliebig groß werden, aber so, daß der Quotient $L_1/L_2 = \ddot{u}^2$ endlich bleibt, dann erhält man die Kettenmatrix des *idealen Übertragers*

$$\boldsymbol{A} = \begin{pmatrix} \ddot{u} & 0 \\ 0 & \dfrac{1}{\ddot{u}} \end{pmatrix}. \quad (4.45)$$

Die Tatsache, daß das *Übersetzungsverhältnis* $\ddot{u}$ sowohl positive als auch negative Werte annehmen kann, wird durch die unterschiedlichen Schaltsymbole von Bild 4.19 berücksichtigt.

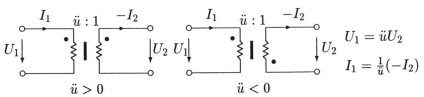

Bild 4.19 Schaltsymbole des idealen Übertragers

Bei der Schaltungsanalyse kann es vorkommen, daß ein idealer Übertrager an einem Tor mit einem Zweipol beschaltet ist und man benötigt die entsprechende Ersatzgröße bezüglich des anderen Tores. Liegt z.B. am rechten Polpaar von Bild 4.19 die Impedanz Z_2, so mißt man am

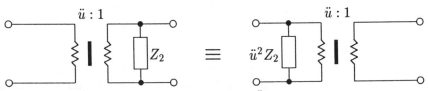

Bild 4.20 Widerstandsübersetzung beim idealen Übertrager

linken die Eingangsimpedanz

$$Z_{\mathrm{e}1} = \frac{U_1}{I_1} = \frac{\ddot{u}U_2}{\frac{1}{\ddot{u}}(-I_2)} = \ddot{u}^2 \frac{U_2}{-I_2} = \ddot{u}^2 Z_2.$$

Dieses Ergebnis wird durch Bild 4.20 veranschaulicht. Für das Knotenpotentialverfahren ist von Nachteil, daß der ideale Übertrager keine Leitwertmatrix besitzt. Dieses Problem kann gelöst werden, wenn man einen unzugänglichen Zusatzknoten hinzufügt. In Aufgabe 4.9 wird gezeigt, daß sich eine allpolig äquivalente Ersatzschaltung als reines Zweipolnetzwerk angeben läßt.

Ein Übertrager ohne Streuung und mit unendlich großen Induktivitäten ist nicht realisierbar. Da aber der reale Übertrager oft nur wenig vom idealen abweicht, liegt es nahe, als Ersatzschaltung die Kettenschaltung eines idealen Übertragers und eines Restzweitores zu benutzen. Diese Aufspaltung läßt sich als Matrizengleichung der Form

$$\boldsymbol{A}_{\mathrm{re}} = \boldsymbol{A}_{\mathrm{zw}} \boldsymbol{A}_{\mathrm{id}}$$

darstellen. Hierbei ist $\boldsymbol{A}_{\mathrm{re}}$ die Kettenmatrix des realen Übertragers, $\boldsymbol{A}_{\mathrm{zw}}$ die Kettenmatrix des gesuchten Restzweitores und $\boldsymbol{A}_{\mathrm{id}}$ die Kettenmatrix des idealen Übertragers. Wir multiplizieren die obige Gleichung von rechts mit $\boldsymbol{A}_{\mathrm{id}}^{-1}$ und erhalten mit Gl. (4.44)

$$\boldsymbol{A}_{\mathrm{zw}} = \boldsymbol{A}_{\mathrm{re}} \boldsymbol{A}_{\mathrm{id}}^{-1} = \begin{pmatrix} \dfrac{L_1}{M} & \mathrm{j}\omega\sigma\dfrac{L_1 L_2}{M} \\ \dfrac{1}{\mathrm{j}\omega M} & \dfrac{L_2}{M} \end{pmatrix} \begin{pmatrix} \dfrac{1}{\ddot{u}} & 0 \\ 0 & \ddot{u} \end{pmatrix} = \begin{pmatrix} \dfrac{L_1}{\ddot{u}M} & \mathrm{j}\omega\sigma\dfrac{L_1 \ddot{u}^2 L_2}{\ddot{u}M} \\ \dfrac{1}{\mathrm{j}\omega\ddot{u}M} & \dfrac{\ddot{u}^2 L_2}{\ddot{u}M} \end{pmatrix}.$$

Die Matrix $\boldsymbol{A}_{\mathrm{zw}}$ unterscheidet sich von $\boldsymbol{A}_{\mathrm{re}}$ nur dadurch, daß M durch $\ddot{u}M$ und L_2 durch $\ddot{u}^2 L_2$ ersetzt ist. So entsteht die Ersatzschaltung von Bild 4.21 mit einem noch frei wählbaren Parameter $\ddot{u}$. Dieser kann z.B. durch die Forderung bestimmt werden, daß alle drei Induktivitäten der

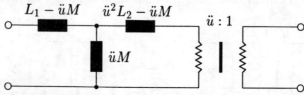

Bild 4.21 Allgemeine Ersatzschaltung des Zweiwicklungsübertragers mit idealem Übertrager

4.2 Lineare Zweitore

allgemeinen Ersatzschaltung nichtnegativ sein sollen:

$$L_1 - \ddot{u}M \geq 0,$$
$$\ddot{u}M \geq 0,$$
$$\ddot{u}^2 L_2 - \ddot{u}M \geq 0.$$

Aus der mittleren Ungleichung folgt, daß $\ddot{u}$ das Vorzeichen von M erhalten muß, während die beiden anderen Ungleichungen mit Gl. (4.41) ergeben:

$$k^2 \frac{L_1}{L_2} \leq \ddot{u}^2 \leq \frac{1}{k^2} \frac{L_1}{L_2}.$$

Es existiert also stets ein Lösungsbereich für $\ddot{u}$, wobei die beiden Grenzfälle

$$L_1 - \ddot{u}M = 0$$

oder

$$\ddot{u}L_2 - M = 0$$

zu besonders einfachen Ersatzschaltungen führen, die in Bild 4.22 dargestellt sind.

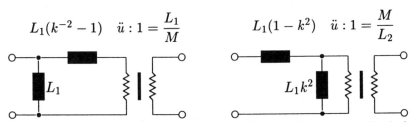

Bild 4.22 Spezielle Ersatzschaltungen des Zweiwicklungsübertragers mit idealem Übertrager

4.2.4 Passive Zweitore

Beim Entwurf analoger linearer Schaltungen wird zwischen passiven und aktiven Realisierungen unterschieden. Passive Schaltungen haben gegenüber aktiven den Vorteil, daß sie grundsätzlich stabil sind. (Die Vorteile aktiver Schaltungen sollen an geeigneter Stelle zur Sprache kommen.) Als passiv bezeichnet man ein Zweitor, bei dem für die an beiden Toren aufgenommene *Wirkleistung* gemäß Bild 4.23 gilt:

$$P_1 + P_2 \geq 0. \tag{4.46}$$

Die Wirkleistung eines Polpaares stellt die mittlere Leistung bei rein sinusförmiger Erregung der Kreisfrequenz ω_0 dar (*stationärer Betrieb*), also

$$P = \frac{1}{T} \int_0^T u(t)i(t)\,dt, \quad T = \frac{2\pi}{\omega_0} \qquad (4.47)$$

mit

$$u(t) = \sqrt{2}\, u_{\text{eff}} \cos(\omega_0 t + \varphi_u),$$
$$i(t) = \sqrt{2}\, i_{\text{eff}} \cos(\omega_0 t + \varphi_i).$$

Durch Einführung der *komplexen Effektivwerte*

$$U = u_{\text{eff}} e^{j\varphi_u}, \quad I = i_{\text{eff}} e^{j\varphi_i}$$

können die Spannung und der Strom auch wie folgt aufgeschrieben werden:

$$u(t) = (U e^{j\omega_0 t} + U^* e^{-j\omega_0 t})/\sqrt{2},$$
$$i(t) = (I e^{j\omega_0 t} + I^* e^{-j\omega_0 t})/\sqrt{2}.$$

Werden diese Zeitverläufe in Gl. (4.47) eingesetzt, so liefert die Integration über eine Periode die Wirkleistung, ausgedrückt durch die komplexe Spannung U und den komplexen Strom I:

$$P = (UI^* + U^*I)/2 = \text{Re}(UI^*). \qquad (4.48)$$

Hiermit lautet die Bedingung für Passivität eines Zweitores nach Gl. (4.46)

$$U_1 I_1^* + U_1^* I_1 + U_2 I_2^* + U_2^* I_2 \geq 0.$$

Werden hierin z.B. die Spannungen mit Hilfe der Widerstandsgleichungen

$$U_1 = Z_{11} I_1 + Z_{12} I_2,$$
$$U_2 = Z_{21} I_1 + Z_{22} I_2$$

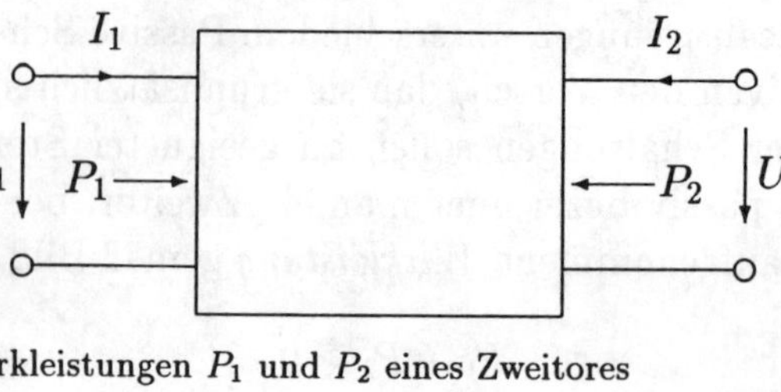

Bild 4.23 Die Wirkleistungen P_1 und P_2 eines Zweitores

4.2 Lineare Zweitore

ersetzt, so ergibt sich

$$2\operatorname{Re}(Z_{11})I_1I_1^* + 2\operatorname{Re}(Z_{22})I_2I_2^* \\ + (Z_{21} + Z_{12}^*)I_1I_2^* + (Z_{21}^* + Z_{12})I_2I_1^* \geq 0.$$

Soll diese Ungleichung für beliebige I_1, I_2 gelten, dann muß

$$\operatorname{Re}(Z_{11}) \geq 0, \quad \operatorname{Re}(Z_{22}) \geq 0 \qquad (4.49)$$

sein, wenn einer der beiden Ströme verschwindet. Die Bedingung für beliebige von null verschiedene I_1, I_2 erhält man nach Division der Ungleichung mit $(I_1 I_1^* I_2 I_2^*)^{1/2}$. Dann gilt

$$2\operatorname{Re}(Z_{11})\left|\frac{I_1}{I_2}\right| + 2\operatorname{Re}(Z_{22})\left|\frac{I_2}{I_1}\right| \\ + (Z_{21} + Z_{12}^*)\left(\frac{I_1 I_2^*}{I_1^* I_2}\right)^{1/2} + (Z_{21}^* + Z_{12})\left(\frac{I_1^* I_2}{I_1 I_2^*}\right)^{1/2} \geq 0. \quad (4.50)$$

Die ersten beiden Summanden sind positiv und von der Form

$$F_1(A) = 2\operatorname{Re}(Z_{11})A + 2\operatorname{Re}(Z_{22})/A$$

mit dem Minimalwert

$$F_1(A)_{\min} = 4[\operatorname{Re}(Z_{11})\operatorname{Re}(Z_{22})]^{1/2}.$$

Die anderen beiden Terme in Gl. (4.50) sind von der Form

$$F_2(\varphi) = |Z_{21} + Z_{12}^*|e^{j\varphi} + |Z_{21} + Z_{12}^*|e^{-j\varphi}$$

mit dem Minimalwert

$$F_2(\varphi)_{\min} = -2|Z_{21} + Z_{12}^*|.$$

Werden die beiden Minima in Gl. (4.50) eingesetzt, so erhält man zusammen mit Gl. (4.49) die vollständigen Bedingungen für *Passivität eines Zweitores*:

$$\begin{aligned} 4\operatorname{Re}(Z_{11})\operatorname{Re}(Z_{22}) &\geq |Z_{21} + Z_{12}^*|^2, \\ \operatorname{Re}(Z_{11}) &\geq 0, \quad \operatorname{Re}(Z_{22}) \geq 0. \end{aligned} \qquad (4.51)$$

Hieraus ergeben sich die entsprechenden Bedingungen für die Elemente der Leitwertmatrix, wenn die $Z_{\mu\nu}$ durch $Y_{\mu\nu}$ ersetzt werden.

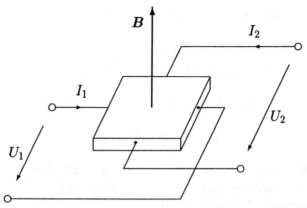

Bild 4.24 Der Hall-Gyrator

Einen passiven Vierpol erhält man mit einer Anordnung nach Bild 4.24, die den *Hall-Effekt* ausnutzt. Wir betrachten als Modell für eine solche Anordnung eine quadratische Platte aus halbleitendem Material, deren vier Stirnseiten mit Elektroden versehen sind. Die Platte sei senkrecht von einem Magnetfeld B durchsetzt. Fließt zwischen den Stirnseiten ein Strom der Stromdichte S, dann entsteht nach der Gleichung

$$\boldsymbol{E} = \frac{1}{\varrho} \boldsymbol{S} \times \boldsymbol{B} \qquad (4.52)$$

ein elektrisches Feld E quer zur Stromrichtung, also eine Spannung zwischen den Stirnseiten beiderseits des Stromes. Die Größe ϱ stellt die Dichte der bewegten Ladungsträger dar. Ein Strom I_1 in der eingezeichneten Zählrichtung ruft also eine Spannung

$$U_2 = Z_\mathrm{H} I_1$$

hervor. Dabei ist Z_H eine Konstante, die von der Ladungsträgerdichte, der Stärke des Magnetfeldes und den Abmessungen der Platte abhängt. Ebenso ruft ein Strom I_2 in der eingezeichneten Zählrichtung eine Spannung

$$U_1 = -Z_\mathrm{H} I_2$$

hervor, wenn die Platte quadratisch ist. Nimmt man an, daß die Platte zwischen den Anschlüssen jeweils den Widerstand R hat, dann gelten folgende Gleichungen:

$$\begin{aligned} U_1 &= R I_1 - Z_\mathrm{H} I_2, \\ U_2 &= Z_\mathrm{H} I_1 + R I_2. \end{aligned} \qquad (4.53)$$

Die beschriebene Anordnung hat also die Widerstandsmatrix

$$Z = \begin{pmatrix} R & -Z_\mathrm{H} \\ Z_\mathrm{H} & R \end{pmatrix}.$$

Man nennt einen solchen Vierpol mit $Z_{12} = -Z_{21}$ einen *Gyrator*. Dieser ist zwar passiv, aber nicht übertragungssymmetrisch, also auch nicht durch ein Zweipolnetzwerk realisierbar.

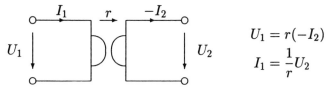

$$U_1 = r(-I_2)$$
$$I_1 = \frac{1}{r}U_2$$

Bild 4.25 Schaltsymbol des idealen Gyrators

Wenn R gegenüber Z_H vernachlässigbar klein ist, bezeichnet man den Vierpol als *idealen Gyrator*. Seine Widerstands- und Kettenmatrix lauten mit dem *Gyrationswiderstand* r

$$Z = \begin{pmatrix} 0 & -r \\ r & 0 \end{pmatrix}, \quad A = \begin{pmatrix} 0 & r \\ 1/r & 0 \end{pmatrix}. \quad (4.54)$$

Der ideale Gyrator, dessen Schaltsymbol Bild 4.25 zeigt, spielt in der Vierpoltheorie als Prinzip-Zweitor eine ähnliche Rolle wie der ideale Übertrager. Seine entscheidende praktische Bedeutung liegt jedoch in der Tatsache begründet, daß er als *Positivdualübersetzer* eine Kapazität in eine Induktivität umwandelt. Bei Abschluß des Ausgangstores mit einer Impedanz Z_2 ist nämlich die Eingangsimpedanz

$$Z_{\mathrm{e}1} = \frac{U_1}{I_1} = \frac{r(-I_2)}{\frac{1}{r}U_2} = r^2 \frac{-I_2}{U_2} = \frac{r^2}{Z_2}.$$

Dieses Ergebnis wird durch Bild 4.26 veranschaulicht. Mit $Z_2 = 1/(\mathrm{j}\omega C)$ erhält man also $Z_{\mathrm{e}1} = \mathrm{j}\omega r^2 C$. Der Gyratoreingang wirkt daher wie eine Induktivität der Größe $L = r^2 C$. Die Technologie der integrierten Schaltkreise gestattet es, Gyratoren und Kapazitäten in dieser Bauweise zu realisieren, nicht aber Induktivitäten. Dadurch wird es möglich, auch *LC*-Filterschaltungen integriert aufzubauen.

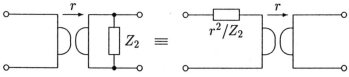

Bild 4.26 Widerstandsübersetzung beim idealen Gyrator

4.2.5 Zweitore mit gesteuerten Quellen

Bei der idealen Spannungs- bzw. Stromquelle ist die Quellspannung bzw. der Quellstrom fest vorgegeben (*unabhängige Quellen*). Wir wollen uns jetzt dem Fall zuwenden, daß die Quellspannung bzw. der Quellstrom proportional der Spannung bzw. dem Strom an einer anderen Stelle der Schaltung ist (*gesteuerte Quellen*). Während also die unabhängigen Quellen Zweipole sind, handelt es sich bei den gesteuerten Quellen um Zweitore. Offenbar gibt es vier verschiedene Möglichkeiten, die in Bild 4.27 zusammengestellt sind.

Für die *spannungsgesteuerte Stromquelle* (UIQ) gelten die Gleichungen

$$I_1 = 0, \quad I_2 = G_S U_1.$$

Damit erhält man die in Bild 4.27 angegebene Leitwertmatrix Y und daraus die Kettenmatrix A. Die Matrizen Z, H und P existieren in diesem Fall nicht. Der Steuerparameter G_S wird als Steuerleitwert bezeichnet.

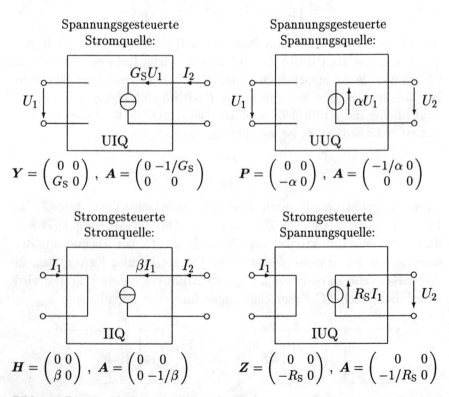

Bild 4.27 Die vier idealen gesteuerten Quellen

4.2 Lineare Zweitore

Für die *spannungsgesteuerte Spannungsquelle* (UUQ) liest man die Gleichungen

$$I_1 = 0, \quad U_2 = -\alpha U_1$$

ab. Damit ergeben sich die angegebenen Matrizen P und A, während hier Z, Y und H nicht existieren. Den Steuerparameter α nennt man Spannungsverstärkung.

Für die *stromgesteuerte Stromquelle* (IIQ) gilt

$$U_1 = 0, \quad I_2 = \beta I_1.$$

Hieraus erhält man die Matrizen H und A, während in diesem Fall Z, Y und P nicht existieren. Der Steuerparameter β heißt Stromverstärkung.

Für die *stromgesteuerte Spannungsquelle* (IUQ) gelten die Gleichungen

$$U_1 = 0, \quad U_2 = -R_S I_1.$$

Damit ergeben sich die angegebenen Matrizen Z und A, während hier Y, H und P nicht existieren. Der Steuerparameter R_S wird als Steuerwiderstand bezeichnet.

Die Vorzeichen der gesteuerten Stromquellen wurden im Sinne der symmetrischen Bepfeilung positiv angesetzt. Damit tritt bei den gesteuerten Spannungsquellen das negative Vorzeichen auf, weil bei Vorhandensein eines ausgangsseitigen Innenwiderstandes die Äquivalenz der Spannungs- und der Stromquelle gelten muß. Es sei noch darauf hingewiesen, daß von allen idealen gesteuerten Quellen nur die UIQ eine Leitwertmatrix besitzt. Damit läßt sie sich direkt in den beschriebenen Formalismus des Knotenpotentialverfahrens einbeziehen.

Ideale gesteuerte Quellen sind nicht durch elektrische Schaltelemente realisierbar, wohl aber der *rückwirkungsfreie Vierpol*, der durch

$$Y_{12} = P_{12} = H_{12} = Z_{12} = \det A = 0 \tag{4.55}$$

definiert ist. Unter Benutzung der vier Steuerparameter von Bild 4.27 sowie des Eingangswiderstandes $R_1 = 1/G_1$ und des ausgangsseitigen Innenwiderstandes $R_2 = 1/G_2$ erhalten wir für den rückwirkungsfreien Vierpol folgende Matrizen:

$$Y = \begin{pmatrix} G_1 & 0 \\ G_S & G_2 \end{pmatrix}, \quad P = \begin{pmatrix} G_1 & 0 \\ -\alpha & R_2 \end{pmatrix}, \tag{4.56a,b}$$

$$H = \begin{pmatrix} R_1 & 0 \\ \beta & G_2 \end{pmatrix}, \quad Z = \begin{pmatrix} R_1 & 0 \\ -R_S & R_2 \end{pmatrix}, \quad (4.56c,d)$$

$$A = \begin{pmatrix} 1/P_{21} & -1/Y_{21} \\ 1/Z_{21} & -1/H_{21} \end{pmatrix} = \begin{pmatrix} -1/\alpha & -1/G_S \\ -1/R_S & -1/\beta \end{pmatrix} \quad (4.56e)$$

mit

$$\det A = \frac{1}{\alpha\beta} - \frac{1}{G_S R_S} = 0. \quad (4.56f)$$

Da zwischen den Elementen obiger Matrizen die Umrechnungsformeln gelten müssen, ergeben sich die Beziehungen

$$\alpha = G_S R_2, \quad \beta = G_S R_1, \quad R_S = G_S R_1 R_2. \quad (4.57)$$

Die Matrizen Y, P, H und Z können additiv zerlegt und als entsprechende Zusammenschaltungen des Trennvierpoles mit einer idealen gesteuerten Quelle aufgefaßt werden. Damit erhält man die vier Ersatzschaltungen des rückwirkungsfreien Vierpoles von Bild 4.28, die für $G_1 = G_2 = R_1 = R_2 = 0$ wieder die vier idealen gesteuerten Quellen ergeben. Diese Ersatzschaltungen beschreiben das Kleinsignalverhalten des Feldeffekttransistors, der Elektronenröhre und des rückwirkungsfreien Differenzverstärkers (Operationsverstärker).

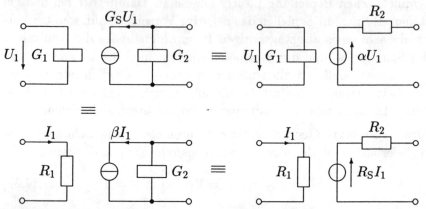

Bild 4.28 Ersatzschaltungen des rückwirkungsfreien Vierpoles

Bei der wichtigen Klasse der übertragungssymmetrischen Zweitore, zu der alle aus RLC-Elementen und Übertragern aufgebauten gehören, ist für die Leitwertparameter die Bedingung $Y_{12} = Y_{21}$ erfüllt. Einen anderen Sonderfall, nämlich den des rückwirkungsfreien Vierpoles mit der Bedingung $Y_{12} = 0$, haben wir eben behandelt. Beim *allgemeinen*

4.2 Lineare Zweitore

Zweitor, bei dem lediglich Linearität vorausgesetzt wird, sind dagegen alle vier Elemente der Leitwertmatrix (oder einer anderen Zweitormatrix) unabhängig voneinander wählbar. Die Möglichkeit von Realisierungen besteht in der additiven Zerlegung der Matrizen Y, P, H und Z oder der Faktorisierung der A-Matrix.

Als Beispiel zerlegen wir die Leitwertmatrix Y in die Summe von drei Teilmatrizen und führen dabei eine noch frei wählbare Koppelgröße Y_k ein:

$$Y = \begin{pmatrix} Y_{11} & Y_{12} \\ Y_{21} & Y_{22} \end{pmatrix} \qquad (4.58)$$

$$= \begin{pmatrix} 0 & Y_{12}+Y_k \\ 0 & 0 \end{pmatrix} + \begin{pmatrix} Y_{11} & -Y_k \\ -Y_k & Y_{22} \end{pmatrix} + \begin{pmatrix} 0 & 0 \\ Y_{21}+Y_k & 0 \end{pmatrix}.$$

Nun lassen sich die beiden äußeren Teilmatrizen durch je eine gesteuerte Quelle darstellen, und die mittlere Teilmatrix ist übertragungssymmetrisch, also durch ein Zweipolnetzwerk realisierbar. Die drei Teilschaltungen werden dann als Parallelschaltung von Dreipolen betrachtet. Durch geeignete Wahl der Koppelgröße Y_k können in vielfältiger Weise Ersatzschaltungen des allgemeinen Zweitores erzeugt werden. Für die Fälle $Y_k = 0$, $Y_k = -Y_{12}$ und $Y_k = -Y_{21}$ ergeben sich die Realisierungen von Bild 4.29. Die praktische Bedeutung dieser

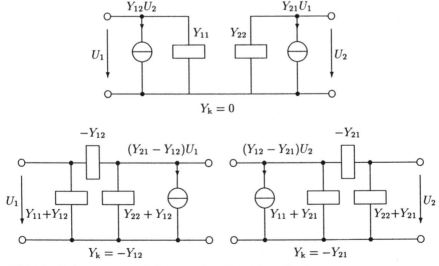

Bild 4.29 Leitwertersatzschaltungen des allgemeinen Zweitores

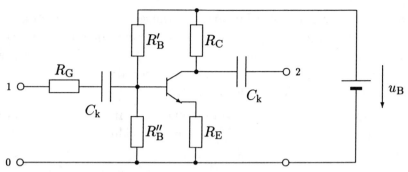

Bild 4.30 Transistorverstärker

Ersatzschaltungen besteht darin, daß man sie zur Beschreibung des Kleinsignalverhaltens von bipolaren Transistoren verwendet.

Als Beispiel zur Gewinnung der Zweitorbeschreibung einer Schaltung mit Verstärkerdreipolen (Netzwerk mit aktiven Elementen) betrachten wir den Transistorverstärker von Bild 4.30. Die Batteriespannung u_B und die beiden Koppelkondensatoren C_k werden nur zur Arbeitspunkteinstellung benötigt; für alle Wechselstromvorgänge stellen sie Kurzschlüsse dar. Zeichnet man Bild 4.30 um und ersetzt gleichzeitig alle Widerstände durch die entsprechenden Leitwerte, so erhält man das *Kleinsignalersatzschaltbild* des Transistorverstärkers von Bild 4.31 mit den zugänglichen Knoten bzw. Polen 1, 2, 0 sowie den unzugänglichen Knoten 3 und 4. (Eine mögliche Belastung des Ausgangstores mit dem Leitwert G_L kann am Schluß der Rechnung berücksichtigt werden, indem man G_C durch $G_C + G_L$ ersetzt.)

Wie Bild 4.31 zeigt, kann die Gesamtschaltung als Parallelschaltung

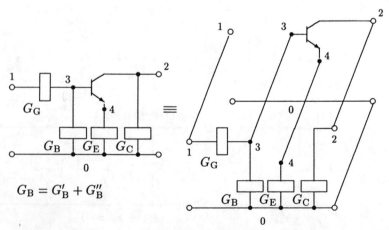

Bild 4.31 Kleinsignalersatzschaltbild des Transistorverstärkers

4.2 Lineare Zweitore

des Zweipolnetzwerkes und des Verstärkerdreipoles mit 0 als Bezugsknoten aufgefaßt werden. Die Knotenleitwertmatrix Y_K erhält man gemäß Abschn. 4.1.4 als Summe der beiden Teilmatrizen. Da die Matrizenaddition nur für Teilmatrizen mit gleichen Zeilen- und Spaltenzahlen erklärt ist, muß der Verstärkerdreipol durch alle weiteren Netzwerkknoten ergänzt werden. Die Knotenleitwertmatrix des Zweipolnetzwerkes läßt sich mit Hilfe der Strukturregel von Abschn. 4.1.2 sofort hinschreiben:

$$Y'_K = \begin{pmatrix} \overset{1}{G_G} & \overset{2}{0} & \overset{3}{-G_G} & \overset{4}{0} \\ 0 & G_C & 0 & 0 \\ -G_G & 0 & G_G + G_B & 0 \\ 0 & 0 & 0 & G_E \end{pmatrix} \begin{matrix} 1 \\ 2 \\ 3 \\ 4 \end{matrix}.$$

Der Transistor sei idealisiert angenommen und habe die Leitwertmatrix mit 4 als lokalem Bezugsknoten (Emittergrundschaltung):

$$Y_4 = \begin{pmatrix} \overset{3}{G_1} & \overset{2}{0} \\ G_S & 0 \end{pmatrix} \begin{matrix} 3 \\ 2 \end{matrix}.$$

Durch Rändern dieser Matrix, gemäß Abschn. 4.1.3, erhält man die Beschreibung des Transistors mit dem globalen Bezugsknoten 0:

$$Y_R = \begin{pmatrix} \overset{3}{G_1} & \overset{2}{0} & \overset{4}{-G_1} \\ G_S & 0 & -G_S \\ -(G_1 + G_S) & 0 & G_1 + G_S \end{pmatrix} \begin{matrix} 3 \\ 2 \\ 4 \end{matrix}.$$

Nun müssen nur noch die Zeilen und Spalten mit den Nummern 2 bzw. 3 vertauscht und der weitere Knoten 1 durch Erweiterung der Matrix mit einer „Nullzeile" und „Nullspalte" berücksichtigt werden. Die so ergänzte Knotenleitwertmatrix des Transistors lautet also

$$Y''_K = \begin{pmatrix} \overset{1}{0} & \overset{2}{0} & \overset{3}{0} & \overset{4}{0} \\ 0 & 0 & G_S & -G_S \\ 0 & 0 & G_1 & -G_1 \\ 0 & 0 & -(G_1 + G_S) & G_1 + G_S \end{pmatrix} \begin{matrix} 1 \\ 2 \\ 3 \\ 4 \end{matrix}.$$

Die Knotenleitwertmatrix der Gesamtschaltung ergibt sich durch Addition der beiden Teilmatrizen zu

$$Y_K = Y'_K + Y''_K = \begin{pmatrix} \overset{1}{G_G} & \overset{2}{0} & | & \overset{3}{-G_G} & \overset{4}{0} \\ 0 & G_C & | & G_S & -G_S \\ \hline -G_G & 0 & | & G_1 + G_G + G_B & -G_1 \\ 0 & 0 & | & -(G_1 + G_S) & G_1 + G_S + G_E \end{pmatrix} \begin{matrix} 1 \\ 2 \\ \\ 3 \\ 4 \end{matrix}$$

Die Leitwertmatrix des Zweitors 1/0, 2/0 erhält man schließlich durch Torzahlreduktion mit Gl. (4.16):

$$\widetilde{Y} = \begin{pmatrix} \overset{1}{G_G \dfrac{G_B(G_1 + G_S + G_E) + G_1 G_E}{(G_G + G_B)(G_1 + G_S + G_E) + G_1 G_E}} & \overset{2}{0} \\ G_E \dfrac{G_G G_S}{(G_G + G_B)(G_1 + G_S + G_E) + G_1 G_E} & G_C \end{pmatrix} \begin{matrix} 1 \\ \\ 2 \end{matrix}$$

Mit den Zweitorgleichungen in der Leitwertform

$$I_1 = \widetilde{Y}_{11} U_1 + \widetilde{Y}_{12} U_2,$$
$$I_2 = \widetilde{Y}_{21} U_1 + \widetilde{Y}_{22} U_2,$$

läßt sich nun z.B. die *Leerlauf-Spannungsübertragungsfunktion* des Transistorverstärkers angeben zu

$$H_{U1} = \left.\frac{U_2}{U_1}\right|_{I_2=0} = -\frac{\widetilde{Y}_{21}}{\widetilde{Y}_{22}}$$
$$= -\frac{G_E}{G_C} \frac{G_G G_S}{(G_G + G_B)(G_1 + G_S + G_E) + G_1 G_E}. \qquad (4.59)$$

Für $G_G \gg G_B$, G_1 ergibt sich hieraus mit $\beta = G_S/G_1 \gg 1$, nach Gl. (4.57), die bekannte Formel für die „Emitterschaltung mit Stromgegenkopplung":

$$H_{U1} = -\frac{G_E}{G_C} \frac{1}{1 + \frac{G_E}{\beta G_1}} = -\frac{R_C}{R_E} \frac{1}{1 + \frac{R_1}{\beta R_E}}.$$

4.2.6 Die Wellenparameter des Zweitores

Wir wollen nun das Verhalten des beschalteten Zweitores untersuchen und beginnen mit der *Impedanztransformation*, d.h. wir berechnen die Eingangsimpedanz an einem Tor in Abhängigkeit von der Abschlußimpedanz des anderen Tores. Die Eingangsimpedanz Z_{e1} des linken Tores von Bild 4.32 lautet mit den Kettengleichungen (4.24)

$$Z_{e1} = \frac{U_1}{I_1} = \frac{A_{11}U_2 + A_{12}(-I_2)}{A_{21}U_2 + A_{22}(-I_2)}.$$

Nach Division durch $-I_2$ erhält man hieraus wegen $Z_2 = U_2/(-I_2)$ die Formel

$$Z_{e1} = \frac{A_{11}Z_2 + A_{12}}{A_{21}Z_2 + A_{22}}. \qquad (4.60)$$

Diese direkte Beschreibung der Impedanztransformation läßt sich sowohl analytisch als auch numerisch bequem auswerten, ermöglicht aber z.B. keine einfache graphische Interpretation. Es zeigt sich, daß zwischen geeignet transformierten Größen von Z_{e1} und Z_2 ein wesentlich übersichtlicherer Zusammenhang besteht. Zur Herleitung einer entsprechenden Beziehung schreiben wir Gl. (4.60) noch einmal für ein Paar fester, aber beliebig wählbarer Werte Z_{e1a}, Z_{2a} auf und subtrahieren beide Gleichungen voneinander:

$$Z_{e1} - Z_{e1a} = \frac{A_{11}Z_2 + A_{12}}{A_{21}Z_2 + A_{22}} - \frac{A_{11}Z_{2a} + A_{12}}{A_{21}Z_{2a} + A_{22}}$$
$$= \frac{(Z_2 - Z_{2a})\det \boldsymbol{A}}{(A_{21}Z_2 + A_{22})(A_{21}Z_{2a} + A_{22})}.$$

Diese Operation wiederholen wir für die Paare Z_{e1}, Z_2 sowie Z_{e1b}, Z_{2b} und dividieren beide Gleichungen durcheinander:

$$\frac{Z_{e1} - Z_{e1a}}{Z_{e1} - Z_{e1b}} = \frac{A_{21}Z_{2b} + A_{22}}{A_{21}Z_{2a} + A_{22}} \cdot \frac{Z_2 - Z_{2a}}{Z_2 - Z_{2b}}. \qquad (4.61)$$

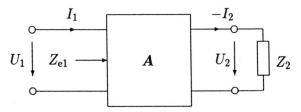

Bild 4.32 Die Impedanztransformation des Zweitores

Nun sollen Wertepaare Z_{e1a}, Z_{2a} und Z_{e1b}, Z_{2b} bestimmt werden, die für das Zweitor charakteristisch sind. Hierzu wird jedem Tor eine charakteristische Impedanz zugeordnet, die so gewählt wird, wie es in Bild 4.33 dargestellt ist: *Am linken Tor soll die Impedanz Z_{w1} erscheinen, wenn rechts mit Z_{w2} abgeschlossen ist und umgekehrt.*

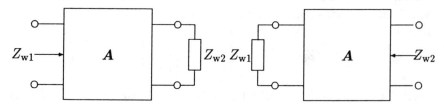

Bild 4.33 Definition der Wellenwiderstände Z_{w1} und Z_{w2}

In Formeln ausgedrückt, lauten diese beiden Bedingungen mit Gl. (4.60)

$$Z_{w1} = \frac{A_{11}Z_{w2} + A_{12}}{A_{21}Z_{w2} + A_{22}}, \qquad Z_{w2} = \frac{A_{22}Z_{w1} + A_{12}}{A_{21}Z_{w1} + A_{11}},$$

wobei das Umdrehen der Betriebsrichtung gemäß Gl. (4.33) nur ein Vertauschen von A_{11} mit A_{22} in der zweiten Beziehung bewirkt. Zur Auflösung dieser beiden Gleichungen beseitigen wir zuerst die beiden Nenner:

$$Z_{w1}Z_{w2}A_{21} + Z_{w1}A_{22} - Z_{w2}A_{11} - A_{12} = 0,$$
$$Z_{w1}Z_{w2}A_{21} - Z_{w1}A_{22} + Z_{w2}A_{11} - A_{12} = 0.$$

Durch Addieren und Subtrahieren entstehen hieraus die Gleichungen

$$Z_{w1}Z_{w2} = \frac{A_{12}}{A_{21}}, \qquad \frac{Z_{w1}}{Z_{w2}} = \frac{A_{11}}{A_{22}}$$

und schließlich

$$Z_{w1} = \pm\left(\frac{A_{11}A_{12}}{A_{21}A_{22}}\right)^{1/2}, \qquad Z_{w2} = \pm\left(\frac{A_{22}A_{12}}{A_{21}A_{11}}\right)^{1/2}. \qquad (4.62a,b)$$

Für jede der charakteristischen Impedanzen ergeben sich zwei entgegengesetzt gleiche, i. allg. komplexe Werte, die als *Wellenwiderstände* des Zweitores bezeichnet werden. (Diese Bezeichnung kann erst in Kapitel 5 im Zusammenhang mit den Leitungswellen physikalisch erklärt werden.)

Die Gln. (4.62) liefern zugleich eine einfache Meßvorschrift für die Bestimmung der Wellenwiderstände; denn aus Gl. (4.60) ergeben sich

4.2 Lineare Zweitore

für $Z_2 = 0$ und $Z_2 = \infty$ die *Kurzschluß-* und die *Leerlaufimpedanz*, gemessen am linken Tor:

$$Z_{e1}(Z_2 = 0) = Z_{e1k} = \frac{A_{12}}{A_{22}}, \quad Z_{e1}(Z_2 = \infty) = Z_{e1l} = \frac{A_{11}}{A_{21}}.$$

Entsprechend erhält man für die umgekehrte Betriebsrichtung mit $Z_1 = 0$ und $Z_1 = \infty$ die Kurzschluß- und die Leerlaufimpedanz, gemessen am rechten Tor:

$$Z_{e2}(Z_1 = 0) = Z_{e2k} = \frac{A_{12}}{A_{11}}, \quad Z_{e2}(Z_1 = \infty) = Z_{e2l} = \frac{A_{22}}{A_{21}}$$

und damit

$$Z_{w1} = \pm(Z_{e1l}Z_{e1k})^{1/2}, \quad Z_{w2} = \pm(Z_{e2l}Z_{e2k})^{1/2}. \tag{4.63a,b}$$

Der Wellenwiderstand ist also das geometrische Mittel aus der Leerlauf- und Kurzschlußimpedanz an dem betreffenden Tor.

Wir führen nun die Ergebnisse der Gln. (4.62) in die Transformationsgleichung (4.61) ein, setzen hierzu

$$Z_{e1a} = Z_{w1}, \quad Z_{2a} = Z_{w2}, \quad Z_{e1b} = -Z_{w1}, \quad Z_{2b} = -Z_{w2}$$

und erhalten nach Beseitigung der Brüche

$$\frac{Z_{e1} - Z_{w1}}{Z_{e1} + Z_{w1}} = \frac{(A_{11}A_{22})^{1/2} - (A_{12}A_{21})^{1/2}}{(A_{11}A_{22})^{1/2} + (A_{12}A_{21})^{1/2}} \cdot \frac{Z_2 - Z_{w2}}{Z_2 + Z_{w2}}. \tag{4.64}$$

Zwischen den transformierten Impedanzen

$$r_{e1} = \frac{Z_{e1} - Z_{w1}}{Z_{e1} + Z_{w1}}, \quad r_2 = \frac{Z_2 - Z_{w2}}{Z_2 + Z_{w2}}, \tag{4.65a,b}$$

die als *Wellenreflexionsfaktoren* bezeichnet werden sollen, besteht also ein übersichtlicher Zusammenhang. Dieser ist dadurch gekennzeichnet, daß die Größe r_2, mit einem i. allg. komplexen Faktor multipliziert, die Größe r_{e1} liefert. Nach Erweiterung dieses Faktors, der nur von den vier Kettenparametern bestimmt wird, mit seinem Nenner erhält man

$$\frac{(A_{11}A_{22})^{1/2} - (A_{12}A_{21})^{1/2}}{(A_{11}A_{22})^{1/2} + (A_{12}A_{21})^{1/2}} = \frac{1}{(A_{11}A_{22})^{1/2} + (A_{12}A_{21})^{1/2}}$$
$$\times \frac{\det \boldsymbol{A}}{(A_{11}A_{22})^{1/2} + (A_{12}A_{21})^{1/2}} = H'_w H''_w. \tag{4.66}$$

Hierin stellen H'_w und H''_w die sog. *Wellenübertragungsfaktoren* vorwärts und rückwarts dar, deren Charakter als Übertragungsfunktion in Abschn. 4.2.7 erklärt wird. Die beiden Größen unterscheiden sich nur durch den Faktor det $\boldsymbol{A}$, der zusammen mit der Vertauschung von A_{11} und A_{22} nach Gl. (4.33) die Umkehr der Betriebsrichtung beschreibt. Für Übertragungssymmetrie gilt det $\boldsymbol{A} = 1$ und somit

$$H'_w = H''_w = H_w = e^{-g_w}$$

mit dem *Wellendämpfungsmaß* $g_w = a_w + jb_w$ (gemäß Gl. (1.68) des ersten Bandes). In diesem Fall erhalten wir mit den Gln. (4.64) bis (4.66) die einfache Darstellung

$$r_{e1} = e^{-2g_w} r_2 , \qquad (4.67)$$

die in der Hochfrequenztechnik zur graphischen Bestimmung der Impedanztransformation mit Hilfe sog. *Leitungsdiagramme* eine große praktische Bedeutung besitzt. Man beachte in diesem Zusammenhang auch Gl. (5.34) des nächsten Kapitels.

4.2.7 Die Betriebsparameter des Zweitores

Zweitore werden gewöhnlich als Filter, Verstärker usw. zwischen einen aktiven Zweipol (Generator) und einen passiven Zweipol (Verbraucher) geschaltet, wie Bild 4.34 zeigt. Dabei interessiert vor allem das Verhältnis der Spannungen am Verbraucher und Generator. Die beiden Torbeziehungen

$$U_{01} = U_1 + Z_1 I_1 , \quad U_2 = Z_2(-I_2) \qquad (4.68)$$

ergeben zusammen mit den Kettengleichungen (4.24)

$$U_{01} - Z_1 I_1 = A_{11} U_2 + A_{12} U_2 / Z_2 ,$$
$$I_1 = A_{21} U_2 + A_{22} U_2 / Z_2 .$$

Die zweite Gleichung in die erste eingesetzt, liefert die gesuchte *Spannungsübertragungsfunktion*

$$H_U = \frac{U_2}{U_{01}} = \frac{Z_2}{A_{11} Z_2 + A_{12} + A_{21} Z_1 Z_2 + A_{22} Z_1} . \qquad (4.69)$$

Es erweist sich als vorteilhaft, dieses Verhältnis derart zu normieren, daß der Betrag im Fall reeller Abschlußwiderstände ($Z_1 = R_1$ und $Z_2 =$

4.2 Lineare Zweitore

R_2) bei einem passiven Zweitor maximal den Wert eins annimmt. Nun gilt aber mit Gl. (4.48) für die vom Zweitor an den Verbraucher abgegebene Wirkleistung

$$P_2 = \text{Re}[U_2(-I_2)^*] = |U_2|^2/R_2$$

sowie die dem Generator bei Leistungsanpassung maximal entnehmbare Wirkleistung

$$P_{1\,\text{max}} = \text{Re}[U_1 I_1^*]_{Z_{e1}=R_1} = |U_{01}|^2/(4R_1)$$

und das Leistungsverhältnis bei einem *passiven Zweitor*

$$\frac{P_2}{P_{1\,\text{max}}} = 4\left|\frac{U_2}{U_{01}}\right|^2 \frac{R_1}{R_2} = \left[2\left|\frac{U_2}{U_{01}}\right|\left(\frac{R_1}{R_2}\right)^{1/2}\right]^2 \leq 1. \qquad (4.70)$$

Man multipliziert deshalb Gl. (4.69) mit $2(Z_1/Z_2)^{1/2}$ und bezeichnet

$$H_B' = \frac{2U_2}{U_{01}}\left(\frac{Z_1}{Z_2}\right)^{1/2} = \frac{2(Z_1 Z_2)^{1/2}}{A_{11}Z_2 + A_{12} + A_{21}Z_1 Z_2 + A_{22}Z_1} \qquad (4.71)$$

als *Betriebsübertragungsfunktion* vorwärts. Soll die Betriebsrichtung umgekehrt werden, so muß dieser Ausdruck nur mit det $\boldsymbol{A}$ multipliziert werden, da die gleichzeitige Vertauschung von A_{11} mit A_{22} sowie Z_1 mit Z_2 keinen Einfluß hat. Somit gilt für die Betriebsübertragungsfunktion rückwärts

$$H_B'' = \frac{2U_1}{U_{02}}\left(\frac{Z_2}{Z_1}\right)^{1/2} = H_B' \det \boldsymbol{A}. \qquad (4.72)$$

Wird in den Gln. (4.71) und (4.72) $Z_1 = Z_{w1}$ und $Z_2 = Z_{w2}$ gesetzt, dann ergeben sich die beiden Wellenübertragungsfaktoren gemäß Gl. (4.66), also

$$H_w' = H_B' \big|_{Z_1=Z_{w1},\, Z_2=Z_{w2}},$$
$$H_w'' = H_B'' \big|_{Z_1=Z_{w1},\, Z_2=Z_{w2}} = H_w' \det \boldsymbol{A},$$

womit deren Charakter als Übertragungsfunktion erklärt ist.

Der elektrische Zustand an beiden Toren von Bild 4.34 wird nicht nur durch die Spannungen und Ströme U_1, U_2, I_1, I_2 eindeutig beschrieben, sondern auch durch die sog. *Streuvariablen* a_1, a_2, b_1, b_2, die im stationären Zustand ein Maß für die in die Tore einströmenden bzw.

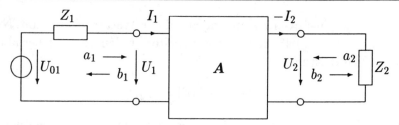

Bild 4.34 Das beschaltete Zweitor

aus ihnen herausfließenden Leistungen darstellen. In diesem Zusammenhang gelten folgende Definitionen und Bezeichnungen:

$$a_i^2 - b_i^2 = U_i I_i, \quad i = 1,\, 2$$

ist die vom Tor i aufgenommene sog. *Wechselleistung*,

$$a_i^2 = U_i I_i|_{Z_i = Z_{ei}} = U_{0i}^2/(4Z_i)$$

stellt die *Anpassungs-Wechselleistung* der Quelle dar und

$$b_i^2 = a_i^2 - U_i I_i$$

die vom Tor i *reflektierte Wechselleistung*.

Mit der verallgemeinerten Torbeziehung gemäß Gl. (4.68):

$$U_{0i} = U_i + Z_i I_i$$

ergeben sich hieraus folgende direkte *Umrechnungsformeln*:

$$a_i = \frac{U_i + Z_i I_i}{2Z_i^{1/2}}, \qquad b_i = \frac{U_i - Z_i I_i}{2Z_i^{1/2}},$$
$$U_i = (a_i + b_i)Z_i^{1/2}, \qquad I_i = (a_i - b_i)/Z_i^{1/2}. \qquad (4.73)$$

Für den Sonderfall des quellenfreien Abschlusses ($U_{0i} = 0$) gilt

$$a_i = 0, \qquad b_i = U_i/Z_i^{1/2}, \qquad (4.74\text{a,b})$$

für den Fall der Anpassung ($Z_i = Z_{ei}$) dagegen:

$$a_i = \frac{U_{0i}}{2Z_i^{1/2}}, \qquad b_i = 0. \qquad (4.74\text{c,d})$$

Die Torspannungen und -ströme des Zweitores lassen sich nach Abschn. 4.2.1 durch sechs prinzipiell gleichwertige Gleichungspaare miteinander verknüpfen. Hierbei werden jeweils zwei Größen als Funktion

4.2 Lineare Zweitore

der beiden anderen dargestellt. Entsprechendes gilt natürlich auch für die neu eingeführten Streuvariablen. Die wichtigste Form, die hier nur behandelt werden soll, stellen die *Streugleichungen* dar, die in Matrizenform lauten

$$\begin{pmatrix} b_1 \\ b_2 \end{pmatrix} = \begin{pmatrix} S_{11} & S_{12} \\ S_{21} & S_{22} \end{pmatrix} \begin{pmatrix} a_1 \\ a_2 \end{pmatrix} \qquad (4.75a)$$

oder abgekürzt geschrieben

$$\boldsymbol{b} = \boldsymbol{S}\boldsymbol{a}. \qquad (4.75b)$$

Die so definierte Matrix $\boldsymbol{S}$, die auch für Mehrtore verallgemeinert werden kann, heißt *Streumatrix*. Um die Bedeutung der Elemente von $\boldsymbol{S}$ zu erkennen, nehmen wir an, daß nur am Tor 1 eingespeist wird, und man erhält mit den Gln. (4.73) sowie $Z_{e1} = U_1/I_1$:

$$S_{11} = \frac{b_1}{a_1}\bigg|_{a_2=0} = \frac{U_1 - Z_1 I_1}{U_1 + Z_1 I_1} = \frac{Z_{e1} - Z_1}{Z_{e1} + Z_1}. \qquad (4.76)$$

S_{11} ist also das Verhältnis der reflektierten Wechselleistungsgröße zur hinlaufenden am Tor 1 und wird als *Betriebsreflexionsfaktor* an diesem Tor bezeichnet. Für $Z_1 = Z_{w1}$ ist S_{11} identisch mit der Größe r_{e1}, dem Wellenreflexionsfaktor von Gl. (4.65a). Für das zweite Matrixelement, das man bei Einspeisung am linken Tor erhält, gilt mit den Gln. (4.74)

$$S_{21} = \frac{b_2}{a_1}\bigg|_{a_2=0} = \frac{2U_2}{U_{01}}\left(\frac{Z_1}{Z_2}\right)^{1/2} = H'_B. \qquad (4.77)$$

S_{21} ist somit das Verhältnis der aus dem Tor 2 austretenden Wechselleistungsgröße zu der in das Tor 1 eintretenden. Dieses Verhältnis ist identisch mit dem Ausdruck von Gl. (4.71). Man nennt S_{21} deshalb den *Betriebsübertragungsfaktor* vorwärts. Entsprechend stellen S_{12} und S_{22} den Betriebsübertragungsfaktor für die umgekehrte Betriebsrichtung bzw. den Betriebsreflexionsfaktor am Tor 2 dar.

Sind die Abschlußwiderstände $Z_1 = R_1$ und $Z_2 = R_2$ reell, so erhält man im stationären Betrieb die vom Tor 1 aufgenomme Wirkleistung

$$\begin{aligned} P_1 &= \text{Re}[U_1 I_1^*] = \text{Re}[(a_1 + b_1)(a_1 - b_1)^*] \\ &= \text{Re}[a_1 a_1^* - b_1 b_1^* - a_1 b_1^* + b_1 a_1^*] \\ &= |a_1|^2 - |b_1|^2. \end{aligned} \qquad (4.78)$$

$|a_1|^2$ ist also im Fall reeller Abschlußwiderstände die von der Quelle maximal abgebbare Wirkleistung, $|b_1|^2$ die aus dem Tor 1 heraustretende reflektierte Wirkleistung. Die vom Tor 2 abgegebene und von R_2 aufgenommene Wirkleistung ist wegen $a_2 = 0$:

$$P_2 = \text{Re}[U_2(-I_2)^*] = \text{Re}[b_2 b_2^*] = |b_2|^2. \tag{4.79}$$

Große Bedeutung haben in der Filtertheorie *verlustfreie Zweitore* (*LC*-Zweitore oder Reaktanzzweitore) mit reellen Abschlußwiderständen. In diesem Fall ist die vom Tor 1 aufgenommene Wirkleistung P_1 identisch mit der vom Tor 2 abgegeben Wirkleistung P_2, und es gilt mit den Gln. (4.78) und (4.79):

$$|a_1|^2 - |b_1|^2 = |b_2|^2$$

bzw.

$$\left|\frac{b_1}{a_1}\right|^2 + \left|\frac{b_2}{a_1}\right|^2 = 1.$$

Hieraus folgt mit den Gln. (4.76) und (4.77)

$$|S_{11}|^2 + |S_{21}|^2 = 1. \tag{4.80}$$

Diese Formel spielt eine sehr wichtige Rolle in der sog. Betriebsparametertheorie der Reaktanzfilter des nächsten Abschnittes.

4.3 *RLC*-passive Realisierungen

Die ersten beiden Abschnitte dieses Kapitels sind der Netzwerkanalyse gewidmet, die eine unabdingbare Voraussetzung zur nun folgenden Netzwerksynthese darstellt. Hierbei unterscheidet man grundsätzlich zwischen *RLC*-passiven, *RC*-aktiven und zeitdiskreten Realisierungen. Im ersten Band des vorliegenden Lehrbuches ist der Zusammenhang zwischen der (zeitkontinuierlichen) Impulsantwort $h(t)$, dem Eingangssignal $x(t)$ sowie dem Ausgangssignal $y(t)$ eines LZI-Systems als das *Faltungsprodukt*

$$y(t) = h(t) * x(t) \tag{4.81}$$

beschrieben worden. Die Auflösung nach der Systemcharakterisierung – bei vorgegebenem Ein- und Ausgangssignal – ergab sich durch die (einseitige) Laplace-Transformation obiger Beziehung zu

$$H(p) = \frac{Y(p)}{X(p)} = \frac{\text{LT}[y(t)]}{\text{LT}[x(t)]}. \tag{4.82}$$

4.3 RLC-passive Realisierungen

Die Rücktransformation der *Übertragungsfunktion* $H(p)$ in den Zeitbereich lieferte schließlich eine stets *kausale Impulsantwort* $h(t)$.

Sind neben den passiven Schaltelementen R, L, C (und ggf. Übertrager, die gekoppelte Spulenpaare darstellen) auch aktive Elemente vorhanden, so läßt sich die Übertragungsfunktion bekanntlich als rationale Funktion des komplexen Frequenzparameters p beschreiben:

$$H(p) = \frac{a_0 + a_1 p + \cdots + a_m p^m}{b_0 + b_1 p + \cdots + p^n} = \frac{Z(p)}{N(p)}. \tag{4.83}$$

Die Koeffizienten der Polynome $Z(p)$, $N(p)$ sind reell und die Polynomgrade m, n zunächst beliebig. Der Kern der Syntheseaufgabe besteht nun darin, aus dem gegebenen $H(p)$ durch möglichst allgemeine und schlüssige Methoden die Struktur und die Dimensionierung des (oder der äquivalenten) zugehörigen Netzwerkes (Netzwerke) herzuleiten. Zwei Fälle sind hierbei im Zusammenhang mit RLC-passiven Realisierungen von besonderer Bedeutung, nämlich die *Betriebsübertragungsfunktion* $H_B(p)$ und die *Zweipolfunktion* $F(p)$ als *Impedanz* $F_Z(p)$ bzw. *Admittanz* $F_Y(p)$.

4.3.1 Normierung und Realisierungsbedingungen

Durch die Verwendung normierter Größen lassen sich die gefundenen Schaltungen nachträglich an das geforderte Widerstandsniveau oder den gewünschten Frequenzbereich anpassen. Die eigentliche Synthese erfolgt mit dimensionslosen Schaltelementeparametern, wie das folgende Beispiel des „Reihenschwingkreises" mit

$$F_Z(p) = R + pL + \frac{1}{pC}$$

zeigt. Die *Widerstandsnormierung* mit dem frei wählbaren Bezugswiderstand R_B ergibt zunächst

$$\frac{F_Z(p)}{R_B} = \frac{R}{R_B} + \frac{pL}{R_B} + \frac{1}{pCR_B}.$$

Hieraus erhält man durch *Frequenznormierung* mit der beliebigen Bezugsfrequenz ω_B

$$\frac{F_Z(p/\omega_B)}{R_B} = \frac{R}{R_B} + \frac{p}{\omega_B} \frac{\omega_B L}{R_B} + \frac{1}{(p/\omega_B)\omega_B C R_B},$$

wofür sich abkürzend schreiben läßt

$$F'_Z(p') = R' + p'L' + \frac{1}{p'C'}.$$

Der Koeffizientenvergleich dieser beiden Gleichungen liefert die vollständige Parameternormierung

$$p' = \frac{p}{\omega_B}, \quad R' = \frac{R}{R_B}, \quad L' = \frac{\omega_B L}{R_B}, \quad C' = \omega_B C R_B. \qquad (4.84)$$

Man synthetisiert also zunächst eine Schaltung mit dimensionslosen Widerständen, Spulen und Kondensatoren R', L' und C'. Wenn Mißverständnisse ausgeschlossen sind, werden diese normierten Größen nicht besonders gekennzeichnet.

Soll eine Schaltung nur aus den Elemente R, L, C aufgebaut sein, so unterliegen die beiden Polynome $Z(p)$ und $N(p)$ in Gl. (4.83) gewissen Einschränkungen, die nachfolgend sowohl für die Betriebsübertragungsfunktion als auch die Zweipolfunktion betrachtet werden sollen.

a) Stabilität: Die Betriebsübertragungsfunktion $H_B(p)$ eines RLC-Zweitores mit beidseitigem ohmschen Abschluß ist asymptotisch stabil. D.h., sämtliche Nullstellen von $N(p)$ liegen in der offenen linken p-Halbebene, und man bezeichnet ein Polynom mit dieser Eigenschaft als *Hurwitz-Polynom*.

Die reziproke Impedanz $F_Z^{-1}(p)$ ist automatisch eine Admittanz $F_Y(p)$ und umgekehrt. Da RLC-Zweipole grundsätzlich nicht instabil sein können, liegen sowohl die Nullstellen von $Z(p)$ als auch von $N(p)$ nur in der linken p-Halbebene. Im Grenzfall können auch einfache Nullstellen auf der jω-Achse vorkommen. Abgesehen von diesem Sonderfall sind $Z(p)$ und $N(p)$ Hurwitz-Polynome.

Für beliebig hohe Frequenzen stellen alle Spulen Unterbrechungen und alle Kondensatoren Kurzschlüsse dar, so daß ein reines Widerstandsnetzwerk übrigbleibt. Der Grenzwert

$$\lim_{p \to \infty} H_B(p) = \lim_{p \to \infty} a_m p^{m-n} = M < \infty$$

kann nicht über alle Schranken wachsen, sondern muß einer endlichen Konstanten oder null zustreben, woraus folgt (wie in Band 1 vorausgesetzt wurde):

$$m \leq n. \qquad (4.85)$$

4.3 RLC-passive Realisierungen

Die Zweipolfunktion $F(p)$ besteht für $p \to \infty$ entweder aus einem Widerstand bzw. Leitwert, einer Unterbrechung oder einem Kurzschluß. Die Unterbrechung kann nur die Wirkung einer resultierenden Induktivität sein, der Kurzschluß dagegen nur die Wirkung einer Kapazität. Bei hohen Frequenzen geht somit jede Impedanz $F_Z(p)$ in R, pL oder $1/(pC)$ über und jede Admittanz $F_Y(p)$ in G, $1/(pL)$ oder pC. In dem Grenzwert

$$\lim_{p \to \infty} F(p) = \lim_{p \to \infty} a_m p^{m-n}$$

dürfen sich also m und n höchstens um eins unterscheiden:

$$|m - n| \leq 1. \tag{4.86}$$

b) Passivität: RLC-Netzwerke sind grundsätzlich passiv, so daß mit Gl. (4.70) für die Betriebsübertragungsfunktion bei beidseitigem ohmschen Abschluß gilt

$$|H_B(j\omega)| \leq 1 \quad \text{für alle } \omega. \tag{4.87}$$

Für die Zweipolfunktion folgt dagegen aus Gl. (4.51)

$$\operatorname{Re}[F(j\omega)] \geq 0 \quad \text{für alle } \omega. \tag{4.88}$$

Sind die obigen Bedingungen für eine Betriebsübertragungsfunktion bzw. eine Zweipolfunktion erfüllt, dann gibt es mindestens eine realisierende RLC-Schaltung zu einer gegebenen rationalen Funktion gemäß Gl. (4.83). Treten in $F(p)$ einfache Polstellen auf der $j\omega$-Achse auf, so muß eine weitere Bedingung erfüllt sein, die im folgenden Abschnitt erläutert wird.

4.3.2 Reaktanzfunktionen

Netzwerke, die nur aus den verlustleistungsfreien Bauelementen L und C bestehen, werden als Reaktanzschaltungen bezeichnet. Die *Reaktanzfunktion* $F_{LC}(p)$ ist entweder eine Impedanz oder eine Admittanz eines Zweipoles aus Reaktanzen. Da es in Reaktanzschaltungen keinen Energieverbrauch gibt, gilt für die *Eigenfrequenzen* $p_\nu = \pm j\omega_\nu$ ($\nu = 1,\ldots,n$). Die Pole und Nullstellen einer Reaktanzfunktion liegen also nur auf der $j\omega$-Achse (einschließlich bei $p = 0$ und $p = j\infty$) und sind einfach.

Die *Partialbruchdarstellung* einer reellen, rationalen Funktion mit ausschließlich einfachen, konjugiert komplexen Polen auf der imaginären Achse lautet (mit geraden Indizes aufgeschrieben):

$$F_{\text{LC}}(p) = \frac{h_0}{p} + \sum_{\nu=1}^{n-1}\left(\frac{h_{2\nu}}{p - j\omega_{2\nu}} + \frac{h_{2\nu}^*}{p + j\omega_{2\nu}}\right) + h_\infty p$$

$$= \frac{h_0}{p} + \sum_{\nu=1}^{n-1}\frac{(h_{2\nu} + h_{2\nu}^*)p + (h_{2\nu} - h_{2\nu}^*)j\omega_{2\nu}}{p^2 + \omega_{2\nu}^2} + h_\infty p.$$

Nur für h_0, $h_{2\nu}$, h_∞ reell und positiv lassen sich mit den Abkürzungen $h'_{2\nu} = 2h_{2\nu}$, $N = n - 1$ die beiden schaltungstechnischen Realisierungen von Bild 4.35 angeben, und es gilt

$$F_{\text{LC}}(p) = \frac{h_0}{p} + \sum_{\nu=1}^{N}\frac{h'_{2\nu} p}{p^2 + \omega_{2\nu}^2} + h_\infty p. \tag{4.89}$$

Die oben bereits angekündigte weitere Bedingung muß also lauten: Treten in $F(p)$ einfache Polstellen auf der jω-Achse auf, so müssen die Koeffizienten der Partialbruchentwicklung (*Residuen*) reell und positiv sein. Es läßt sich leicht zeigen, daß unter dieser Bedingung $F_{\text{LC}}(p)$ reell ist für reelle p und positiv in der offenen rechten p-Halbebene:

$$\text{Re}[F_{\text{LC}}(p)] > 0 \quad \text{für } \sigma > 0. \tag{4.90}$$

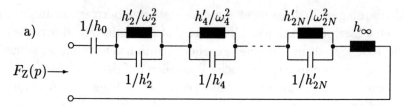

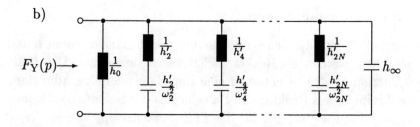

Bild 4.35 Realisierung der Reaktanzfunktion
   a) als Impedanz (erste Foster-Realisierung)
   b) als Admittanz (zweite Foster-Realisierung)

4.3 RLC-passive Realisierungen

Man spricht in diesem Zusammenhang von einer *positiv-reellen Funktion*. Aus Gl. (4.89) folgt $F_{\text{LC}}(-p) = -F_{\text{LC}}(p)$ und somit die

Realisierungsbedingung: Reaktanzfunktionen $F_{\text{LC}}(p)$ sind ungerade, rationale, positiv-reelle Funktionen von p.

Für $p = j\omega$ ergibt sich aus Gl. (4.89)

$$\frac{1}{j} F_{\text{LC}}(\omega) = -\frac{h_0}{\omega} - \sum_{\nu=1}^{N} \frac{h'_{2\nu}\omega}{\omega^2 - \omega_{2\nu}^2} + h_\infty \omega. \tag{4.91}$$

Durch Ableitung nach dω erhält man hieraus

$$\frac{1}{j}\frac{dF_{\text{LC}}(\omega)}{d\omega} = \frac{h_0}{\omega^2} + \sum_{\nu=1}^{N} \frac{h'_{2\nu}(\omega^2 + \omega_{2\nu}^2)}{(\omega^2 - \omega_{2\nu}^2)^2} + h_\infty > 0,$$

da $h_0 \geq 0$, $h'_{2\nu} > 0$ ($\nu = 1, \ldots, N$), $h_\infty \geq 0$ ist. Hieraus folgt, daß die Reaktanzfunktion $F_{\text{LC}}(\omega)/j$ ständig wächst mit steigender Frequenz ω. Die Pole und Nullstellen müssen sich somit auf der jω-Achse abwechseln, und mit Gl. (4.91) ergibt sich die *Produktdarstellung*

$$\frac{F_{\text{LC}}(\omega)}{j} = h_\infty \frac{(\omega^2 - \omega_1^2)(\omega^2 - \omega_3^2) \cdots (\omega^2 - \omega_{2N-1}^2)(\omega^2 - \omega_{2N+1}^2)}{\omega(\omega^2 - \omega_2^2)(\omega^2 - \omega_4^2) \cdots (\omega^2 - \omega_{2N}^2)}, \tag{4.92a}$$

wobei

$$0 \leq \omega_1 < \omega_2 < \cdots < \omega_{2N} < \omega_{2N+1} \leq \infty \tag{4.92b}$$

gilt. Für $h_\infty = 0$ ist ω_{2N+1} unendlich und $h_\infty \omega_{2N+1}^2$ endlich. Der Zähler ist somit gerade, wenn der Nenner ungerade ist und umgekehrt; d.h die Polynomgrade m und n unterscheiden sich um eins. Den prinzipiellen Verlauf der Reaktanzfunktion gemäß Gl. (4.92) zeigt Bild 4.36.

Ist $F_{\text{LC}}(p) = Z_{\text{LC}}(p)/N_{\text{LC}}(p)$ eine Reaktanzfunktion, also eine positiv reelle Funktion, dann ist

$$F_{\text{LC}}(p) + 1 = \frac{Z_{\text{LC}}(p) + N_{\text{LC}}(p)}{N_{\text{LC}}(p)}$$

ebenfalls positiv-reell, jedoch ohne Nullstellen auf der jω-Achse, denn aus $F_{\text{LC}}(p) + 1 = 0$ folgt

$$F_{\text{LC}}(p) = -1 = \text{Re}[F_{\text{LC}}(p)] \quad \text{für } \sigma = 0.$$

Dies stellt einen Widerspruch zu Gl. (4.89) dar, wonach der Realteil für $\sigma = 0$ identisch verschwindet. Hieraus folgt:

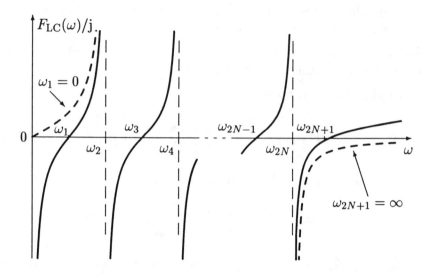

Bild 4.36 Prinzipieller Verlauf der Reaktanzfunktion

Die Summe von Zählerpolynom und Nennerpolynom einer Reaktanzfunktion ist ein Hurwitzpolynom.

Von größerer praktischer Bedeutung ist die Umkehrung:

Der Quotient aus dem geraden und ungeraden Anteil eines Hurwitzpolynoms ist eine Reaktanzfunktion.

Dieser Satz wird angewendet zur Prüfung, ob ein gegebenes Polynom ein Hurwitzpolynom ist. Insbesondere für Polynome höherer Ordnung benutzt man die Tatsache, daß jede Reaktanzfunktion in einen Kettenbruch mit nichtnegativen Elementen entwickelbar ist: Von der Reaktanz wird der Pol bei $p = \mathrm{j}\infty$ (oder $p = 0$) abgespalten, die Restfunktion invertiert, und es wird erneut der Pol bei $p = \mathrm{j}\infty$ (bzw. $p = 0$) abgespalten. Es entsteht so eine *Kettenbruchentwicklung* von $F_{\mathrm{LC}}(p)$ und als Realisierung eine *Abzweigschaltung*.

Als Anwendungsbeispiel betrachten wir die Impedanz

$$F_Z(p) = \frac{(p^2+1)(p^2+3)}{p(p^2+2)} = \frac{p^4 + 4p^2 + 3}{p^3 + 2p}.$$

Es handelt sich um eine Reaktanzfunktion, denn die einfachen Pole und Nullstellen liegen auf der $\mathrm{j}\omega$-Achse und wechseln sich ab. Der Zähler ist gerade und der Nenner ungerade. Die *erste Cauer-Realisierung* ist eine Kettenbruchentwicklung, bei der zuerst der Pol $p = \mathrm{j}\infty$ abgespalten

4.3 RLC-passive Realisierungen

wird. Es werden also die höchsten Potenzen von Zähler und Nenner durcheinander dividiert (Zählergrad > Nennergrad):

$$F_Z(p) = (p^4 + 4p^2 + 3) : (p^3 + 2p) = p + \cfrac{1}{\cfrac{p}{2} + \cfrac{1}{4p + \cfrac{1}{p/6}}}.$$

Die dazugehörige Schaltung zeigt Bild 4.37a. Bei der *zweiten Cauer-Realisierung* werden die niedrigsten Potenzen von Zähler und Nenner durcheinander dividiert (Abspalten des Poles bei $p = 0$):

$$F_Z(p) = (3 + 4p^2 + p^4) : (2p + p^3) = \frac{3}{2p} + \cfrac{1}{\cfrac{4}{5p} + \cfrac{1}{\cfrac{25}{2p} + \cfrac{1}{1/(5p)}}}.$$

Hierzu gehört die Schaltung von Bild 4.37b. Die beiden äquivalenten Schaltungen sind *kanonisch*; d.h., sie haben das Minimum an Reaktanzen, deren Anzahl hier gleich dem Zählergrad von $F_Z(p)$ ist.

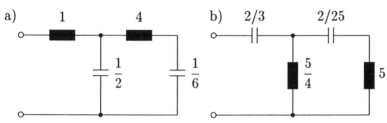

Bild 4.37 a) Erste, b) zweite Cauer-Realisierung des gegebenen Beispieles

4.3.3 Synthese von Zweipolfunktionen

Da $F_{LC}(p)$ gemäß Gl. (4.89) eine positiv-reelle Funktion darstellt, würde ein nachträglich eingefügter ohmscher Widerstand hieran nichts ändern. Umgekehrt soll nun gezeigt werden, daß sich eine positiv-reelle Funktion stets durch ein *RLC*-Netzwerk realisieren läßt. Die zugehörige Zweipolfunktion $F(p)$ würde dann den in Abschn. 4.3.1 angegebenen Einschränkungen unterliegen. Zweipolfunktionen, die diesen Realisierungsbedingungen genügen, werden deshalb kurz als positiv-reell bezeichnet.

Grundlage der Realisierung einer Impedanz $F_Z(p)$ bzw. Admittanz $F_Y(p)$ bildet die Möglichkeit, ein Reaktanzpolpaar (bzw. einen Reaktanzpol) oder einen ohmschen Widerstand abzuspalten. Enthält die Zweipolfunktion $F(p)$ ein Reaktanzpolpaar (im Grenzfall einen einzelnen Reaktanzpol für $p = 0$ oder $p = j\infty$), so ist es für sich realisierbar;

die Restfunktion $F_R(p)$ ist ebenfalls realisierbar:

$$F(p) = \frac{h'_{2\nu} p}{p^2 + \omega_{2\nu}^2} + F_R(p) = \frac{1}{\frac{p}{h'_{2\nu}} + \frac{\omega_{2\nu}^2}{h'_{2\nu} p}} + F_R(p). \tag{4.93a}$$

In den beiden Grenzfällen ist

$$F_1(p) = \frac{h_0}{p} + F_{1R}(p), \qquad F_2(p) = h_\infty p + F_{2R}(p). \tag{4.93b,c}$$

Wenn $F(p)$ eine positiv-reelle Funktion darstellt, dann ist auch die Restfunktion $F_R(p)$ positiv-reell, da durch das Abspalten die beiden Bedingungen der Reellität und Positivität nicht verletzt werden. Insbesondere ändert sich die Positivität nicht, weil die Realteile der abgespaltenen Reaktanzpole für $p = j\omega$ identisch verschwinden. Die Realisierung der abgespaltenen Reaktanzpole zeigt Bild 4.38 sowohl für eine Impedanz $F_Z(p)$ als auch eine Admittanz $F_Y(p)$. Sind von einer Zweipolfunktion sämtliche Reaktanzpole abgespalten, so kann man nach Invertierung noch die eventuell vorhandenen Nullstellen abspalten. Es bleibt eine *Minimalreaktanzfunktion* übrig (ohne Pole und Nullstellen auf der $j\omega$-Achse, Zählergrad gleich Nennergrad).

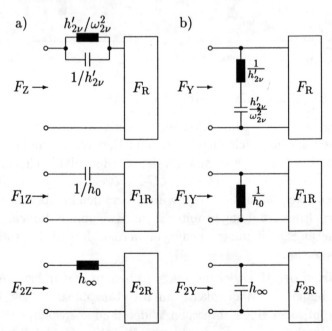

Bild 4.38 Realisierung der abgespaltenen Reaktanzpole
a) für eine Impedanz, b) für eine Admittanz

4.3 RLC-passive Realisierungen

Die weitere Entwicklung gilt für den Fall, daß die Minimalreaktanzfunktion eine Impedanz $F_Z(p)$ ist. Es gilt $\text{Re}[F_Z(j\omega)] > 0$ für alle ω, da $F_Z(p)$ eine positiv-reelle Funktion darstellt. Der Realteil hat bei einer Frequenz ω_1 ein absolutes Minimum R_1 (vgl. Bild 4.39); es läßt sich also ein ohmscher Widerstand R_1 abspalten:

$$F_Z(p) = R_1 + F_{Z1}(p). \tag{4.94a}$$

Die Restfunktion $F_{Z1}(j\omega)$ wird für ω_1 rein imaginär, so daß eine Längsinduktivität L_1 abgespalten wird:

$$F_{Z1}(p) = pL_1 + F_{Z2}(p). \tag{4.94b}$$

Die Restfunktion $F_{Z2}(j\omega)$ hat bei ω_1 eine Nullstelle, die man nach Invertierung als Reaktanzpol abspalten kann:

$$F_{Y2}(p) = \frac{1}{pL_2 + 1/(pC_2)} + F_{Y3}(p). \tag{4.94c}$$

Danach ist der Zählergrad der Restfunktion um eins größer als der Nennergrad; also läßt sich noch eine Längsinduktivität L_3 abspalten:

$$F_{Z3}(p) = pL_3 + F_{Z4}(p). \tag{4.94d}$$

Die Restfunktion $F_{Z4}(p)$ ist positiv-reell: Das Verfahren, das durch Bild 4.40 veranschaulicht wird, kann also im Bedarfsfall wiederholt werden,

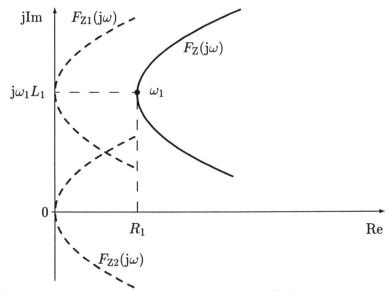

Bild 4.39 Ortskurve einer Minimalreaktanzfunktion $F_Z(j\omega)$

bis $F_{Z4}(p)$ vollständig abgebaut ist. (Das Spulen-T-Glied läßt sich im Fall einer negativen Induktivität durch einen Übertrager realisieren.)

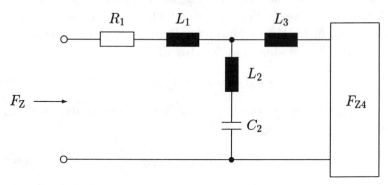

Bild 4.40 Brune-Entwicklung einer Impedanz $F_Z(p)$

4.3.4 Synthese von H_B durch ein längssymmetrisches Zweitor

Ein Zweitor heißt längssymmetrisch, wenn es übertragungs- und widerstandssymmetrisch ist. Die Widerstandsmatrix lautet in diesem Fall mit den Gln. (4.29) und (4.30):

$$Z = \begin{pmatrix} Z_{11} & Z_{12} \\ Z_{12} & Z_{11} \end{pmatrix}.$$

Die Bedingungen für Passivität eines Zweitores nach Gl. (4.51) vereinfachen sich zu

$$[\mathrm{Re}(Z_{11})]^2 \geq [\mathrm{Re}(Z_{12})]^2, \qquad (4.95)$$
$$\mathrm{Re}(Z_{11}) \geq 0.$$

Spaltet man die Elemente der Widerstandsmatrix auf in

$$Z_{11} = \frac{1}{2}(Z_2 + Z_1), \quad Z_{12} = \frac{1}{2}(Z_2 - Z_1),$$

so folgt aus Gl. (4.95)

$$\mathrm{Re}(Z_1) \geq 0, \quad \mathrm{Re}(Z_2) \geq 0.$$

Beide Impedanzen Z_1 und Z_2 haben nichtnegativen Realteil und sind somit passiv realisierbar, wenn die Widerstandsmatrix Z ein passives Zweitor beschreibt. Die Matrix

$$Z = \frac{1}{2} \begin{pmatrix} Z_2 + Z_1 & Z_2 - Z_1 \\ Z_2 - Z_1 & Z_2 + Z_1 \end{pmatrix}$$

4.3 RLC-passive Realisierungen

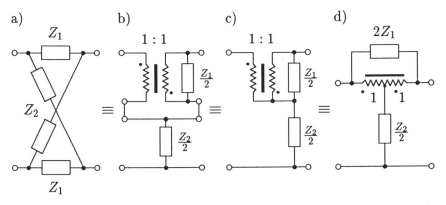

Bild 4.41 Umwandlung einer X-Schaltung in eine Brücken-T-Schaltung

läßt sich durch eine *symmetrische X-Schaltung* realisieren (vgl. Gl. (4.32)), die Bild 4.41a zeigt. Zu äquivalenten Schaltungen kommt man durch additive Zerlegung der Widerstandsmatrix in

$$Z = \frac{1}{2}\begin{pmatrix} Z_2 & Z_2 \\ Z_2 & Z_2 \end{pmatrix} + \frac{1}{2}\begin{pmatrix} Z_1 & -Z_1 \\ -Z_1 & Z_1 \end{pmatrix}.$$

Jeder Summand läßt sich durch einen Vierpol realisieren, der im Querzweig ein Element mit der Impedanz $Z_2/2$ bzw. $Z_1/2$ enthält. Beim zweiten Summanden wird noch ein idealer Übertrager mit $\ddot{u} = -1$ benötigt, der das Vorzeichen bei den Nebendiagonalelementen umkehrt. So entsteht die Schaltung von Bild 4.41b. Durch Umzeichnen nimmt sie die Form c an. Eine auch im Aufbau symmetrische Schaltung ergibt sich hieraus, indem man das Element mit der Impedanz $Z_1/2$ nicht an die eine, sondern an die beiden in Reihe geschalteten Übertragerwicklungen legt, wie in Bild 4.41d gezeichnet und dabei die Impedanz vervierfacht. Sie wird als *Brücken-T-Schaltung* bezeichnet.

Der Betriebsübertragungsfaktor $H'_B = S_{21}$ ist in Gl. (4.71) als Funk-

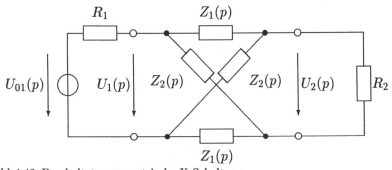

Bild 4.42 Beschaltete symmetrische X-Schaltung

tion der Elemente der Kettenmatrix angegeben. Die Kettenmatrix der symmetrischen X-Schaltung wird durch Gl. (4.28) beschreiben, so daß mit der Beschaltung von Bild 4.42 gilt

$$S_{21}(p) = \frac{2U_2(p)}{U_{01}(p)} \left(\frac{R_1}{R_2}\right)^{1/2} \tag{4.96}$$

$$= \frac{Z_2(p) - Z_1(p)}{[Z_1(p) + Z_2(p)]\frac{R_1+R_2}{2(R_1R_2)^{1/2}} + \frac{Z_1(p)Z_2(p)}{(R_1R_2)^{1/2}} + (R_1R_2)^{1/2}}.$$

Wenn $Z_1(p)$ und $Z_2(p)$ zueinander dual sind:

$$Z_1(p)Z_2(p) = Z_0^2 \tag{4.97}$$

und die Abschlußwiderstände angepaßt, also

$$R_1 = R_2 = Z_0, \tag{4.98}$$

dann berechnet sich die Eingangsimpedanz am Tor 1 mit Gl. (4.60) zu

$$Z_{e1}(p) = \frac{[Z_1(p) + Z_2(p)]Z_0 + 2Z_1(p)Z_2(p)}{2Z_0 + Z_1(p) + Z_2(p)} = Z_0. \tag{4.99}$$

In diesem Fall erhält man aus Gl. (4.96)

$$S_{21}(p) = \frac{Z_0^2 - Z_1^2(p)}{Z_0^2 + Z_1^2(p) + 2Z_0Z_1(p)} = \frac{Z_0 - Z_1(p)}{Z_0 + Z_1(p)}$$

und durch Formelumstellung mit Gl. (4.97):

$$Z_1(p) = Z_0 \frac{1 - S_{21}(p)}{1 + S_{21}(p)}, \quad Z_2(p) = Z_0 \frac{1 + S_{21}(p)}{1 - S_{21}(p)}. \tag{4.100a,b}$$

Nach konjugiert-komplexer Erweiterung zu

$$Z_{1/2}(p) = Z_0 \frac{1 \mp S_{21}(p)}{1 \pm S_{21}(p)} \cdot \frac{[1 \pm S_{21}(p)]^*}{[1 \pm S_{21}(p)]^*} =$$

$$= Z_0 \frac{1 - |S_{21}(p)|^2 \pm S_{21}^*(p) \mp S_{21}(p)}{|1 \pm S_{21}(p)|^2}$$

liefert die Realteilbildung

$$\mathrm{Re}[Z_{1/2}(p)] = Z_0 \frac{1 - |S_{21}(p)|^2}{|1 \pm S_{21}(p)|^2}.$$

4.3 RLC-passive Realisierungen

Erfüllt $S_{21}(p)$ die Realisierungsbedingungen für Betriebsübertragungsfunktionen, so gilt zunächst $|S_{21}(\mathrm{j}\omega)| \leq 1$. Da $S_{21}(p)$ in der abgeschlossenen rechten p-Halbebene polfrei ist, folgt z.B. aus der Partialbruchentwicklung gemäß Gl. (1.114) des ersten Bandes $|S_{21}(p)| < 1$ für $\sigma > 0$. Damit gilt:

Wenn $S_{21}(p)$ den Realisierungsbedingungen für Betriebsübertragungsfunktionen genügt, dann sind $Z_1(p)$ und $Z_2(p)$ positivreell. D.h. jedes realisierbare $S_{21}(p)$ läßt sich durch eine symmetrische X-Schaltung mit $Z_1(p)Z_2(p) = Z_0^2$ realisieren.

Die symmetrische X-Schaltung (bzw. die äquivalente Brücken-T-Schaltung) hat gemäß Gl. (4.96) den Nachteil, daß kleine Übertragungs- oder große Dämpfungswerte durch Differenzbildung zwischen $Z_2(p)$ und $Z_1(p)$ entstehen. Dies bedeutet, daß die Toleranzen der Schaltelemente die Ausgangsspannung stark beeinflussen und die Schaltung bei hohem Systemgrad praktisch unbrauchbar wird. In diesem Fall ist es günstiger, die direkte Realisierung durch eine Kettenschaltung aus N Zweitoren ersten und zweiten Grades zu ersetzen, die alle den konstanten Eingangswiderstand Z_0 besitzen. Dann gilt bei Abschluß der Kette mit $R_1 = R_2 = Z_0$ wegen $U_{0\nu} = 2U_\nu$ ($\nu = 1, \ldots, N$):

$$S_{21} = \frac{U_2}{U_1} \cdot \frac{U_3}{U_2} \cdot \ldots \cdot \frac{U_{N+1}}{U_N} = S_{21}^{(1)} \cdot S_{21}^{(2)} \cdot \ldots \cdot S_{21}^{(N)}. \qquad (4.101)$$

Für frequenzselektives Verhalten ist die Realisierung als Abzweigschaltung im allgemeinen günstiger, weil hierbei die große Dämpfung auf einer mehrfachen Spannungsteilung beruht. Das längssymmetrische Zweitor verwendet man hauptsächlich zur

Realisierung von Allpässen:

Im Fall eines verlustfreien Zweitores (Reaktanzzweitor) mit reellen Abschlußwiderständen $R_1 = R_2 = Z_0$ gilt mit den Gln. (4.99), (4.76) und (4.80):

$$|S_{21}(\mathrm{j}\omega)| = 1. \qquad (4.102)$$

Diese Eigenschaft charakterisiert bekanntlich einen Allpaß (vgl. Gl. (1.127) des ersten Bandes), dessen Betriebsübertragungsfunktion zweiten Grades lautet:

$$S_{21}(p) = \frac{a_0 - a_1 p + p^2}{a_0 + a_1 p + p^2}.$$

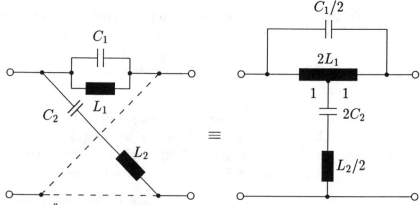

Bild 4.43 Äquivalente Realisierungen des Allpasses zweiten Grades
($L_1 = C_2 = a_1/a_0$, $C_1 = L_2 = 1/a_1$)

Hierbei muß $0 < (a_1/2)^2 < a_0$ angenommen werden, wenn die Pole und Nullstellen nicht reell sei sollen. Gemäß Gl. (4.100) erhält man somit durch Normierung mit $R_B = Z_0$:

$$Z_1'(p) = \frac{1 - \dfrac{a_0 - a_1 p + p^2}{a_0 + a_1 p + p^2}}{1 + \dfrac{a_0 - a_1 p + p^2}{a_0 + a_1 p + p^2}} = \frac{a_0 + a_1 p + p^2 - a_0 + a_1 p - p^2}{a_0 + a_1 p + p^2 + a_0 - a_1 p + p^2}$$

$$= \frac{2 a_1 p}{2(a_0 + p^2)} = \frac{1}{\dfrac{a_0}{a_1 p} + \dfrac{p}{a_1}},$$

$$Z_2'(p) = \frac{1}{Z_1'(p)} = \frac{a_0}{a_1 p} + \frac{p}{a_1}.$$

In Bild 4.43 sind die beiden äquivalenten Zweitore dargestellt, die sich aufgrund von Bild 4.41 ergeben und die Betriebsübertragungsfunktion zweiten Grades nach Abschluß mit $R_1 = R_2 = Z_0$ realisieren.

4.3.5 Synthese von A_B durch ein Reaktanzzweitor

Bei der Synthese von Reaktanzzweitoren, die gemäß Bild 4.44 betrieben werden und als frequenzselektive Filter Verwendung finden, werden gewöhnlich nur Forderungen an den Betragsfrequenzgang $A_B(\omega) = |S_{21}(j\omega)|$ gestellt. Da bei einem verlustfreien Vierpol mit reellen Abschlußwiderständen der Zusammenhang von Gl. (4.80) besteht, kann entsprechend Gl. (1.129a) des ersten Bandes von dem Produktansatz

4.3 RLC-passive Realisierungen

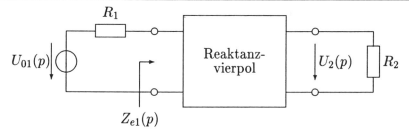

Bild 4.44 Reaktanzvierpol mit zweiseitigem ohmschen Abschluß

$$S_{11}(p)S_{11}(-p) = 1 - S_{21}(p)S_{21}(-p) = G(p) \qquad (4.103)$$

ausgegangen werden. Lassen sich die Pole und Nullstellen von $G(p)$ eindeutig sortieren, so ist der Betriebsreflexionsfaktor $S_{11}(p)$ bis auf das Vorzeichen bestimmt:

$$S_{11}(p) = \pm P(p)/Q(p). \qquad (4.104)$$

Damit kann durch Umstellung von Gl. (4.76) die Synthese von $A_B(\omega)$ auf die Realisierung einer Zweipolfunktion zurückgeführt werden (*Darlington-Synthese*):

$$Z_{e1}(p) = R_1 \frac{1 + S_{11}(p)}{1 - S_{11}(p)} = R_1 \frac{Q(p) \pm P(p)}{Q(p) \mp P(p)}. \qquad (4.105)$$

Gemäß den Ausführungen zu Gl. (4.100) des letzten Abschnittes ist $Z_{e1}(p)$ genau dann eine positiv-reelle Zweipolfunktion, wenn folgende Bedingungen erfüllt sind:

a) $|S_{11}(j\omega)| \leq 1$ für alle ω-Werte,

b) die Pole von $S_{11}(p)$ liegen nur in der offenen linken p-Halbebene, d.h. $Q(p)$ ist ein Hurwitz-Polynom.

Aus Gl. (4.80) folgt sofort die Erfüllung von Bedingung a. Weiter gehen wir von einer realisierbaren Betriebsübertragungsfunktion $S_{21}(p) = Z(p)/N(p)$ aus und erhalten mit den Gln. (4.103) und (4.104):

$$\frac{P(p)P(-p)}{Q(p)Q(-p)} = 1 - \frac{Z(p)Z(-p)}{N(p)N(-p)} = \frac{N(p)N(-p) - Z(p)Z(-p)}{N(p)N(-p)}.$$

Hieraus folgt sofort

$$Q(p) = N(p), \qquad (4.106)$$

da $N(p)$ ein Hurwitz-Polynom ist. D.h. die Pole von $S_{11}(p)$ sind eindeutig bestimmt und identisch mit den Polen von $S_{21}(p)$. Die Auswahl der Nullstellen von $G(p)$ für $P(p)$ ist im allgemeinen vieldeutig. Sind jedoch die Nullstellen doppelt und liegen auf der jω-Achse, so ist die Aufteilung eindeutig. Dies ist z.B. der Fall bei den sog. Polynomvierpolen, die in Abschn. 4.4 behandelt werden.

Als Anwendungsbeispiel betrachten wir eine „Bandsperre" mit dem Betragsquadrat des Frequenzganges

$$|S_{21}(j\omega)|^2 = \left(\frac{\omega^2 - \omega_0^2}{\omega^2 + \omega_0^2}\right)^2 \leq 1 \quad \text{für alle} \quad \omega.$$

Im ersten Schritt wird dieses Betragsquadrat in Gl. (4.80) eingesetzt:

$$|S_{11}(j\omega)|^2 = 1 - |S_{21}(j\omega)|^2 = \frac{(\omega^2 + \omega_0^2)^2 - (\omega^2 - \omega_0^2)^2}{(\omega^2 + \omega_0^2)^2}$$

$$= \frac{4\omega_0^2 \omega^2}{(\omega^2 + \omega_0^2)^2} = G(\omega).$$

Mit der Substitution $\omega = p/j$ folgt hieraus

$$G(p) = S_{11}(p)S_{11}(-p) = \frac{-4\omega_0^2 p^2}{(p^2 - \omega_0^2)^2}.$$

Die doppelte Nullstelle $p'_{1/2} = 0$ und die beiden doppelten Polstellen $p_{1/2} = -\omega_0$, $p_{3/4} = +\omega_0$ lassen sich eindeutig $S_{11}(p)$ zuordnen, und es gilt

$$S_{11}(p) = \frac{\pm P(p)}{Q(p)} = \frac{\pm 2\omega_0 p}{(p + \omega_0)^2} = \frac{\pm 2\omega_0 p}{p^2 + 2\omega_0 p + \omega_0^2}.$$

Da $Q(p)$ ein Hurwitz-Polynom darstellt, ist $Z_{e1}(p)$ durch ein RLC-Netzwerk realisierbar. Durch Widerstandsnormierung mit $R_B = R_1$ erhält man aus Gl. (4.105) mit dem oberen Vorzeichen von $P(p)$:

$$Z'^+_{e1}(p) = \frac{p^2 + 2\omega_0 p + \omega_0^2 + 2\omega_0 p}{p^2 + 2\omega_0 p + \omega_0^2 - 2\omega_0 p} = \frac{4\omega_0 p}{p^2 + \omega_0^2} + 1.$$

Mit der Frequenznormierung $\omega_B = \omega_0$ folgt schließlich

$$Z'^+_{e1}(p') = \frac{1}{p'/4 + 1/(4p')} + 1.$$

Die zugehörige Schaltung zeigt Bild 4.45a, wobei der ohmsche Anteil den normierten Abschlußwiderstand $R'_2 = 1$ darstellt. Eine äquivalente

4.4 Approximationen

Realisierung liefert das untere Vorzeichen von $P(p)$, also $Z'^-_{e1} = 1/Z'^+_{e1}$ bzw.

$$Y'^-_{e1}(p') = Z'^+_{e1}(p').$$

Diese zweite Schaltung ist in Bild 4.45b dargestellt, wobei die Impedanz der ersten Realisierung hierbei als Admittanz aufzufassen ist.

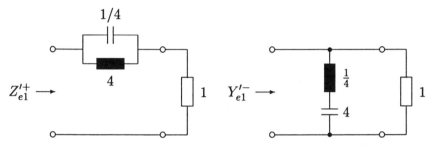

Bild 4.45 Äquivalente Realisierungen des gegebenen Beispieles einer Bandsperre

4.4 Approximationen

Der Kern der Netzwerksynthese besteht darin, aus der Übertragungsfunktion $H(p)$ bzw. der Zweipolfunktion $F(p)$ eine Schaltung zu entwickeln. In der Praxis sind diese rationalen Funktionen von p selten gegeben, sondern meistens nur der Betrag $A(\omega)$ oder die Phase $\varphi(\omega)$ des Frequenzganges. (Zur Bestimmung von $H(p)$ aus $A(\omega)$ oder $\varphi(\omega)$ beachte man z.B. Abschn. 1.4.5 des ersten Bandes.) Oft ist auch nur ein Toleranzschema entsprechend Bild 4.46 gegeben, und es muß z.B. ein *Dämpfungsverlauf*

$$a(\omega) = -20 \lg A(\omega) \,\text{dB} \tag{4.107}$$

gefunden werden, so daß einerseits das Toleranzschema eingehalten wird und andererseits sich eine realisierbare Funktion $H(p)$ bzw. $F(p)$ ergibt. Die Approximationsaufgabe kann natürlich grundsätzlich auch im Zeitbereich formuliert werden. An dieser Stelle soll jedoch nur die Approximation sog. *Filter-Forderungen* im Frequenzbereich betrachtet werden.

4.4.1 Die Approximation normierter Tiefpässe

Filter oder Siebschaltungen sollen vom gesamten Frequenzbereich $0 \le \omega \le \infty$ bestimmte Frequenzgebiete möglichst vollkommen sperren und

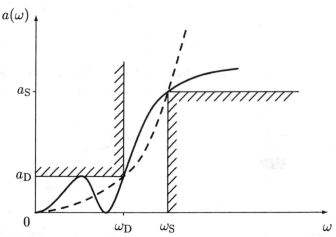

Bild 4.46 Beispiel eines Toleranzschemas (die schraffierten Bereiche sind verboten)

den übrigen Teil möglichst ungedämpft durchlassen. Es wird also zwischen *Sperrbereich* (SB) und *Durchlaßbereich* (DB) unterschieden. Sollen tiefe Frequenzen durchgelassen und hohe gesperrt werden, dann spricht man von einem *Tiefpaß* (TP), im umgekehrten Fall von einem *Hochpaß* (HP). Wird ein bestimmtes Frequenzband zwischen der tiefsten Frequenz ω_{-D} und der höchsten Frequenz ω_D durchgelassen und der restliche Teil gesperrt, liegt ein *Bandpaß* (BP) vor. Der umgekehrte Fall wird als *Bandsperre* (BS) bezeichnet.

Sowohl die genannten Filtertypen als auch alle denkbaren Kombinationen lassen sich durch entsprechende Frequenztransformationen (vgl. Abschn. 4.4.4) auf den *normierten Tiefpaß* zurückführen. Dessen Durchlaßbereich erstreckt sich, ausgedrückt durch die *normierte Frequenz*

$$\Omega = \omega/\omega_D, \qquad (4.108)$$

von $\Omega = 0$ bis $\Omega = 1$. Damit stellt $\omega_B = \omega_D$ gleichzeitig die Grenzfrequenz des Durchlaßbereiches dar. Bild 4.47 zeigt verschiedene Dämpfungsverläufe des idealen Tiefpasses. Bei der idealen Charakteristik von Bild 4.47a ist die Dämpfung im Durchlaßbereich null, während sie oberhalb der Frequenz $\Omega = 1$, also im Sperrbereich, unendlich hoch wird. Da dieser Dämpfungsverlauf nicht mit einer endlichen Anzahl konzentrierter Elemente erreichbar ist, muß man sich mit realisierbaren Approximationen begnügen, wie sie die Bilder 4.47b,c und d zeigen.

Der monoton ansteigende Dämpfungsverlauf von Bild 4.47b gehört zu einem *Potenz-* oder *Butterworth-TP*. Dieser zeichnet sich durch

4.4 Approximationen

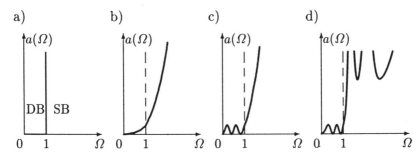

Bild 4.47 Dämpfungsverläufe des normierten Tiefpasses:
a) ideale Charakteristik, b) Potenz- oder Butterworth-TP,
c) Tschebyscheff-TP, d) Cauer-TP

ein günstiges Einschwingverhalten aus, erfordert jedoch einen hohen Aufwand an Bauelementen, wenn die Filterflanke an der Grenze zwischen DB und SB sehr steil sein soll. Bei gleichem Aufwand wird eine höhere Flankensteilheit erzielt, wenn man im Durchlaßbereich eine gewisse Welligkeit toleriert. Haben hierbei alle Dämpfungsmaxima (Höcker) den gleichen Wert, wie in Bild 4.47c, dann spricht man von einem *Tschebyscheff-TP*. Aufgrund der Welligkeit ist allerdings das Einschwingverhalten ungünstiger als beim Potenzfilter. Bei beiden Tiefpässen wird die Dämpfung im Sperrbereich erst für beliebig hohe Frequenzen unendlich hoch. Der *Cauer-TP*, dessen Charakteristik Bild 4.47d zeigt, besitzt auch Dämpfungspole bei endlichen Frequenzen. (Die Gesamtzahl der Dämpfungspole ist hierbei gleich der Nullstellenzahl im DB.) Hiermit lassen sich zwar sehr steile Filterflanken bei geringen Durchlaß- und hohen Sperrdämpfungen erzielen, das Einschwingverhalten ist jedoch sehr ungünstig. Da die Theorie der Cauer-Filter relativ aufwendig ist, soll sie in dieser einführenden Darstellung nicht behandelt werden. (An dieser Stelle sei auf entsprechende *Filterkataloge* verwiesen.)

Wir betrachten die häufig verwendeten *Polynomvierpole* mit $H(p) = 1/N(p)$, also $Z(p) = 1$. Der ideale Betragsfrequenzgang, den man als Rechteck annimmt, wird angenähert durch

$$A^2(\Omega) = \frac{1}{C_0 + C_2 \Omega^2 + C_4 \Omega^4 + \cdots + C_{2n} \Omega^{2n}} = \frac{1/C_0}{1 + \varepsilon^2 P_n^2(\Omega)}. \quad (4.109)$$

Hierin ist $P_n(\Omega)$ ein noch zu bestimmendes Polynom und ε ein Parameter, mit dem $A(\Omega)$ an der Bandgrenze festgelegt werden kann. Im Fall des Betriebsübertragungsfaktors eines passiven Zweitores mit beidseitiger ohmscher Beschaltung gilt wegen Gl. (4.87) $C_0 = 1$. Dieser Wert soll in den folgenden Betrachtungen stets zugrunde gelegt werden.

Zur Ermittlung von $H(p)$ aus $A^2(\Omega)$ gehen wir entsprechend Gl. (1.129a) des ersten Bandes von dem Produktansatz

$$\frac{1}{1+\varepsilon^2 P_n^2(p/\mathrm{j})} = H(p)H(-p) = G(p) \qquad (4.110)$$

aus, wobei der normierte komplexe Frequenzparameter p nicht besonders gekennzeichnet wird. $G(p)$ hat keine Nullstellen, aber Pole, die sich aus

$$P_n(p/\mathrm{j}) = \pm \mathrm{j}/\varepsilon \qquad (4.111)$$

ergeben. Die Pole von $H(p) = 1/N(p)$ sind die in der offenen linken p-Halbebene liegenden Pole von $G(p)$. Damit ist $N(p)$ in jedem Fall ein Hurwitz-Polynom, dessen Koeffizienten von der Art der gewählten Approximation abhängen.

4.4.2 Der normierte Butterworth-Tiefpaß

Mit dem *Potenzansatz*

$$P_n(\Omega) = \Omega^n \qquad (4.112)$$

erhält man aus Gl. (4.109) und Gl. (4.107)

$$A^2(\Omega) = \frac{1}{1+\varepsilon^2 \Omega^{2n}} \qquad (4.113\mathrm{a})$$

bzw.

$$a(\Omega) = 10\lg(1+\varepsilon^2 \Omega^{2n})\,\mathrm{dB}. \qquad (4.113\mathrm{b})$$

Je größer der Filtergrad n ist, um so besser wird das Rechteck approximiert, wie Bild 4.48 verdeutlicht. Für den praktisch bedeutsamen Spezialfall $\varepsilon = 1$ ergibt sich bei

$$\Omega = 1:\ a = 3\mathrm{dB} \quad \text{und} \quad \Omega^{2n} \gg 1:\ a \approx 20n\lg(\Omega)\mathrm{dB}.$$

Wird die Frequenz verdoppelt, so steigt die Dämpfung um $\Delta a = 6n\mathrm{dB}$, und bei einer Erhöhung der Frequenz um eine Dekade nimmt die Dämpfung um $\Delta a = 20n\mathrm{dB}$ zu. Die Steigung im Sperrbereich beträgt also $6n\mathrm{dB}$/Oktave bzw. $20n\mathrm{dB}$/Dekade für genügend hohe Frequenzen.

4.4 Approximationen

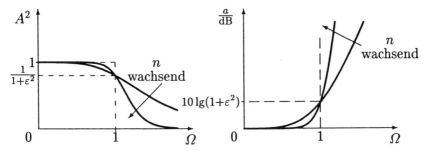

Bild 4.48 Tiefpaßapproximation durch Potenzansatz

Die Pole von $G(p)$ erhält man (für $\varepsilon = 1$) mit den Gln. (4.111) und (4.112) aus

$$\left(\frac{p}{j}\right)^n = \pm j = e^{-j\pi/2 + j\nu\pi}, \quad \nu = 1, 2, \ldots.$$

Die Lösungen dieser Gleichung lauten

$$p_\nu = \sigma_\nu + j\Omega_\nu = j e^{-j\pi/(2n) + j\nu\pi/n} = e^{j(2\nu - 1 + n)\pi/(2n)},$$
$$\nu = 1, \ldots, 2n \tag{4.114}$$

oder aufgespalten in Real- und Imaginärteil:

$$\sigma_\nu = \cos\left(\frac{2\nu - 1 + n}{2n}\pi\right) = -\sin\left(\frac{2\nu - 1}{2n}\pi\right), \tag{4.115a}$$
$$\Omega_\nu = \sin\left(\frac{2\nu - 1 + n}{2n}\pi\right) = \cos\left(\frac{2\nu - 1}{2n}\pi\right). \tag{4.115b}$$

Wegen $|p_\nu| = 1$ liegen alle Pole auf dem Einheitskreis und zwar, wie man aus Gl. (4.114) entnehmen kann, im Abstand π/n. Ist n ungerade, dann ergeben sich Polstellen bei $p = \pm 1$, ist n gerade, dann gibt es keine Polstellen auf der reellen Achse. In Bild 4.49 sind die Fälle $n = 4$ und $n = 5$ dargestellt, wobei zur Bildung von $H(p)$ jeweils die Pole der linken p-Halbebene zu nehmen sind ($\nu = 1, \ldots, n$).

Als Anwendungsbeispiel soll der in Filterkatalogen als Potenzfilter „P0570" bezeichnete normierte Tiefpaß berechnet werden. Für diesen Polynomvierpol vom Grade $n = 05$, mit dem maximalen Reflexionsfaktor im Durchlaßbereich $|S_{11}|_{max} \approx 70\%$, wird zunächst die Betriebsübertragungsfunktion $H_B(p) = S_{21}(p)$ aufgestellt. Anschließend wollen wir die Realisierung von $|S_{21}(j\Omega)|$ durch ein Reaktanzzweitor gemäß Abschn. 4.3.5 angeben. Nach Gl. (4.113a) gilt für $\varepsilon = 1$ und $n = 5$:

$$|S_{21}(j\Omega)|^2 = \frac{1}{1 + \Omega^{10}}.$$

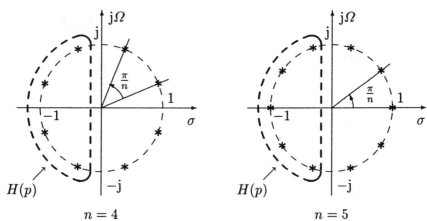

Bild 4.49 Pole von $G(p)$ beim Butterworth-Tiefpaß für die Grade $n = 4$ und $n = 5$

Die Pole von $S_{21}(p)$ liegen in der linken p-Halbebene auf dem Einheitskreis (vgl. Bild 4.49), und man erhält mit Gl. (4.115):

$$p_1 = -\sin 18° + j\cos 18° = -0,3090 + j0,9511,$$
$$p_2 = -\sin 54° + j\cos 54° = -0,8090 + j0,5878,$$
$$p_3 = -\sin 90° + j\cos 90° = -1,$$
$$p_4 = -\sin 54° - j\cos 54° = -0,8090 - j0,5878,$$
$$p_5 = -\sin 18° - j\cos 18° = -0,3090 - j0,9511.$$

Nach Einsetzen der Polstellen in die Produktform der Übertragungsfunktion und Ausmultiplizieren ergibt sich

$$S_{21}(p) = \frac{\pm 1}{p^5 + 3,236p^4 + 5,236p^3 + 5,236p^2 + 3,236p + 1}.$$

Für Reaktanzvierpole mit reellen Abschlußwiderständen gilt nach Gl. (4.80):

$$|S_{11}|^2 = 1 - |S_{21}|^2 = 1 - \frac{1}{1+\Omega^{10}} = \frac{\Omega^{10}}{1+\Omega^{10}}.$$

Für den maximalen Reflexionsfaktor im Durchlaßbereich erhält man also

$$|S_{11}|_{\max} = |S_{11}(\Omega = 1)| = \frac{1}{\sqrt{2}} \approx 0,707 \approx 70\%.$$

$S_{11}(p)$ hat die gleichen Pole wie $S_{21}(p)$, jedoch außerdem eine fünffache Nullstelle für $p = 0$:

$$S_{11}(p) = \frac{\pm P(p)}{Q(p)} = \frac{\pm p^5}{p^5 + 3,236p^4 + 5,236p^3 + 5,236p^2 + 3,236p + 1}.$$

4.4 Approximationen

Die „Darlington-Synthese" nach Gl. (4.105) liefert für das positive Vorzeichen des Zählers

$$Z_{\mathrm{el}}^{\prime+}(p) = \frac{Z_{\mathrm{el}}^{+}(p)}{R_1} = \frac{2p^5 + 3{,}236p^4 + 5{,}236p^3 + 5{,}236p^2 + 3{,}236p + 1}{3{,}236p^4 + 5{,}236p^3 + 5{,}236p^2 + 3{,}236p + 1}$$

und für das negative Vorzeichen

$$Z_{\mathrm{el}}^{\prime-}(p) = 1/Z_{\mathrm{el}}^{\prime+}(p).$$

Die beiden Schaltung sind also wegen $Z_{\mathrm{el}}^{\prime+} = Y_{\mathrm{el}}^{\prime-}$ zueinander dual, und die Kettenbruchentwicklung gemäß Abschn. 4.3.2 liefert

$$Z_{\mathrm{el}}^{\prime+} = Y_{\mathrm{el}}^{\prime-} = 0{,}618p + \cfrac{1}{1{,}618p + \cfrac{1}{2p + \cfrac{1}{1{,}618p + \cfrac{1}{0{,}618p + 1}}}}.$$

Die beiden kanonischen Realisierungen mit R_1 als Bezugswiderstand zeigt Bild 4.50.

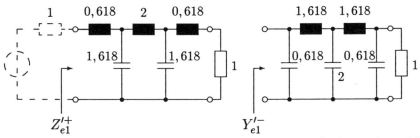

Bild 4.50 Kanonische Realisierungen des Potenzfilters P0570 (widerstands- und frequenznormiert)

4.4.3 Der normierte Tschebyscheff-Tiefpaß

Die Approximation des idealen Tiefpasses durch ein *Tschebyscheff-Filter* geht von folgendem Ansatz aus:

$$A^2(\Omega) = \frac{1}{1 + \varepsilon^2 T_n^2(\Omega)} \qquad (4.116a)$$

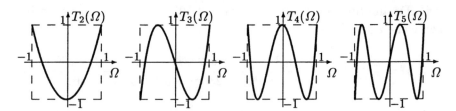

Bild 4.51 Verlauf der Tschebyscheff-Polynome $T_2(\Omega)$ bis $T_5(\Omega)$ im Bereich $-1 \leq \Omega \leq 1$

bzw.

$$a(\Omega) = 10\lg[1 + \varepsilon^2 T_n^2(\Omega)]\mathrm{dB}\,. \qquad (4.116\mathrm{b})$$

Hierin ist $T_n(\Omega)$ das Tschebyscheff-Polynom 1. Art von der Ordnung n, das folgendermaßen definiert ist:

$$T_n(\Omega) = \begin{cases} \cos(n \arccos \Omega) & \text{für } |\Omega| \leq 1 \\ \cosh(n \operatorname{Arcosh} \Omega) & \text{für } |\Omega| \geq 1 \,. \end{cases} \qquad (4.117)$$

Der Polynomcharakter wird erst deutlich durch die Rekursionsformel

$$T_n(\Omega) = 2\Omega T_{n-1}(\Omega) - T_{n-2}(\Omega)\,, \qquad (4.118)$$

deren Gültigkeit zunächst bewiesen werden soll. Für $|\Omega| \leq 1$ folgt aus den Gln. (4.117) und (4.118)

$$\cos(n\arccos \Omega) = 2\Omega \cos[(n-1)\arccos \Omega] - \cos[(n-2)\arccos \Omega]\,.$$

Mit der trigonometrischen Beziehung

$$\cos\alpha + \cos\beta = 2\cos\left(\frac{\alpha+\beta}{2}\right)\cos\left(\frac{\alpha-\beta}{2}\right)$$

erhält man hieraus nach Formelumstellung

$$\cos(n\arccos \Omega) + \cos[(n-2)\arccos \Omega]$$
$$= 2\cos[(n-1)\arccos \Omega]\cos(\arccos \Omega)$$
$$= 2\Omega\cos[(n-1)\arccos \Omega]\,.$$

Hiermit ist Gl. (4.118) für $|\Omega| \leq 1$ bewiesen, wobei der Beweis für $|\Omega| \geq 1$ völlig analog erfolgt. Durch Auswertung der Gln. (4.117) und (4.118) erhält man:

4.4 Approximationen

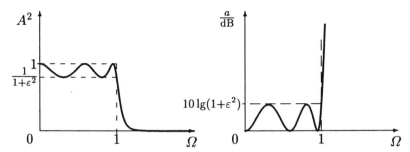

Bild 4.52 Tiefpaßapproximation durch Tschebyscheff-Polynome

$$T_0(\Omega) = \begin{Bmatrix} \cos 0 & \text{für } |\Omega| \le 1 \\ \cosh 0 & \text{für } |\Omega| \ge 1 \end{Bmatrix} = 1,$$

$$T_1(\Omega) = \begin{Bmatrix} \cos(\arccos \Omega) & \text{für } |\Omega| \le 1 \\ \cosh(\text{Arcosh } \Omega) & \text{für } |\Omega| \ge 1 \end{Bmatrix} = \Omega,$$

$$T_2(\Omega) = 2\Omega T_1(\Omega) - T_0(\Omega) = 2\Omega^2 - 1,$$

$$T_3(\Omega) = 2\Omega T_2(\Omega) - T_1(\Omega) = 4\Omega^3 - 3\Omega,$$

$$T_4(\Omega) = 2\Omega T_3(\Omega) - T_2(\Omega) = 8\Omega^4 - 8\Omega^2 + 1,$$

$$T_5(\Omega) = 2\Omega T_4(\Omega) - T_3(\Omega) = 16\Omega^5 - 20\Omega^3 + 5\Omega,$$

$$\vdots$$

Den Verlauf der Polynome $T_2(\Omega)$ bis $T_5(\Omega)$ zeigt Bild 4.51, wobei interessant ist, daß sie im Bereich $-1 \le \Omega \le 1$ zwischen den Grenzen $-1 \le T_n(\Omega) \le 1$ schwanken, während sie für $\Omega > 1$ monoton gegen unendlich gehen. Diese Eigenschaft folgt unmittelbar aus Gl. (4.117), weil die cos-Funktion zwischen den Grenzen ± 1 schwankt, während sowohl die Arcosh- als auch die cosh-Funktion für wachsende Argumente betragsmäßig gegen unendlich gehen. Die Frequenzcharakteristik des idealen Tiefpasses wird somit in der in Bild 4.52 gezeigten Weise approximiert. Mit wachsender Ordnung n steigt hierbei die Anzahl der Dämpfungsnullstellen im Durchlaßbereich und die Steilheit der Kurve im Sperrbereich.

Die Pole von $G(p) = H(p)H(-p)$ bestimmen sich gemäß Gl. (4.111) aus

$$T_n(p/\mathrm{j}) = \pm \mathrm{j}/\varepsilon.$$

Mit der Substitution

$$p/\mathrm{j} = \cos w = \cos(u + \mathrm{j}v) \qquad (4.119)$$

sowie Gl. (4.117) ergibt sich zunächst

$$T_n(\cos w) = \cos[n \arccos(\cos w)] = \cos[n(u+\mathrm{j}v)] = \pm \mathrm{j}/\varepsilon\,.$$

Dieses Ergebnis läßt sich durch die trigonometrischen Beziehungen

$$\cos(\alpha+\beta) = \cos\alpha\cos\beta - \sin\alpha\sin\beta\,,$$
$$\cos\mathrm{j}\alpha = \cosh\alpha\,,\ \sin\mathrm{j}\alpha = \mathrm{j}\sinh\alpha$$

folgendermaßen umwandeln:

$$\cos(nu)\cosh(nv) - \mathrm{j}\sin(nu)\sinh(nv) = \pm\mathrm{j}/\varepsilon\,. \tag{4.120}$$

Der Realteil verschwindet auf der rechten Seite dieser Gleichung, so daß

$$\cos(nu)\cosh(nv) = 0$$

gelten muß. Da der Hyperbelkosinus für beliebige Argumente von null verschieden ist, ergeben sich die Lösungen

$$u_\nu = \pm\frac{2\nu-1}{2n}\pi\,,\quad \nu = 1,\,2,\,\ldots\,. \tag{4.121}$$

Aus der Gleichheit der Imaginärteile in Gl. (4.120) folgt

$$\sin(nu)\sinh(nv) = \pm 1/\varepsilon\,.$$

An den Lösungspunkten $u = u_\nu$, gemäß Gl. (4.121), wird der Sinus gleich ± 1, und somit lautet die Lösung

$$v_\nu = \pm\frac{1}{n}\operatorname{Arsinh}\frac{1}{\varepsilon}\,. \tag{4.122}$$

Durch Rücksubstitution mit Gl. (4.119) erhält man die Polstellen in der p-Ebene zu

$$p_\nu = \sigma_\nu + \mathrm{j}\Omega_\nu = \mathrm{j}\cos(u_\nu + \mathrm{j}v_\nu)$$
$$= \sin u_\nu \sinh v_\nu + \mathrm{j}\cos u_\nu \cosh v_\nu$$

oder aufgespalten in Real- und Imaginärteil:

$$\sigma_\nu = -\sin\!\left(\frac{2\nu-1}{2n}\pi\right)|\sinh v_\nu|\,, \tag{4.123a}$$
$$\Omega_\nu = \cos\!\left(\frac{2\nu-1}{2n}\pi\right)\cosh v_\nu\,,\quad \nu = 1,\,\ldots,\,2n\,. \tag{4.123b}$$

4.4 Approximationen

Die Pole liegen jetzt auf einer Ellipse mit den Halbachsen $|\sinh v_\nu|$ und $\cosh v_\nu$, denn aus Gl. (4.123) folgt

$$\frac{\sigma_\nu^2}{\sinh^2 v_\nu} + \frac{\Omega_\nu^2}{\cosh^2 v_\nu} = 1.$$

Sie gehen aus den entsprechenden Polen eines Potenzfilters nach Gl. (4.115) hervor, indem man σ_ν mit $|\sinh v_\nu|$ und Ω_ν mit $\cosh v_\nu$ multipliziert.

Als Anwendungsbeispiel soll der in Filterkatalogen als Tschebyscheff-Filter „**T0520**" bezeichnete normierte Tiefpaß berechnet werden. Mit dem maximalen Reflexionsfaktorbetrag im Durchlaßbereich $|S_{11}|_{\max} = 20\%$ folgt aus den Gln. (4.80) und (4.116a)

$$\varepsilon = \Big(\frac{1}{1 - |S_{11}|_{\max}^2} - 1\Big)^{1/2} = \Big(\frac{1}{1 - 0,04} - 1\Big)^{1/2} \approx 0,204.$$

Für diesen Zahlenwert und den Grad $n = 05$ liefert Gl. (4.122)

$$v_\nu = \pm\frac{1}{5}\operatorname{Arsinh}\frac{1}{0,204} = \pm 0,459.$$

Hieraus folgt

$$|\sinh v_\nu| = 0,475, \quad \cosh v_\nu = 1,107,$$

und mit den Polen den Potenzfilters P0570 ergibt sich

$$\begin{aligned}
p_1 &= -0,3090 \cdot 0,475 + j0,9511 \cdot 1,107 = -0,147 + j1,053,\\
p_2 &= -0,8090 \cdot 0,475 + j0,5878 \cdot 1,107 = -0,384 + j0,651,\\
p_3 &= -1,0000 \cdot 0,475 = -0,475,\\
p_4 &= -0,8090 \cdot 0,475 - j0,5878 \cdot 1,107 = -0,384 - j0,651,\\
p_5 &= -0,3090 \cdot 0,475 - j0,9511 \cdot 1,107 = -0,147 - j1,053.
\end{aligned}$$

Nach Einsetzen der Polstellen in die Produktform der Übertragungsfunktion und Ausmultiplizieren erhält man

$$S_{21}(p) = \frac{\pm 0,306}{p^5 + 1,537p^4 + 2,431p^3 + 1,950p^2 + 1,137p + 0,306}.$$

Die Realisierung kann schließlich wieder durch die „Darlington-Synthese" erfolgen, wobei sich gegenüber Bild 4.50 lediglich die Werte der Schaltelemente verändern.

4.4.4 Frequenztransformationen durch Reaktanzfunktionen

Bei der Approximation und Realisierung von Übertragungs- oder Zweipolfunktionen arbeitet man üblicherweise mit normierten (dimensionslosen) Größen, ohne diese besonders zu kennzeichnen. In der Filtertechnik wird oft mit dem normierten Tiefpaß gerechnet, wobei zu Beginn des Filterentwurfs die Frequenz ω auf die Bezugsfrequenz $\omega_B = \omega_D$ bezogen wird: Man rechnet also mit der normierten Frequenz $\Omega = \omega/\omega_D$. Ebenso werden die Widerstände bzw. Impedanzen und Admittanzen der Schaltelemente R, $j\omega L$, $j\omega C$ auf einen Bezugswiderstand R_B bezogen (vgl. Abschn. 4.3.1):

$$\frac{R}{R_B} = R', \quad \frac{j\omega L}{R_B} = j\Omega L', \quad j\omega C R_B = j\Omega C'. \qquad (4.124)$$

Um nach der Realisierung eine Schaltung aufbauen zu können, müssen die tatsächlichen (dimensionsbehafteten) Größen durch *Entnormierung* ermittelt werden. Man benutzt nun die Entnormierung der Frequenz nicht nur dazu, aus dem normierten Tiefpaß einen TP zu gewinnen, sondern auch andere Filtertypen wie den HP, den BP und die BS. Die dafür notwendige *Frequenztransformation* geschieht dadurch, daß statt Ω eine geeignete Reaktanzfunktion $F_{LC}(\omega)$ eingesetzt wird:

$$\Omega = F_{LC}(\omega). \qquad (4.125)$$

Der Vorteil der Reaktanztransformation liegt darin, daß beim Übergang vom normierten TP zum transformierten Filter die Elemente L' und C' durch Reaktanzzweipole zu ersetzen sind, die aus Gl. (4.125) errechnet werden, wobei die ohmschen Widerstände R' unverändert bleiben. Außer dieser Transformation der Frequenz muß noch eine Entnormierung mit dem Bezugswiderstand R_B vorgenommen werden, so daß die endgültigen (dimensionsbehafteten) Werte der Bauelemente bzw. Reaktanzen mit den Gln. (4.124) und (4.125) lauten:

$$R'R_B = R, \quad j\Omega L' R_B = jF_{LC}(\omega)L' R_B, \quad \frac{j\Omega C'}{R_B} = \frac{jF_{LC}(\omega)C'}{R_B}. \qquad (4.126)$$

Zwei entsprechende Tabellen im Anhang zeigen sowohl die Frequenztransformationen für den Hochpaß, den Bandpaß und die Bandsperre als auch die entnormierten Bauelemente. Beim frequenzreziproken BP wie auch bei der frequenzreziproken BS hat der Betragsfrequenzgang $A(\omega)$ für je zwei *Eckfrequenzen* ω_{-E} und ω_E den gleichen Wert, wobei

4.4 Approximationen

mit der Mittenfrequenz ω_0 gilt

$$\omega_{-E}\omega_E = \omega_0^2. \qquad (4.127)$$

Dieser gleiche Wert gilt sowohl für die Durchlaßgrenzen ω_{-D}, ω_D als auch für die Sperrgrenzen ω_{-S}, ω_S.

Als Beispiel zur Frequenztransformation soll ein Bandpaß mit folgenden Eigenschaften entworfen werden (vgl. Bild 4.53):

a) Potenzverhalten,
b) Abschluß mit $R_1 = R_2 = 1\,\mathrm{k}\Omega$,
c) Durchlaßgrenzen $f_{-D} = 90\,\mathrm{kHz}$, $f_D = 110\,\mathrm{kHz}$,
d) Reflexionsfaktor im Durchlaßbereich $|S_{11}| \leq 70,7\%$,
e) Sperrdämpfung $a_S \geq 40\,\mathrm{dB}$ für $f \geq f_S = 130\,\mathrm{kHz}$.

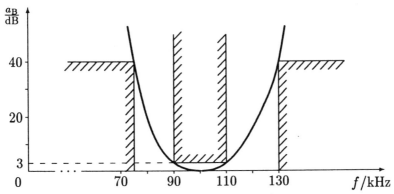

Bild 4.53 Dämpfungsverlauf eines zu entwerfenden Bandpasses

Aus der Angabe d und den Gln. (4.80) sowie (4.113a) folgt $\varepsilon = 1$. (Man vergleiche hierzu auch das Beispiel zu Abschn. 4.4.2). Die entsprechende Formel für die Frequenztransformation des Bandpasses der Tabelle im Anhang liefert

$$\Omega(f = 130\,\mathrm{kHz}) = \frac{130 - 90 \cdot 110/130}{110 - 90} = 2,69.$$

Dieser Wert in Gl. (4.113b) eingesetzt, ergibt

$$40\,\mathrm{dB} = 10\lg(1 + 2,69^{2n})\,\mathrm{dB}.$$

Hieraus erhält man zunächst

$$n \approx \frac{2}{\lg 2,69} = 4,65,$$

wobei $n = 5$ gewählt wird. Grundlage des Filterentwurfs ist also das Potenzfilter P0570 von Bild 4.50. Mit der entsprechenden Tabelle des Anhangs werden die entnormierten Bauelemente des Bandpasses berechnet, und es ergibt sich die Schaltung von Bild 4.54.

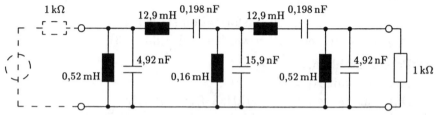

Bild 4.54 Realisierung des zu entwerfenden Bandpasses

4.5 RC-aktive Realisierungen

Durch Schaltungen aus den Elementen R, L, C kann praktisch jeder gewünschte Frequenzgang realisiert werden. Die Ansätze zur Approximation normierter Tiefpässe zeigen aber auch, daß dies nur möglich ist, wenn neben reellen auch beliebig konjugiert-komplexe Polstellen erzeugt werden können. Deren Wirkung läßt sich physikalisch dadurch erklären, daß die in den Kapazitäten gespeicherte elektrische Energie fortwährend umgewandelt wird in die magnetische Energie der Induktivitäten und umgekehrt. Die ohmschen Widerstände stellen lediglich Energieverbraucher dar. Fällt eine Art Energiespeicher weg – z.B. die Induktivitäten – , dann gibt es keine Umwandlung mehr von einer gespeicherten Energieform in die andere und somit auch keine konjugiert-komplexen Eigenwerte. Durch die Hinzunahme aktiver Elemente, wie z.B. gesteuerter Quellen, kann dieser Verlust wieder ausgeglichen werden. Während jedoch passive Netzwerke grundsätzlich

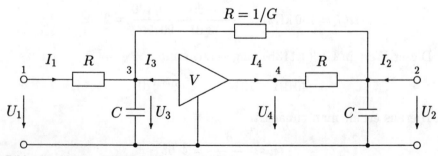

Bild 4.55 Aktiver RC-Tiefpaß

4.5 RC-aktive Realisierungen

stabil sind, kommt bei aktiven das Problem der potentiellen Instabilität hinzu.

Als Beispiel betrachten wir den aktiven RC-Tiefpaß von Bild 4.55 mit einem Verstärker, der eine ideale spannungsgesteuerte Spannungsquelle (UUQ) darstellt. Für die Analyse dieser Schaltung wird das aktive Element zunächst gedanklich entfernt, so daß ein reines Zweipolnetzwerk übrigbleibt. Die Leitwertgleichungen dieser RC-Schaltung lauten mit der Knotenleitwertmatrix $\mathbf{Y}_K$:

$$\begin{pmatrix} I_1 \\ I_2 \\ I_3 \\ I_4 \end{pmatrix} = \begin{pmatrix} G & 0 & -G & 0 \\ 0 & 2G+pC & -G & -G \\ -G & -G & 2G+pC & 0 \\ 0 & -G & 0 & G \end{pmatrix} \begin{pmatrix} U_1 \\ U_2 \\ U_3 \\ U_4 \end{pmatrix} = \mathbf{Y}_K \begin{pmatrix} U_1 \\ U_2 \\ U_3 \\ U_4 \end{pmatrix}.$$

Die ideale UUQ wird gemäß Abschn. 4.2.5 vollständig charakterisiert durch

$$I_3 = 0, \quad U_4 = V U_3.$$

Die zweite Beziehung läßt sich berücksichtigen, indem man die vierte Spalte von $\mathbf{Y}_K$ mit V multipliziert, zur dritten addiert und die Komponente U_4 im Spannungsvektor streicht. Da der Strom I_4 nicht berechnet werden soll, entfällt neben der vierten Spalte auch die vierte Zeile der Matrix $\mathbf{Y}_K$, und es ergeben sich die transformierten Leitwertgleichungen

$$\begin{pmatrix} I_1 \\ I_2 \\ I_3 = 0 \end{pmatrix} = \begin{pmatrix} G & 0 & -G \\ 0 & 2G+pC & -G(V+1) \\ -G & -G & 2G+pC \end{pmatrix} \begin{pmatrix} U_1 \\ U_2 \\ U_3 \end{pmatrix}.$$

Da der Strom I_3 identisch verschwindet, kann hierauf die Reduktionsformel gemäß Gl. (4.16) angewendet werden, und man erhält die reduzierte Leitwertmatrix

$$\widetilde{\mathbf{Y}} = \begin{pmatrix} G - \dfrac{G^2}{2G+pC} & -\dfrac{G^2}{2G+pC} \\[2ex] -\dfrac{G^2(V+1)}{2G+pC} & 2G+pC - \dfrac{G^2(V+1)}{2G+pC} \end{pmatrix}.$$

Hieraus läßt sich z.B. die Leerlauf-Spannungsübertragungsfunktion berechnen, die mit Gl. (4.59) in normierter Form ($p' = pT$, $T = RC$)

lautet:

$$H_U(p) = \frac{U_2}{U_1}\bigg|_{I_2=0} = -\frac{\tilde{Y}_{21}}{\tilde{Y}_{22}} = \frac{V+1}{p^2+4p+3-V},$$

wenn für p' nachträglich wieder p geschrieben wird. Die beiden Nullstellen des Nenners ergeben sich zu

$$p_{1/2} = -2 \pm (1+V)^{1/2}.$$

Sie liegen für $V < 3$ in der offenen linken p-Halbebene und werden dort konjugiert-komplex für $V < -1$. Ist jedoch $V \geq 3$, so liegt eine reelle Polstelle von $H_U(p)$ nicht mehr in der offenen linken p-Halbebene: Die Schaltung wird instabil.

4.5.1 Die Stabilitätsbedingungen

Bei aktiven Realisierungen kann die Stabilität u. a. von der Beschaltung der Tore abhängen, wie noch gezeigt wird. Hierfür existieren jedoch Bedingungen, die nachfolgend für Zweipole und Zweitore angegeben werden.

a) Zweipolfall: Für den aktiven Zweipol von Bild 4.56, der Eingangsimpedanz $Z_e(p) = 1/Y_e(p)$, lassen sich folgende äquivalente Torbeziehungen angeben:

$$U(p) = Z_e(p)I(p), \quad I(p) = Y_e(p)U(p).$$

Bei $I(p) = 0$, also im Leerlauf, ist $U(p) \neq 0$ für $Z_e(p) \to \infty$. Dies gilt aber gerade an den Polstellen von $Z_e(p)$, deren Lage damit für die sog. *Leerlaufstabilität* verantwortlich ist. Ist dagegen $U(p) = 0$, weil ein Kurzschluß vorliegt, dann gilt $I(p) \neq 0$ für $Y_e(p) \to \infty$. Damit sind die Pole von $Y_e(p)$ bzw. die Nullstellen von $Z_e(p)$ entscheidend für die *Kurzschlußstabilität*. Wird der aktive Zweipol im allgemeinen Fall durch den passiven Zweipol $Z_p(p)$ beschaltet, so gilt folgende Definition der *absoluten Stabilität*:

Ein aktiver Zweipol ist absolut stabil, wenn es keinen passiven Zweipol $Z_p(p)$ gibt, so daß die Funktion

$$F_Z(p) = Z_e(p) + Z_p(p) \tag{4.128}$$

wenigstens eine Pol- oder Nullstelle in der abgeschlossenen rechten p-Halbebene besitzt. Gibt es einen solchen passiven Zweipol, dann nennt man den Zweipol $Z_e(p)$ potentiell instabil.

4.5 RC-aktive Realisierungen

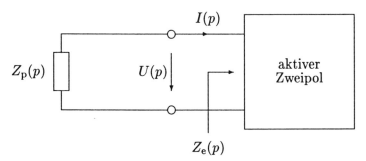

Bild 4.56 Aktiver Zweipol mit passiver Beschaltung

Als Beispiel betrachten wir die Zweipolfunktion

$$Z_e(p) = \frac{p+10}{(p+1)^2},$$

die sowohl leerlauf- als auch kurzschlußstabil ist. Da der Realteil u.a. für $p = j2$ negativ wird, ist $Z_e(p)$ nicht passiv und deshalb nur aktiv realisierbar. Die Beschaltung mit dem passiven Zweipol

$$Z_p(p) = \frac{27}{16} \frac{p}{p^2 + 2}$$

ergibt nach algebraischen Umformungen die Funktion

$$F_Z(p) = Z_e(p) + Z_p(p) = \frac{(p+5)(43p^2 - p + 64)}{16(p+1)^2(p^2+2)}.$$

Die Zweipolfunktion $Z_e(p)$ ist somit potentiell instabil, da der Zähler von $F_Z(p)$ ein konjugiert-komplexes Nullstellenpaar in der rechten p-Halbebene besitzt.

b) Zweitorfall: Das obige Ergebnis läßt sich auf Zweitore übertragen, indem man Gl. (4.128) auf die beiden Tore von Bild 4.57 anwendet. Hier sei $Z_{e1}(p)$ die Eingangsimpedanz am Tor 1 des mit $Z_{p2}(p)$ am Tor 2 abgeschlossenen aktiven Zweitores. Entsprechend sei $Z_{e2}(p)$ die Eingangsimpedanz am Tor 2 bei Abschluß von Tor 1 mit $Z_{p1}(p)$. Dann gilt folgende Definition der *absoluten Stabilität*:

Ein aktives Zweitor ist absolut stabil, wenn es kein Paar passiver Zweipole $Z_{p1}(p)$ und $Z_{p2}(p)$ gibt, so daß die Funktionen

$$F_{Zi}(p) = Z_{ei}(p) + Z_{pi}(p), \quad i = 1, 2 \tag{4.129}$$

wenigstens eine Pol- oder Nullstelle in der abgeschlossenen rechten p-Halbebene besitzt. Gibt es ein Paar solcher passiver Zweipole, dann nennt man das Zweitor potentiell instabil.

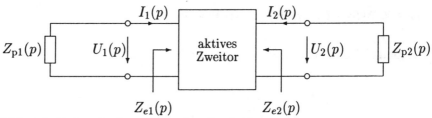

Bild 4.57 Aktives Zweitor mit passiver Beschaltung

Da die Überprüfung der absoluten Stabilität anhand von Gl. (4.129) sehr umständlich ist, soll noch eine von $Z_{pi}(p)$ unabhängige Abschätzung angegeben werden. Hierbei wird von den Leitwertgleichungen des Zweitores:

$$\begin{aligned} I_1 &= Y_{11}U_1 + Y_{12}U_2, \\ I_2 &= Y_{21}U_1 + Y_{22}U_2 \end{aligned} \tag{4.130}$$

ausgegangen, weil das vorzustellende Syntheseverfahren ebenfalls auf der Leitwertmatrix beruht. Die Division dieser Gleichung durch U_1 bzw. U_2 ergibt mit den Torbeziehungen gemäß Bild 4.57:

$$\frac{I_1}{U_1} = Y_{e1} = Y_{11} + Y_{12}\frac{U_2}{U_1} = -Y_{p1},$$

$$\frac{I_2}{U_2} = Y_{e2} = Y_{21}\frac{U_1}{U_2} + Y_{22} = -Y_{p2}.$$

Nach Eliminierung der beiden Spannungsverhältnisse durch Auswertung der rechten Identitäten erhält man die beiden Eingangsadmittanzen des Zweitores. Dieses ist absolut stabil, dann und nur dann, wenn Y_{e1} und Y_{e2} passiv sind, so daß für alle ω-Werte gilt:

$$\mathrm{Re}\left[Y_{11}(\mathrm{j}\omega) - \frac{Y_{12}(\mathrm{j}\omega)Y_{21}(\mathrm{j}\omega)}{Y_{22}(\mathrm{j}\omega) + Y_{p2}(\mathrm{j}\omega)}\right] \geq 0, \tag{4.131a}$$

$$\mathrm{Re}\left[Y_{22}(\mathrm{j}\omega) - \frac{Y_{12}(\mathrm{j}\omega)Y_{21}(\mathrm{j}\omega)}{Y_{11}(\mathrm{j}\omega) + Y_{p1}(\mathrm{j}\omega)}\right] \geq 0. \tag{4.131b}$$

4.5 RC-aktive Realisierungen

Da diese Gleichungen bei jeder Beschaltung erfüllt sein müssen, also auch für $Y_{\mathrm{p}i}(\mathrm{j}\omega) \to \infty$, folgt zunächst

$$\mathrm{Re}[Y_{ii}(\mathrm{j}\omega)] \geq 0, \quad i = 1, 2. \tag{4.132}$$

Damit tritt in Gl. (4.131) der ungünstigste Fall ein bei der passiven Beschaltung

$$Y_{\mathrm{p}i}(\mathrm{j}\omega) = -\mathrm{j}\,\mathrm{Im}[Y_{ii}(\mathrm{j}\omega)], \quad i = 1, 2$$

und die Bedingungen der *absoluten Stabilität* lauten mit Gl. (4.132)

$$\mathrm{Re}[Y_{11}(\mathrm{j}\omega)]\,\mathrm{Re}[Y_{22}(\mathrm{j}\omega)] \geq \mathrm{Re}[Y_{12}(\mathrm{j}\omega)Y_{21}(\mathrm{j}\omega)],$$
$$\mathrm{Re}[Y_{11}(\mathrm{j}\omega)] \geq 0, \quad \mathrm{Re}[Y_{22}(\mathrm{j}\omega)] \geq 0. \tag{4.133}$$

Für den bei der Synthese einer *Leerlauf-Spannungsübertragungsfunktion*

$$H_{\mathrm{U}}(p) = \frac{U_2}{U_1}\bigg|_{I_2=0} = -\frac{Y_{21}}{Y_{22}} \tag{4.134}$$

häufig vorkommenden Sonderfall

$$Y_{11} = Y_{12} = 0, \tag{4.135}$$

muß nur noch $\mathrm{Re}[Y_{22}(\mathrm{j}\omega)] \geq 0$ überprüft werden. Diese Bedingung kann jedoch meistens durch die schwächere Forderung der Leerlaufstabilität von $Y_{22}(p)$ ersetzt werden, die aber vorliegt, wenn $H_{\mathrm{U}}(p)$ stabil vorgegeben wird.

4.5.2 Synthese durch Erweiterung der Leitwertmatrix

In der Literatur ist eine Vielzahl von Verfahren zur Synthese aktiver *RC*-Netzwerke bekannt geworden, die von vorgegebenen Strukturen ausgehen oder auf die Realisierung bestimmter Netzwerkfunktionen wie Übertragungs- und Zweipolfunktionen, zugeschnitten sind. Die größte Bedeutung hat hierbei der Filterentwurf erlangt, bei dem aufgrund des durchsichtigen Zusammenhangs zwischen den Bauelementen und den Filterparametern, *Kettenstrukturen* aus untereinander entkoppelten Filterstufen zweiten bzw. ersten Grades verwendet werden. Genauere Analysen haben jedoch gezeigt, daß Kettenstrukturen sich relativ empfindlich gegenüber den Toleranzen der Schaltelemente verhalten. Sehr günstige *Empfindlichkeitseigenschaften* besitzen dagegen aktive Filter, die durch Nachbildung bestimmter *RLC*-Strukturen entstehen. Ein bekannter Ansatz ist hierbei die *Gyrator-C-Methode*, die bereits in Abschn. 4.2.4 angesprochen wurde, wobei der Gyrator selbst stets aktiv realisiert wird. Einen wichtigen Spezialfall stellt der Entwurf von Filtern mit unabhängig einstellbaren Parametern dar, bei dem meistens sog. *Analogrechnerstrukturen* verwendet werden, die dem Signalflußdiagramm von Bild 1.40 des ersten Bandes entsprechen.

Das hier vorzustellende Syntheseverfahren geht nicht von einer bestimmten Netzwerkstruktur aus, sondern beruht auf einer schrittweisen Matrixerweiterung durch Zeilen- und Spaltentransformationen. Dieses Verfahren ist unabhängig von der Vorgabe bestimmter Netzwerkfunktionen bzw. -matrizen; es setzt lediglich die Beschreibung der Syntheseaufgabe durch ein lineares Gleichungssystem der Form

$$I^{(m)} = Y^{(m)} U^{(m)} \tag{4.136}$$

voraus. Hierin stellen $I^{(m)}$ und $U^{(m)}$ die Vektoren der m Torströme bzw. -spannungen dar und $Y^{(m)}$ eine Leitwertmatrix der Ordnung m. Häufig ist die Leerlauf-Spannungsübertragungsfunktion eines Zweitores zu realisieren, für die mit Gl. (4.134) gilt

$$H_U(p) = \left.\frac{U_2}{U_1}\right|_{I_2=O} = \frac{Z(p)}{N(p)} = -\frac{Y_{21}}{Y_{22}}.$$

Die Matrixelemente Y_{11} und Y_{12} sind hier unter Beachtung obiger Stabilitätskriterien beliebig wählbar, wobei sie meistens zu null gesetzt werden. Das Zählerpolynom $Z(p)$ sowie das Nennerpolynom $N(p)$ dürfen noch durch ein gemeinsames *Hilfspolynom* $Q(p)$ dividiert werden, so daß von folgendem Matrixansatz ausgegangen werden kann:

$$Y^{(2)} = \begin{pmatrix} Y_{11} & Y_{12} \\ -Z(p)/Q(p) & N(p)/Q(p) \end{pmatrix}. \tag{4.137}$$

Wie noch gezeigt wird, ergeben sich stets kanonische Schaltungen mit geerdeten Kapazitäten für

$$Q(p) = \pm p^q, \tag{4.138}$$

wobei q den maximalen Grad von $Z(p)$ und $N(p)$ darstellt. Z.B. für die allgemeine Übertragungsfunktion zweiten Grades

$$H_U(p) = \frac{a_0 + a_1 p + a_2 p^2}{b_0 + b_1 p + p^2}$$

ergibt sich somit

$$Y^{(2)} = \begin{pmatrix} Y_{11} & Y_{12} \\ -a_2 - a_1 p^{-1} - a_0 p^{-2} & 1 + b_1 p^{-1} + b_0 p^{-2} \end{pmatrix}.$$

4.5 RC-aktive Realisierungen

4.5.2.1 Die multiplikative Matrixerweiterung

Ziel dieses Schrittes ist der Polynomabbau der Matrixelemente von $\mathbf{Y}^{(m)}$, der durch schrittweise Erweiterung um jeweils einen inneren Knoten erreicht wird, so daß die Ordnung des Gleichungssystems

$$\mathbf{I}^{(\nu)} = \mathbf{Y}^{(\nu)} \mathbf{U}^{(\nu)} \qquad (4.139)$$

sich von ν auf $\nu + 1$ erhöht:

$$\begin{pmatrix} \mathbf{I}^{(\nu)} \\ I_{\nu+1} \end{pmatrix} = \mathbf{Y}^{(\nu+1)} \begin{pmatrix} \mathbf{U}^{(\nu)} \\ U_{\nu+1} \end{pmatrix} = \begin{pmatrix} \mathbf{Y}_{11}^{(\nu+1)} & \mathbf{Y}_{12}^{(\nu+1)} \\ \mathbf{Y}_{21}^{(\nu+1)} & Y_{22}^{(\nu+1)} \end{pmatrix} \begin{pmatrix} \mathbf{U}^{(\nu)} \\ U_{\nu+1} \end{pmatrix}.$$

Hierin ist $\mathbf{Y}_{11}^{(\nu+1)}$ eine quadratische Matrix der Ordnung ν, $\mathbf{Y}_{12}^{(\nu+1)}$ eine Spaltenmatrix mit ν Zeilen, $\mathbf{Y}_{21}^{(\nu+1)}$ eine Zeilenmatrix mit ν Spalten und $Y_{22}^{(\nu+1)}$ ein Skalar. Da von außen kein Strom in den inneren Knoten $\nu + 1$ fließt, gilt $I_{\nu+1} = 0$ und $U_{\nu+1}$ läßt sich mit Hilfe der Reduktionsformel gemäß Gl. (4.16) eliminieren. Der Koeffizientenvergleich mit Gl. (4.139) liefert eine Bestimmungsgleichung für die Elemente der *multiplikativ erweiterten Matrix* $\mathbf{Y}^{(\nu+1)}$:

$$\mathbf{Y}^{(\nu)} = \mathbf{Y}_{11}^{(\nu+1)} - \frac{1}{Y_{22}^{(\nu+1)}} \mathbf{Y}_{12}^{(\nu+1)} \mathbf{Y}_{21}^{(\nu+1)}.$$

Dieses Gleichungssystem ist unterbestimmt und beinhaltet Freiheitsgrade, die z.B. zur Erzeugung einer kanonischen Schaltung mit geerdeten Kapazitäten genutzt werden. Setzt man hierzu $Y_{22}^{(\nu+1)} = p$, so gilt für das Element der i-ten Zeile und j-ten Spalte:

$$Y_{ij}^{(\nu)} = Y_{11ij}^{(\nu+1)} - \frac{1}{p} Y_{12i}^{(\nu+1)} Y_{21j}^{(\nu+1)}. \qquad (4.140)$$

Durch Bild 4.58 wird verdeutlicht, daß dieser Syntheseschritt die umgekehrte Anwendung der Reduktionsformel darstellt. Dies führt zu einem zeilenweisen Abbau der Matrixelemente $Y_{ij}^{(\nu)}$, wenn alle Elemente der Spaltenmatrix $\mathbf{Y}_{12}^{(\nu+1)}$ bis auf das i-te identisch null sind. Verfährt man weiter nach der Vorschrift, daß immer der Summand mit der höchsten negativen Potenz von p gemäß Gl. (4.140) faktorisiert wird, so ist die Zuordnung eindeutig: $Y_{12i}^{(\nu+1)}$ ist ein Faktor, den die abzubauenden Terme aller Matrixelemente der Zeile i gemeinsam haben, während in $Y_{21j}^{(\nu+1)}$ der Anteil steckt, mit dem das Element der Spalte

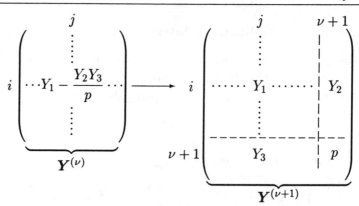

Bild 4.58 Veranschaulichung der multiplikativen Matrixerweiterung (mit vereinfachten Symbolen)

j noch multipliziert ist. Sind diese Anteile wiederum in μ Zeilen identisch, so lassen sich auch μ Zeilen gleichzeitig abbauen, wie das Beispiel in Abschn. 4.5.4 zeigt.

Die multiplikative Matrixerweiterung ist genau nach q Schritten abgeschlossen, da dann keine Zerlegung gemäß Gl. (4.140) mehr möglich ist. Man erhält eine Leitwertmatrix der Ordnung $n = m + q$ von der Form

$$\boldsymbol{Y}^{(n)} = \boldsymbol{G}^{(n)} + p\boldsymbol{C}^{(n)}, \qquad (4.141)$$

wobei $\boldsymbol{C}^{(n)}$ eine reine Diagonalmatrix darstellt mit

$$C_{ij} = 0 \quad \text{für } i \neq j, \ i = j = 1, \ldots, m.$$

Da insgesamt nur q Kapazitäten auf der Hauptdiagonalen der Matrix $\boldsymbol{Y}^{(n)}$ auftreten, ergibt sich später eine kanonische Schaltung (Anzahl der Kapazitäten gleich dem Systemgrad) mit geerdeten Kondensatoren.

Für das Beispiel der allgemeinen Übertragungsfunktion zweiten Grades mit $n = m + q = 4$ gilt

$$\boldsymbol{Y}^{(3)} = \begin{pmatrix} Y_{11} & Y_{12} & | & 0 \\ -a_2 - a_1 p^{-1} & 1 + b_1 p^{-1} & | & -p^{-1} \\ -\ -\ -\ -\ -\ -\ -\ -\ -\ -\ -\ -\ & + & -\ -\ - \\ -a_0 & b_0 & | & p \end{pmatrix},$$

4.5 RC-aktive Realisierungen

$$\boldsymbol{Y}^{(4)} = \begin{pmatrix} Y_{11} & Y_{12} & 0 & | & 0 \\ -a_2 & 1 & 0 & | & -1 \\ -a_0 & b_0 & p & | & 0 \\ \text{---} & \text{---} & \text{---} & + & \text{---} \\ -a_1 & b_1 & -1 & | & p \end{pmatrix}.$$

4.5.2.2 Die additive Matrixerweiterung

In Gl. (4.141) erfüllt die reelle Matrix $\boldsymbol{G}^{(n)}$, von Sonderfällen abgesehen, nicht die Realisierungsbedingungen der Knotenleitwertmatrix eines Zweipolnetzwerkes:

$$G_{ij} \begin{cases} \geq 0 & \text{für } i = j \\ = G_{ji} \leq 0 & \text{für } i \neq j \end{cases},$$
$$\sum_j G_{ij} \geq 0. \tag{4.142}$$

In Umkehrung des entsprechenden Analyseschrittes beim aktiven RC-Tiefpaß von Bild 4.55, werden diese Bedingungen durch den Einbau sog. *Summierverstärker* erreicht, die sich mit Hilfe von Operationsverstärkern einfach realisieren lassen. Mit jedem Verstärker, der bis zu n Eingänge besitzen kann, werden die Elemente einer Zeile der Matrix $\boldsymbol{G}^{(n)}$ korrigiert, so daß die Ordnung des Gleichungssystems

$$\boldsymbol{I}^{(n)} = \boldsymbol{Y}^{(n)} \boldsymbol{U}^{(n)} \tag{4.143}$$

sich von n auf $n + l \leq 2n$ erhöht:

$$\begin{pmatrix} \boldsymbol{I}^{(n)} \\ \boldsymbol{I}^{(l)} \end{pmatrix} = \boldsymbol{Y}^{(n+l)} \begin{pmatrix} \boldsymbol{U}^{(n)} \\ \boldsymbol{U}^{(l)} \end{pmatrix} = \begin{pmatrix} \boldsymbol{Y}_{11}^{(n+l)} & \boldsymbol{Y}_{12}^{(n+l)} \\ \boldsymbol{Y}_{21}^{(n+l)} & \boldsymbol{Y}_{22}^{(n+l)} \end{pmatrix} \begin{pmatrix} \boldsymbol{U}^{(n)} \\ \boldsymbol{U}^{(l)} \end{pmatrix}. \tag{4.144}$$

Die Ausgangsspannungen $\boldsymbol{U}^{(l)}$ der maximal n Summierverstärker stellen Linearkombinationen der Eingangsspannungen $\boldsymbol{U}^{(n)}$ dar, und es gilt mit der Verstärkermatrix $\boldsymbol{V}^{(ln)}$

$$\boldsymbol{U}^{(l)} = \boldsymbol{V}^{(ln)} \boldsymbol{U}^{(n)}. \tag{4.145}$$

Diese Beziehung in Gl. (4.144) eingesetzt, liefert nach dem Koeffizientenvergleich mit Gl. (4.143) eine Bestimmungsgleichung für die Elemente der *additiv erweiterten Matrix* $\boldsymbol{Y}^{(n+l)}$:

$$\boldsymbol{Y}^{(n)} = \boldsymbol{Y}_{11}^{(n+l)} + \boldsymbol{Y}_{12}^{(n+l)} \boldsymbol{V}^{(ln)}. \tag{4.146}$$

Da die Ausgangsströme $I^{(l)}$ der UUQs bei der Analyse der Schaltung keine Rolle spielen, brauchen auch die Matrizen $Y_{21}^{(n+l)}$ und $Y_{22}^{(n+l)}$ nicht aufgestellt zu werden. Man kann sich vorstellen, daß $Y_{21}^{(n+l)}$ einfach durch symmetrische Ergänzung zu $Y_{12}^{(n+l)}$ entsteht und $Y_{22}^{(n+l)}$ nur auf der Hauptdiagonalen besetzt ist, so daß sämtliche Zeilensummen identisch verschwinden. Damit sind aber die Matrizen $Y_{21}^{(n+l)}$ und $Y_{22}^{(n+l)}$ redundant hinsichtlich der zweipoligen Elemente und können deshalb entfallen. Da die Matrizen $Y_{11}^{(n+l)}$ und $Y_{12}^{(n+l)}$ durch ein RC-Netzwerk realisierbar sein müssen, schreibt man

$$Y^{RC} = \left(Y_{11}^{(n+l)} \ Y_{12}^{(n+l)} \right). \qquad (4.147)$$

Gl. (4.146) ist ebenfalls unterbestimmt und beinhaltet Freiheitsgrade, die zur Erzeugung einer Schaltung mit möglichst wenig passiven und aktiven Elementen ausgenutzt werden. Zum besseren Verständnis soll sie für ein Element der i-ten Zeile und j-ten Spalte der Matrix $Y^{(n)}$ angegeben werden:

$$Y_{ij}^{(n)} = Y_{ij}^{RC} + Y_{i,n+k}^{RC} V_{n+k,j}. \qquad (4.148)$$

Durch Bild 4.59 wird verdeutlicht, daß dieser Syntheseschritt die Umkehrung jenes Analyseschrittes darstellt, welcher zur transformierten Leitwertmatrix führt. Hierbei werden die Matrixelemente $Y_{ij}^{(n)}$ zeilenweise korrigiert, wenn in der Matrix Y^{RC} alle Elemente der Spalte $n+k$ bis auf die i-te identisch null sind. Der zugehörige Summierverstärker besitzt den Ausgangsknoten $n+k$ und die Eingangsknoten

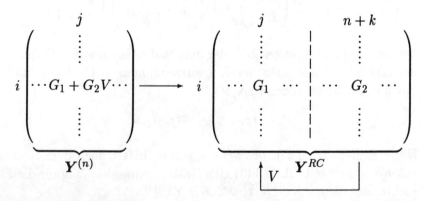

Bild 4.59 Veranschaulichung der additiven Matrixerweiterung (mit vereinfachten Symbolen)

4.5 RC-aktive Realisierungen

$j = 1, \ldots, n$, von denen in der Regel nicht alle benötigt werden. Von den bis zu n aktiven Elementen können einzelne entfallen, wenn die entsprechenden Zeilen der Matrix $\boldsymbol{Y}^{(n)}$ bereits Gl. (4.142) erfüllen. Dieser Sachverhalt soll durch die Fortführung des begonnenen Beispiels verdeutlicht werden. In der Matrix $\boldsymbol{Y}^{RC}$, die sich aus $\boldsymbol{Y}^{(4)}$ ergibt, werden $Y_{11} = Y_{12} = 0$ gesetzt, so daß die erste Zeile nicht korrigiert werden muß. In der zweiten Zeile werden die Elemente $-a_2, -1$ zu null korrigiert, wobei die Zeilensummenbedingung von Gl. (4.142) gerade für das Korrekturelement -1 erfüllt ist. Entsprechend werden die Elemente $-a_0, b_0$ der dritten Zeile bzw. $-a_1, b_1, -1$ der vierten Zeile korrigiert. In diesen beiden Zeilen sorgen die zusätzlichen Leitwerte 1 auf der Hauptdiagonalen für die Erfüllung der Zeilensummenbedingung und man erhält:

$$\boldsymbol{Y}^{RC} = \begin{pmatrix} 0 & 0 & 0 & 0 & | & 0 & 0 & 0 \\ 0 & 1 & 0 & 0 & | & -1 & 0 & 0 \\ 0 & 0 & p+1 & 0 & | & 0 & -1 & 0 \\ 0 & 0 & 0 & p+1 & | & 0 & 0 & -1 \end{pmatrix}.$$

$$\uparrow a_2 \qquad\qquad \uparrow 1$$

$$\uparrow a_0 \uparrow -b_0 \uparrow 1$$

$$\uparrow a_1 \uparrow -b_1 \uparrow 1 \quad \uparrow 1$$

Die durch die Pfeile angedeuteten Operationen führen einerseits wieder zur Matrix $\boldsymbol{Y}^{(4)}$ und geben andererseits die Verstärkungsfaktoren der drei Summierverstärker an:

$$\begin{aligned} U_5 &= a_2 U_1 + U_4 & (:= U_6), \\ U_6 &= a_0 U_1 - b_0 U_2 + U_3 & (:= U_7), \\ U_7 &= a_1 U_1 - b_1 U_2 + U_3 + U_4 & (:= U_8). \end{aligned}$$

Mit der Strukturregel der Knotenleitwertmatrix ergibt sich schließlich die Realisierung von Bild 4.60, wobei die Ausgangsknoten der Verstärker entsprechend den in Klammern angegebenen Spannungen numeriert sind (die Begründung hierfür wird in Abschn. 4.5.3 ersichtlich). Die Schaltung, die einer Analogrechnerstruktur ähnelt, ist kanonisch und enthält neben den drei UUQs zwei ohmsche Widerstände (der Leitwert 1 zwischen den Knoten 2 und 6 kann wegen $I_2 = 0$ entfallen).

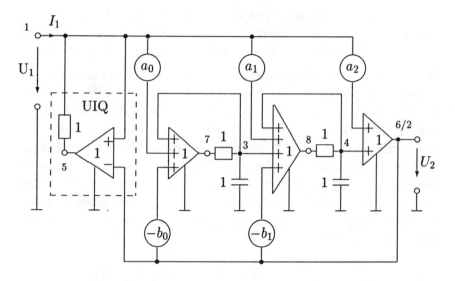

Bild 4.60 Realisierung der allgemeinen a) Übertragungsfunktion 2. Grades (ohne die gestrichelt umrandete UIQ),
b) Zweipolfunktion 2. Grades (mit der UIQ)

Im Hinblick auf die Integrierbarkeit ist vorteilhaft, daß die beiden Kapazitäten geerdet sind. Ein weiterer Vorteil der RC-aktiven Technik besteht darin, daß die Polynomkoeffizienten variabel eingestellt werden können.

4.5.3 Realisierung einer Zweipolfunktion

Mit dem beschriebenen Syntheseverfahren läßt sich auch eine Zweipolfunktion realisieren, indem man in der Beziehung

$$Y^{(1)} = \frac{I_1}{U_1} = \frac{Z(p)/Q(p)}{N(p)/Q(p)} \qquad (4.149)$$

die Admittanz $Y^{(1)}$ als eine Leitwertmatrix der Ordnung 1 auffaßt. Auch hier werden das Zählerpolynom $Z(p)$ sowie das Nennerpolynom $N(p)$ durch das Hilfspolynom $Q(p) = \pm p^q$ dividiert, wobei q den Grad der Zweipolfunktion darstellt. Dies möge am Beispiel der allgemeinen Admittanz zweiten Grades

$$Y^{(1)} = \frac{a_0 + a_1 p + a_2 p^2}{b_0 + b_1 p + p^2} = \frac{a_2 + a_1 p^{-1} + a_0 p^{-2}}{1 + b_1 p^{-1} + b_0 p^{-2}}$$

verdeutlicht werden. Die multiplikative Matrixerweiterung liefert im ersten Schritt

$$\mathbf{Y}^{(2)} = \begin{pmatrix} 0 & 1 \\ -a_2 - a_1 p^{-1} - a_0 p^{-2} & 1 + b_1 p^{-1} + b_0 p^{-2} \end{pmatrix}$$

und nach zwei weiteren Schritten

$$\mathbf{Y}^{(4)} = \begin{pmatrix} 0 & 1 & 0 & 0 \\ -a_2 & 1 & 0 & -1 \\ -a_0 & b_0 & p & 0 \\ -a_1 & b_1 & -1 & p \end{pmatrix}.$$

Bei der additiven Matrixerweiterung muß in diesem Fall die erste Zeile zusätzlich korrigiert werden, und man erhält

$$\mathbf{Y}^{RC} = \begin{pmatrix} 1 & 0 & 0 & 0 & | & -1 & 0 & 0 & 0 \\ 0 & 1 & 0 & 0 & | & 0 & -1 & 0 & 0 \\ 0 & 0 & p+1 & 0 & | & 0 & 0 & -1 & 0 \\ 0 & 0 & 0 & p+1 & | & 0 & 0 & 0 & -1 \end{pmatrix}.$$

$$\underbrace{\begin{matrix} 1 & | & -1 & \cdot \end{matrix}}$$
$$\vdots$$

Die dazugehörige Schaltung ist im wesentlichen identisch mit der Realisierung der allgemeinen Übertragungsfunktion zweiten Grades; es kommen lediglich ein Summierverstärker und ein Widerstand hinzu, wie in Bild 4.60 dargestellt ist. Dieses Zusatznetzwerk beschreibt eine UIQ, deren Strom I_1 von der Spannung U_2 gesteuert wird.

4.5.4 Nachbildung eines RLC-Netzwerkes

Aktive Filter, die durch Umsetzung passiver RLC-Filter (z.B. nach der Gyrator-C-Methode) entstehen, besitzen bessere Empfindlichkeitseigenschaften als Kettenstrukturen. Hierbei wird das aus den Spulen gebildete Unternetzwerk durch ein äquivalentes aktives RC-Netzwerk nachgebildet. Dies ist mit dem Syntheseverfahren durch Matrixerweiterung ebenfalls in sehr übersichtlicher Weise möglich, wie anhand des Cauerparameter-Tiefpasses fünften Grades von Bild 4.61 gezeigt werden soll. Das Unternetzwerk der beiden Induktivitäten L_2 und L_4 besitzt die Dreitor-Leitwertmatrix

$$\mathbf{Y}^{(3)} = \begin{pmatrix} 1/(pL_2) & 0 & -1/(pL_2) \\ 0 & 1/(pL_4) & -1/(pL_4) \\ -1/(pL_2) & -1/(pL_4) & 1/(pL_2) + 1/(pL_4) \end{pmatrix}.$$

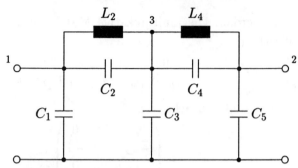

Bild 4.61 Passives LC-Filter

Die Terme $1/(pL_2)$ in der ersten und dritten Matrixzeile lassen sich gemeinsam abbauen, und es ergibt sich im ersten Schritt der multiplikativen Matrixerweiterung

$$\boldsymbol{Y}^{(4)} = \begin{pmatrix} 0 & 0 & 0 & 1 \\ 0 & 1/(pL_4) & -1/(pL_4) & 0 \\ 0 & -1/(pL_4) & 1/(pL_4) & -1 \\ -1 & 0 & 1 & pL_2 \end{pmatrix},$$

während der zweite Schritt liefert:

$$\boldsymbol{Y}^{(5)} = \begin{pmatrix} 0 & 0 & 0 & 1 & 0 \\ 0 & 0 & 0 & 0 & 1 \\ 0 & 0 & 0 & -1 & -1 \\ -1 & 0 & 1 & pL_2 & 0 \\ 0 & -1 & 1 & 0 & pL_4 \end{pmatrix}.$$

Durch additive Matrixerweiterung erhält man hieraus

$$\boldsymbol{Y}^{RC} = \left(\begin{array}{ccccc|ccccc} 1 & 0 & 0 & 0 & 0 & -1 & 0 & 0 & 0 & 0 \\ 0 & 1 & 0 & 0 & 0 & 0 & -1 & 0 & 0 & 0 \\ 0 & 0 & 1 & 0 & 0 & 0 & 0 & -1 & 0 & 0 \\ 0 & 0 & 0 & pL_2+1 & 0 & 0 & 0 & 0 & -1 & 0 \\ 0 & 0 & 0 & 0 & pL_4+1 & 0 & 0 & 0 & 0 & -1 \end{array} \right),$$

4.6 Zeitdiskrete Realisierungen

so daß sich die in Bild 4.62 dargestellte RC-aktive Realisierung des LC-Filters von Bild 4.61 angeben läßt. Die beiden erdfreien Induktivitäten werden durch zwei Kapazitäten mit den (normierten) Werten L_2 und L_4 sowie fünf über Widerstände rückgekoppelte Summierverstärker, die UIQs darstellen, nachgebildet. Bei der Gyrator-C-Methode werden pro erdfreier Induktivität zwei Gyratoren benötigt, die wiederum jeweils durch zwei Operationsverstärker realisiert werden. Das vorgestellte Syntheseverfahren führt somit nicht zu einer aufwendigeren Schaltung hinsichtlich der aktiven und passiven Bauelemente. Die systematische Vorgehensweise, bei der nicht unterschieden werden muß zwischen erdbezogenen und erdfreien Spulen sowie Spulen-T- und Spulen-Π-Gliedern, trägt außerordentlich zur Übersichtlichkeit bei.

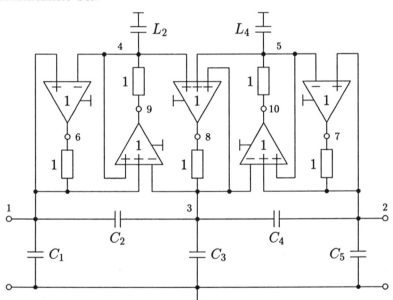

Bild 4.62 RC-aktive Nachbildung des passiven LC-Filters von Bild 4.61

4.6 Zeitdiskrete Realisierungen

Im ersten Band des vorliegenden Lehrbuches ist der Zusammenhang zwischen der zeitdiskreten Impulsantwort $h(n)$, dem Eingangssignal $x(n)$ sowie dem Ausgangssignal $y(n)$ eines zeitdiskreten Systems als das *Faltungsprodukt*

$$y(n) = h(n) * x(n) \qquad (4.150)$$

beschrieben worden. Die Darstellung als lineares Gleichungssystem der Ordnung N ermöglichte die rekursive Auflösung nach $h(n)$ und somit die unmittelbare *Synthese im Zeitbereich*.

Grundlage der *Synthese im Frequenzbereich* bildet die (einseitige) Z-Transformation, mit deren Hilfe sich Gl. (4.150) nach der Systemcharakterisierung auflösen läßt:

$$H(z) = \frac{Y(z)}{X(z)} = \frac{\mathrm{ZT}[y(n)]}{\mathrm{ZT}[x(n)]}\,.$$

Die *Übertragungsfunktion* $H(z)$ eines kausalen zeitdiskreten Systems wird in der Form

$$H(z) = \frac{a_0 + a_1 z + \cdots + a_q z^q}{b_0 + b_1 z + \cdots + z^q} \qquad (4.151)$$

dargestellt, wobei von einem *rekursiven System* gesprochen wird, wenn wenigstens einer der reellen Koeffizienten b_ν ($\nu = 0,\ldots,q-1$) von null verschieden ist. Andernfalls ergibt sich ein *nichtrekursives System* der grundsätzlich stabilen Übertragungsfunktion

$$H(z) = \frac{a_0 + a_1 z + \cdots + a_q z^q}{z^q}\,. \qquad (4.152)$$

4.6.1 Wahl der Abtastfrequenz

Die Entstehung zeitdiskreter Signale aus zeitkontinuierlichen wird in Abschnitt 1.6.1 des ersten Bandes behandelt und führt zu folgendem Ergebnis: Ist $f(t)$ ein zeitkontinuierliches Signal und $F(\mathrm{j}\omega)$ sein Spektrum, so hat das ideal abgetastete Signal

$$f_\mathrm{a}(t) = \sum_{n=-\infty}^{\infty} f(n\Delta t)\,\delta(t - n\Delta t)$$

das Spektrum

$$F_\mathrm{a}(\mathrm{j}\omega) = \frac{\omega_\mathrm{a}}{2\pi} \sum_{n=-\infty}^{\infty} F[\mathrm{j}(\omega - n\omega_\mathrm{a})]\,.$$

Eine Rückgewinnung von $f(t)$ aus $f_\mathrm{a}(t)$ ist allgemein nur für die *Abtastfrequenz*

$$\frac{2\pi}{\Delta t} = \omega_\mathrm{a} \geq 2\omega_\mathrm{g}$$

möglich, wenn die zeitkontinuierliche Funktion $f(t)$ auf die Grenzfrequenz ω_g tiefpaßbegrenzt ist.

Bei frequenzselektiven zeitdiskreten Systemen läßt sich wegen der Periodizität des Frequenzganges eine Verkleinerung von ω_a gegenüber dem obigen Wert erreichen. Setzt man z.B. das Dämpfungsschema eines Bandpasses, dessen Verhalten für $\omega \geq \omega_g$ beliebig sein kann, periodisch fort, so daß der nächste Durchlaßbereich bei ω_g beginnt, dann entnimmt man Bild 4.63, daß für die Abtastfrequenz mindestens

$$\omega_a \geq \omega_g + \omega_S \tag{4.153}$$

gelten muß, weil dann die Überlappungen der Spektren in die Sperrbereiche fallen. Da mit wachsender Abtastfrequenz der technische Aufwand im allgemeinen steigt, wird man ω_a so wählen, daß die obige Bedingung gerade erfüllt ist. Dies gilt für alle Toleranzschemata, die mit einem Sperrbereich enden.

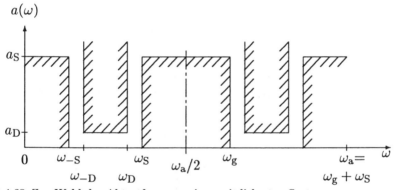

Bild 4.63 Zur Wahl der Abtastfrequenz eines zeitdiskreten Systems

4.6.2 Entwurf rekursiver Systeme

Ausgangspunkt sei der gewünschte Frequenzgang eines zeitdiskreten Systems

$$H_w(e^{j\Omega}) = A_w(\Omega)e^{j\varphi_w(\Omega)} \tag{4.154}$$

mit der *normierten Frequenz*

$$\Omega = \omega \Delta t, \tag{4.155}$$

wobei gegebenenfalls nur für den Betrag $A_w(\Omega)$ oder die Phase $\varphi_w(\Omega)$ bzw. die Gruppenlaufzeit $\tau_{gw}(\Omega) = -\mathrm{d}\varphi_w(\Omega)/\mathrm{d}\Omega$ Vorschriften vorliegen. Die folgenden Überlegungen befassen sich insbesondere mit dem

Entwurf von minimalphasigen Systemen, die einen gewünschten Betragsfrequenzgang approximieren. Zur Lösung dieser Problemstellung gibt es Ansätze, die unmittelbar im z-Bereich arbeiten. Da andererseits für die entsprechende Aufgabe bei kontinuierlichen Filtern eine Reihe von geschlossenen Lösungen bzw. von geeigneten numerischen Verfahren existieren, liegt es nahe, diese Ergebnisse auf den Entwurf zeitdiskreter Systeme zu übertragen.

4.6.2.1 Entwurf nach zeitkontinuierlichen Systemen

Zur Überführung der für ein zeitdiskretes System gestellten Entwurfsaufgabe in eine solche für ein kontinuierliches System, muß eine rationale Transformation vorgenommen werden, die den abgeschlossenen Einheitskreis der z-Ebene umkehrbar eindeutig auf die abgeschlossene linke p-Halbebene abbildet. Hierbei soll die Peripherie des Einheitskreises der z-Ebene in die imaginäre Achse der p-Ebene übergehen. Die *bilineare Transformation* (vgl. Bild 4.64a)

$$p = \frac{z-1}{z+1}, \quad z = \frac{1+p}{1-p} \qquad (4.156\text{a,b})$$

mit $p = u + jv$, hat diese Eigenschaften. Insbesondere gilt auf dem Einheitskreis $z = \exp(j\Omega)$ mit Gl. (4.155)

$$u + jv = \frac{e^{j\Omega} - 1}{e^{j\Omega} + 1} = j\tan\left(\frac{\Omega}{2}\right),$$

also $u = 0$ und

$$v = \tan\left(\frac{\Omega}{2}\right) = \tan\left(\pi\frac{\omega}{\omega_\text{a}}\right). \qquad (4.157)$$

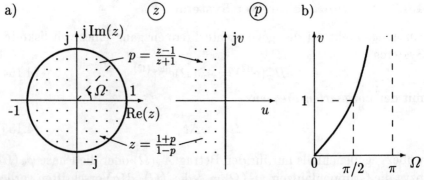

Bild 4.64 a) Abbildung der z- in die p-Ebene und umgekehrt mit der bilinearen Transformation, b) Verzerrung der normierten Frequenz Ω

4.6 Zeitdiskrete Realisierungen

Die Frequenz v des komplexen Frequenzparameters p entsteht somit aus der verzerrten normierten Frequenz Ω, wie durch Bild 4.64b veranschaulicht wird. Toleranzschemata für den Betragsfrequenzgang bleiben bei dieser Abbildung in ihrem charakteristischen Verlauf erhalten. Für Phasen- bzw. Gruppenlaufzeitforderungen braucht dies nicht zu gelten. Insbesondere geht die Forderung nach einer konstanten Gruppenlaufzeit bei der Transformation verloren.

Mit Hilfe der Bilinear-Transformation läuft der Entwurf eines zeitdiskreten Systems bei vorgeschriebenen Dämpfungsforderungen in folgenden Schritten ab:

1. Festlegen der Abtastfrequenz ω_a (bzw. f_a) nach Gl. (4.153) und periodische Fortsetzung der Dämpfungsforderungen.
2. Transformation in die p-Ebene: Die Eckfrequenzen ω_E (bzw. f_E) des gegebenen Toleranzschemas sind mit Gl. (4.157) in die Eckfrequenzen v_E im p-Bereich umzurechnen.
3. Bestimmung einer Übertragungsfunktion $H(p)$, die diese transformierten Forderungen erfüllt. Dabei kann meistens auf Filterkataloge zurückgegriffen werden.
4. Rücktransformation in die z-Ebene: In $H(p)$ ist p durch Gl. (4.156a) zu ersetzen. Damit ergibt sich die gesuchte zeitdiskrete Übertragungsfunktion $H(z)$. Die Realisierung erfolgt durch kanonische Systemstrukturen entsprechend Abschn. 1.7.3 des ersten Bandes.

Als Anwendungsbeispiel betrachten wir den Entwurf eines zeitdiskreten Cauer-Tiefpasses mit folgenden Daten (vgl. Bild 4.65):

$$a_D = 1{,}25\,\text{dB}, \quad a_S = 33\,\text{dB},$$
$$f_D = 0{,}50\,\text{kHz}, \quad f_S = 0{,}75\,\text{kHz}, \quad f_g = 1{,}75\,\text{kHz}.$$

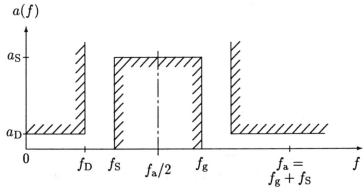

Bild 4.65 Toleranzschema eines zu entwerfenden zeitdiskreten Cauer-Tiefpasses

1. Für die Abtastfrequenz wird nach Gl. (4.153) $f_a = f_g + f_S = 2{,}5\,\text{kHz}$ gewählt.
2. Die Eckfrequenzen des zugeordneten zeitkontinuierlichen Tiefpasses ergeben sich mit Gl. (4.157) zu

$$v_D = \tan\left(\pi \frac{f_D}{f_a}\right) = 0{,}7265\,, \; v_S = \tan\left(\pi \frac{f_S}{f_a}\right) = 1{,}376\,.$$

3. Für einen Cauer-Tiefpaß mit den normierten Eckfrequenzen

$$\Omega_D = 1\,, \quad \Omega_S = \frac{v_S}{v_D} = 1{,}894$$

und den gegebenen Dämpfungsforderungen ist mit dem Filterkatalog (nach [4.9])) der Grad $n = 03$ bei einem maximalen Reflexionsfaktor $\varrho = 50\%$ erforderlich. Aus der Tabelle „C0350" liest man die PN-Daten der normierten Übertragungsfunktion ($p' = p/v_D$) ab:

$$H(p') = \frac{1}{C} \frac{p'^2 + \Omega_{\infty 2}^2}{(p' + \alpha_1)(p'^2 + 2\alpha_2 p' + \alpha_2^2 + \beta_2^2)}\,,$$
$$C = 9{,}35443\,,$$
$$\Omega_{\infty 2} = 2{,}13682\,,$$
$$\alpha_1 = 0{,}49992\,,$$
$$\alpha_2 = 0{,}19651\,,$$
$$\beta_2 = 0{,}96838\,.$$

Die Übertragungsfunktion des entnormierten Tiefpasses ($p = p' v_D$) lautet somit

$$H(p) = 0{,}07766 \frac{p^2 + 2{,}410}{(p + 0{,}3632)(p^2 + 0{,}2855 p + 0{,}5153)}\,.$$

4. Mit Gl. (4.156a) ergibt sich hieraus die gesuchte zeitdiskrete Übertragungsfunktion

$$H(z) = 0{,}108 \frac{(z + 1)(z^2 + 0{,}827 z + 1)}{(z - 0{,}467)(z^2 - 0{,}538 z + 0{,}683)}\,,$$

die sich z.B. als Kettenschaltung eines Systems ersten Grades und eines Systems zweiten Grades nach Abschn. 1.7.3 des ersten Bandes realisieren läßt.

4.6.2.2 Entwurf unmittelbar im z-Bereich

Die in Abschn. 4.4 dargestellten Approximationsverfahren zeitkontinuierlicher Systeme können auf entsprechende Methoden im z-Bereich übertragen werden. Es gilt z.B. für die Tiefpaßapproximation durch ein kontinuierliches Potenzfilter mit der normierten Frequenz v/v_D:

$$A^2\left(\frac{v}{v_D}\right) = H\left(\mathrm{j}\frac{v}{v_D}\right)H\left(-\mathrm{j}\frac{v}{v_D}\right) = \frac{1}{1+\varepsilon^2\left(\frac{v}{v_D}\right)^{2n}}.$$

Die entsprechende Tiefpaßapproximation eines *diskreten Potenzfilters* ergibt sich mit Gl. (4.157) speziell für $\varepsilon = 1$ zu

$$A^2(\Omega) = H(\mathrm{e}^{\mathrm{j}\Omega})H(\mathrm{e}^{-\mathrm{j}\Omega}) = \frac{1}{1+\left[\dfrac{\tan(\Omega/2)}{\tan(\Omega_D/2)}\right]^{2n}}. \quad (4.158)$$

Auch hier wird die rechteckige Charakteristik um so besser approximiert, je größer der Filtergrad n ist, jedoch im Unterschied zu Bild 4.48 periodisch fortgesetzt. Zur Ermittlung von $H(z)$ aus $A^2(\Omega)$ wird die Substitution

$$\Omega = -\mathrm{j}\ln z, \quad (4.159)$$

welche die Umkehrung zu $z = \exp(\mathrm{j}\Omega)$ darstellt, in Gl. (4.158) eingeführt. Unter Verwendung der Identität

$$\left[\tan\left(\frac{-\mathrm{j}\ln z}{2}\right)\right]^{2n} = (-1)^n\left(\frac{z-1}{z+1}\right)^{2n}$$

erhält man nach einfachen Umformungen

$$H(z)H\left(\frac{1}{z}\right) = \frac{(z+1)^{2n}[\tan(\Omega_D/2)]^{2n}}{(z+1)^{2n}[\tan(\Omega_D/2)]^{2n}+(-1)^n(z-1)^{2n}}. \quad (4.160)$$

Die $2n$-fache Nullstelle des Zählerpolynoms bei $z = -1$ läßt sich jeweils zur Hälfte $H(z)$ bzw. $H(1/z)$ zuordnen. Die $2n$ Nullstellen des Nennerpolynoms liegen spiegelbildlich zum Einheitskreis (Spiegelpolynom), so daß die n stabilen Pole $H(z)$ zugeordnet werden können. Wird Gl. (4.160) durch $(z+1)^{2n}$ dividiert, dann ergeben sich mit Gl. (4.156a) die Pole in der p-Ebene aus

$$p^{2n} = -(-1)^n\left[\tan\left(\frac{\Omega_D}{2}\right)\right]^{2n}.$$

Die Lösungen dieser Gleichung lauten

$$p_\nu = \tan\left(\frac{\Omega_D}{2}\right) e^{j\frac{\pi}{n}\left(\nu-1+\frac{1+(-1)^n}{4}\right)}, \quad \nu = 1, \ldots, 2n. \quad (4.161)$$

Die Pole sind somit äquidistant auf dem Kreis um den Ursprung mit dem Radius $\tan(\Omega_D/2)$ verteilt (vgl. Bild 4.49). Der Kreis

$$p = \tan\left(\frac{\Omega_D}{2}\right) e^{j\varphi}$$

wird in der z-Ebene durch Gl. (4.156b) in einen Kreis mit dem Radius

$$\varrho = \frac{2\tan\left(\frac{\Omega_D}{2}\right)}{1 - \tan^2\left(\frac{\Omega_D}{2}\right)} \quad (4.162)$$

und dem Mittelpunkt

$$z_m = \frac{1 + \tan^2\left(\frac{\Omega_D}{2}\right)}{1 - \tan^2\left(\frac{\Omega_D}{2}\right)} \quad (4.163)$$

abgebildet, wie in Bild 4.66 dargestellt ist. Die Pollagen in der z-Ebene ergeben sich mit den Gl. (4.161) und Gl. (4.156b) nach Betrag und Phase zu

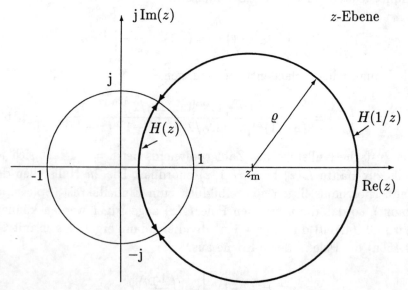

Bild 4.66 Lage der Polstellen von $H(z)$ und $H(1/z)$ des zeitdiskreten Potenzfilters

4.6 Zeitdiskrete Realisierungen

$$|z_\nu| = \left\{ \frac{1 + \tan^2\left(\frac{\Omega_D}{2}\right) + 2\tan\left(\frac{\Omega_D}{2}\right)\cos\left[\frac{\pi}{n}\left(\nu - 1 + \frac{1+(-1)^n}{4}\right)\right]}{1 + \tan^2\left(\frac{\Omega_D}{2}\right) - 2\tan\left(\frac{\Omega_D}{2}\right)\cos\left[\frac{\pi}{n}\left(\nu - 1 + \frac{1+(-1)^n}{4}\right)\right]} \right\}^{1/2},$$

$$\varphi_\nu = \arctan\left\{\tan(\Omega_D)\sin\left[\frac{\pi}{n}\left(\nu - 1 + \frac{1+(-1)^n}{4}\right)\right]\right\}, \nu = 1,\ldots,2n.$$
(4.164)

Als Anwendungsbeispiel betrachten wir den Entwurf eines zeitdiskreten Potenz-Tiefpasses mit folgenden Daten (vgl. Bild 4.65):

$$a_D = 3\text{dB} \ (\varepsilon = 1), \ a_S = 19\text{dB},$$
$$f_D = 1{,}666\text{kHz}, \quad f_S = 2{,}5\text{kHz}, \ f_a = 10\text{kHz}.$$

Der geringstmögliche Filtergrad n ergibt sich aus

$$10\lg\frac{1}{A^2(\Omega_S)}\text{dB} = 10\lg\left\{1 + \left[\frac{\tan(\Omega_S/2)}{\tan(\Omega_D/2)}\right]^{2n}\right\}\text{dB}$$

$$\approx 20n\lg\left[\frac{\tan(\Omega_S/2)}{\tan(\Omega_D/2)}\right]\text{dB} = a_S.$$

Mit
$$\tan\left(\frac{\Omega_S}{2}\right) = \tan\left(\pi\frac{f_S}{f_a}\right) = \tan\left(\frac{\pi}{4}\right) = 1$$

und
$$\tan\left(\frac{\Omega_D}{2}\right) = \tan\left(\pi\frac{f_D}{f_a}\right) = \tan\left(\frac{\pi}{6}\right) = \frac{\sqrt{3}}{3}$$

erhält man schließlich

$$n = \frac{a_S}{10\lg 3\text{dB}} = \frac{1{,}9}{\lg 3} = 3{,}98 \approx 4.$$

Die Polstellen von $H(z)$ und $H(1/z)$ des zeitdiskreten Potenzfilters liegen auf einem Kreis mit dem Radius

$$\varrho = \frac{2\tan\left(\frac{\pi}{6}\right)}{1 - \tan^2\left(\frac{\pi}{6}\right)} = \frac{2\frac{\sqrt{3}}{3}}{1 - \frac{1}{3}} = \sqrt{3} \approx 1{,}73$$

und dem Mittelpunkt

$$z_m = \frac{1 + \tan^2\left(\frac{\pi}{6}\right)}{1 - \tan^2\left(\frac{\pi}{6}\right)} = \frac{1 + \frac{1}{3}}{1 - \frac{1}{3}} = 2.$$

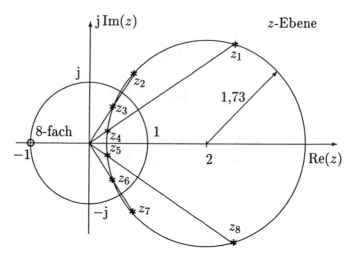

Bild 4.67 Lage der Pol- und Nullstellen von $H(z)$ sowie $H(1/z)$ des betrachteten Beispiels

Die Pole selbst berechnen sich mit Gl. (4.164) nach Betrag und Phase zu

$$|z_\nu| = \left\{\frac{2 + \sqrt{3}\cos\left[\frac{\pi}{8}(2\nu - 1)\right]}{2 - \sqrt{3}\cos\left[\frac{\pi}{8}(2\nu - 1)\right]}\right\}^{1/2},$$

$$\varphi_\nu = \arctan\left\{\sqrt{3}\sin\left[\frac{\pi}{8}(2\nu - 1)\right]\right\}, \nu = 1, \ldots, 8.$$

Diese acht Zahlenpaare sind in der folgenden Tabelle zusammengestellt:

ν	1	2	3	4	5	6	7	8
$|z_\nu|$	3	1,414	0,707	0,333	0,333	0,707	1,414	3
φ_ν	33,6°	58°	58°	33,6°	-33,6°	-58°	-58°	-33,6°

Die Lage dieser Polstellen sowie der achtfachen Nullstelle gemäß Gl. (4.160) zeigt Bild 4.67. Die Übertragungsfunktion $H(z)$ ist somit bis auf eine noch festzulegende Konstante K bestimmt:

$$H(z) = K\frac{(z+1)^4}{(z - z_3)(z - z_3^*)(z - z_4)(z - z_4^*)}$$

$$= K\frac{(z+1)^4}{[z^2 - 2\operatorname{Re}(z_3)z + |z_3|^2][z^2 - 2\operatorname{Re}(z_4)z + |z_4|^2]}.$$

4.6 Zeitdiskrete Realisierungen

Aus Gl. (4.158) folgt $A(\Omega = 0) = |H(z = 1)| = 1$ und die Übertragungsfunktion des betrachteten Beispiels lautet

$$H(z) = 0{,}026 \frac{(z+1)^4}{(z^2 - 0{,}75z + 0{,}5)(z^2 - 0{,}56z + 0{,}11)}\,.$$

4.6.2.3 Frequenztransformationen

Die einmal ermittelte Übertragungsfunktion $H(z')$ des Frequenzganges $H(\mathrm{e}^{\mathrm{j}\Omega'})$ eines *normierten Tiefpasses* kann mit Hilfe von Frequenztransformationen

$$\Omega' = f(\Omega)\,, z' = g(z) \qquad (4.165\mathrm{a,b})$$

zur Erzeugung anderer Filter wie Tiefpässe, Hochpässe, Bandpässe usw. benutzt werden. Hierbei ist es wiederum naheliegend, die Ergebnisse des kontinuierlichen Filterentwurfs auf den zeitdiskreten Fall zu übertragen. Durch die sog. Reaktanztransformationen wird die Übertragungsfunktion $H(p)$ ($p = u + \mathrm{j}v$) einer beliebigen Filterschaltung auf den Entwurf eines normierten Tiefpasses $H(p')$ mit $p' = u' + \mathrm{j}v'$ zurückgeführt. So gilt z.B. für die Tiefpaß-Tiefpaß-Transformation

$$v' = v/v_\mathrm{D}\,, p' = p/v_\mathrm{D}\,.$$

Durch Anwendung der Bilinear-Transformation ergibt sich mit Gl. (4.157)

$$v' = \tan\left(\frac{\Omega'}{2}\right) = \frac{v}{v_\mathrm{D}} = \frac{\tan(\Omega/2)}{\tan(\Omega_\mathrm{D}/2)}\,.$$

Diese Gleichung läßt sich nach der normierten Frequenz Ω' auflösen und man erhält

$$\Omega' = 2\arctan\left[\frac{\tan(\Omega/2)}{\tan(\Omega_\mathrm{D}/2)}\right]\,. \qquad (4.166)$$

Die Grenzfrequenz des normierten zeitdiskreten Tiefpasses liegt somit bei $\Omega' = \pi/2$. Die zweite Beziehung für die Rücktransformation liefert Gl. (4.156):

$$z' = \frac{1+p'}{1-p'} = \frac{1+p/v_\mathrm{D}}{1-p/v_\mathrm{D}} = \frac{v_\mathrm{D} + (z-1)/(z+1)}{v_\mathrm{D} - (z-1)/(z+1)}$$

$$= \frac{(z+1)\tan(\Omega_\mathrm{D}/2) + (z-1)}{(z+1)\tan(\Omega_\mathrm{D}/2) - (z-1)}\,. \qquad (4.167)$$

Mit der Abkürzung

$$a_0 = \frac{\tan(\Omega_\mathrm{D}/2) - 1}{\tan(\Omega_\mathrm{D}/2) + 1} = \tan\left(\frac{\Omega_\mathrm{D}}{2} - \frac{\pi}{4}\right)$$

bzw.
$$\tan\left(\frac{\Omega_D}{2}\right) = \frac{1+a_0}{1-a_0}$$

lauten die Gleichungen (4.166) und (4.167)

$$\Omega' = 2\arctan\left[\frac{1-a_0}{1+a_0}\tan\left(\frac{\Omega}{2}\right)\right],$$

$$z' = \frac{z+a_0}{a_0 z + 1}.$$

Die letzte Beziehung stellt den Kehrwert einer Allpaß-Übertragungsfunktion dar, deren Eigenschaften in Abschn. 1.7.5 des ersten Bandes beschrieben werden. Weitere *Allpaß-Frequenztransformationen* für den Hochpaß, den Bandpaß und die Bandsperre sind im Anhang zusammengestellt. Der Filterentwurf erfolgt hiermit in nachstehender Reihenfolge:

1. Es ist eine geeignete Frequenztransformation zu wählen (beispielsweise Bandpaß-Tiefpaß).
2. Aus den Filterspezifikationen (Dämpfung und Frequenz an den Bandgrenzen) sind über die „Hintransformation" Gl. (4.165a) die Spezifikationen des normierten Tiefpasses zu ermitteln.
3. Der normierte Tiefpaß mit den geforderten Spezifikationen wird aus Filterkatalogen entnommen oder neu entworfen.
4. Die „Rücktransformation" Gl. (4.165b) bildet den normierten Tiefpaß in das gewünschte Filter ab.

Diese Methode läßt sich allerdings i.allg. nicht auf die nichtrekursiven Strukturen des nächsten Abschnittes übertragen.

4.6.3 Entwurf nichtrekursiver Systeme

Gemäß Abschn. 1.7.4 des ersten Bandes besitzen nichtrekursive Systeme (FIR-Filter) die zeitbegrenzte Impulsantwort

$$h(n) = h(0)\delta(n) + h(1)\delta(n-1) + \cdots + h(q)\delta(n-q), \qquad (4.168)$$

so daß eine Synthese im Zeitbereich hier durch direkte Vorgabe der Koeffizienten $h(\mu)$ ($\mu = 0,\ldots,q$) möglich ist. Für die Synthese im Frequenzbereich beschränken wir uns auf nichtrekursive Systeme mit *linearer Phase* bzw. konstanter Gruppenlaufzeit, da diese für die Anwendungen in der digitalen Signalverarbeitung besonders wichtig sind.

4.6 Zeitdiskrete Realisierungen

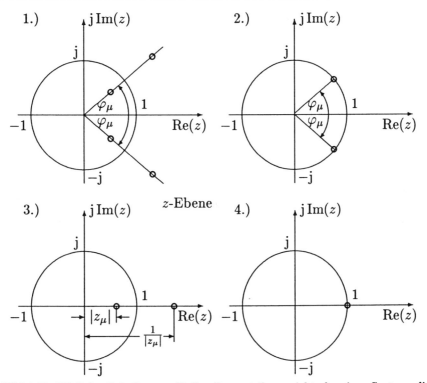

Bild 4.68 Mögliche Beiträge zur Nullstellenverteilung nichtrekursiver Systeme linearer Phase

Nach Abschn. 1.7.5 liegen die Nullstellen des Zählerpolynoms von Gl. (4.152) entweder paarweise spiegelbildlich zum oder auf dem Einheitskreis. Für reellwertige Systeme sind die Nullstellen der Übertragungsfunktion außerdem reell oder paarweise konjugiert-komplex, so daß vier mögliche Fälle der Nullstellenverteilung nichtrekursiver Systeme mit linearer Phase zu unterscheiden sind, die Bild 4.68 zeigt.

Im ersten Fall erhält man das (Teil-)Zählerpolynom

$$Z_1(z) = (z - z_\mu)(z - \frac{1}{z_\mu})(z - z_\mu^*)(z - \frac{1}{z_\mu^*})$$

$$= \left[z^2 - z(z_\mu + \frac{1}{z_\mu}) + 1\right]\left[z^2 - z(z_\mu^* + \frac{1}{z_\mu^*}) + 1\right]$$

$$= 1 - z(z_\mu + z_\mu^* + \frac{1}{z_\mu} + \frac{1}{z_\mu^*}) + z^2\left[2 + (z_\mu + \frac{1}{z_\mu})(z_\mu^* + \frac{1}{z_\mu^*})\right]$$

$$- z^3(z_\mu + z_\mu^* + \frac{1}{z_\mu} + \frac{1}{z_\mu^*}) + z^4.$$

Hierbei handelt es sich um ein sog. *Spiegelpolynom* geraden Grades von der Form

$$Z_1(z) = a_0 + a_1 z + a_2 z^2 + a_1 z^3 + a_0 z^4 \,.$$

Die nächsten beiden Fälle liefern ebenfalls Spiegelpolynome geraden Grades ($q = 2$), während der letzte Fall zu einem *Antispiegelpolynom* ungeraden Grades führt:

$$Z_4(z) = z - 1 \,.$$

Produkte von Spiegel- und Antispiegelpolynomen ergeben wieder Spiegel- oder Antispiegelpolynome geraden oder ungeraden Grades, so daß die Übertragungsfunktion eines nichtrekursiven Systems mit linearer Phase lautet

$$H(z) = \frac{a_0 + a_1 z + \cdots \pm a_1 z^{q-1} \pm a_0 z^q}{z^q} \,, \qquad (4.169a)$$

wobei vier Fälle zu unterscheiden sind:

$$\left.\begin{array}{ll} \text{I} & q = 2k \\ \text{II} & q = 2k+1 \end{array}\right\} a_\mu = a_{q-\mu}, \mu = 0, \ldots, q \,,$$
$$\left.\begin{array}{ll} \text{III} & q = 2k \\ \text{IV} & q = 2k+1 \end{array}\right\} a_\mu = -a_{q-\mu}, \mu = 0, \ldots, q \,. \qquad (4.169b)$$

Das für alle vier Fälle gültige Signalflußdiagramm zeigt Bild 4.69, wobei für das Antispiegelpolynom geraden Grades (Fall III) $a_k = 0$ gelten muß.

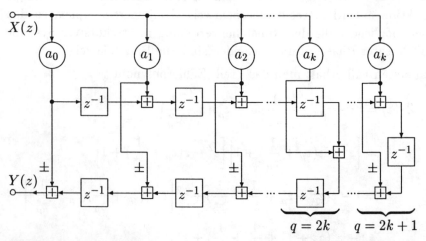

Bild 4.69 Signalflußdiagramm des nichtrekursiven Systems linearer Phase (erste kanonische Form)

4.6 Zeitdiskrete Realisierungen

Für den Fall I wollen wir nun den Frequenzgang berechnen und erhalten aus Gl. (4.169) mit $q = 2k$:

$$H_{\text{I}}(z) = \left[a_0(z^{2k} + 1) + a_1(z^{2k-1} + z) + \cdots \right.$$
$$\left. + a_{k-1}(z^{k+1} + z^{k-1}) + a_k z^k\right] z^{-2k}$$
$$= \left[a_0(z^k + z^{-k}) + a_1(z^{k-1} + z^{-k+1}) + \cdots \right.$$
$$\left. + a_{k-1}(z + z^{-1}) + a_k\right] z^{-k}.$$

Für $z = \exp(j\Omega)$ folgt hieraus schließlich

$$H_{\text{I}}(e^{j\Omega}) = \left[a_0(e^{jk\Omega} + e^{-jk\Omega}) + a_1(e^{j(k-1)\Omega} + e^{-j(k-1)\Omega}) + \cdots \right.$$
$$\left. + a_{k-1}(e^{j\Omega} + e^{-j\Omega}) + a_k\right] e^{-jk\Omega}$$
$$= \left[a_k + 2\sum_{\mu=0}^{k-1} a_\mu \cos(k-\mu)\Omega\right] e^{-jk\Omega}. \tag{4.170}$$

4.6.3.1 Fourier-Approximation des Frequenzganges und Verwendung von Fensterfunktionen

Gl. (4.170) stellt eine Fourierreihen-Entwicklung des Frequenzganges dar, wobei die Fälle II, III und IV zu ähnlich aufgebauten Ausdrücken führen. Dies legt die Fourier-Approximation des Betrages einer Wunsch-Übertragungsfunktion $H_{\text{w}}(e^{j\Omega})$ nahe. Als Beispiel sei der 2π-periodische Betragsfrequenzgang $A_{\text{w}}(\Omega)$ eines zeitdiskreten Tiefpasses gemäß Bild 4.70 betrachtet, für den gilt:

$$A_{\text{w}}(\Omega) = \sum_{n=-\infty}^{\infty} \text{rect}\left(\frac{\Omega - n2\pi}{2\Omega_{\text{D}}}\right).$$

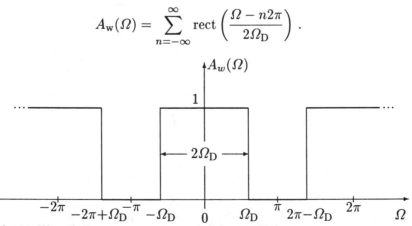

Bild 4.70 Wunsch-Frequenzgang eines zeitdiskreten Tiefpasses

Mit Gl. (1.153) des ersten Bandes läßt sich hierfür folgende Fourier-reihen-Entwicklung angeben:

$$A_{\mathrm{w}}(\Omega) = \frac{\Omega_{\mathrm{D}}}{\pi} \sum_{n=-\infty}^{\infty} \mathrm{si}(n\Omega_{\mathrm{D}}) \cos(n\Omega)$$

$$= \frac{\Omega_{\mathrm{D}}}{\pi} \left[1 + 2 \sum_{n=1}^{\infty} \mathrm{si}(n\Omega_{\mathrm{D}}) \cos(n\Omega) \right]. \quad (4.171)$$

Mit der Substitution $k - \mu = n$ erhält man aus Gl. (4.170) den Betragsfrequenzgang

$$A_{\mathrm{I}}(\Omega) = \left| a_k + 2 \sum_{n=1}^{k} a_{k-n} \cos(n\Omega) \right|, \quad (4.172)$$

so daß aus dem Koeffizientenvergleich der beiden letzten Gleichungen folgt

$$a_{k-n} = \frac{\Omega_{\mathrm{D}}}{\pi} \mathrm{si}(n\Omega_{\mathrm{D}}), \ n = 0, \ldots, k. \quad (4.173)$$

Bild 4.71 zeigt den entsprechenden Betragsfrequenzgang eines nichtrekursiven Tiefpasses linearer Phase mit der Grenzfrequenz $\Omega_{\mathrm{D}} = \pi/2$ und dem Systemgrad $q = 2k = 40$.

Die Fourier-Entwicklung führt zu einer starken Welligkeit an den Bandgrenzen, die vom *Gibbsschen Phänomen* herrührt, wie Bild 4.71 in der linearen Darstellung verdeutlicht. Andererseits erkennt man an der logarithmischen Darstellung das schlechte Sperrverhalten, so daß

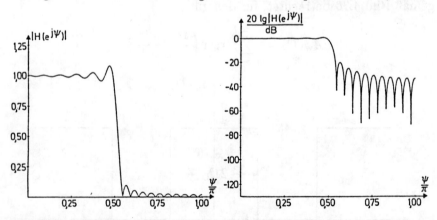

Bild 4.71 Nichtrekursiver Tiefpaß linear Phase ($q = 40$), entworfen durch Fourier-Approximation des Frequenzganges (nach [4.5])

4.6 Zeitdiskrete Realisierungen

die vorliegende Realisierung praktisch als unbrauchbar bezeichnet werden muß. Abhilfe schafft hier die Einführung sog. *Fensterfunktionen*, die allgemein eine Gewichtung g_{k-n} der Fourier-Koeffizienten a_{k-n} bedeuten, wobei mit wachsenden Werten von n stärker bedämpft wird.

Hierzu sind zahlreiche Vorschläge entwickelt worden, von denen das *Kaiser-Fenster* sich dadurch auszeichnet, daß die Dämpfung im Sperrbereich durch einen Parameter beeinflußt werden kann. Hierbei bedeutet jedoch eine größere Sperrdämpfung grundsätzlich eine Verschlechterung der Flankensteilheit an der Bandgrenze. Das Kaiser-Fenster ist definiert durch

$$g_{k-n} = \frac{J_0\left\{\alpha\left[1-\left(\frac{n}{k}\right)^2\right]^{1/2}\right\}}{J_0(\alpha)}, \ n = 0,\ldots,k, \qquad (4.174)$$

wobei $J_0(x)$ die *modifizierte Besselfunktion* erster Art der Ordnung null darstellt und α einen reellen Faktor, mit dem die minimale Sperrdämpfung a_S festgelegt wird. Für größere Dämpfungswerte gilt die „Faustformel" $a_S/\text{dB} \approx 10\alpha$. Eine Möglichkeit zur numerischen Berechnung der Besselfunktion ergibt sich aus der Reihendarstellung

$$J_0(x) = 1 + \sum_{j=1}^{\infty}\left[\frac{(x/2)^j}{j!}\right]^2. \qquad (4.175)$$

In Bild 4.72 sind die Gewichtungsfaktoren für $k = 20$ und $\alpha = 5{,}658$

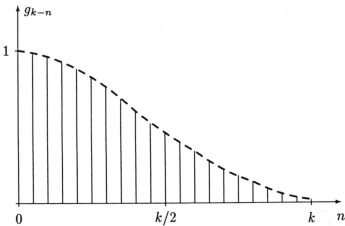

Bild 4.72 Gewichtungsfaktoren des Kaiser-Fensters für $k = 20$ und $\alpha = 5{,}685$ ($a_S \approx 60\text{dB}$)

dargestellt, während Bild 4.73 den entsprechenden Betragsfrequenzgang des nichtrekursiven Tiefpasses linearer Phase mit der Grenzfrequenz $\Omega_D = \pi/2$ und dem Systemgrad $q = 2k = 40$ zeigt. Im Unterschied zu Bild 4.71 ist die starke Welligkeit an der Bandgrenze verschwunden und die minimale Sperrdämpfung liegt hier bei $a_S \approx 60\mathrm{dB}$.

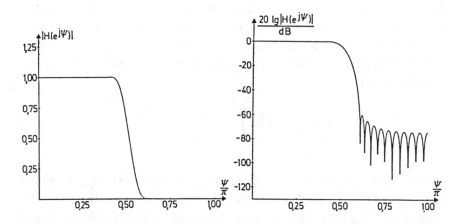

Bild 4.73 Nichtrekursiver Tiefpaß linearer Phase ($q = 40$), entworfen durch Fourier-Approximation des Frequenzganges und Gewichtung mit dem Kaiser-Fenster ($\alpha = 5{,}685$, nach [4.5])

4.6.3.2 Tschebyscheff-Approximation des Frequenzganges und Réméz-Algorithmus

Die Fourier-Approximation unter Verwendung von Fensterfunktionen ist relativ einfach anzuwenden und führt in den meisten Fällen zu brauchbaren Ergebnissen. Unbefriedigend ist jedoch die Tatsache, daß ein Toleranzschema mit stückweise konstanten Schranken nicht gleichmäßig ausgefüllt wird. Abhilfe schafft hier die Tschebyscheff-Approximation, die jedoch mit einem nicht unerheblichen numerischen Aufwand verbunden ist.

Die Aufgabe besteht darin, die Koeffizienten $a_\mu(\mu = 0, \ldots, k)$ der Fourierreihen-Entwicklung gemäß Gl. (4.170)

$$A_I(\Omega) = \sum_{\mu=0}^{k} a_\mu \cos(k - \mu)\Omega \qquad (4.176)$$

so zu bestimmen, daß der maximale absolute Fehler im Approximationsintervall $\alpha \leq \Omega \leq \beta$ minimal wird:

4.6 Zeitdiskrete Realisierungen

$$\max_{\alpha \leq \Omega \leq \beta} \{G(\Omega)|A_\mathrm{I}(\Omega, \boldsymbol{a}) - A_\mathrm{w}(\Omega)|\} \stackrel{!}{=} \min, \qquad (4.177)$$

mit dem Parametervektor $\boldsymbol{a}^T = (a_0, a_1, \ldots, a_\mathrm{k})$. Gl. (4.177) wird auch als *gewichtete Tschebyscheff-Approximation* bezeichnet, da die Gewichtsfunktion $G(\Omega)$ die Möglichkeit bietet, die Fehler in den verschiedenen Frequenzbändern unterschiedlich zu bewerten. Gilt beispielsweise bei einer Tiefpaßapproximation die Gewichtsfunktion (vgl. Bild 4.74)

$$G(\Omega) = \begin{cases} 1/K & \text{für } 0 \leq \Omega \leq \Omega_\mathrm{D} \\ 1 & \text{für } \Omega_\mathrm{S} \leq \Omega \leq \pi \end{cases}, \qquad (4.178)$$

so fordert Gl. (4.177) die Minimierung der absoluten Fehler im Durchlaß- und Sperrbereich δ_1 und δ_2 mit der Nebenbedingung

$$F_{\max} = \delta_2 = \delta_1/K. \qquad (4.179)$$

Da für die vorliegende Approximationsaufgabe kein geschlossener Lösungsansatz existiert, wie z.B. in Abschn. 4.4.3, ist man auf numerische Verfahren angewiesen. Hierzu gehen wir davon aus, daß bereits eine Näherungslösung existiert, welche die sog. *Alternantenbedingung* erfüllt. Diese besagt, daß der gewichtete Fehlerverlauf

$$F(\Omega, \boldsymbol{a}) = G(\Omega)\left[A_\mathrm{I}(\Omega, \boldsymbol{a}) - A_\mathrm{w}(\Omega)\right] \qquad (4.180)$$

im abgeschlossenen Approximationsintervall $\alpha \leq \Omega \leq \beta$ mindestens $k+2$ alternierende Extrema aufweisen muß, wenn die Zahl der zu bestimmenden Parameter gleich $k+1$ ist. Bild 4.74 zeigt den typischen Verlauf der Approximationsfunktion $A_\mathrm{I}(\Omega)$ sowie der Fehlerfunktion $F(\Omega)$ für $k = q/2 = 5$, der die Alternantenbedingung erfüllt. Eine derartige Näherungslösung kann z.B. mit der in Abschn. 4.6.3.1 beschriebenen Fourier-Approximation angegeben werden.

Der folgende *Réméz-Algorithmus* ermöglicht eine schrittweise Vergleichmäßigung und Minimierung der betragsgrößten Werte des gewichteten Fehlerverlaufs, indem man fordert:

$$G(\Omega_\nu)\left(A_\mathrm{I}(\Omega_\nu, \boldsymbol{a}) - A_\mathrm{w}(\Omega_\nu)\right) = -(-1)^\nu \delta, \quad \nu = 1, \ldots, k+2. \qquad (4.181)$$

Hierbei handelt es sich um ein nichtlineares Gleichungssystem der Ordnung $k+2$ zur Bestimmung der Unbekannten $a_0, \ldots, a_k$ und δ sowie

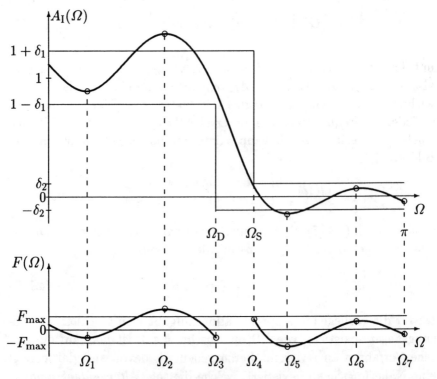

Bild 4.74 Approximationsfunktion eines Tiefpasses ($k = q/2 = 5$) sowie Fehlerverlauf, der die Alternantenbedingung erfüllt

der Extremalstellen Ω_ν. Zur iterativen Lösung von Gl. (4.181), ausgehend von einer Startlösung a_0 mit den zugehörigen Extremalstellen $\Omega_{\nu,0}$, wird mit Gl. (4.176) das lineare Gleichungssystem

$$\sum_{\mu=0}^{k} a_{\mu,j+1} \cos(k-\mu)\Omega_{\nu,j} + (-1)^\nu \delta_{j+1}/G(\Omega_{\nu,j})$$
$$= A_{\mathrm{w}}(\Omega_{\nu,j}), \quad \nu = 1,\ldots,k+2 \qquad (4.182)$$

aufgestellt, wobei die Extremalstellen $\Omega_{\nu,j}$ konstant angenommen werden. Mit den verbesserten Koeffizienten a_{j+1} ermittelt man anschließend die tatsächlichen Extremalstellen aus

$$\frac{\mathrm{d}A_{\mathrm{I}}(\Omega)}{\mathrm{d}\Omega} = 0 = \sum_{\mu=0}^{k} a_{\mu,j+1} \sin(k-\mu)\Omega. \qquad (4.183)$$

Zusammen mit Ω_D und Ω_S ergeben sich hieraus die neuen $k+2$ Extre-

4.6 Zeitdiskrete Realisierungen

malstellen $\Omega_{\nu,j+1}$, mit denen das Verfahren iterativ fortgesetzt wird, bis die Korrekturen vernachlässigbar klein geworden sind bzw.

$$|\delta_{j+1} - \delta_j| < \varepsilon > 0 \qquad (4.184)$$

ist. Da Gl. (4.181) iterativ gelöst wurde, liegt eine gleichmäßige Approximation im Tschebyscheffschen Sinne vor. Bild 4.75 zeigt den entsprechenden Betragsfrequenzgang eines nichtrekursiven Tiefpasses linearer Phase mit den Grenzfrequenzen $\Omega_D = 0{,}4625\pi$, $\Omega_S = 0{,}6125\pi$, den Fehlerbeträgen $\delta_1 \approx 10^{-2}$, $\delta_2 \approx 10^{-4}$ ($K = 100$) und dem Systemgrad $q = 2k = 40$.

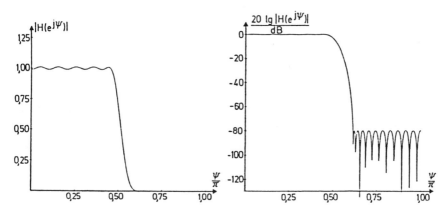

Bild 4.75 Nichtrekursiver Tiefpaß linearer Phase ($q = 40$), entworfen durch Tschebyscheff-Approximation im Durchlaß- und Sperrbereich (nach [4.5])

4.6.3.3 Frequenzabtastverfahren

FIR-Filter mit nahezu beliebigem Frequenzverhalten ermöglicht der Entwurf nach dem *Frequenzabtastverfahren*, bei dem N äquidistante Stützwerte des gewünschten Frequenzganges vorgegeben werden durch

$$H_w(e^{j\Omega_m}) = A_w(\Omega_m)e^{j\varphi_w(\Omega_m)} \qquad (4.185)$$

mit den normierten Frequenzwerten

$$\Omega_m = m\Delta\Omega = m2\pi/N, \quad m = 0,\ldots,N-1. \qquad (4.186)$$

Die *diskrete Fourier-Transformation* (DFT), die in Abschn. 1.6.3 des ersten Bandes beschrieben wird, stellt einen Zusammenhang zwischen

$H_{\mathrm{w}}(m)$ und der Impulsantwort $h(n)$ her. Umgekehrt ermöglicht die inverse DFT die Berechnung der Impulsantwort aus den Abtastwerten des Frequenzganges zu

$$h(n) = \frac{1}{N} \sum_{m=0}^{N-1} H_{\mathrm{w}}(m) \mathrm{e}^{-\mathrm{j}mn2\pi/N}, \quad n = 0, \ldots, N-1. \qquad (4.187)$$

Diese kausale, zeitbegrenzte Impulsantwort ist reell für

$$H_{\mathrm{w}}(m) = H_{\mathrm{w}}^{*}(N-m), \quad m = 0, \ldots, N-1 \qquad (4.188)$$

und besitzt somit die Form von Gl. (4.168) mit $q = N-1$. Für ein linearphasiges System, das sich durch die in Bild 4.69 angegebene Struktur realisieren läßt mit $a_{\mu} = h(q-\mu)$, muß entsprechend Gl. (4.170) sowie den Gln. (4.186) und (4.188) gelten

$$\varphi_{\mathrm{w}}(m) = \frac{N-1}{N} m\pi \operatorname{sgn}(m - \frac{N}{2}), \qquad (4.189)$$

wobei die *Signumfunktion* durch Gl. (1.33) des ersten Bandes definiert wird. Bild 4.76 zeigt die Abtastwerte $A_{\mathrm{w}}(m)$ und den Betragsfrequenzgang $A(\Omega)$ eines Bandpasses, der sich gemäß Gl. (1.188) des ersten Bandes aus der Z-Transformation berechnet zu

$$H(z) = \sum_{n=0}^{q} h(n) z^{-n} = h(0) + h(1) z^{-1} + \cdots + h(q) z^{-q}.$$

Mit $a_{\mu} = h(q-\mu)$ und der vorausgesetzten Linearphasigkeit erhält man wieder Gl. (4.169) und mit $z = \exp(\mathrm{j}\Omega)$ schließlich den Frequenzgang nach Betrag und Phase entsprechend Gl. (4.170). Damit wurde

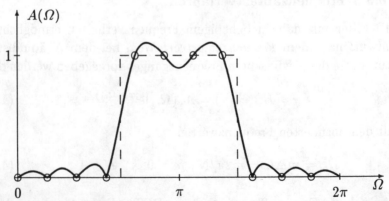

Bild 4.76 Betragsfrequenzgang eines Bandpasses ($q = N-1 = 10$), entworfen nach dem Frequenzabtastverfahren

gezeigt, daß das Frequenzabtastverfahren zum Entwurf linearphasiger Systeme der Fourier-Approximation entspricht und deshalb die gleichen Eigenschaften besitzen muß. Es stört auch hier die Welligkeit an den Bandgrenzen selektiver Filter, die wiederum durch die Verwendung von Fensterfunktionen bedämpft werden kann.

4.7 Aufgaben zu Kapitel 4

Aufgabe 4.1
Man berechne aus der Definition der Elemente die Leitwertmatrix Y und die Widerstandsmatrix Z des π-Gliedes und zeige, daß $Y = Z^{-1}$ ist.

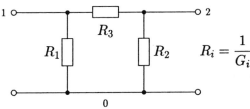

Aufgabe 4.2
Gesucht ist die Widerstandsmatrix des abgebildeten Dreitores $11'/22'/33'$. Warum existiert keine Leitwertmatrix?

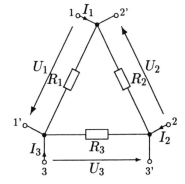

Aufgabe 4.3
a) Wie lautet die Knotenleitwertmatrix der abgebildeten Schaltung mit Knoten 4 als Bezugsknoten?
b) Berechnen Sie aus der unter a ermittelten Knotenleitwertmatrix die geränderte Leitwertmatrix.

c) Man bestimme aus dem Ergebnis von b die Leitwertmatrix des Dreitores 10/20/30, wobei 0 ein nicht mit dem Netzwerk verbundener Pol ist.

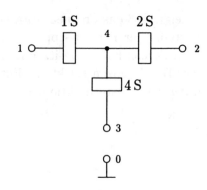

Aufgabe 4.4
In der nachstehenden Schaltung wird der innere Dreipol durch folgende Leitwertgleichungen beschrieben:

$$\begin{pmatrix} I'_1 \\ I'_3 \end{pmatrix} = \begin{pmatrix} Y & -Y \\ -Y & Y \end{pmatrix} \begin{pmatrix} U_{12} \\ U_{32} \end{pmatrix}.$$

a) Wie lautet die Leitwertmatrix des (3+1)-Poles?
b) Berechnen Sie aus a die Leitwertmatrix des Zweitores 10/20.

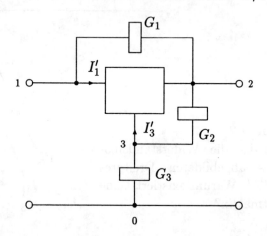

Aufgabe 4.5
Das Dreitor 10/20/30 ist am Tor 10 mit einer idealen Spannungsquelle $U_{01} = 8\,\text{V}$ und am Tor 2 mit einer idealen Stromquelle $I_{k2} = -1\,\text{A}$ beschaltet. Man berechne die Spannungen U_2 und U_3 sowie den Strom I_1 für $I_3 = 0$ und $R = 1\,\Omega$.

4.7 Aufgaben zu Kapitel 4

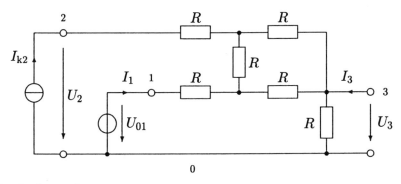

Aufgabe 4.6
Von einem übertragungssymmetrischen Vierpol sind folgende Größen bekannt:

eingangsseitige Leerlaufimpedanz Z_{e1l},

ausgangsseitige Leerlaufimpedanz Z_{e2l},

eingangsseitige Kurzschlußimpedanz Z_{e1k}.

a) Bestimmen Sie die Größe der Elemente der T-Ersatzschaltung dieses Vierpoles als Funktion der Impedanzen Z_{e1l}, Z_{e2l}, und Z_{e1k}.
b) Wie lautet die ausgangsseitige Kurzschlußimpedanz Z_{e2k}?

Aufgabe 4.7
Man berechne die Spannungsübertragungsfunktion $H_U = U_2/U_{01}$ des gegebenen Zweitores als Funktion der Leitwertelemente.

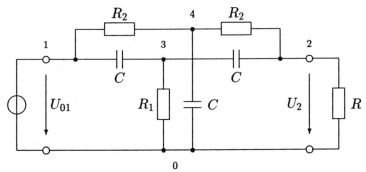

Aufgabe 4.8
Gegeben ist folgende Schaltung aus einer Spannungsquelle U_{01}, zwei ohmschen Widerständen R, einem idealen Übertrager mit $\ddot{u} = 2:1$ und zwei identischen Vierpolen, die jeweils durch ihre Leitwertmatrix $\mathbf{Y}$ beschrieben werden. Die Leitwertparameter $Y_{11}, Y_{12}, Y_{21}, Y_{22}$ sowie die Größen U_{01} und R sind bekannt. Berechnen Sie die Spannung U_1.

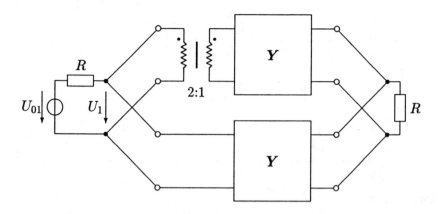

Aufgabe 4.9
Der ideale Übertrager hat keine endliche Leitwertmatrix. Es zeigt sich aber, daß für den idealen Übertrager eine Leitwertmatrix angegeben werden kann, wenn man einen unzugänglichen, unreduzierbaren Zusatzknoten z hinzufügt. Der Leitwert g der unten dargestellten Ersatzschaltung kann hierbei beliebige endliche Werte annehmen.

a) Stellen Sie die Knotenleitwertmatrix Y_K des (4+1)-Poles mit Knoten 4 als Bezugsknoten auf.
b) Bestimmen Sie die transformierte Knotenleitwertmatrix Y_{KT} durch Elimination der Spannung U_{14}. (Drücken Sie hierzu zunächst U_{14} durch U_{13} und U_{34} aus.)
c) Zeigen Sie die allpolige Äquivalenz der Ersatzschaltung:

$$U_{13} = \ddot{u} U_{24}, -I_2 = \ddot{u} I_1, I_3 = -I_1, I_4 = -I_2.$$

Aufgabe 4.10
In der gegebenen Verstärkerschaltung wird das Kleinsignalverhalten der beiden Transistoren T_1 und T_2 durch die gleiche Leitwertmatrix der Emittergrundschaltung beschrieben:

4.7 Aufgaben zu Kapitel 4

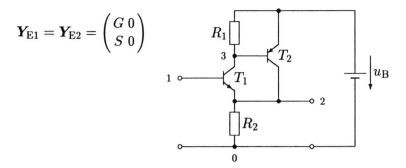

$$Y_{E1} = Y_{E2} = \begin{pmatrix} G & 0 \\ S & 0 \end{pmatrix}$$

a) Zeichnen Sie das Wechselstromersatzschaltbild und berechnen Sie die Leitwertmatrix des Zweitores 10/20.
b) Wie lautet die Leerlauf-Spannungsübertragungsfunktion $H_{UI} = U_{20}/U_{10}$ für $I_2 = 0$?
c) In das unter b berechnete Ergebnis führe man die Stromverstärkung $\beta = S/G$ ein. Was ergibt sich für H_{UI}, wenn $G_2 = 1/R_2 < G$ und $\beta \gg 1$ ist?
d) Berechnen Sie die Eingangsadmittanz Y_{e1} der Schaltung mit der Stromverstärkung $\beta = S/G$. Was ergibt sich in erster Näherung für $G_1 = 1/R_1 \ll G$, $G_2 < G$ und $\beta \gg 1$?

Aufgabe 4.11
In dem dargestellten Zweitor kann die Spule mit der Anzapfung 3 als Übertrager aufgefaßt werden. Sein Kopplungsfaktor sei $k = 1$. Die Leerlaufinduktivität zwischen den Klemmen 1 und 2 ist $L_1 = L$ und zwischen den Klemmen 1 und 3 $L_2 = L/4$.

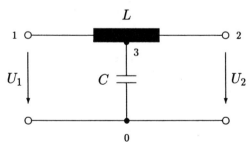

a) Ersetzen Sie die in dem Zweitor angezapfte Spule durch eine Übertragerersatzschaltung (T-Schaltung ohne idealen Übertrager) und berechnen Sie den Wellenwiderstand Z_w.
b) Der Vierpol wird mit seinem Klemmenpaar 10 an eine sinusförmige Spannung (komplexe Amplitude U_0, Innenwiderstand $R_i = Z_w$) ange-

schlossen und am Klemmenpaar 20 mit $Z_2 = Z_w$ belastet. Bestimmen Sie die am Klemmenpaar 10 in den Vierpol hineinfließende Wirkleistung P_1, die vom Abschlußwiderstand aufgenommene Wirkleistung P_2 und das Verhältnis der Beträge $|U_2|/|U_1|$.

Aufgabe 4.12

a) Man berechne den Wellenwiderstand Z_w der dargestellten symmetrischen Kreuzschaltung.

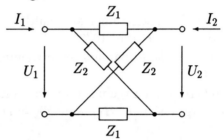

b) Der Eingang des Zweitores wird an eine Spannungsquelle mit dem Innenwiderstand R und der Leerlaufspannung U_0 gelegt, während der Ausgang mit dem gleichen Widerstand R belastet wird. Berechnen Sie für $R = Z_w$ den Strom I_1, die Spannungen U_1, U_2 und die im Abschlußwiderstand R umgesetzte Wirkleistung.

Aufgabe 4.13

Die Streumatrix einer beidseitig reell abgeschlossenen Kreuzschaltung lautet:

$$S = \begin{pmatrix} 0 & S_{12} \\ S_{12} & 0 \end{pmatrix}.$$

a) Man berechne das Verhältnis der Abschlußwiderstände R_1/R_2 und die Größe der Impedanzen Z_1, Z_2.
b) Wie groß kann der Betrag von S_{12} maximal werden?

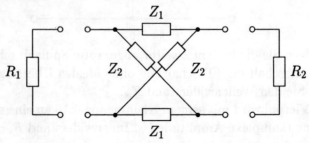

Aufgabe 4.14
Realisieren Sie nach dem Verfahren von Brune die Impedanzfunktion

$$F_Z(p) = \frac{12p^4 + 10p^3 + 18p^2 + 5p + 6}{4p^4 + 14p^3 + 15p^2 + 10p + 4}.$$

Anmerkung: Prüfen Sie zunächst, ob sich Reaktanzpole oder -nullstellen abspalten lassen, d.h., ob Faktoren der Form $p^2 + a$ im Nenner oder Zähler enthalten sind. Diese Prüfung geschieht mit Hilfe der Sätze über „Reaktanzfunktion und Hurwitzpolynom".

Aufgabe 4.15
Man realisiere folgende Spannungsübertragungsfunktion durch eine X-Schaltung mit konstantem Eingangswiderstand, die an beiden Toren mit dem (normierten) Widerstand $Z_0 = 1$ abgeschlossen ist:

$$\frac{U_2(p)}{U_1(p)} = \frac{p^2 - p + 1}{p^2 + p + 1}.$$

Aufgabe 4.16
Die Betriebsdämpfung a_B eines normierten Potenz-Tiefpasses soll für Frequenzen, die groß gegenüber der 3 dB-Grenzfrequenz $\Omega = 1$ sind, um 12 dB pro Oktave zunehmen.

a) Bestimmen Sie den Filtergrad n.
b) Wie lautet die Betriebsübertragungsfunktion $S_{21}(j\Omega)$?

Aufgabe 4.17
Ein Tiefpaßfilter soll mit folgenden Eigenschaften entworfen werden:

Grenzfrequenz $f_D = 3{,}5$ MHz,
Durchlaßdämpfung $a_D \leq 0{,}25$ dB,
Sperrdämpfung a_S für $f \geq f_S = 5$ MHz um 20 dB größer als a_D.

Wie groß ist der Filtergrad n bei Butterworth- bzw. Tschebyscheff-Approximation zu wählen?

Aufgabe 4.18
Ein normierter Tiefpaß soll in den abgebildeten Tiefpaß-Bandpaß-Bandpaß transformiert werden:

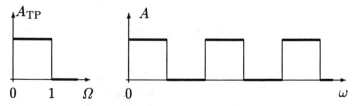

a) Geben Sie qualitativ die für die Frequenztransformation benötigte Reaktanzfunktion in Produktform an.
b) Realisieren Sie qualitativ als Partialbruchschaltung die an die Stelle von $p'L'$ des Tiefpasses tretende Zweipolfunktion der Frequenztransformation.

Aufgabe 4.19
Man entwerfe einen frequenzreziproken Bandpaß mit folgenden Eigenschaften (vgl. Bild 4.53):

Potenzverhalten,
Abschluß mit $R_1 = R_2 = R = 1\,\text{k}\Omega$,
Durchlaßgrenzen $f_{-\text{D}} = 90\,\text{kHz}$, $f_\text{D} = 110\,\text{kHz}$,
Durchlaßdämpfung $a_\text{D} \leq 0{,}005\,\text{Np}$,
Sperrdämpfung $a_\text{S} \geq 2{,}3\,\text{Np}$ für $f \geq f_\text{S} = 240\,\text{kHz}$.

Anmerkung: Realisieren Sie zunächst den normierten Tiefpaß durch Darlington-Synthese (Abschn. 4.3.5).

Aufgabe 4.20
Gegeben sei eine aktive Schaltung mit der Eingangsimpedanz

$$Z_\text{e}(p) = \frac{p^3 + 2p^2 + p + 12}{p^3 + 2p^2 + 2p + 1}.$$

Untersuchen Sie, ob die Schaltung kurzschluß- und leerlaufstabil ist, wobei zweckmäßigerweise der Kettenbruchtest für Reaktanzfunktionen verwendet wird.

Aufgabe 4.21
Der ideale Gyrator nach Abschn. 4.2.4 besitzt die Leitwertmatrix

$$\boldsymbol{Y} = \begin{pmatrix} 0 & g \\ -g & 0 \end{pmatrix}$$

mit dem Gyrationsleitwert g.

Geben Sie hierfür eine aktive Realisierung an durch additive Matrixerweiterung entsprechend Abschn. 4.5.2.2.

Aufgabe 4.22
Die (normierte) Leerlauf-Spannungsübertragungsfunktion eines Bandpasses

$$H_\text{U}(p) = \frac{p\omega_0/Q}{\omega_0^2 + p\omega_0/Q + p^2}$$

soll durch Matrixerweiterung so realisiert werden, daß die Mittenfrequenz ω_0 und die Güte Q an ohmschen Widerständen eingestellt werden können.

Anmerkung: Das Hilfspolynom $Q(p) = p$ führt hierbei zu einer kanonischen Schaltung mit geerdeten Kapazitäten.

Aufgabe 4.23
Man bestimme die Übertragungsfunktion $H(z)$ eines zeitdiskreten Butterworth-Tiefpasses mit folgenden Eigenschaften (vgl. Bild 4.65):

$$a_D = 3\,\mathrm{dB}\ (\varepsilon = 1), \quad a_S = 19\,\mathrm{dB},$$
$$f_D = 1{,}666\,\mathrm{kHz}, \quad f_S = 2{,}5\,\mathrm{kHz}.$$

Als Abtastfrequenz wird $f_a = 10\,\mathrm{kHz}$ gewählt.

Gehen Sie bei dem Filterentwurf von der Betriebsübertragungsfunktion $H_B(p)$ eines entsprechenden zeitkontinuierlichen Tiefpasses aus.

Aufgabe 4.24
Leiten Sie für den Fall III ($q = 2k, a_\mu = -a_{q-\mu}$) den Frequenzgang eines nichtrekursiven Systems linearer Phase entsprechend Gl. (4.170) her.

5 Übertragungsleitungen und Entzerrer

Im Gegensatz zum vergangenen Kapitel wollen wir uns jetzt mit Zwei- und auch Mehrtoren beschäftigen, deren räumliche Ausdehnungen i. allg. nicht vernachlässigt werden können. Hierbei handelt es sich um die Einfachleitung und das Mehrleitersystem, die als Zweidrahtleitung, Koaxialkabel, Streifenleiter usw. in der Nachrichtenübertragung eine wichtige Rolle spielen. Wir verlassen damit den Gültigkeitsbereich der konzentrierten Schaltelemente und müssen grundsätzlich von den allgemeinen *Maxwellschen Gleichungen* ausgehen. Hierzu zeigt Bild 5.1 die Abschätzung der geometrischen Abmessungen konzentrierter Elemente in Abhängigkeit technisch bedeutsamer Betriebsfrequenzen f. Die *Wellenlänge* λ wurde hierbei mit der bekannten Formel

$$\lambda = c/f \qquad (5.1)$$

berechnet, wobei als *Ausbreitungsgeschwindigkeit* c die Lichtgeschwindigkeit c_0 im Vakuum zugrunde gelegt wurde:

$$c = c_0 \approx 3 \cdot 10^8 \text{ m/s}. \qquad (5.2)$$

Der Wert $\lambda/100$ als Grenze des Gültigkeitsbereiches konzentrierter Elemente kann natürlich nur als grober Anhaltspunkt verstanden werden.

f	λ	$\lambda/100$ (konz. Elem.)
50 Hz	6000 km	60 km
1 kHz	300 km	3 km
1 MHz	300 m	3 m
1 GHz	300 mm	3 mm

Bild 5.1 Abschätzung der geometrischen Abmessungen konzentrierter Schaltelemente in Abhängigkeit von der Betriebsfrequenz

5.1 Die Leitungsgleichungen

Eine erhebliche Vereinfachung bei der Berechnung der Leitungsvorgänge tritt dadurch ein, daß die Geometrie und die elektrischen Materialeigenschaften der *homogenen Leitung* unabhängig von der Längs-

5.1 Die Leitungsgleichungen

koordinate x sind. Ferner soll zunächst der einfachste Sonderfall einer verlustfreien Einfachleitung betrachtet werden.

5.1.1 Der verlustfreie Fall

Eine Leitung heißt verlustfrei, wenn in ihr keine elektrische Energie in Wärmeenergie umgesetzt wird. In einer verlustfreien, homogenen Leitung sind die Längskomponenten (x-Komponenten) der elektrischen und magnetischen Feldstärke E und H null. Das elektromagnetische Feld in der Ebene senkrecht zur Längskoordinate ist wirbelfrei (vgl. Bild 5.2), so daß sich neben den Feldgrößen auch der Strom $i(x,t)$ und die Spannung $u(x,t)$ eindeutig berechnen lassen. Aus den Maxwellschen Gleichungen kann man im verlustfreien Fall **exakt** folgende Beziehungen herleiten:

$$\frac{\partial u(x,t)}{\partial x} = -L'\frac{\partial i(x,t)}{\partial t}, \quad (5.3\text{a})$$

$$\frac{\partial i(x,t)}{\partial x} = -C'\frac{\partial u(x,t)}{\partial t}. \quad (5.3\text{b})$$

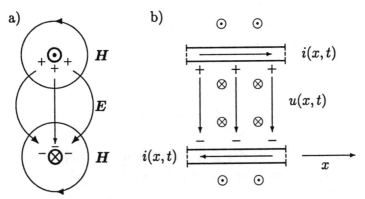

Bild 5.2 a) Prinzipielle Feldverteilung einer verlustfreien Zweidrahtleitung im Querschnitt sowie b) zusätzlich Strom und Spannung im Längsschnitt

Diese Gleichungen sollen nun mit Hilfe einer Leitungsersatzschaltung aus konzentrierten Elemente der Länge $\Delta x \ll \lambda$ und anschließendem Grenzübergang $\Delta x \to 0$ bestätigt werden. Während Gl. (5.3a) nach Multiplikation mit ∂x die Strom-Spannungs-Beziehung einer infinitesimalen Induktivität $L'\partial x$ beschreibt, stellt Gl. (5.3b) die entsprechende Beziehung einer Kapazität $C'\partial x$ dar. Dies motiviert die Leitungsersatzschaltung von Bild 5.3 der Länge Δx, dem *Induktivitätsbelag* L' und dem *Kapazitätsbelag* C'. Für die sowohl orts- als auch

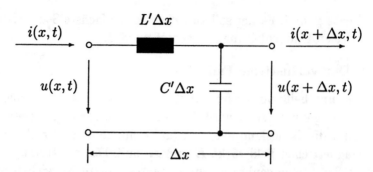

Bild 5.3 Ersatzschaltung für ein kurzes Stück einer verlustfreien Leitung

zeitabhängigen Ströme und Spannungen ergibt sich mit der Kirchhoffschen Maschen- bzw. Knotenregel:

$$u(x,t) - u(x+\Delta x, t) = L'\Delta x \frac{\partial i(x,t)}{\partial t},$$

$$i(x,t) - i(x+\Delta x, t) = C'\Delta x \frac{\partial u(x+\Delta x,t)}{\partial t}.$$

Dividiert man diese beiden Gleichungen durch Δx, so ergeben sich für den Grenzübergang $\Delta x \to 0$ die Leitungsgleichungen (5.3). Sowohl für die Spannung als auch für den Strom läßt sich aus diesen Gleichungen durch Differentiation nach x bzw. t die *Wellengleichung* ableiten:

$$\frac{\partial^2 u(x,t)}{\partial x^2} = L'C' \frac{\partial^2 u(x,t)}{\partial t^2}, \tag{5.4a}$$

$$\frac{\partial^2 i(x,t)}{\partial x^2} = L'C' \frac{\partial^2 i(x,t)}{\partial t^2}. \tag{5.4b}$$

Die allgemeine Lösung der Leitungsgleichungen (5.3) lautet deshalb, wie durch Einsetzen leicht nachgeprüft werden kann:

$$u(x,t) = f_1(t-\frac{x}{c}) + f_2(t+\frac{x}{c}), \tag{5.5a}$$

$$i(x,t) = \frac{1}{Z_\mathrm{w}}\Big[f_1(t-\frac{x}{c}) - f_2(t+\frac{x}{c})\Big]. \tag{5.5b}$$

Hierin ist

$$c = (L'C')^{-1/2} = (\mu\varepsilon)^{-1/2} \tag{5.6}$$

die *Ausbreitungsgeschwindigkeit* der elektromagnetischen Wellen, die für $\mu = \mu_0$ und $\varepsilon = \varepsilon_0$ mit der Lichtgeschwindigkeit c_0 im Vakuum übereinstimmt und

$$Z_\mathrm{w} = (L'/C')^{1/2} \tag{5.7}$$

5.1 Die Leitungsgleichungen

der *Leitungswellenwiderstand*, also der Quotient $u(x,t)/i(x,t)$ einer in die positive x-Richtung laufenden Welle oder $-u(x,t)/i(x,t)$ einer in die negative x-Richtung laufenden Welle.

Die beiden Funktionen $f_1(x,t)$ und $f_2(x,t)$ in der allgemeinen Lösung der Leitungsgleichungen sind durch zwei Randbedingungen festgelegt. Die Berücksichtigung von Randbedingungen erfolgt zweckmäßigerweise im Frequenzbereich, wozu Gl. (5.5) der Fourier-Transformation unterzogen wird. Ersetzt man alle Kleinbuchstaben der Zeitfunktionen durch die entsprechenden Großbuchstaben ihrer Spektren, so ergibt sich mit dem Verschiebungssatz

$$U(x,j\omega) = F_1(j\omega)\,e^{-j\omega x/c} + F_2(j\omega)\,e^{j\omega x/c}, \tag{5.8a}$$

$$I(x,j\omega) = \frac{1}{Z_w}\left[F_1(j\omega)\,e^{-j\omega x/c} - F_2(j\omega)\,e^{j\omega x/c}\right]. \tag{5.8b}$$

Die unbekannten Frequenzfunktionen $F_1(j\omega)$ und $F_2(j\omega)$ können durch die beiden *Randbedingungen*

$$U(x=0) = U_1, \quad I(x=0) = I_1 \tag{5.9}$$

bestimmt werden. Die Auflösung des linearen Gleichungssystems zweiter Ordnung führt zu

$$F_1(j\omega) = (U_1 + Z_w I_1)/2, \tag{5.10a}$$
$$F_2(j\omega) = (U_1 - Z_w I_1)/2. \tag{5.10b}$$

(Interessant ist in diesem Zusammenhang die Verwandtschaft mit den Streuvariablen gemäß Gl. (4.73).) Diese Ergebnisse werden nun in Gl. (5.8) eingesetzt, und man erhält durch Ausklammern von U_1 und I_1

$$U(x) = \frac{1}{2}(e^{j\beta x} + e^{-j\beta x})U_1 - \frac{Z_w}{2}(e^{j\beta x} - e^{-j\beta x})I_1, \tag{5.11a}$$

$$I(x) = \frac{-1}{2Z_w}(e^{j\beta x} - e^{-j\beta x})U_1 + \frac{1}{2}(e^{j\beta x} + e^{-j\beta x})I_1. \tag{5.11b}$$

Die hierin auftretende Größe

$$\beta = \omega/c \tag{5.12}$$

wird als *Phasenbelag* der Leitung bezeichnet.

Normalerweise interessiert man sich nicht für Spannung und Strom an einer beliebigen Stelle x der Leitung, sondern für den Zusammenhang

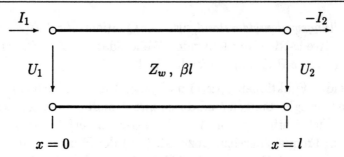

Bild 5.4 Leitung der Länge l mit Kettenbepfeilung

zwischen den Eingangs- und Ausgangsgrößen. Mit der Kettenbepfeilung nach Bild 5.4 gilt

$$U(x = l) = U_2, \quad I(x = l) = -I_2, \tag{5.13}$$

und es ergibt sich aus Gl. (5.11) nach Ersetzen der Exponentialausdrücke durch trigonometrische Funktionen:

$$\begin{pmatrix} U_2 \\ -I_2 \end{pmatrix} = \begin{pmatrix} \cos(\beta l) & -\mathrm{j}Z_w \sin(\beta l) \\ \dfrac{-\mathrm{j}}{Z_w} \sin(\beta l) & \cos(\beta l) \end{pmatrix} \begin{pmatrix} U_1 \\ I_1 \end{pmatrix}. \tag{5.14}$$

Nach Gl. (4.26) ist dies die Zweitorbeschreibung der Leitung, ausgedrückt durch die inverse Kettenmatrix. In den Abschnitten 4.2.6 und 4.2.7 wurden Formeln für die Transformations- und Übertragungseigenschaften linearer Zweitore mit Hilfe der allgemeinen Elemente der Kettenmatrix hergeleitet. Um diese Ergebnisse auf die Leitung übertragen zu können, berechnen wir aus Gl. (5.14) noch die *Kettenmatrix* und erhalten:

$$\mathbf{A} = \begin{pmatrix} \cos(\beta l) & \mathrm{j}Z_w \sin(\beta l) \\ \dfrac{\mathrm{j}}{Z_w} \sin(\beta l) & \cos(\beta l) \end{pmatrix}. \tag{5.15}$$

Diese Matrix besitzt die Eigenschaften

$$\det \mathbf{A} = 1, \quad A_{11} = A_{22}.$$

Die verlustfreie, homogene Leitung ist also übertragungs- und widerstandssymmetrisch. Weiterhin gilt

$$A_{12}/A_{21} = Z_w^2.$$

Die ursprüngliche Definition des Wellenwiderstandes von Abschn. 4.2.6 liefert also den „richtigen" Leitungswellenwiderstand.

5.1.2 Der verlustbehaftete Fall

Existiert eine Stromdichte S_x längs der Leitung, so muß wegen $S_x = \kappa E_x$ die elektrische Feldstärke E_x ungleich null sein, wenn die Leitfähigkeit κ endlich ist. Das elektromagnetische Feld einer verlustbehafteten Leitung ist also nicht mehr rein transversal wie bei der verlustfreien Leitung. Die exakte Lösung der Maxwellschen Gleichungen ist in diesem allgemeinen Fall außerordentlich kompliziert, weshalb eine Näherungslösung eingeführt wird. Diese geht davon aus, daß der Lösungsansatz im verlustbehafteten Fall durch ähnliche Überlegungen wie im verlustfreien Fall gewonnen werden kann.

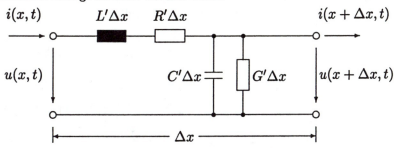

Bild 5.5 Ersatzschaltung für ein kurzes Stück einer verlustbehafteten Leitung

Zur **näherungsweisen** Beschreibung der Strom-Spannungs-Beziehungen auf der verlustbehafteten Leitung wird – analog zum verlustfreien Fall – das Ersatzschaltbild von Bild 5.5 verwendet. Zusätzlich zu L' und C' werden der *Widerstandsbelag* R' und der *Ableitungsbelag* G' eingeführt. Entsprechend der Herleitung im verlustfreien Fall erhält man nun mit Bild 5.5 für den Grenzübergang $\Delta x \to 0$ die *Leitungsgleichungen*

$$\frac{\partial u(x,t)}{\partial x} = -L' \frac{\partial i(x,t)}{\partial t} - R' i(x,t), \quad (5.16a)$$

$$\frac{\partial i(x,t)}{\partial x} = -C' \frac{\partial u(x,t)}{\partial t} - G' u(x,t). \quad (5.16b)$$

Die Lösung dieser Gleichungen erfolgt zweckmäßigerweise wiederum im Frequenzbereich; sie werden deshalb der Fourier-Transformation unterzogen und es ergibt sich mit dem Differentiationssatz

$$\frac{\partial U(x,j\omega)}{\partial x} = -(R' + j\omega L') I(x,j\omega), \quad (5.17a)$$

$$\frac{\partial I(x,j\omega)}{\partial x} = -(G' + j\omega C') U(x,j\omega). \quad (5.17b)$$

Diese Gleichungen können – analog zum verlustfreien Fall – mit dem Ansatz

$$U(x, j\omega) = F_1(j\omega)\,e^{-\gamma x} + F_2(j\omega)\,e^{\gamma x}, \qquad (5.18\text{a})$$

$$I(x, j\omega) = \frac{1}{Z_\text{w}}\left[F_1(j\omega)\,e^{-\gamma x} - F_2(j\omega)\,e^{\gamma x}\right] \qquad (5.18\text{b})$$

gelöst werden. Dabei erhält man für $F_1(j\omega)$ und $F_2(j\omega)$ mit den Randbedingungen von Gl. (5.9) wiederum die Beziehungen gemäß Gl. (5.10). Der einzige Unterschied zu Gl. (5.8) besteht darin, daß die Kenngrößen Z_w und γ, wie im nächsten Abschnitt noch ausgeführt wird, im verlustbehafteten Fall komplex sind.

Ersetzen wir also die imaginäre Größe $j\beta$ durch γ, so erhalten wir mit der Kettenmatrix nach Gl. (5.15) die Zweitorbeschreibung des allgemeinen Falles:

$$\begin{pmatrix} U_1 \\ I_1 \end{pmatrix} = \begin{pmatrix} \cosh(\gamma l) & Z_\text{w}\sinh(\gamma l) \\ \dfrac{1}{Z_\text{w}}\sinh(\gamma l) & \cosh(\gamma l) \end{pmatrix} \begin{pmatrix} U_2 \\ -I_2 \end{pmatrix}. \qquad (5.19)$$

Notwendigerweise ist weiterhin $\det \boldsymbol{A} = 1$ und $A_{11} = A_{22}$.

5.1.3 Die komplexen Leitungsparameter

Zur Ermittlung von Z_w und γ wird der Lösungsansatz (5.18) nacheinander in die beiden Leitungsgleichungen (5.17) eingesetzt. Die Richtigkeit des Ansatzes wird hierdurch bestätigt, und man erhält die folgenden Bestimmungsgleichungen:

$$\gamma Z_\text{w} = R' + j\omega L', \qquad (5.20\text{a})$$

$$\frac{\gamma}{Z_\text{w}} = G' + j\omega C'. \qquad (5.20\text{b})$$

Wird die obere durch die untere Gleichung dividiert, so ergibt sich für den *Wellenwiderstand*

$$Z_\text{w} = \pm\left(\frac{R' + j\omega L'}{G' + j\omega C'}\right)^{1/2}. \qquad (5.21)$$

Z_w ist i. allg. eine komplexe und frequenzabhängige Impedanz. Definitionsgemäß wird der Impedanz $+Z_\text{w}$ der Wert mit dem positiven Realteil zugeordnet.

5.1 Die Leitungsgleichungen

Mit wachsender Frequenz ω strebt $+Z_w$ gegen den Grenzwert $(L'/C')^{1/2}$ entsprechend dem verlustfreien Fall. Wir schreiben deshalb

$$Z_w = \left(\frac{L'}{C'}\right)^{1/2} \left[\frac{1 - jR'/(\omega L')}{1 - jG'/(\omega C')}\right]^{1/2}.$$

Für

$$\left|\frac{R'}{\omega L'}\right| = |x| \ll 1, \quad \left|\frac{G'}{\omega C'}\right| = |y| \ll 1 \tag{5.22}$$

ergibt sich daraus wegen

$$(1 - jx)^{1/2} \approx 1 - j\frac{x}{2}, \tag{5.23a}$$

$$\frac{1 - jx/2}{1 - jy/2} \approx (1 - j\frac{x}{2})(1 + j\frac{y}{2}) \approx 1 + j\frac{y - x}{2} \tag{5.23b}$$

die verlustarme bzw. hochfrequente Näherung

$$Z_w \approx \left(\frac{L'}{C'}\right)^{1/2} \left[1 + \frac{j}{2\omega}\left(\frac{G'}{C'} - \frac{R'}{L'}\right)\right]. \tag{5.24}$$

In den meisten Fällen gilt

$$\frac{R'}{L'} > \frac{G'}{C'},$$

so daß der Imaginärteil des Wellenwiderstandes für $\omega > 0$ negativ ist. In dem Sonderfall

$$\frac{R'}{L'} = \frac{G'}{C'} \tag{5.25}$$

wird der Wellenwiderstand reell und frequenzunabhängig. Eine Leitung mit dieser Eigenschaft nennt man *verzerrungsfrei*; denn in Abschn. 5.3 wird gezeigt, daß eine solche Leitung bei geeigneter Beschaltung ein verzerrungsfreies System im Sinne von Abschn. 1.3.1 des ersten Bandes darstellt. Ein Grenzfall der verzerrungsfreien Leitung ist die verlustfreie Leitung mit $R' = G' = 0$.

Für den zweiten Leitungsparameter, der als *komplexer Dämpfungsbelag* bezeichnet wird, ergibt sich durch Multiplikation der beiden Gln. (5.20)

$$\gamma = \pm[(R' + j\omega L')(G' + j\omega C')]^{1/2} = \alpha + j\beta. \tag{5.26}$$

Die Zerlegung von γ in Real- und Imaginärteil liefert den i. allg. frequenzabhängigen *reellen Dämpfungsbelag* α und *Phasenbelag* β. Definitionsgemäß wird auch hier $+\gamma$ der Wert mit positivem Realteil zugeordnet.

Mit wachsender Frequenz ω strebt $+\gamma$ gegen den Grenzwert $j\omega(L'C')^{1/2}$ entsprechend dem verlustfreien Fall. Wir schreiben deshalb

$$\gamma = j\omega(L'C')^{1/2}\left[\left(1+\frac{R'}{j\omega L'}\right)\left(1+\frac{G'}{j\omega C'}\right)\right]^{1/2}.$$

Gemäß Gl. (5.22) folgt hieraus wiederum für die verlustarme bzw. hochfrequente Näherung

$$\gamma \approx j\omega(L'C')^{1/2}\left[1+\frac{1}{2j\omega}\left(\frac{R'}{L'}+\frac{G'}{C'}\right)\right].$$

Die Aufspaltung in Real- und Imaginärteil liefert schließlich das Ergebnis

$$\alpha \approx \frac{R'}{2}\left(\frac{C'}{L'}\right)^{1/2} + \frac{G'}{2}\left(\frac{L'}{C'}\right)^{1/2}, \quad \beta \approx \omega(L'C')^{1/2}. \qquad (5.27\text{a,b})$$

Im reellen Dämpfungsbelag überwiegt gewöhnlich der erste Summand. Bei einer *verzerrungsfreien Leitung* nach Gl. (5.25) nach Gl. (5.25) werden die beiden Summanden gleich und es gilt dann

$$\alpha = R'\left(\frac{C'}{L'}\right)^{1/2} = G'\left(\frac{L'}{C'}\right)^{1/2}, \quad \beta = \omega(L'C')^{1/2}. \qquad (5.28\text{a,b})$$

Im Grenzfall der verlustfreien Leitung mit $R' = G' = 0$ wird der reelle Dämpfungsbelag $\alpha = 0$.

Als Anwendungsbeispiel betrachten wir ein verlustfreies Koaxialkabel der Leiterradien r_1 und r_2. Mit den aus entsprechenden Grundlagenvorlesungen bekannten Formeln für den Kapazitätsbelag

$$C' = \frac{C}{l} = \frac{2\pi\varepsilon}{\ln(r_2/r_1)}$$

und den Induktivitätsbelag

$$L' = \frac{L}{l} = \frac{\mu}{2\pi}\ln\left(\frac{r_2}{r_1}\right)$$

ergibt sich für den Wellenwiderstand

$$Z_\text{w} = \left(\frac{L'}{C'}\right)^{1/2} = \frac{1}{2\pi}\left(\frac{\mu}{\varepsilon}\right)^{1/2}\ln\left(\frac{r_2}{r_1}\right).$$

Ist das Dielektrikum im wesentlichen Luft, so gilt mit dem sog. *Feldwellenwiderstand* des leeren Raumes von $(\mu_0/\varepsilon_0)^{1/2} = 120\,\pi\,\Omega$:

$$Z_\mathrm{w} = 60\ln(r_2/r_1)\,\Omega.$$

Da der reelle Dämpfungsbelag identisch verschwindet, erhält man für den Phasenbelag mit Gl. (5.6)

$$\beta = \omega(L'C')^{1/2} = \omega(\mu\varepsilon)^{1/2} = \omega/c.$$

5.2 Die Betriebseigenschaften der Leitung

In diesem Abschnitt wollen wir den Zusammenhang zwischen Eingangs- und Ausgangsgrößen der Leitung im Frequenzbereich untersuchen. Hierzu lassen sich natürlich die in den Abschnitten 4.2.6 und 4.2.7 hergeleiteten Formeln verwenden.

5.2.1 Die Transformationseigenschaften

Die Eingangsimpedanz Z_e1 eines Zweitores, das mit Z_2 abgeschlossen ist, wird mit Gl. (4.60) berechnet. Ist das Zweitor eine Leitung, wie in Bild 5.6, so sind für die Elemente der Kettenmatrix die Werte aus Gl. (5.19) einzusetzen und es ergibt sich

$$Z_\mathrm{e1} = \frac{Z_2\cosh(\gamma l) + Z_\mathrm{w}\sinh(\gamma l)}{(Z_2/Z_\mathrm{w})\sinh(\gamma l) + \cosh(\gamma l)} = Z_\mathrm{w}\frac{(Z_2/Z_\mathrm{w}) + \tanh(\gamma l)}{1 + (Z_2/Z_\mathrm{w})\tanh(\gamma l)}. \tag{5.29}$$

Werden noch die Hyperbelfunktionen durch Exponentialfunktionen ausgedrückt, also

$$\sinh(\gamma l) = \frac{\mathrm{e}^{\gamma l} - \mathrm{e}^{-\gamma l}}{2}, \quad \cosh(\gamma l) = \frac{\mathrm{e}^{\gamma l} + \mathrm{e}^{-\gamma l}}{2}, \tag{5.30}$$

so erhält Gl. (5.29) die Form

$$Z_\mathrm{e1} = Z_\mathrm{w}\frac{1 + r_2\,\mathrm{e}^{-2\gamma l}}{1 - r_2\,\mathrm{e}^{-2\gamma l}}, \quad r_2 = \frac{Z_2 - Z_\mathrm{w}}{Z_2 + Z_\mathrm{w}}, \tag{5.31}$$

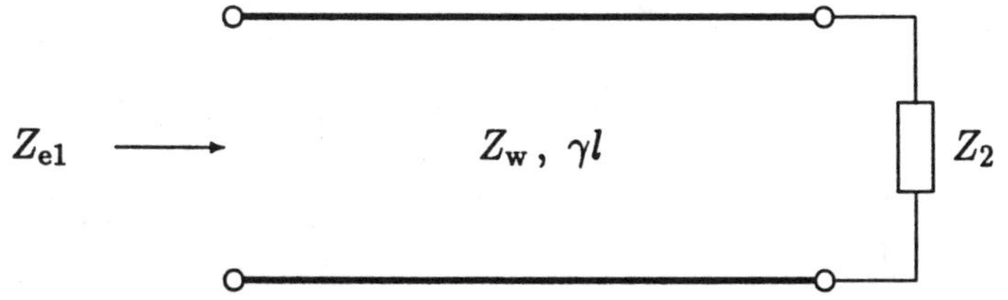

Bild 5.6 Transformation der Impedanz Z_2 durch eine Leitung

die sich bequemer auswerten läßt. Hierin ist r_2 der Wellenreflexionsfaktor am Ausgang, der bereits durch Gl. (4.65b) definiert wurde. Für $r_2 = 0$, also bei *Wellenwiderstands-Anpassung* ist Z_{e1} unabhängig von Z_2 gleich Z_w. Das gleiche Ergebnis stellt sich bei einer verlustbehafteten Leitung auch für $l \to \infty$ ein. Am Leitungseingang kann demnach nicht unterschieden werden zwischen einer wellenwiderstandsmäßig angepaßten und einer sehr langen Leitung.

In der Schaltungstechnik treten häufig kürzere Leitungsabschnitte auf, die in guter Näherung als verlustfrei betrachtet werden können. Mit $\alpha l = 0$ gilt

$$\gamma l = \mathrm{j}\beta l, \quad \tanh(\gamma l) = \mathrm{j}\tan(\beta l).$$

Die Eingangsimpedanz ändert sich in diesen Fall periodisch mit βl, wobei die für ganzzahlige Vielfache von $\pi/2$ auftretenden Extremalstellen (vgl. Bild 5.7) näher betrachtet werden sollen. Zur übersichtlichen Darstellung wird βl mit den Gln. (5.12) und (5.1) durch das l/λ-Verhältnis ersetzt:

$$\beta l = \frac{\omega l}{c} = \frac{\omega l}{f\lambda} = 2\pi\frac{l}{\lambda}. \tag{5.32}$$

Hiermit ergeben sich die Extremalstellen zu

$$\tan(2\pi\frac{l}{\lambda}) = \begin{cases} 0 & \text{für} \quad l = n\lambda/2 \\ \pm\infty & \text{für} \quad l = (2n+1)\lambda/4 \end{cases}, n = 0, 1, 2, \ldots.$$

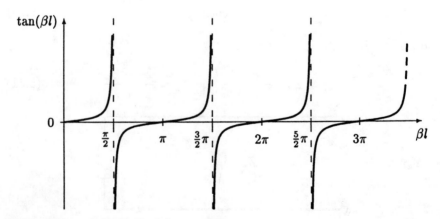

Bild 5.7 Die periodische Funktion $\tan(\beta l)$

5.2 Die Betriebseigenschaften der Leitung

Die Eingangsimpedanz berechnet sich in diesen beiden Fällen mit Gl. (5.29) zu

$$Z_{e1} = \begin{cases} Z_2 & \text{für } l = n\lambda/2 \\ Z_w^2/Z_2 & \text{für } l = (2n+1)\lambda/4 \end{cases}. \quad (5.33)$$

Im ersten Fall, der die sog. $\lambda/2$-Leitung beinhaltet, erscheint jede beliebige Impedanz unverändert am Eingang der Leitung. Im Unterschied dazu wirkt die sog. $\lambda/4$-Leitung, die im zweiten Fall enthalten ist, als *Dualwandler* mit Z_w als Dualitätsinvariante. Hiermit läßt sich z. B. eine Widerstandsanpassung realisieren: Wenn die reelle Eingangsimpedanz Z_w^2/R_2 an den Widerstand R_1 angepaßt werden soll, wählt man hierfür $Z_w = (R_1 R_2)^{1/2}$.

Die allgemeinen Transformationseigenschaften lassen sich am kompaktesten mit Hilfe der in Abschn. 4.2.6 eingeführten Wellenreflexionsfaktoren darstellen. Da die Leitung aus Symmetriegründen nur einen einzigen Wellenwiderstand besitzt, werden die Verhältnisse hier besonders einfach. Mit dem Wellenreflexionsfaktor am Eingang nach Gl. (4.65a):

$$r_{e1} = \frac{Z_{e1} - Z_w}{Z_{e1} + Z_w},$$

erhält man aus Gl. (5.31) die allgemeine Transformationsbeziehung

$$r_{e1} = e^{-2\gamma l} r_2 = e^{-2\alpha l} e^{-j2\beta l} r_2. \quad (5.34)$$

Die Abbildung von r_2 auf r_{e1} besteht demnach aus einer Drehung und Schrumpfung, die beide der Leitungslänge proportional sind. Bei der verlustfreien Leitung ($\alpha l = 0$) besteht die Abbildung nur aus einer Drehung um den Winkel

$$-2\beta l = -4\pi l/\lambda.$$

Dabei bewirkt die Leitungslänge $l = n\lambda/2$ gerade eine volle Drehung um $-2n\pi$, so daß hier $r_{e1} = r_2$ wird, in Übereinstimmung mit Gl. (5.32).

5.2.2 Die Übertragungseigenschaften

Die Spannungsübertragungsfunktion H_U eines Zweitores, das nach Bild 5.8 zwischen einen Generator und einen Verbraucher geschaltet ist, wird durch Gl. (4.69) beschrieben. Ersetzt man die Elemente der

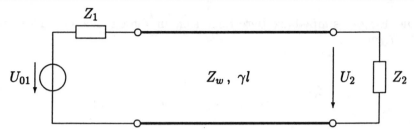

Bild 5.8 Leitung zwischen Generator und Verbraucher

Kettenmatrix durch die Werte aus Gl. (5.19), so ergibt sich

$$H_U = \frac{U_2}{U_{01}} = \frac{Z_2 Z_w}{(Z_1 + Z_2)Z_w \cosh(\gamma l) + (Z_1 Z_2 + Z_w^2)\sinh(\gamma l)}.$$

Für die numerische Auswertung dieser Gleichung ist es vorteilhaft, die Hyperbelfunktionen mit Gl. (5.30) durch Exponentialfunktionen auszudrücken und den Faktor $\exp(\gamma l)$ auszuklammern:

$$H_U = \frac{2 Z_2 Z_w\, e^{-\gamma l}}{(Z_1 + Z_2)Z_w(1 + e^{-2\gamma l}) + (Z_1 Z_2 + Z_w^2)(1 - e^{-2\gamma l})}$$

$$= \frac{2 Z_2 Z_w\, e^{-\gamma l}}{(Z_1 Z_2 + Z_1 Z_w + Z_2 Z_w + Z_w^2) - (Z_1 Z_2 - Z_1 Z_w - Z_2 Z_w + Z_w^2)\, e^{-2\gamma l}}.$$

Nun ist aber

$$Z_1 Z_2 \pm Z_1 Z_w \pm Z_2 Z_w + Z_w^2 = (Z_1 \pm Z_w)(Z_2 \pm Z_w).$$

Klammert man schließlich $(Z_1 + Z_w)(Z_2 + Z_w)$ insgesamt aus, so ergibt sich mit den *Wellenreflexionsfaktoren* der beidseitig beschalteten Leitung:

$$r_1 = \frac{Z_1 - Z_w}{Z_1 + Z_w}, \quad r_2 = \frac{Z_2 - Z_w}{Z_2 + Z_w}, \qquad (5.35\text{a,b})$$

die Übertragungsfunktion zu

$$H_U = \frac{2 Z_2 Z_w}{(Z_1 + Z_w)(Z_2 + Z_w)} \frac{e^{-\gamma l}}{1 - r_1 r_2\, e^{-2\gamma l}}.$$

Wird der Vorfaktor noch mit den Beziehungen

$$1 - r_1 = \frac{2 Z_w}{Z_1 + Z_w}, \quad 1 + r_2 = \frac{2 Z_2}{Z_2 + Z_w} \qquad (5.36\text{a,b})$$

umgewandelt, so erhält man die Form

$$H_U = \frac{(1 - r_1)(1 + r_2)}{2} \frac{e^{-\gamma l}}{1 - r_1 r_2\, e^{-2\gamma l}}. \qquad (5.37)$$

5.2 Die Betriebseigenschaften der Leitung

Stimmt eine der beiden Abschlußimpedanzen mit dem Wellenwiderstand überein, dann ist das Produkt $r_1 r_2 = 0$ und wegen Gl. (5.26)

$$H_U = \frac{(1-r_1)(1+r_2)}{2} e^{-\alpha l} e^{-j\beta l}. \qquad (5.38)$$

Man kann also die Übertragungsfunktion (5.37) für beliebige Impedanzen Z_1 und Z_2 als Produkt der Übertragungsfunktion (5.38) für einseitige *Anpassung* und eines Korrekturfaktors im Nenner auffassen, der den Einfluß der beidseitigen *Fehlanpassung* beschreibt. Auch bei beliebigen Impedanzen Z_1, Z_2 unterscheidet sich dieser Nenner in vielen Fällen nur wenig von eins, weil im allgemeinen

$$|r_1 r_2| e^{-2\alpha l} < 1$$

gilt. Gl. (5.37) ist deswegen auch für die numerische Auswertung mittels Potenzreihenentwicklung sehr gut geeignet:

$$H_U = \frac{(1-r_1)(1+r_2)}{2} e^{-\gamma l} \sum_{n=0}^{\infty} (r_1 r_2)^n e^{-2n\gamma l}$$
$$= \frac{(1-r_1)(1+r_2)}{2} \sum_{n=0}^{\infty} (r_1 r_2)^n e^{-(2n+1)\gamma l}. \qquad (5.39)$$

Bei der verlustfreien Leitung wird wegen $\alpha l = 0$ mit Gl. (5.32)

$$H_U = \frac{(1-r_1)(1+r_2)}{2} \frac{e^{-j2\pi l/\lambda}}{1 - r_1 r_2 e^{-j4\pi l/\lambda}}. \qquad (5.40)$$

Die Übertragungseigenschaften sind also periodisch hinsichtlich des l/λ-Verhältnisses. Da der Wellenwiderstand Z_w im verlustfreien Fall reell ist, werden r_1 und r_2 für reelle Impedanzen $Z_1 = R_1$, $Z_2 = R_2$ ebenfalls reell und frequenzunabhängig. Hierfür läßt sich Gl. (5.40) besonders einfach auswerten.

Als Beispiel betrachten wir eine verlustfreie Leitung, die mit $Z_1 = 0$ und $Z_2^a = R_2^a = 3Z_w$ bzw. $Z_2^b = R_2^b = Z_w/3$ beschaltet wird. Die Reflexionsfaktoren berechnen sich mit Gl. (5.35) zu

$$r_1 = -1, \quad r_2^a = \frac{1}{2}, \quad r_2^b = -\frac{1}{2}.$$

Damit ergeben sich die in Bild 5.9 dargestellten periodischen Beträge der Übertragungsfunktion H_U in Abhängigkeit von l/λ. Das linke Bild

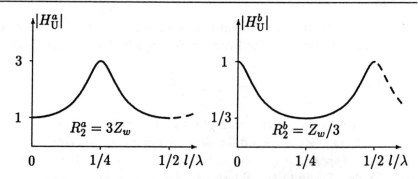

Bild 5.9 Beträge der Übertragungsfunktion einer verlustfreien Leitung für $Z_1 = 0$.

zeigt, daß eine hochohmige Beschaltung u. U. zu unzulässig hohen Ausgangsspannungen führen kann. Im Gegensatz dazu bricht die Ausgangsspannung des rechten Bildes bei niederohmiger Beschaltung ggf. zusammen, trotz verschwindender Quellimpedanz Z_1.

5.3 Das Einschwingverhalten der Leitung

Die Überlegungen des letzten Abschnittes bezogen sich auf die Eigenschaften der Leitung im Frequenzbereich. Im Hinblick auf die enorme Bedeutung digitaler Übertragungsverfahren interessiert natürlich das Verhalten bei zeitlich begrenzten Anregungen, insbesondere das Einschwingverhalten. Wegen der besseren Übersichtlichkeit beginnen wir zunächst mit einem Sonderfall.

5.3.1 Einseitige Anpassung und Impulsfahrplan

Die Übertragungsfunktion der Leitung für einseitige Anpassung wird durch Gl. (5.38) beschrieben. Setzen wir eine verzerrungsfreie Leitung und eine reelle Beschaltung voraus, dann wird mit Gl. (5.36) der Vorfaktor

$$k = \frac{(1 - r_1)(1 + r_2)}{2} = \frac{Z_\mathrm{w}}{R_1 + Z_\mathrm{w}} \frac{2R_2}{R_2 + Z_\mathrm{w}} \qquad (5.41)$$

reell und frequenzunabhängig. Der Dämpfungsbelag α ist gemäß Gl. (5.28) ebenfalls frequenzunabhängig und der Phasenbelag β streng frequenzproportional. Mit der Abkürzung für die *Laufzeit* (sowohl Phasen- als auch Gruppenlaufzeit)

$$\tau = l/c = l(L'C')^{1/2} \qquad (5.42)$$

5.3 Das Einschwingverhalten der Leitung

und dem Verschiebungssatz der Fourier-Transformation gilt für die Ausgangsspannung im Frequenz- und Zeitbereich

$$U_2(j\omega) = k\,e^{-\alpha l}\,e^{-j\omega\tau}U_{01}(j\omega) \quad \bullet\!\!-\!\!\circ$$
$$u_2(t) = k\,e^{-\alpha l}u_{01}(t - \tau). \tag{5.43}$$

Die einseitig angepaßte, verzerrungsfreie Leitung erfüllt also unter den oben vereinbarten Voraussetzungen die Bedingung (1.66) des ersten Bandes für ein verzerrungsfreies System. Als Zeitverschiebung ergibt sich die Laufzeit nach Gl. (5.42). Der Amplitudenfaktor setzt sich zusammen aus einem Dämpfungsbeitrag der Leitung selbst und dem Faktor k, für den zwei Fälle zu unterscheiden sind.

Bei *ausgangsseitiger Anpassung*, also $r_2 = 0$ ($r_1 \neq 0$) gilt mit Gl. (5.41)

$$k = \frac{1 - r_1}{2} = \frac{Z_w}{R_1 + Z_w} = a.$$

Dieses Ergebnis beschreibt die Spannungsteilung am Leitungseingang und soll später auch als „relative Anfangsamplitude" a interpretiert werden.

Für *eingangsseitige Anpassung*, d. h. $r_1 = 0$ ($r_2 \neq 0$) erhält man mit Gl. (5.41)

$$k = \frac{1}{2}(1 + r_2) = \frac{1}{2}d_2 = \frac{1}{2}\frac{2R_2}{R_2 + Z_w}.$$

Der Faktor $1/2$ steht natürlich wieder für die Spannungsteilung am Eingang der Leitung, während

$$1 + r_2 = d_2 = \frac{2R_2}{R_2 + Z_w}$$

den sog. *Wellendurchgangsfaktor* am Leitungsausgang darstellt, der für $R_2 = Z_w$ den Wert eins annimmt. Die linke Gleichung entspricht der *Stetigkeitsbedingung* des elektrischen Feldes, wonach in jedem Zeitaugenblick die Summe der Spannungen aus ankommender und reflektierter Welle gleich der Spannung der durchgehenden Welle sein muß.

Die obigen Betrachtungen zur einseitig angepaßten Leitung lassen sich verallgemeinern und auf den Fall der beidseitigen Fehlanpassung übertragen. Man kommt somit zum *Impulsfahrplan* von Bild 5.10 von Bild 5.10. Hierbei wird horizontal die Ortskoordinate x aufgetragen und senkrecht dazu an den Stellen $x = 0$ und $x = l$ die Zeit t. Im Zeitpunkt $t = 0$ wird am Ort $x = 0$ ein Spannungsimpuls der Leerlaufamplitude eins eingespeist. Durch Spannungsteilung am Leitungseingang

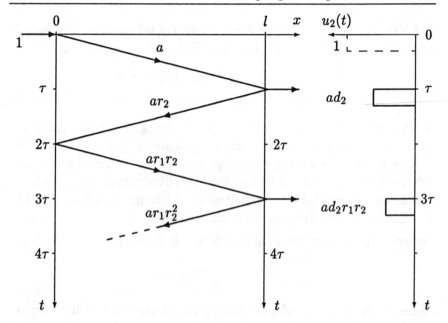

Bild 5.10 Impulsfahrplan zur graphischen Ermittlung der Ausgangsspannung einer Leitung

entsteht hieraus zum Zeitpunkt $t = 0$ die relative Anfangsamplitude a. Nach der Laufzeit τ wird der Impuls am Ort $x = l$ reflektiert und hierbei mit dem Faktor r_2 multipliziert. Der durchgehende Anteil $a + ar_2 = a(1 + r_2) = ad_2$ kann am Ausgang der Leitung gemessen werden.Der reflektierte Impuls läuft zum Leitungseingang zurück, wird dort mit dem Faktor r_1 wieder reflektiert usw.. Natürlich ließe sich in gleicher Weise die am Eingang der Leitung auftretende Spannung $u_1(t)$ ermitteln. Zur Berücksichtigung der Dämpfung müßten die Impulse noch mit $\exp[-(2n + 1)\alpha l]$, $n = 0, 1, 2, \ldots$, multipliziert werden.

5.3.2 Beidseitige Fehlenpassung (analytische Darstellung)

Nach diesen Vorüberlegungen soll nun der allgemeinere Fall einer beidseitig mit beliebigen, reellen Widerständen abgeschlossenen Leitung nach Bild 5.11 analytisch untersucht werden. Damit die Formeln nicht zu kompliziert werden, beschränken wir uns weiterhin auf den Fall der verzerrungsfreien Leitung.

Die Übertragungsfunktion wird zweckmäßigerweise mit Gl. (5.39) beschrieben, wobei für das komplexe Dämpfungsmaß im verzerrungs-

5.3 Das Einschwingverhalten der Leitung

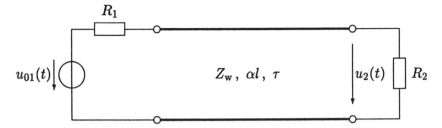

Bild 5.11 Beidseitig reell abgeschlossene, verzerrungsfreie Leitung

freien Fall mit den Gln. (5.28) und (5.42) gilt

$$\gamma l = \alpha l + \mathrm{j}\omega\tau.\qquad(5.44)$$

Mit der Abkürzung gemäß Gl. (5.41) lautet die Ausgangsspannung im Frequenzbereich

$$U_2(\mathrm{j}\omega) = k\sum_{n=0}^{\infty}(r_1 r_2)^n\,\mathrm{e}^{-(2n+1)\alpha l}\,\mathrm{e}^{-\mathrm{j}\omega(2n+1)\tau}U_{01}(\mathrm{j}\omega).$$

Die unendliche Summe läßt sich mit dem Verschiebungssatz unmittelbar in den Zeitbereich transformieren und man erhält

$$u_2(t) = k\sum_{n=0}^{\infty}(r_1 r_2)^n\,\mathrm{e}^{-(2n+1)\alpha l}u_{01}[t-(2n+1)\tau].\qquad(5.45)$$

Das Ausgangssignal im Zeitbereich setzt sich also zusammen aus einem unverzerrten *Primärsignal* entsprechend Gl. (5.43 entsprechend Gl. (5.43):

$$u_2^0(t) = k\,\mathrm{e}^{-\alpha l}u_{01}(t-\tau)$$

und einer unendlichen Folge von *Echosignalen*, die durch fortwährende Reflexion an den beiden fehlangepaßten Leitungsenden entsteht. Damit wird der Impulsfahrplan nachträglich bestätigt, wobei aus dem Vergleich mit Bild 5.10 folgt $k = ad_2$.

Die zahlenmäßige Auswertung von Gl. (5.45) ist äußerst einfach durchführbar. Zur Veranschaulichung berechnen wir die Sprungantwort bei Spannungseinprägung ($u_{01}(t) = s(t)$, $R_1 = 0$) für $R_2^a = 3Z_w$ bzw. $R_2^b = Z_w/3$ und $\alpha l = 0$. Da die Beschaltung dem Beispiel von Abschn. 5.2.2 entspricht, können die Reflexionsfaktoren übernommen werden, und man erhält

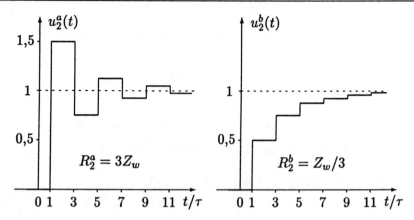

Bild 5.12 Sprungantworten einer verlustfreien Leitung für $R_1 = 0$

$$u_2^{a,b}(t) = (1 \pm \frac{1}{2}) \sum_{n=0}^{\infty} (\mp \frac{1}{2})^n s[t - (2n+1)\tau].$$

Die beiden Ergebnisse zeigt Bild 5.12, wobei die links dargestellte *Überanpassung* zu einer alternierenden Annäherung an den stationären Zustand führt, während die rechte *Unteranpassung* eine monotone Annäherung liefert.

5.4 Mehrleitersysteme (Nebensprechen)

Wir haben uns bisher mit Leitungen beschäftigt, die jeweils aus einem Hin- und einem Rückleiter bestanden. Die Leitungsgleichungen lassen sich jedoch verallgemeinern und auf eine Anordnung aus $n+1$ Leitern übertragen. Eine wichtige Anwendung dieser Theorie ist die Berechnung der elektromagnetischen Verkopplung paralleler Signalleitungen. Dieser Effekt kann erwünscht sein und wird sogar bei der Konstruktion bestimmter HF-Baugruppen ausgenutzt (*Richtkoppler*). In der Regel stört die gegenseitige Beeinflussung benachbarter Signalleitungen, die *Nebensprechen* genannt wird.

5.4.1 Herleitung der Leitungsgleichungen

Es soll ein System von $n+1$ verlustfreien, parallelen Leitern betrachtet werden, die induktiv und kapazitiv miteinander verkoppelt sind. Alle Rechenoperationen sind im Prinzip bei beliebig vielen Leitern durchführbar. Zum Veranschaulichen und zur Gewinnung konkreter Resultate wird aber auf ein *Dreileitersystem* zurückgegriffen (Bild 5.13). Hierin stellen L'_{11}, L'_{22}, C'_{10} und C'_{20} die Induktivitäts- bzw.

5.4 Mehrleitersysteme (Nebensprechen)

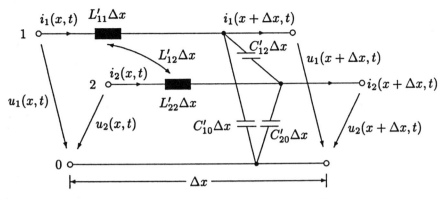

Bild 5.13 Ersatzschaltung für ein kurzes Element eines Dreileitersystems

Kapazitätsbeläge der beiden Leitungen 1 und 2 einschließlich des gemeinsamen Rückleiters 0 dar. Dieser wird z. B. aus dem Mantel eines Kabels oder der Masseebene eines Streifenleiters gebildet. L'_{12} und C'_{12} beschreiben schließlich die induktive und kapazitive Verkopplung.

Durch das Aufstellen von Kirchhoffschen Maschengleichungen ergeben sich die beiden Beziehungen

$$u_1(x,t) - u_1(x+\Delta x,t) = L'_{11}\Delta x \frac{\partial i_1(x,t)}{\partial t} + L'_{12}\Delta x \frac{\partial i_2(x,t)}{\partial t},$$

$$u_2(x,t) - u_2(x+\Delta x,t) = L'_{22}\Delta x \frac{\partial i_2(x,t)}{\partial t} + L'_{12}\Delta x \frac{\partial i_1(x,t)}{\partial t}.$$

Mit Hilfe von Kirchhoffschen Knotengleichungen erhält man

$$i_1(x,t) - i_1(x+\Delta x,t) = C'_{10}\Delta x \frac{\partial u_1(x+\Delta x,t)}{\partial t}$$
$$+ C'_{12}\Delta x \frac{\partial}{\partial t}[u_1(x+\Delta x,t) - u_2(x+\Delta x,t)],$$

$$i_2(x,t) - i_2(x+\Delta x,t) = C'_{20}\Delta x \frac{\partial u_2(x+\Delta x,t)}{\partial t}$$
$$+ C'_{12}\Delta x \frac{\partial}{\partial t}[u_2(x+\Delta x,t) - u_1(x+\Delta x,t)].$$

Werden diese vier Gleichungen durch Δx dividiert, so ergeben sich für den Grenzübergang $\Delta x \to 0$ die Leitungsgleichungen des Dreileitersystems. Um Schreibarbeit zu sparen, empfiehlt sich folgende Matrizenschreibweise:

$$\frac{\partial}{\partial x}\boldsymbol{u}(x,t) = -\boldsymbol{L}'\frac{\partial}{\partial t}\boldsymbol{i}(x,t), \qquad (5.46\text{a})$$

$$\frac{\partial}{\partial x}\boldsymbol{i}(x,t) = -\boldsymbol{C}'\frac{\partial}{\partial t}\boldsymbol{u}(x,t), \qquad (5.46\text{b})$$

mit

$$\boldsymbol{u}(x,t) = \begin{pmatrix} u_1(x,t) \\ u_2(x,t) \end{pmatrix}, \quad \boldsymbol{i}(x,t) = \begin{pmatrix} i_1(x,t) \\ i_2(x,t) \end{pmatrix}, \qquad (5.47\text{a})$$

$$\boldsymbol{L'} = \begin{pmatrix} L'_{11} & L'_{12} \\ L'_{12} & L'_{22} \end{pmatrix}, \quad \boldsymbol{C'} = \begin{pmatrix} C'_{10} + C'_{12} & -C'_{12} \\ -C'_{12} & C'_{20} + C'_{12} \end{pmatrix}. \qquad (5.47\text{b})$$

Diese Schreibweise hat den großen Vorteil, daß man bei mehr als 2+1 Leitern nur die Dimension der Matrizen erhöhen muß, aber an der Methode nichts zu ändern braucht. Allgemein ergibt sich eine symmetrische *Induktivitätsbelagsmatrix* $\boldsymbol{L'}$ sowie eine symmetrische *Kapazitätsbelagsmatrix* $\boldsymbol{C'}$ jeweils von der Ordnung n.

Zur Lösung der Leitungsgleichungen (5.46) wird entsprechend Gl. (5.5) von folgendem Matrixansatz ausgegangen:

$$\boldsymbol{u}(x,t) = \boldsymbol{f}_1(t - \frac{x}{c}) + \boldsymbol{f}_2(t + \frac{x}{c}), \qquad (5.48\text{a})$$

$$\boldsymbol{i}(x,t) = \boldsymbol{Y}_\text{w} \left[\boldsymbol{f}_1(t - \frac{x}{c}) - \boldsymbol{f}_2(t + \frac{x}{c}) \right], \qquad (5.48\text{b})$$

mit

$$c = (\mu\varepsilon)^{-1/2}.$$

Die Ausbreitungsgeschwindigkeit c der Wellen ist jedoch nur dann auf allen Leitern gleich, wenn das Medium, welches die Leiter umgibt, im Bereich des Koppelraumes der Leitung homogen ist. Im inhomogenen Fall, der bei Streifenleitern häufig vorliegt, ergeben sich n leicht unterschiedliche Ausbreitungsgeschwindigkeiten, die zu einer Modendispersion und damit zu einer Verbreiterung kurzer Impulse führen können (vgl. Abschn. 8.5.4).

Setzt man den Lösungsansatz in die Leitungsgleichungen (5.46) ein, so wird die Richtigkeit von Gl. (5.48) bestätigt, und man erhält die sog. Wellenleitwertmatrix

$$\boldsymbol{Y}_\text{w} = c\boldsymbol{C'} \qquad (5.49\text{a})$$

sowie die zusätzliche Beziehung (mit der Einheitsmatrix **1**)

$$\boldsymbol{L'C'} = c^{-2}\boldsymbol{1}. \qquad (5.49\text{b})$$

Da die Kapazitätsbelagsmatrix sowohl der Messung als auch der Berechnung bequemer zugänglich ist als die Induktivitätsbelagsmatrix, hat die *Wellenwiderstandsmatrix*

5.4 Mehrleitersysteme (Nebensprechen)

$$\boldsymbol{Z}_w = \boldsymbol{Y}_w^{-1} = c\boldsymbol{L}'$$

keine große praktische Bedeutung.

Es läßt sich bereits an dieser Stelle zeigen, daß ein Dreileitersystem nur mit Hilfe von drei Widerständen reflexionsfrei abgeschlossen werden kann. Laufen die Wellen z.B. nur in die positive x-Richtung, findet also am Ausgang keine Reflexion statt, so ist in Gl. (5.48)

$$\boldsymbol{f}_2(t + \frac{x}{c}) = \boldsymbol{0}.$$

Es gilt deshalb an jeder Stelle der Leitung

$$\boldsymbol{i}(x,t) = \boldsymbol{Y}_w \boldsymbol{u}(x,t).$$

Diese Beziehung ist aber am Leitungsende ($x = l$) nur erfüllt bei Abschluß mit der *Abschlußleitwertmatrix*

$$\boldsymbol{Y}_2 = \boldsymbol{Y}_w = c\boldsymbol{C}'. \tag{5.50}$$

Speziell für das Dreileitersystem erhält man mit Gl. (5.47b)

$$\boldsymbol{Y}_2 = \begin{pmatrix} G_{10} + G_{12} & -G_{12} \\ -G_{12} & G_{20} + G_{12} \end{pmatrix} = c \begin{pmatrix} C'_{10} + C'_{12} & -C'_{12} \\ -C'_{12} & C'_{20} + C'_{12} \end{pmatrix}.$$

5.4.2 Gleich- und Gegentaktkomponenten

Die Lösung der Leitungsgleichungen von Leitersystemen, unter Berücksichtigung von Randbedingungen, erfolgt analog zu Abschn. 5.1.1 im Frequenzbereich. Die Auswertung dieses Ergebnisses ist jedoch bereits für ein Dreileitersystem so aufwendig, daß wir einen anderen Lösungsweg einschlagen, der es ermöglicht, die Ergebnisse der Abschnitte 5.2 und 5.3 direkt zu übernehmen.

Wir beschränken uns weiterhin auf ein *Dreileitersystem* und transformieren die Leitungsgleichungen (5.46) mit (5.47) in den Frequenzbereich:

$$\frac{\partial}{\partial x} \begin{pmatrix} U_1(x, j\omega) \\ U_2(x, j\omega) \end{pmatrix} = -j\omega \begin{pmatrix} L'_{11} & L'_{12} \\ L'_{12} & L'_{22} \end{pmatrix} \begin{pmatrix} I_1(x, j\omega) \\ I_2(x, j\omega) \end{pmatrix},$$

$$\frac{\partial}{\partial x} \begin{pmatrix} I_1(x, j\omega) \\ I_2(x, j\omega) \end{pmatrix} = -j\omega \begin{pmatrix} C'_{10} + C'_{12} & -C'_{12} \\ -C'_{12} & C'_{20} + C'_{12} \end{pmatrix} \begin{pmatrix} U_1(x, j\omega) \\ U_2(x, j\omega) \end{pmatrix}.$$

Dieses System gekoppelter Differentialgleichungen läßt sich bei elektrisch gleichen Leitungen (*symmetrisches Dreileitersystem*):

$$L'_{11} = L'_{22} = L', \ C'_{10} = C'_{20} = C', \quad (5.51)$$

durch Einführung der *Gl*eich- und *Ge*gentaktkomponenten

$$U_{gl} = (U_1 + U_2)/2, \ I_{gl} = (I_1 + I_2)/2, \quad (5.52a)$$
$$U_{gg} = (U_1 - U_2)/2, \ I_{gg} = (I_1 - I_2)/2 \quad (5.52b)$$

völlig voneinander entkoppeln. Man erhält die Leitungsgleichungen für den *Gleichtaktbetrieb*

$$\frac{\partial}{\partial x} U_{gl}(x, j\omega) = -j\omega(L' + L'_{12}) I_{gl}(x, j\omega), \quad (5.53a)$$

$$\frac{\partial}{\partial x} I_{gl}(x, j\omega) = -j\omega C' U_{gl}(x, j\omega) \quad (5.53b)$$

und für den *Gegentaktbetrieb*

$$\frac{\partial}{\partial x} U_{gg}(x, j\omega) = -j\omega(L' - L'_{12}) I_{gg}(x, j\omega), \quad (5.54a)$$

$$\frac{\partial}{\partial x} I_{gg}(x, j\omega) = -j\omega(C' + 2C'_{12}) U_{gg}(x, j\omega). \quad (5.54b)$$

Durch Bild 5.14 wird verdeutlicht, wie die Leitungsbeläge der beiden unterschiedlichen Betriebszustände aus den Belägen der kapazitiv und induktiv gekoppelten Leiter 1 und 2 entstehen:

Im Gleichtaktbetrieb wird an den eingetragenen Symmetrielinien aufgeschnitten, für den Gegentaktbetrieb sind die Symmetrielinien leitend mit Masse bzw. dem gemeinsamen Rückleiter verbunden. Die zugehörigen Leitungsbeläge ergeben sich sowohl zwischen Leiter 1 und 0 als auch zwischen Leiter 2 und 0.

Im Gleichtaktbetrieb liegen also die Leiter 1 und 2 auf gleichem und im Gegentaktbetrieb auf entgegengesetzt gleichem Potential, woraus sich die beiden Begriffe erklären. Für beide Betriebszustände resultieren aus Gl. (5.53) bzw. (5.54) unterschiedliche Wellenwiderstände, die mit Hilfe von Gl. (5.49b) allein durch Teilkapazitätsbeläge und die Ausbreitungsgeschwindigkeit ausgedrückt werden können:

$$Z_{wgl} = \left(\frac{L' + L'_{12}}{C'} \right)^{1/2} = \frac{1}{cC'}, \quad (5.55a)$$

$$Z_{wgg} = \left(\frac{L' - L'_{12}}{C' + 2C'_{12}} \right)^{1/2} = \frac{1}{c(C' + 2C'_{12})}. \quad (5.55b)$$

5.4 Mehrleitersysteme (Nebensprechen)

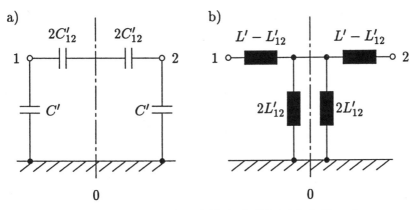

Bild 5.14 a) Teilkapazitätsbeläge und b) Teilinduktivitätsbeläge eines symmetrischen Dreileitersystems

Die Symmetriebedingungen (5.51) bewirken, daß Gleich- und Gegentaktbetrieb auf einem infinitesimal kurzen Stück des Dreileitersystems voneinander entkoppelt sind. Soll diese Entkopplung auch noch beim beschalteten Leitersystem vorhanden sein, so muß der (passive) Abschluß an beiden Enden die gleiche Symmetrielinie besitzen wie die in Bild 5.14. In diesem Sinne symmetrische Abschlüsse zeigt Bild 5.15. Aus den Leitwertgleichungen der linken Schaltung:

$$\begin{pmatrix} I_1 \\ I_2 \end{pmatrix} = \begin{pmatrix} Y+Y_{12} & -Y_{12} \\ -Y_{12} & Y+Y_{12} \end{pmatrix} \begin{pmatrix} U_1 \\ U_2 \end{pmatrix}$$

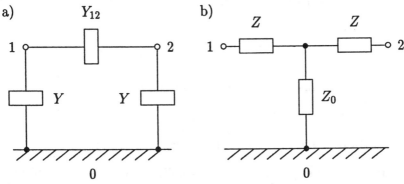

Bild 5.15 a) Symmetrischer π-Abschluß und b) symmetrischer T-Abschluß eines Dreileitersystems

sowie den Widerstandsgleichungen der rechten:

$$\begin{pmatrix} U_1 \\ U_2 \end{pmatrix} = \begin{pmatrix} Z + Z_0 & Z_0 \\ Z_0 & Z + Z_0 \end{pmatrix} \begin{pmatrix} I_1 \\ I_2 \end{pmatrix}$$

erhält man mit den Gleich- und Gegentaktkomponenten von Gl. (5.52) die entkoppelten Beziehungen

$$I_{gl} = YU_{gl}, \quad I_{gg} = (Y + 2Y_{12})U_{gg}, \tag{5.56a}$$
$$U_{gl} = (Z + 2Z_0)I_{gl}, \quad U_{gg} = ZI_{gg}. \tag{5.56b}$$

Diesen vier Gleichungen lassen sich unmittelbar die Gleich- und Gegentaktabschlüsse entnehmen. Bleibt also nur noch die Frage der Anregung – insbesondere der unsymmetrischen Anregung – zu klären. Diese kann in Form einer Stromquelle parallel zu Y in Bild 5.15a oder als Spannungsquelle in Serie zu Z in Bild 5.15b vorliegen. In beiden Fällen ist die Zerlegung in eine reine Gleich- und Gegentaktanregung möglich, wie Bild 5.16 zeigt. Wirkt im rechten T-Glied nur die vertikale Spannungsquelle, so ergeben sich bei einem symmetrischen Dreileitersystem keine Gegentaktkomponenten. Sind dagegen nur die beiden horizontalen Spannungsquellen wirksam, so verschwinden die Gleichtaktkomponenten.

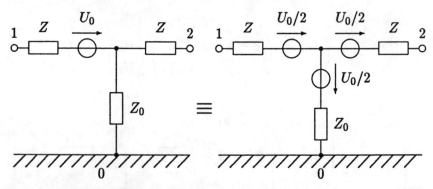

Bild 5.16 Zerlegung einer unsymmetrischen Anregung in die Gleich- und Gegentaktkomponente

5.4.3 Nebensprechen zweier benachbarter Leitungen

Als Anwendungsbeispiel für die dargestellte Theorie soll das Nebensprechen des symmetrischen Dreileitersystems von Bild 5.17 berechnet werden. Die obere Leitung (Hinleiter 1, Rückleiter 0) sei am Eingang

5.4 Mehrleitersysteme (Nebensprechen)

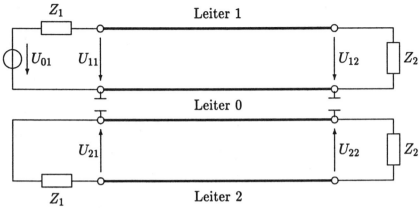

Bild 5.17 Zwei benachbarte Leitungen als Dreileitersystem

durch U_{01} erregt. Hauptsächlich interessiert hierbei die Spannung U_{22} am Ausgang der unteren Leitung (Hinleiter 2, Rückleiter 0), das sog. *Fernnebensprechen*. Wir wollen aber auch die Rückwirkung der unteren auf die obere Leitung mit untersuchen und berechnen deshalb noch die Spannung U_{12}.

Das Dreileitersystem wird zunächst durch die beiden Einfachleitungen für den Gleich- und Gegentaktbetrieb gemäß Bild 5.18 ersetzt. Die passive Beschaltung entspricht der von Bild 5.15b mit $Z_0 = 0$, so daß hierfür sowohl die Gleich- als auch die Gegentaktabschlüsse Gl. (5.56b) entnommen werden können. Die Erregung für die beiden Betriebsfälle ergibt sich mit Bild 5.16 zu $U_{01}/2$. Die Spannungen U_{12} und U_{22} des Dreileitersystems berechnen sich aus der Überlagerung der Ausgangsspannungen des Gleich- und Gegentaktsystems U_{gl2} und U_{gg2}, wobei

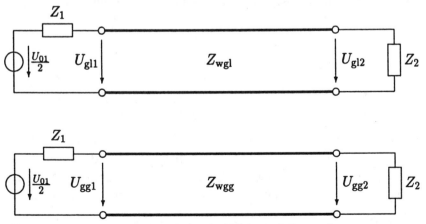

Bild 5.18 Zwei benachbarte Leitungen als Gleich- und Gegentaktsystem

die Umkehrbeziehung zu Gl. (5.52) lautet:

$$U_{12} = U_{gl2} + U_{gg2}, \quad U_{22} = U_{gl2} - U_{gg2}. \tag{5.57}$$

Schreibt man die Übertragungsfunktion der verlustfreien Leitung, Gl. (5.40), einmal für den Gleich- und einmal für den Gegentaktbetrieb auf, so gilt

$$\frac{U_{12/22}}{U_{01}} = \left[\frac{(1-r_{1gl})(1+r_{2gl})}{1-r_{1gl}r_{2gl}\,e^{-j4\pi l/\lambda}} \pm \frac{(1-r_{1gg})(1+r_{2gg})}{1-r_{1gg}r_{2gg}\,e^{-j4\pi l/\lambda}}\right] \frac{e^{-j2\pi l/\lambda}}{4}, \tag{5.58}$$

mit

$$r_{igl/gg} = \frac{Z_i - Z_{wgl/gg}}{Z_i + Z_{wgl/gg}}, \quad i = 1, 2. \tag{5.59}$$

Bezüglich der Ausgangsspannung U_{12} werden die beiden Terme in den eckigen Klammern, die sich gewöhnlich nur wenig unterscheiden, addiert und gegenüber Gl. (5.40) durch zwei dividiert; d.h. es wird der arithmetische Mittelwert gebildet. Das Fernnebensprechen U_{22} entsteht dagegen aus der Differenz dieser beiden Terme und wird theoretisch gleich null für

$$Z_1 Z_2 = Z_{wgl} Z_{wgg}. \tag{5.60}$$

Zur Herleitung dieser Formel, die unabhängig vom l/λ-Verhältnis gilt, fordert man

$$(1-r_{1gl})(1+r_{2gl}) = (1-r_{1gg})(1+r_{2gg}),$$

$$r_{1gl}r_{2gl} = r_{1gg}r_{2gg}.$$

Die erste Gleichung ausmultipliziert, liefert mit der zweiten

$$r_{1gl} - r_{2gl} = r_{1gg} - r_{2gg}$$

oder ausführlich aufgeschrieben:

$$\frac{Z_1 - Z_{wgl}}{Z_1 + Z_{wgl}} - \frac{Z_2 - Z_{wgl}}{Z_2 + Z_{wgl}} = \frac{Z_1 - Z_{wgg}}{Z_1 + Z_{wgg}} - \frac{Z_2 - Z_{wgg}}{Z_2 + Z_{wgg}}.$$

Beide Seiten dieser Beziehung auf den Hauptnenner gebracht und über Kreuz ausmultipliziert, ergibt schließlich Gl. (5.60). Hierin enthalten ist offensichtlich auch noch der Grenzfall $Z_1 = 0$ und $Z_2 = \infty$. Der häufig vorkommende Sonderfall $Z_1 = Z_2 = Z$ führt zu der Bedingung

$$Z^2 = Z_{wgl} Z_{wgg} = Z_w^2.$$

5.4 Mehrleitersysteme (Nebensprechen)

Das geometrische Mittel aus Z_{wgl} und Z_{wgg} wird deshalb manchmal als „Wellenwiderstand" Z_w des Dreileitersystems bezeichnet, wobei das Fernnebensprechen bei „Anpassung" verschwindet.

Als Zahlenbeispiel betrachten wir ein symmetrisches Dreileitersystem mit $Z_{wgl} = Z_w 4/3$ und $Z_{wgg} = Z_w 3/4$, das mit $Z_1 = 0$ und $Z_2 = R_2 = Z_w/3$ beschaltet ist. Die vier Reflexionsfaktoren berechnen sich mit Gl. (5.59) zu

$$r_{1gl} = \frac{0 - Z_{wgl}}{0 + Z_{wgl}} = -1, \qquad r_{1gg} = \frac{0 - Z_{wgg}}{0 + Z_{wgg}} = -1,$$

$$r_{2gl} = \frac{Z_w/3 - Z_w 4/3}{Z_w/3 + Z_w 4/3} = -0{,}6, \qquad r_{2gg} = \frac{Z_w/3 - Z_w 3/4}{Z_w/3 + Z_w 3/4} \approx -0{,}4.$$

Damit ergeben sich die in Bild 5.19 dargestellten periodischen Beträge der Übertragungsfunktionen U_{12}/U_{01} und U_{22}/U_{01} in Abhängigkeit von l/λ. Das linke Bild belegt, daß die untere Leitung des Dreileitersystems kaum einen Einfluß auf die obere hat, wenn zum Vergleich das Ergebnis der Einfachleitung von Bild 5.9 herangezogen wird mit $R_2 = Z_w/3$. Das Fernnebensprechen des rechten Bildes erreicht einen maximalen Betrag von ca. 0,1.

Wird Gl. (5.45) einmal für den Gleich- und einmal für den Gegentaktbetrieb aufgeschrieben, so folgt aus Gl. (5.57) im Zeitbereich ($\alpha l = 0$):

$$u_{12/22}(t) = \frac{k_{gl}}{2} \sum_{n=0}^{\infty} (r_{1gl} r_{2gl})^n u_{01}[t - (2n+1)\tau]$$

$$\pm \frac{k_{gg}}{2} \sum_{n=0}^{\infty} (r_{1gg} r_{2gg})^n u_{01}[t - (2n+1)\tau], \qquad (5.61)$$

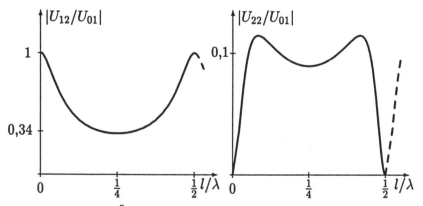

Bild 5.19 Beträge der Übertragungsfunktionen eines Dreileitersystems für $Z_1 = 0$ und $R_2 = Z_w/3$

mit

$$k_{gl/gg} = (1 - r_{1gl/gg})(1 + r_{2gl/gg})/2. \qquad (5.62)$$

Die zahlenmäßige Auswertung der Sprungantworten liefert mit den Parametern des obigen Beispiels

$$u_{12/22}(t) = 0{,}2 \sum_{n=0}^{\infty} (0{,}6)^n s[t - (2n+1)\tau]$$

$$\pm 0{,}3 \sum_{n=0}^{\infty} (0{,}4)^n s[t - (2n+1)\tau].$$

Damit ergeben sich die Zeitverläufe von Bild 5.20, wobei auch hier der linke Zeitverlauf recht gut mit dem Ergebnis von Bild 5.12 für $R_2 = Z_w/3$ übereinstimmt. Das Fernnebensprechen im Zeitbereich erreicht eine Amplitude von $-0{,}1$.

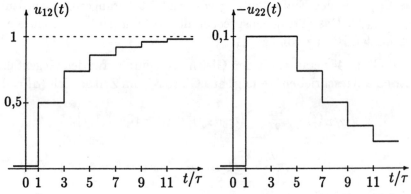

Bild 5.20 Sprungantworten eines Dreileitersystems für $R_1 = 0$ und $R_2 = Z_w/3$

5.5 Entzerrung linearer Signalverzerrungen

Nach Abschn. 1.3.1 des ersten Bandes hat ein verzerrungsfreies System ein über der Frequenz konstantes Dämpfungsmaß sowie eine konstante Phasen- und Gruppenlaufzeit. Ist das nicht der Fall, dann erfolgt die Signalübertragung nicht formgetreu, d.h. es treten Verzerrungen auf. Die Verzerrungen eines linearen Übertragungsweges (z.B. einer Leitung) lassen sich in vielen Fällen durch lineare Entzerrerschaltungen ausgleichen.

5.5 Entzerrung linearer Signalverzerrungen

Im Idealfall stellt das Produkt aus der Übertragungsfunktion des Übertragungsweges $H(j\omega)$ und des Entzerrers $H_E(j\omega)$ ein *verzerrungsfreies System* dar:

$$H(j\omega)H_E(j\omega) = A_0\, e^{-j\omega t_0}. \qquad (5.63)$$

Die positiven, reellen Konstanten A_0 und t_0 sind frei wählbar, wodurch die Erfüllung von Realisierungsbedingungen (u.a. die der *Kausalität*) erleichtert wird. Ist das Spektrum des Eingangssignales $X(j\omega)$ *bandbegrenzt* auf ω_g, d.h. ist

$$X(j\omega) \equiv 0 \quad \text{für} \quad |\omega| \geq \omega_g,$$

dann genügt es, wenn Gl. (5.63) nur für alle ω mit $|\omega| < \omega_g$ erfüllt ist. Zur Bestimmung der Übertragungsfunktion $H_E(j\omega)$ muß $H(j\omega)$ invertiert werden (Inversfilter). Aus Gründen der Stabilität ist das jedoch nur möglich, wenn $H(p)$ keine Nullstellen in der rechten p-Halbebene besitzt; d.h. der Phasenbeitrag eines möglichen Allpaßfaktors von $H(j\omega)$ ist abzuspalten (vgl. Abschn. 1.4.5).

Passive Zweitore zur Dämpfungs- und Laufzeitentzerrung lassen sich durch die in Abschn. 4.3.4 beschriebene symmetrische X-Schaltung realisieren. Die zur Dämpfungsentzerrung dienende verlustbehaftete Ausführung beeinflußt den Dämpfungs- und Phasenverlauf gleichermaßen, während der verlustfreie Allpaß nur den Phasenverlauf, nicht aber den Dämpfungsverlauf verändert. Im folgenden Abschnitt wird ein aktives Entzerrerprinzip vorgestellt, mit dem sich innerhalb einer gegebenen Bandbreite eine vorgeschriebene Übertragungsfunktion einstellbar realisieren läßt.

5.5.1 Der Echoentzerrer

Bei der Übertragung von Signalen über Leitungen mit Reflexionsstellen treten Verzerrungen der Form

$$y(t) = y_0(t) + \sum_{n=-M}^{N} \varepsilon_n y_0(t - nT), \quad n \neq 0 \qquad (5.64)$$

auf. Dabei stellt $y_0(t)$ das „wesentliche Ausgangssignal" dar, während die endliche Summe alle störenden „Echos" zusammenfaßt. Treffen die Echos nach dem Hauptsignal $y_0(t)$ ein, so ist M gleich null. Bei vor- und nachlaufenden Echos können M und N beliebig sein. Das Ausgangssignal $y(t)$ läßt sich als das Faltungsprodukt

$$y(t) = y_0(t) * \left[\delta(t) + \sum_{n=-M}^{N} \varepsilon_n \delta(t-nT) \right]$$

schreiben, wobei der Ausdruck in eckigen Klammern als Impulsantwort $h(t)$ eines Übertragungsweges zu interpretieren ist. Es gilt also im Zeit- und Frequenzbereich:

$$h(t) = \delta(t) + \sum_{n=-M}^{N} \varepsilon_n \delta(t-nT) \quad \circ\!\!-\!\!\bullet$$

$$H(j\omega) = 1 + \sum_{n=-M}^{N} \varepsilon_n \, e^{-j\omega nT}, \quad n \neq 0. \tag{5.65}$$

Der Frequenzgang $H(j\omega)$ stellt eine periodische Funktion dar mit der Periode $\omega_0 = 2\pi/T$. Für die Übertragungsfunktion eines zugehörigen Entzerrers gilt mit Gl. (5.63) für $A_0 = 1$:

$$H_E(j\omega) = \frac{1}{1 + \sum_{n=-M}^{N} \varepsilon_n \, e^{-j\omega nT}} \, e^{-j\omega t_0}. \tag{5.66}$$

Die Konstante t_0 wollen wir später bestimmen und zunächst den Nenner in eine geometrische Reihe entwickeln:

$$H_E(j\omega) = e^{-j\omega t_0} \sum_{m=0}^{\infty} \left[-\sum_{n=-M}^{N} \varepsilon_n \, e^{-j\omega nT} \right]^m.$$

Wir betrachten zunächst den Fall kleiner Verzerrungen

$$\varepsilon_n \ll 1$$

und brauchen dazu die äußere Summe nur für $m = 0$ und $m = 1$ auszuwerten:

$$H_E(j\omega) = e^{-j\omega t_0} - \sum_{n=-M}^{N} \varepsilon_n \, e^{-j\omega(t_0+nT)}, \quad n \neq 0.$$

Diese Darstellung läßt sich wiederum leicht in den Zeitbereich transformieren, und man erhält die Impulsantwort

$$h_E(t) = \delta(t-t_0) - \sum_{n=-M}^{N} \varepsilon_n \delta[t-(t_0+nT)]. \tag{5.67}$$

5.5 Entzerrung linearer Signalverzerrungen

Diese Impulsantwort ist nur kausal und damit realisierbar für

$$t_0 \geq MT. \tag{5.68}$$

Die prinzipielle Realisierung des Echoentzerrers mit $t_0 = MT$ zeigt Bild 5.21. Es handelt sich um eine nichtrekursive Struktur aus $M + N$ Verzögerungselementen, Koeffizientenmultiplizierern und Addierern, die grundsätzlich stabil ist. Am Ausgang entsteht im wesentlichen das um t_0 verzögerte Hauptsignal $y_0(t - t_0)$.

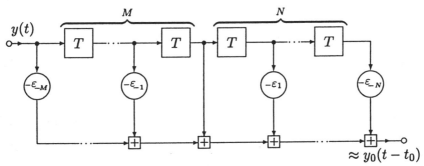

Bild 5.21 Signalflußbild des Echoentzerrers

Der Name *Echoentzerrer* leitet sich ab aus der soeben dargestellten konkreten Anwendung. Die *Echomethode* läßt sich jedoch verallgemeinern und auf andere Anwendungen übertragen. Mit den Koeffizienten $h(nT)$ lautet Gl. (5.67) zusammengefaßt

$$h_E(t) = \sum_{n=-M}^{N} h(nT)\delta[t - (t_0 + nT)].$$

Wird das zugehörige Spektrum $H_E(j\omega)$ bandbegrenzt durch einen idealen Tiefpaß der Grenzfrequenz $f_g = 1/(2T)$, so erhält man im Zeitbereich durch Faltung mit der Impulsantwort $h_T(t) = \text{si}(\pi t/T)$:

$$h_{ET}(t) = h_E(t) * h_T(t) = \sum_{n=-M}^{N} h(nT)\,\text{si}\left[\pi\frac{t - (t_0 + nT)}{T}\right]. \tag{5.69}$$

Nach dem Abtasttheorem (siehe z.B. Gl. (1.163) des ersten Bandes) läßt sich jedes Tiefpaßsignal in dieser Form mit $M, N \to \infty$ darstellen. Dies bedeutet, daß man mit einer Schaltungsstruktur nach Bild 5.21 praktisch jede beliebige tiefpaßbegrenzte Impulsantwort erzeugen kann, die wegen $t_0 = MT$ stets kausal sein muß.

Ist umgekehrt der Frequenzgang $H_E(j\omega)$ vorgeschrieben, so liefert die inverse Fourier-Transformation die Koeffizienten $h(nT)$ durch Auswertung an den Stellen $t = nT$:

$$h(nT) = \frac{1}{2\pi} \int_{-\omega_g}^{\omega_g} H_E(j\omega) \, e^{j\omega nT} d\omega. \tag{5.70}$$

Die zu $H_E(j\omega)$ gehörende Impulsantwort ist i.allg. weder kausal noch zeitbegrenzt. Während die Kausalität durch entsprechende Verzögerung erreicht wird, kann die endliche Koeffizientenzahl durch ein Abbruchkriterium, wie z.B.

$$|h(nT)| \leq \varepsilon |h(nT)|_{\max}$$

festgelegt werden.

Als Anwendungsbeispiel betrachten wir das sog. *Kosinusfilter* der periodischen Übertragungsfunktion

$$H_E(j\omega) = T[1 + 2a\cos(\omega T)]$$

mit $T = 1/(2f_g)$. Da es sich um eine reelle, gerade Spektralfunktion handelt, lautet Gl. (5.70)

$$h(nT) = \frac{T}{\pi} \int_0^{\pi/T} [1 + 2a\cos(\omega T)] \cos(\omega nT) d\omega$$

$$= \frac{T}{\pi} \int_0^{\pi/T} [\cos(\omega nT) + a\cos(\omega(n+1)T) + a\cos(\omega(n-1)T)] d\omega.$$

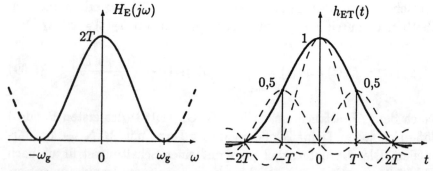

Bild 5.22 Frequenzgang und bandbegrenzte Impulsantwort des Kosinusfilters für $t_0 = 0$

5.5 Entzerrung linearer Signalverzerrungen

Für alle ganzzahligen Werte $|n| \geq 2$ liefern die periodischen Integranden keine Beiträge, so daß gilt

$$h(0) = 1, \quad h(-T) = h(T) = a.$$

Bild 5.22 zeigt sowohl den Frequenzgang als auch die mit Gl. (5.69) entstehende Impulsantwort für $a = 0{,}5$.

5.5.2 Der adaptive Entzerrer

Die bisherigen Überlegungen zur Signalentzerrung gingen davon aus, daß die Impulsantwort eines linearen Übertragungsweges grundsätzlich bekannt und außerdem zeitinvariant ist. Diese Voraussetzungen sind unter praktischen Bedingungen selten erfüllt, so daß nach selbsttätig einstellenden (*adaptiven*) Entzerrerkonzepten gesucht werden muß. Hierzu eignet sich wiederum der Echoentzerrer von Bild 5.21, da es möglich ist, die Koeffizienten einstellbar zu realisieren. Setzen wir voraus, daß das Eingangssignal auf die Grenzfrequenz $f_g = 1/(2T)$ bandbegrenzt ist, so läßt sich $y(t)$ in den äquidistanten Abständen nT abtasten und man kommt zu einer übersichtlicheren zeitdiskreten Darstellung.

Die Berechnung der Werte $e_0, \ldots, e_M$ erfolgt durch einen Einstellalgorithmus gemäß Bild 5.23, der das *mittlere Fehlerquadrat*

$$F = \overline{f^2(n)} = \overline{[z(n) - r(n)]^2}, \tag{5.71}$$

der Differenz aus dem Ausgangssignal $z(n)$ und einem Referenzsignal $r(n)$ minimiert. Letzteres stellt eine mögliche Musterfunktion des entzerrten stochastischen Prozesses $Y_0(n - n_0)$ dar und besitzt die glei-

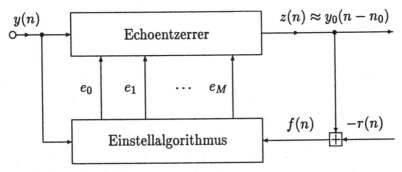

Bild 5.23 Signalflußbild des adaptiven Entzerrers

chen statistischen Eigenschaften. Dieses Referenzsignal liegt auch beim Sender vor und kann somit vor jeder Übertragung als sog. *Trainingssequenz* gesendet werden. Mit der diskreten Faltungssumme des Ausgangssignals

$$z(n) = \sum_{\mu=0}^{M} e_\mu y(n - \mu)$$

lautet das mittlere Fehlerquadrat

$$F = \overline{\left[\sum_\mu e_\mu y(n - \mu) - r(n)\right]^2}, \qquad (5.72)$$

das in Abhängigkeit von den Werten e_μ zum Minimum zu machen ist. Dazu wird F nach e_μ, für alle $\mu = 0, \ldots, M$, partiell differenziert und gleich null gesetzt:

$$\frac{\partial F}{\partial e_\mu} = 2 \overline{\left[\sum_\mu e_\mu y(n - \mu) - r(n)\right] y(n - \mu)} = 0.$$

Hieraus erhält man die Bestimmungsgleichung

$$\overline{\sum_\mu e_\mu y^2(n - \mu)} = \overline{r(n) y(n - \mu)}$$

oder in ausführlicher Schreibweise der Mittelwertbildung:

$$\sum_{n=0}^{N} \sum_{\mu=0}^{M} e_\mu y^2(n - \mu) = \sum_{n=0}^{N} r(n) y(n - \mu). \qquad (5.73)$$

Für $N = M$ stellt dies ein lineares Gleichungssystem der Ordnung $M+1$ zur Bestimmung der $M+1$ Koeffizienten e_μ dar. Da die Lösung dieses Gleichungssystems numerisch sehr aufwendig ist, soll ein rekursiver Algorithmus vorgestellt werden, der nach einer hinreichend großen Anzahl von Iterationsschritten ebenfalls zur Lösung von Gl. (5.73) führt.

Da das mittlere Fehlerquadrat nach Gl. (5.72) von quadratischer Form und nichtnegativ ist, existiert nur ein einziges Extremum, welches gleichzeitig ein Minimum sein muß. Dieses Extremum läßt sich z.B. mit dem bekannten *Gradientenalgorithmus* bestimmen. Hierbei bewegt man sich von einem Startwert aus schrittweise in Richtung des negativen Gradienten zum Minimum. Bild 5.24 verdeutlicht das Verfahren

5.5 Entzerrung linearer Signalverzerrungen

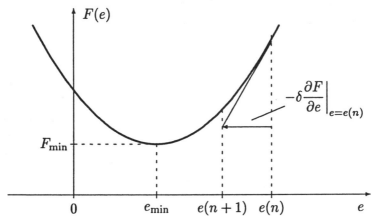

Bild 5.24 Zur Erläuterung des Gradientenalgorithmus

anhand einer eindimensionalen Zielfunktion $F(e)$, wobei man unmittelbar die Iterationsvorschrift

$$e(n+1) = e(n) - \delta \left.\frac{\partial F(e)}{\partial e}\right|_{e=e(n)}$$

abliest. Da der Koeffizient e in jedem Zeittakt korrigiert werden soll, bezeichnet n gleichzeitig den Iterationszyklus. Die positive Größe δ stellt die Schrittweite dar, mit der sich das Konvergenzverhalten bzw. die Genauigkeit steuern läßt. Im Fall der mehrdimensionalen Zielfunktion $F(e)$ gilt entsprechend für eine Komponente des Koeffzientenvektors e:

$$e_\mu(n+1) = e_\mu(n) - \delta \left.\frac{\partial F(e)}{\partial e_\mu}\right|_{e=e(n)}. \qquad (5.74)$$

Eine gewisse Schwierigkeit bei der unmittelbaren Ausführung dieser Gleichung liegt in der zeitlichen Mittelwertbildung der Zielfunktion nach Gl. (5.72). Als Ausweg erweist sich die Bildung des momentanen Fehlerquadrates

$$\widehat{F}(e) = f^2(n) = \left[\sum_\mu e_\mu y(n-\mu) - r(n)\right]^2$$

mit den partiellen Ableitungen

$$\frac{\partial \widehat{F}(e)}{\partial e_\mu} = 2\left[\sum_\mu e_\mu y(n-\mu) - r(n)\right] y(n-\mu)$$
$$= 2f(n)y(n-\mu), \qquad \mu = 0, \ldots, M.$$

Dieses Ergebnis in Gl. (5.74) eingesetzt, liefert die endgültige rekursive Formel

$$e_\mu(n+1) = e_\mu(n) - 2\delta f(n) y(n-\mu).\qquad(5.75)$$

Hierbei handelt es sich um den einfachsten Algorithmus zur adaptiven Signalentzerrung. Im Vergleich zu aufwendigeren Verfahren besitzt dieser sog. *Least-Mean-Square* (LMS)-Algorithmus relativ schlechte Konvergenzeigenschaften, da zur optimalen Einstellung des Einlaufverhaltens nur die Schrittweite δ beeinflußt werden kann.

Von den vielfältigen Anwendungen adaptiver Entzerrer sei die bidirektionale Datenübertragung auf einer Einfachleitung mit Hilfe der *Echokompensation* genannt (siehe Bild 5.25 genannt (siehe Bild 5.25). Die Trennung des Sendesignales A vom Empfangssignal B wird durch die *Gabelschaltung* G realisiert, welche die (idealisierte) symmetrische Streumatrix

$$S = \begin{pmatrix} 0 & S_{12} & 0 & S_{41} \\ S_{12} & 0 & S_{32} & \varepsilon \\ 0 & S_{32} & 0 & S_{34} \\ S_{41} & \varepsilon & S_{34} & 0 \end{pmatrix}$$

besitzt. Aus der Tatsache, daß alle Elemente auf der Hauptdiagonalen verschwinden, folgt mit Abschn. 4.2.7, daß die vier Tore reflexionsfrei abgeschlossen sind. Hierzu muß Tor 3 mit der Leitungsnachbildung N beschaltet sein. Aus $S_{13} = S_{31} = 0$ folgt, daß die von der Leitung kommende Leistung nicht in die Nachbildung fließt.

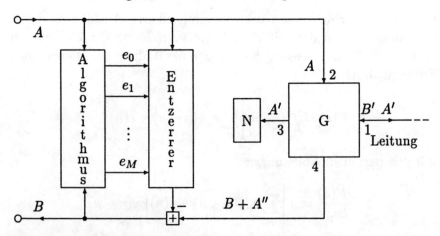

Bild 5.25 Prinzip der Echokompensation

Das für die störungsfreie Funktion wichtigste Element der Streumatrix ist $S_{24} = S_{42} = \varepsilon$. Da das Empfangssignal B meistens um Größenordnungen kleiner ist als das Sendesignal A, tritt auch bei sehr kleinen Beträgen von ε immer noch ein störendes Echo A'' auf. Dieses läßt sich mit dem beschriebenen adaptiven Entzerrer weitgehend kompensieren, wenn dafür gesorgt wird, daß A und B unkorreliert sind. Gemäß Gl. (5.73) liefert die auf der rechten Seite stehende Kreuzkorrelationsfunktion aus A und B keinen Beitrag, so daß nur A'' als Referenzsignal wirkt.

5.6 Aufgaben zu Kapitel 5

Aufgabe 5.1
Eine verlustfreie Leitung ist wie unten skizziert beschaltet. Gegeben: $0 < \beta l < \pi/2$, L', C', Kreisfrequenz ω_0 der sinusförmigen Quellspannung U_{01}.

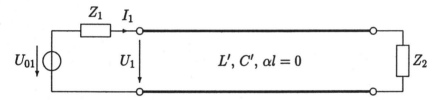

Berechnen Sie Z_2 so, daß die Eingangsimpedanz $Z_{e1} = U_1/I_1$ null bzw. unendlich wird. Durch welches Bauelement (Widerstand, Spule oder Kondensator) kann Z_2 realisiert werden? Berechnen Sie R, L oder C in Abhängigkeit der gegebenen Leitungsparameter.

Aufgabe 5.2
Zwei verlustfreie Leitungen sind hintereinander geschaltet und mit $R_2 = 300\,\Omega$ belastet. Die erste Leitung hat die Länge $l_1 = \lambda$ und den Wellenwiderstand Z_{w1}; die zweite Leitung besitzt die Länge $l_2 = \lambda 3/4$ und den Wellenwiderstand Z_{w2}.

a) Welche Werte müssen die Wellenwiderstände beider Leitungen annehmen, damit die Eingangsimpedanz der Gesamtleitung die Größe $Z_{e1} = 75\,\Omega$ erreicht?

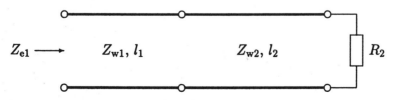

b) Wie groß wird Z_{e1}, wenn bei unveränderten Leitungslängen die Frequenz verdoppelt wird?

Aufgabe 5.3

Von der abgebildeten, beschalteten homogenen Leitung sind gegeben: U_{01}, Z_1, Z_2, Z_w und γl. Folgende Größen sollen berechnet werden:

a) Die Spannungsverhältnisse U_2/U_{01} und $|U_x/U_1|$ für $Z_2 = Z_w$,

b) die Leerlaufspannung U_{2l}, der Innenwiderstand Z_i und der Kurzschlußstrom I_{2k} der jeweiligen Ersatzquelle bezüglich des Klemmenpaares 22' für $Z_1 = Z_w$.

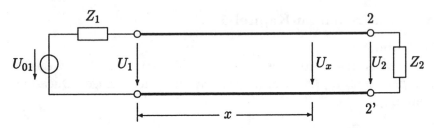

Aufgabe 5.4

Gegeben ist eine homogene Leitung mit dem Wellenwiderstand $Z_w = 75\,\Omega$, dem Dämpfungsmaß $\alpha l = 10\,\text{Np}$ und dem Phasenmaß $\beta l = \pi$. Diese Leitung verbindet einen Verbraucher ($R_2 = 200\,\Omega$) mit einem Generator, dessen sinusförmige Spannung die Amplitude $|U_{01}| = 20\,\text{V}$ besitzt und dessen Innenwiderstand R_1 die Größe des Verbraucherwiderstandes hat.

a) Bestimmen Sie die Größen $Z_{e1} = U_1/I_1$, $|U_1|$ und $|I_1|$ allgemein und für die angegebenen Zahlenwerte.

b) Wie ändern sich die Ergebnisse von a bei leerlaufender Leitung?

Aufgabe 5.5

Zwei mit ihrem jeweiligen Wellenwiderstand Z_{w1} bzw. Z_{w2} angepaßte Leitungen werden zusammengeschaltet.

a) Die erste Leitung sei verlustfrei ($\alpha_1 l_1 = 0$). Berechnen Sie U_1/U_{01} für $l_1 = \lambda/2$ und für $l_1 = \lambda/4$.

b) Gegeben sind nun die Dämpfungsmaße $\alpha_1 l_1 = 6\,\text{Np}$ und $\alpha_2 l_2 =$

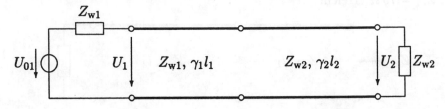

5.6 Aufgaben zu Kapitel 5

4 Np. Die Wellenwiderstände beider Leitungen seien gleich: $Z_{w1} = Z_{w2}$. Bestimmen Sie das Dämpfungsmaß $a = \ln|U_1/U_2|$ Np bzw. $a' = 20\lg|U_1/U_2|$ dB.

Aufgabe 5.6
Ein Sender – dargestellt durch eine Ersatzspannungsquelle (komplexe Spannungsamplitude U_{01}, Innenwiderstand R_1) – ist über eine verlustlose Leitung mit einem Empfänger (Eingangswiderstand R_2) verbunden.

a) Berechnen Sie die komplexen Amplituden I_1 und U_2.
b) Welchen Wert muß Z_w haben, damit $|U_2|$ möglichst groß wird?

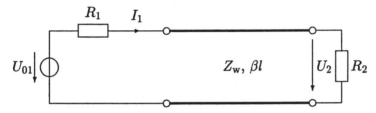

$U_{01} = 6\,\text{V}, \quad R_1 = 100\,\Omega, \quad R_2 = 200\,\Omega,$
$Z_w = 600\,\Omega, \quad l = \lambda/4$ (Dualwandler).

Aufgabe 5.7
Die Gleichspannungsquelle u_0 liegt schon sehr lange an der Anordnung aus zwei verlustfreien Leitungen. Die Wellenwiderstände sind gleich, die Laufzeiten aber unterschiedlich und es gilt $\tau_2 = 1{,}5\,\tau_1$.

Zum Zeitpunkt $t = 0$ wird der Schalter geöffnet. Ermitteln Sie den zeitlichen Verlauf der Spannungen $u_1(t)$ und $u_2(t)$.

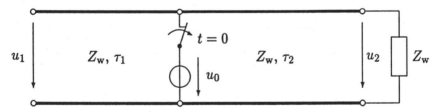

Aufgabe 5.8
Gegeben ist eine beidseitig reell abgeschlossene, verlustfreie Leitung und es gilt $R = 3Z_w$.

a) Berechnen Sie den Verlauf der Spannungen $u_1(t)$ und $u_2(t)$ bei Sprunganregung ($u_{01}(t) = s(t)$).
b) Bestimmen Sie diejenige e-Funktion, die die Treppenfunktion $u_2(t)$ gemäß Abbildung approximiert.

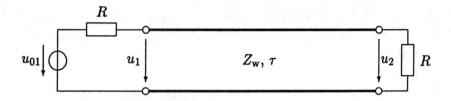

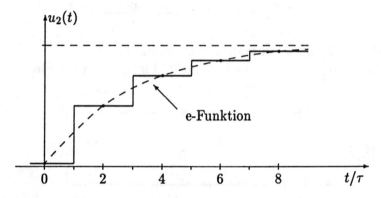

Aufgabe 5.9

Ein verlustfreies, symmetrisches Dreileitersystem wird entsprechend der Abbildung beschaltet und hat die Wellenwiderstände $Z_{wgl} = R\sqrt{3}$ (Gleichtaktbetrieb) und $Z_{wgg} = R/\sqrt{3}$ (Gegentaktbetrieb).

Berechnen Sie für $\beta l = \pi/2$ die Spannungen U_{11}, U_{12}, U_{21} und U_{22}.

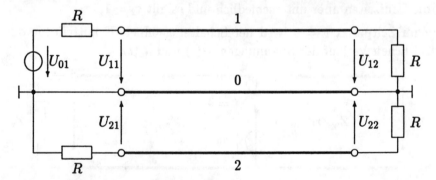

Aufgabe 5.10

Das Dreileitersystem von Aufgabe 5.9 werde schon sehr lange durch eine Gleichspannung u_0 erregt, die zum Zeitpunkt $t = 0$ abgeschaltet wird:

$$u_{01}(t) = \begin{cases} u_0 \text{ für } t < 0 \\ 0 \text{ für } t \geq 0 \end{cases}.$$

5.6 Aufgaben zu Kapitel 5

Für die Reflexionsfaktoren des Gleich- bzw. Gegentaktbetriebes gelte:

$$r_{1gl} = r_{2gl} = 1/2, \quad r_{1gg} = r_{2gg} = -1/4.$$

Berechnen und zeichnen Sie die Spannungen $u_{12}(t)$ und $u_{22}(t)$.

Aufgabe 5.11

Zwei verlustfreie Leitungen mit unterschiedlichen Wellenwiderständen und unterschiedlichen Laufzeiten werden zusammengeschaltet. Die beiden Abschlußwiderstände sind reell und es gilt außerdem $Z_2 = Z_{w2}$. An der Stoßstelle der beiden Leitungen entstehen störende Echos, die durch einen entsprechenden Entzerrer herausgefiltert werden sollen. Leiten Sie die Übertragungsfunktion $H_E(j\omega)$ des Entzerrers her und geben Sie eine kausale Realisierung an.

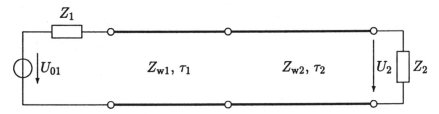

Aufgabe 5.12

Infolge einer starken Reflexion lautet die Impulsantwort eines Übertragungssystems

$$h(t) = \delta(t) + a\delta(t - T), \quad |a| < 1.$$

Berechnen Sie hierfür die Übertragungsfunktion eines zugehörigen Entzerrers. Wie könnte eine rekursive (rückgekoppelte) Realisierung mit nur einem einzigen Verzögerungsglied aussehen?

6 Modulation und Codierung

Eine wesentliche Aufgabe der Nachrichten-Übertragungstechnik besteht darin, eine Vielzahl von Sendesignalen über einen gemeinsamen Übertragungsweg zu übertragen und empfangsseitig wieder voneinander zu trennen. Diese *Multiplex-Übertragung* ist unvermeidbar, wenn nur ein einziger Übertragungsweg vorhanden ist, wie z.B. der freie Raum für Funkverbindungen. Die Multiplex-Übertragung ist aber auch aus wirtschaftlichen Gründen sinnvoll, wenn z.B. mehrere tausend Zweidrahtleitungen einer Fernsprechstrecke durch ein einziges breitbandiges Koaxkabel ersetzt werden können.

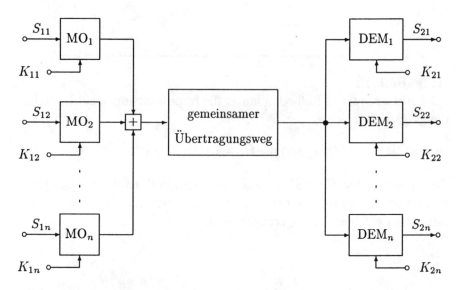

Bild 6.1 Übertragung mehrerer Signale auf einem gemeinsamen Übertragungsweg

Zur Anpassung der Sendesignale S_{1i} ($i = 1, \ldots, n$) an die Übertragungseigenschaften des gemeinsamen Übertragungsweges müssen diese mit Hilfe von Modulatoren MO_i umgeformt werden. Gleichzeitig muß jedes Einzelsignal ein individuelles Kennzeichen K_{1i} erhalten, damit es auf der Empfangsseite durch ein entsprechendes Kennzeichen K_{2i} selektierbar ist. Die Selektion und Rückformung in den ursprünglichen Signalverlauf S_{2i} erfolgt mit Hilfe von Demodulatoren DEM_i. Die beiden wichtigsten Verfahren zur Multiplex-Übertragung sind die *Frequenzmultiplex-* und die *Zeitmultiplextechnik*.

Allgemein versteht man unter *Modulation* die Beeinflussung von Signalparametern einer Zeitfunktion (Träger) durch ein zu übertragendes (modulierendes) Signal. Bei digitalen Übertragungsverfahren ist die Zeitfunktion z.B. eine äquidistante Folge binärer Impulse. Parameter der Zeitfunktion ist die Amplitude jedes einzelnen Impulses. Bei Pulscodemodulation (PCM) wird jeder Abtastwert eines digitalisierten Signals durch ein Impulspaket aus b Binärimpulsen dargestellt. Das setzt voraus, daß es nicht mehr als 2^b verschiedene quantisierte Abtastwerte gibt. Die Darstellung jedes möglichen quantisierten Abtastwertes durch eine b-stellige Binärkombination der Elemente „0" und „1" wird als *Codierung* bezeichnet (siehe hierzu auch Kapitel 3 des ersten Bandes).

6.1 Kontinuierliche Modulation und Tastung

Die Verschiebung eines Signalspektrums aus seiner Originallage (Basisband) in eine andere Frequenzlage erreicht man durch Modulation einer harmonischen Schwingung

$$s_T(t) = A\cos(\Omega_0 t + \phi). \qquad (6.1)$$

Parameter dieses Trägersignals sind die Amplitude A und der Nullphasenwinkel ϕ. Durch zeitliche Änderung einer oder beider Kenngrößen durch das zu übertragende Signal $s_1(t)$ entsteht die modulierte Schwingung

$$m_1(t) = a(t)\cos\psi(t) = a(t)\cos[\Omega_0 t + \varphi(t)]. \qquad (6.2)$$

Hierbei handelt es sich um ein Bandpaßsignal gemäß Gl. (1.81) des ersten Bandes, wonach $a(t)$ auch als *Hüllkurve* bezeichnet wird. Die zeitliche Ableitung des Argumentes $\psi(t)$ stellt die sog. *Momentanfrequenz*

$$\Omega(t) = \frac{d\psi(t)}{dt} = \Omega_0 + \frac{d\varphi(t)}{dt} \qquad (6.3)$$

dar, die als konstanten Anteil die *Trägerfrequenz* Ω_0 enthält.

Bei der digitalen Signalübertragung entstehen modulierende Signale der Form

$$s_1(t) = \sum_{n=-\infty}^{\infty} a_{1n} g(t - n\Delta t), \qquad (6.4)$$

wobei $a_{1n} \in \{0,1\}$ gilt. Die im Abstand der Taktzeit Δt erzeugten Impulse der Form $g(t)$ stellen im einfachsten Fall Rechteckfunktionen der Dauer Δt dar:

$$g(t) = \text{rect}\,(t/\Delta t)\,. \tag{6.5}$$

Die zeitliche Änderung der Parameter der harmonischen Trägerschwingung durch dieses digitale Sendesignal wird als *Tastung* bezeichnet.

6.1.1 Grundsätzliche Verfahren

Beeinflußt das zu übertragende Signal $s_1(t)$ nur die Amplitude bzw. Hüllkurve $a(t)$, während $\varphi(t) = \phi$ konstant gehalten wird, dann handelt es sich um reine *Amplitudenmodulation* (AM). Wird hierbei die Amplitude um einen konstanten Ruhewert A geändert:

$$a(t) = A + k_1 s_1(t)\,, \tag{6.6}$$

dann liegt *gewöhnliche Amplitudenmodulation* vor. Den Sonderfall $A = 0$ bezeichnet man als *lineare Modulation*. Die für ein digitales Sendesignal entstehende *Amplitudentastung* wird auch ASK (Abkürzung für engl. „Amplitude Shift Keying") genannt.

Wird durch das zu übertragende Signal $s_1(t)$ nur der Nullphasenwinkel $\varphi(t)$ verändert, während $a(t) = A$ konstant gelassen wird, dann liegt reine *Winkelmodulation* vor. Hierbei unterscheidet man zwei besondere Fälle: Bei der *Frequenzmodulation* (FM) wird die Momentanfrequenz $\Omega(t)$ um die konstante Trägerfrequenz Ω_0 proportional zu $s_1(t)$ geändert:

$$\Omega(t) = \Omega_0 + k_1 s_1(t)\,. \tag{6.7}$$

Im Unterschied dazu ist bei der *Phasenmodulation* (PM) der Nullphasenwinkel $\varphi(t)$ direkt proportional zu $s_1(t)$:

$$\varphi(t) = k_1 s_1(t)\,. \tag{6.8}$$

Mit Gl. (6.3) ergibt sich für diesen Fall

$$\Omega(t) = \Omega_0 + k_1 \frac{ds_1(t)}{dt}\,, \tag{6.9}$$

was bedeutet, daß die Phasenmodulation eine Frequenzmodulation mit differenziertem Sendesignal darstellt.

Die bei einem digitalen Sendesignal entstehende *Frequenzumtastung* bzw. *Phasenumtastung* nennt man auch FSK (Abkürzung für engl.

6.1 Kontinuierliche Modulation und Tastung

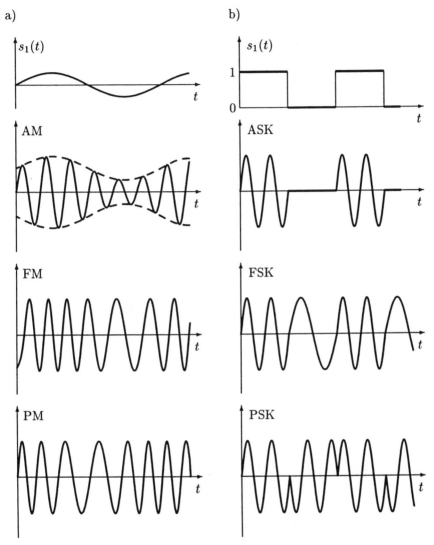

Bild 6.2 Grundsätzliche Verfahren a) der kontinuierlichen Modulation und b) der Tastung

„Frequency Shift Keying") bzw. PSK (Abkürzung für engl. „Phase Shift Keying"). Bild 6.2 zeigt die grundsätzlichen Verfahren der kontinuierlichen Modulation und Tastung für eine Sinus- und eine Rechteckschwingung. (Im Fall der binären Phasenumtastung – auch als 2-PSK bezeichnet – wird in Gl. (6.8) $k_1 = \pi$ gesetzt.)

6.1.2 Allgemeine Darstellung

Die modulierte Schwingung $m_1(t)$ in Gl. (6.2) läßt sich zu der komplexen Zeitfunktion

$$\underline{m}_1(t) = a(t)e^{j[\Omega_0 t + \varphi(t)]} = \underline{a}(t)e^{j\Omega_0 t} \qquad (6.10)$$

erweitern, wobei nun in der *komplexen Hüllkurve* $\underline{a}(t)$ die reelle Hüllkurve $a(t)$ und der reelle Nullphasenwinkel $\varphi(t)$ zusammengefaßt sind:

$$\underline{a}(t) = a(t)e^{j\varphi(t)} = a(t)\cos\varphi(t) + ja(t)\sin\varphi(t). \qquad (6.11)$$

Die Zerlegung in Real- und Imaginärteil liefert die sog. *Quadraturkomponenten* der komplexen Hüllkurve

$$s_c(t) = a(t)\cos\varphi(t), \qquad (6.12a)$$
$$s_s(t) = a(t)\sin\varphi(t). \qquad (6.12b)$$

Diese Bezeichnung wird verdeutlicht durch die Umkehrbeziehungen

$$a(t) = [s_c^2(t) + s_s^2(t)]^{1/2}, \qquad (6.13a)$$
$$\varphi(t) = \arctan[s_s(t)/s_c(t)] + k\pi. \qquad (6.13b)$$

Es zeigt sich, daß die reelle Hüllkurve in Gl. (6.11) für $a(t) \geq 0$ durch Quadratur von $s_c(t)$ und $s_s(t)$ eindeutig ermittelt werden kann. Die Phase $\varphi(t)$ ist dagegen nur bis auf ganzzahlige Vielfache von π eindeutig rekonstruierbar.

Die Realteilbildung von Gl. (6.10) liefert mit den Gln. (6.11) und (6.12):

$$m_1(t) = \operatorname{Re}[\underline{m}_1(t)] = s_c(t)\cos\Omega_0 t - s_s(t)\sin\Omega_0 t. \qquad (6.14)$$

Hieraus folgt, daß alle Verfahren der kontinuierlichen Modulation und Tastung als Überlagerung zweier rein amplitudenmodulierter Einzelschwingungen dargestellt werden können.

6.2 Amplitudenmodulation (AM)

Eine charakteristische Eigenschaften jeder Modulationsart stellt die Bandbreitedehnung gegenüber dem Basisbandsignal dar. Aus diesem Grunde unterscheidet man auch bei der Amplitudenmodulation zwischen einem Verfahren mit doppelter Bandbreite (*Zweiseitenband-AM*)

6.2 Amplitudenmodulation (AM)

und einem Verfahren mit einfacher Bandbreite (*Einseitenband-AM*). Diese Unterscheidung bezieht sich jedoch auf die ursprüngliche technische Realisierung. Wie eine genauere Analyse zeigt, wird bei der Einseitenband-AM neben der Hüllkurve $a(t)$ auch der Nullphasenwinkel $\varphi(t)$ beeinflußt.

6.2.1 Zweiseitenband-AM

Bei *gewöhnlicher AM* ist nach Gl. (6.6)

$$a(t) = A + k_1 s_1(t), \quad \varphi(t) = \phi_1 = \text{const}.$$

Durch Einsetzen dieser Beziehung in den allgemeinen Ausdruck für eine modulierte Schwingung, Gl. (6.2), folgt

$$m_1(t) = [A + k_1 s_1(t)] \cos(\Omega_0 t + \phi_1). \qquad (6.15)$$

Zur Untersuchung der Spektralverschiebung des zu übertragenden Signals $s_1(t) \circ\!\!-\!\!\bullet S_1(j\omega)$ wird Gl. (6.15) der Fourier-Transformation unterzogen und man erhält mit der Zuordnung $m_1(t) \circ\!\!-\!\!\bullet M_1(j\omega)$ sowie dem Formalismus von Abschn. 1.2 des ersten Bandes

$$M_1(j\omega) = [\pi A \delta(\omega) + \frac{k_1}{2} S_1(j\omega)] * [e^{j\phi_1} \delta(\omega - \Omega_0) + e^{-j\phi_1} \delta(\omega + \Omega_0)].$$

Nach Ausführung der Faltung folgt hieraus durch einfache Umformungen

$$M_1(j\omega) = k_1' S_1[j(\omega - \Omega_0)] + k_1'^* S_1[j(\omega + \Omega_0)]$$
$$+ A'\delta(\omega - \Omega_0) + A'^*\delta(\omega + \Omega_0) \qquad (6.16a)$$

mit

$$k_1' = \frac{k_1}{2} e^{j\phi_1}, \quad A' = \pi A e^{j\phi_1}. \qquad (6.16b)$$

Dieses Ergebnis besagt, daß die gewöhnliche AM eine Verschiebung des Spektrums $S_1(j\omega)$ um $\pm\Omega_0$ bewirkt, ohne die Form des Spektrums dabei zu verändern. Additiv überlagert sind zwei Diracimpulse bei $\omega = \pm\Omega_0$, die den sinusförmigen Träger repräsentieren. Dieser Trägeranteil wird im Fall der *linearen Modulation* wegen $A = 0$ vollständig unterdrückt. In Bild (6.3) ist das Ergebnis der Verschiebung eines auf ω_g bandbegrenzten Spektrums dargestellt.

Beim verschobenen Spektrum (im Übertragungsband) unterscheidet man ein *oberes* und ein *unteres Seitenband*. Das obere Seitenband

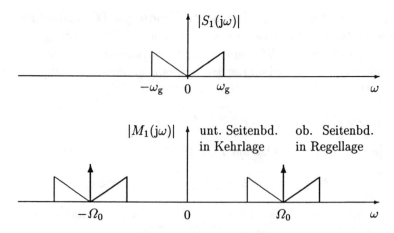

Bild 6.3 Spektralverschiebung durch gewöhnliche AM

auf der positiven Frequenzachse entspricht dem Basisbandspektrum bei positiven Frequenzen, welches bereits die vollständige Information über das reellwertige Signal $s_1(t)$ enthält. Andererseits ist die gesamte Information über das zu übertragende Signal auch im unteren Seitenband enthalten. Beim oberen Seitenband spricht man von einer *Regellage*, weil es durch reine Verschiebung aus dem Basisbandspektrum entsteht. Da das untere Seitenband zusätzlich um $\omega = \Omega_0$ gespiegelt erscheint, spricht man hier von einer *Kehrlage*. Die Entstehung zweier Seitenbänder wird durch den Begriff Zweiseitenband-AM (ZSB-AM) gekennzeichnet.

Die prinzipielle **Realisierung der ZSB-AM** erfolgt mit Hilfe eines Multiplizierers nach Bild 6.4a. Eine Variante, die zur Erzeugung von linearer Modulation verwendet wird, stellt der Ringmodulator dar, bei dem das Signal $s_1(t)$ mit der Trägerfrequenz Ω_0 umgepolt wird (siehe Aufgabe 6.1).

Eine weitere Variante, die hauptsächlich zur Erzeugung von gewöhn-

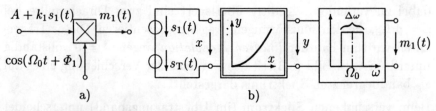

Bild 6.4 Realisierung der ZSB-AM durch a) Multiplizierer, b) Modulator mit nichtlinearer Kennlinie

6.2 Amplitudenmodulation (AM)

licher AM eingesetzt wird, ist in Bild 6.4b dargestellt. Die Summe aus Signal und Trägerschwingung wird auf den Eingang eines nichtlinearen Zweitores gegeben. Der Zusammenhang zwischen den Momentanwerten der Eingangsgröße x und der Ausgangsgröße y läßt sich als Potenzreihe der Form

$$y = a_1 x + a_2 x^2 + \ldots$$

beschreiben. Mit $x(t) = s_1(t) + s_T(t)$ folgt hieraus

$$\begin{aligned} y(t) &= a_1[s_1(t) + s_T(t)] + a_2[s_1(t) + s_T(t)]^2 + \ldots \\ &= \underline{[a_1 + 2a_2 s_1(t)] s_T(t)} + a_1 s_1(t) \\ &\quad + a_2 s_1^2(t) + a_2 s_T^2(t) + \ldots . \end{aligned} \qquad (6.17)$$

Der unterstrichene Term stellt eine modulierte Schwingung $m_1(t)$ nach Gl. (6.15) dar, während die weiteren Summanden zu Spektralanteilen bei $\omega = 0$ und $\omega = \pm 2\Omega_0$ führen, wie sich durch Fourier-Transformation von Gl. (6.17) leicht zeigen läßt. Die ZSB-AM-Schwingung wird mit einem Bandpaß der Mittenfrequenz Ω_0 und der Bandbreite $\Delta\omega = 2\omega_g$ von den sonst noch entstehenden Spektralanteilen getrennt. Diese Trennung ist auch dann noch möglich, wenn weitere Glieder der Potenzreihe berücksichtig werden.

6.2.2 Einseitenband-AM

Die bisher besprochenen AM-Verfahren besitzen die Eigenschaft, daß die modulierte Schwingung $m_1(t)$ genau die doppelte Bandbreite des Sendesignales $s_1(t)$ hat. Anhand der Spektraldarstellung in Bild 6.3 läßt sich aber sofort einsehen, daß zur Übertragung bereits die einfache Bandbreite $\Delta\omega = \omega_g$ genügt. Hierzu wird das modulierte Signal, wie Bild 6.5 zeigt, über einen steilflankigen Bandpaß $H_{BP}(j\omega)$ mit der unteren Grenzfrequenz Ω_0 und der Bandbreite $\Delta\omega > \omega_g$ übertragen. Dieses Verfahren wird als *Einseitenband-AM* (ESB-AM) bezeichnet.

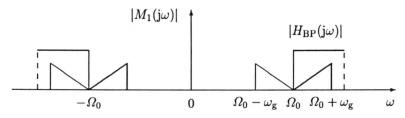

Bild 6.5 Entstehung der ESB-AM aus linearer Modulation

Alternativ zu Bild 6.5, wo vom Fall der linearen Modulation (mit Trägerunterdrückung) ausgegangen wird, kann natürlich auch das untere Seitenband übertragen werden.

Das steilflankige Bandpaßfilter, das in Bild 6.5 zur Bildung des ESB-AM-Signales benötigt wird, ist praktisch nicht realisierbar, wenn im Basisband starke Spektralanteile im Bereich des Nullpunktes vorhanden sind. Dieser Fall liegt z.B. vor bei den Telegrafie- und Fernsehsignalen, während er bei Sprachsignalen bekanntlich nicht vorliegt. Es ist aber möglich, auch Filter endlicher Flankensteilheit zu verwenden, wie Bild 6.6 zeigt. Bei diesem sog. *Restseitenband-AM*-Verfahren (RSB-AM) wird der im oberen Seitenband fehlende Anteil in einem Teil des unteren Seitenbandes übertragen. Die Übertragungsfunktion $H_{BP}(j\omega)$ eines geeigneten Filters muß dazu im Bereich $|\omega - \Omega_0| < \omega_g$ einen zur Trägerfrequenz Ω_0 schiefsymmetrischen Verlauf haben, der als *Nyquistflanke* bezeichnet wird. Die Demodulation der RSB-AM hat in jedem Fall synchron zu erfolgen (vgl Abschn. 6.2.3).

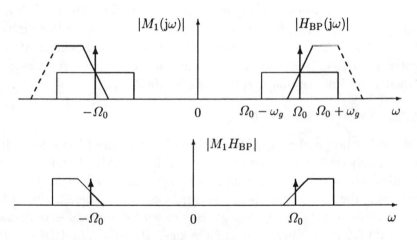

Bild 6.6 Entstehung der RSB-AM aus gewöhnlicher AM

Obwohl die beiden zuletzt betrachteten Modulationsverfahren durch Filterung aus der ZSB-AM entstehen, stellen sie keine reine Amplitudenmodulation dar, wie die folgenden Überlegungen zeigen sollen. In der Modulatorschaltung von Bild 6.7 führt das System mit der Übertragungsfunktion

$$H_H(j\omega) = -j\,\text{sgn}(\omega) \qquad (6.18)$$

die *Hilbert-Transformation* aus (vgl. Aufgabe 1.9 des ersten Bandes).

6.2 Amplitudenmodulation (AM)

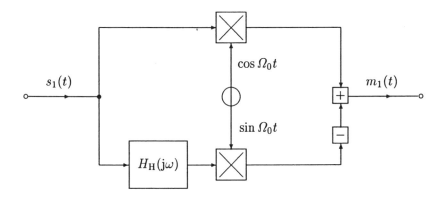

Bild 6.7 Realisierung der ESB-AM durch Hilbert-Transformation

Aus der modulierten Schwingung im Zeitbereich

$$m_1(t) = s_1(t)\cos\Omega_0 t - [s_1(t) * h_\mathrm{H}(t)]\sin\Omega_0 t \qquad (6.19)$$

ergibt sich durch Anwendung der Fourier-Transformation mit Gl. (6.18) das Spektrum

$$\begin{aligned}M_1(\mathrm{j}\omega) &= \frac{1}{2}S_1(\mathrm{j}\omega) * [\delta(\omega - \Omega_0) + \delta(\omega + \Omega_0)] \\ &\quad - \frac{1}{2\mathrm{j}}[S_1(\mathrm{j}\omega)H_\mathrm{H}(\mathrm{j}\omega)] * [\delta(\omega - \Omega_0) - \delta(\omega + \Omega_0)] \\ &= \frac{1}{2}[S_1(\mathrm{j}\omega) + S_1(\mathrm{j}\omega)\mathrm{sgn}(\omega)] * \delta(\omega - \Omega_0) \\ &\quad + \frac{1}{2}[S_1(\mathrm{j}\omega) - S_1(\mathrm{j}\omega)\mathrm{sgn}(\omega)] * \delta(\omega + \Omega_0). \qquad (6.20)\end{aligned}$$

Durch Bild 6.8 wird veranschaulicht, daß dies das Spektrum einer ESB-AM darstellt, wobei die Faltung mit den beiden Diracimpulsen eine Verschiebung der Spektralfunktionen in den eckigen Klammern um Ω_0 nach rechts bzw. links bewirkt. Bei Änderung des Vorzeichens im unteren Signalpfad von Bild 6.7 wird im Unterschied zum vorliegenden Fall das untere Seitenband erzeugt.

Gl. (6.19) hat die Form der allgemeinen Darstellung einer modulierten Schwingung gemäß Gl. (6.14) mit

$$h_\mathrm{H}(t) = \frac{1}{\pi t}, \qquad (6.21)$$

was sofort mit Aufgabe 1.9 und dem Symmetrietheorem der FT nachgewiesen werden kann. Damit liegt eine Amplitudenmodulation bei gleichzeitiger Winkeländerung vor, wie aus Gl. (6.13) folgt.

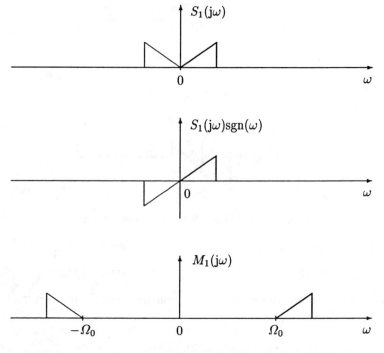

Bild 6.8 Entstehung der ESB-AM durch die Realisierung von Bild 6.7

6.2.3 Demodulation von AM-Signalen

Unter Demodulation versteht man den Vorgang der Wiedergewinnung des Sendesignales aus der modulierten Schwingung. Da bei der AM das Spektrum im Übertragungsband sich vom Basisbandspektrum nur durch eine Verschiebung auf der Frequenzachse unterscheidet, muß zur Demodulation lediglich eine Rückverschiebung vorgenommen werden. Dies kann z.B. durch eine erneute lineare Modulation der empfangenen Schwingung $m_1'(t)$ mit einem harmonischen Träger derselben Frequenz Ω_0 erfolgen. Man erhält somit die modulierte Schwingung

$$m_2(t) = k_2 m_1'(t) \cos(\Omega_0 t + \phi_2) \qquad (6.22)$$

mit dem Spektrum (im Argument ohne die imaginäre Einheit j aufgeschrieben):

$$M_2(\omega) = \frac{k_2}{2} e^{j\phi_2} M_1'(\omega - \Omega_0) + \frac{k_2}{2} e^{-j\phi_2} M_1'(\omega + \Omega_0).$$

6.2 Amplitudenmodulation (AM)

Stellt $M_1'(\omega)$ das Spektrum der gewöhnlichen AM nach Gl. (6.16) dar, so gilt

$$M_2(\omega) = \frac{k_2}{2} e^{j\phi_2}[k_1' S_1(\omega - 2\Omega_0) + k_1'^* S_1(\omega) + A'\delta(\omega - 2\Omega_0) + A'^*\delta(\omega)]$$
$$+ \frac{k_2}{2} e^{-j\phi_2}[k_1' S_1(\omega) + k_1'^* S_1(\omega + 2\Omega_0) + A'\delta(\omega) + A'^*\delta(\omega + 2\Omega_0)].$$

Dieses Ergebnis läßt sich wie folgt zusammenfassen:

$$M_2(\omega) = [2\pi A\delta(\omega) + k_1 S_1(\omega)] \frac{k_2}{2} \cos(\phi_1' - \phi_2)$$
$$+ [\pi A\delta(\omega - 2\Omega_0) + \frac{k_1}{2} S_1(\omega - 2\Omega_0)] \frac{k_2}{2} e^{j(\phi_1' + \phi_2)}$$
$$+ [\pi A\delta(\omega + 2\Omega_0) + \frac{k_1}{2} S_1(\omega + 2\Omega_0)] \frac{k_2}{2} e^{-j(\phi_1' + \phi_2)}.$$

Die beiden letzten Terme stellen Spektralanteile bei den doppelten Trägerfrequenzen $\pm 2\Omega_0$ dar und lassen sich mit einem Tiefpaß wegfiltern. Der verbleibende Anteil stellt das Spektrum $S_2(\omega)$ des demodulierten Signales

$$s_2(t) = [A + k_1 s_1(t)] \frac{k_2}{2} \cos(\phi_1' - \phi_2) \qquad (6.23)$$

dar. Das Sendesignal läßt sich also durch weitere lineare Modulation mit anschließender Tiefpaßfilterung wiedergewinnen (siehe Bild 6.9a). Der überlagerte Gleichanteil A kann mit einem Hochpaß vom Wechselanteil $k_1 s_1(t)$ getrennt werden. Die Amplitude des demodulierten Signales hängt jedoch von der Phasendifferenz $\phi_1' - \phi_2$ ab, wobei ϕ_1' den auf den Empfangsort bezogenen Nullphasenwinkel der sendeseitigen Trägerschwingung darstellt:

$$\phi_1' = \phi_1 - \Omega_0 t_0 \qquad (6.24)$$

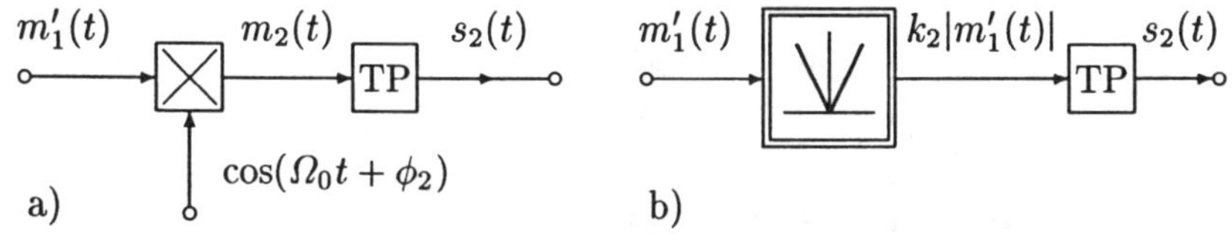

Bild 6.9 Demodulation von AM-Signalen durch a) Synchrondetektor, b) Hüllkurvendetektor

mit der Signallaufzeit t_0 zwischen Sender und Empfänger.

Ist die Phasendifferenz null, dann wird die Amplitude maximal, beträgt sie jedoch $\pi/2$, so verschwindet das demodulierte Signal. Schwankungen der Phasendifferenz wirken sich somit als störende Modulation der Empfangsamplitude aus. Es ist also erforderlich, daß der Träger auf der Empfangsseite phasenrichtig vorliegt. Er wird deshalb aus dem im Empfangssignal $m'_1(t)$ enthaltenen Trägeranteil abgeleitet. Diese Art der Demodulation bezeichnet man auch als *synchrone* oder *kohärente Demodulation*. In Aufgabe 6.2 wird gezeigt, daß im Fall der ESB-AM auf die Phasenkohärenz verzichtet werden kann, wenn die Phaseninformation des Sendesignales $s_1(t)$ keine Rolle spielt, wie z.B. bei Fernsprechsignalen.

Neben der kohärenten Demodulation gibt es speziell bei gewöhnlicher AM noch die Möglichkeit der *Hüllkurvendemodulation*. Diese besteht in einer einfachen Gleichrichtung der modulierten Schwingung

$$m'_1(t) = [A + k_1 s_1(t)] \cos(\Omega_0 t) \qquad (6.25)$$

und einer anschließenden Tiefpaßfilterung entsprechend Bild 6.9b. (Durch geeignete Wahl des Zeitnullpunktes ergibt sich der Nullphasenwinkel zu $\phi'_1 = 0$.) Unter der Voraussetzung

$$a(t) = A + k_1 s_1(t) \geq 0$$

liefert die Fourier-Reihenentwicklung von Gl. (6.25)

$$k_2 |m'_1(t)| = k_2 a(t)[1 + a_1 \cos(\Omega_0 t) + a_2 \cos(2\Omega_0 t) + \ldots].$$

Diese Darstellung gilt sowohl für eine Einweg- als auch eine Doppelweggleichrichtung und sogar für die verzerrte Kennlinie eines realen Dioden-Gleichrichters. Die Spektralanteile bei Vielfachen der Trägerfrequenz Ω_0 werden mit dem Tiefpaß weggefiltert und man erhält

$$s_2(t) = k_2 a(t) = k_2[A + k_1 s_1(t)]. \qquad (6.26)$$

Da sich der Hüllkurvendetektor mit sehr einfachen Mitteln realisieren läßt, wird die gewöhnliche AM u. a. beim Mittelwellenrundfunk verwendet.

6.2.4 Frequenzmultiplex-Übertragung

Bei der *Frequenzmultiplextechnik* erfolgt die Signalumformung nach Bild 6.1 durch eine kontinuierliche Modulation, meistens durch die

6.3 Winkelmodulation

ESB-AM. Die einzelnen Sendesignale mit der Bandbreite Δf werden jeweils mit einem Sinusträger unterschiedlicher Frequenz f_{0i} ($i = 1, \ldots, n$) so umgesetzt, daß sie zur Übertragung überlappungsfrei nebeneinander angeordnet sind (siehe Bild 6.10). Die Trennung der einzelnen Signale erfolgt auf der Empfangsseite mit Hilfe von Bandpässen der entsprechenden Bandbreite und die Rückformung durch erneute Umsetzung mit der gleichen Trägerfrequenz wie bei der Modulation. In der Rundfunk- und Fernsehtechnik erfolgt die Selektion auf der Empfangsseite nach dem Prinzip des *Überlagerungsempfängers* (vgl. Aufgabe 6.3).

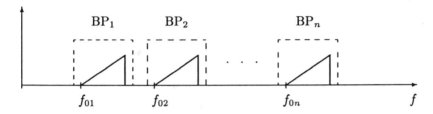

Bild 6.10 Übertragungsspektrum bei der Frequenzmultiplextechnik

Sprachsignale in Fernsprechqualität erfordern beispielsweise einen Frequenzbereich von 300 Hz bis 3400 Hz. Ein Koaxialkabelsystem kann für eine übertragbare Bandbreite von 60 MHz hergestellt werden. Mit dem entsprechenden Abstand zur Trennung durch Bandpaßfilter können 10.800 Sprachkanäle übertragen werden. Nachteil dieser Frequenzmultiplex-Übertragung sind relativ hohe Anforderungen an die Linearität und den Störabstand des Übertragungsweges (vgl. Abschn. 6.4).

6.3 Winkelmodulation

Die in Abschn. 6.2 behandelten Verfahren zur Amplitudenmodulation besitzen die Eigenschaft, daß die modulierte Schwingung $m_1(t)$ entweder die doppelte oder einfache Bandbreite des Sendesignales $s_1(t)$ besitzt. Wir werden nun Verfahren kennenlernen, die bereits für ein harmonisches Sendesignal ein unendlich ausgedehntes Spektrum im Übertragungsband besitzen. In Abschn. 6.4 wird gezeigt, daß damit der in Kapitel 3 des ersten Bandes bereits angedeutete Austausch von Bandbreite und Störabstand ermöglicht wird.

6.3.1 Frequenzmodulation (FM)

Bei FM gilt nach Gl. (6.7) für die Momentanfrequenz

$$\Omega(t) = \frac{d\psi(t)}{dt} = \Omega_0 + k_1 s_1(t), \quad a(t) = A = \text{const}.$$

Das Argument $\psi(t)$ entsteht durch die Integration

$$\psi(t) = \int_{-\infty}^{t} \Omega(\vartheta)\, d\vartheta = \Omega_0 t + k_1 \int_{-\infty}^{t} s_1(\vartheta)\, d\vartheta. \qquad (6.27)$$

Damit lautet die modulierte Schwingung entsprechend Gl. (6.2):

$$m_1(t) = A \cos \psi(t) = A \cos[\Omega_0 t + k_1 \int_{-\infty}^{t} s_1(\vartheta)\, d\vartheta]. \qquad (6.28)$$

Die prinzipielle **Realisierung der FM** erfolgt mit Hilfe eines Schwingkreises nach Bild 6.11, dessen Resonanzfrequenz durch das Sendesignal über eine steuerbare Kapazität beeinflußt wird. Die Kapazität $C(t)$ werde hierbei propotional zu $s_1(t)$ um einen Mittel- bzw. Ruhewert C_0 geändert:

$$C(t) = C_0 + k s_1(t).$$

Diese Änderung soll relativ gering sein, so daß stets

$$|k s_1(t)| \ll C_0$$

erfüllt ist. Geschieht diese Änderung außerdem relativ langsam, dann gilt für die Resonanzfrequenz des Schwingkreises folgende Linearisierung:

$$\omega(t) = [LC(t)]^{-1/2} = (LC_0)^{-1/2} \left[1 + \frac{k}{C_0} s_1(t)\right]^{-1/2}$$

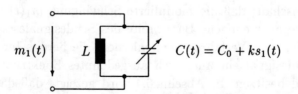

Bild 6.11 Realisierung der FM durch Schwingkreis mit gesteuerter Kapazität

$$\approx (LC_0)^{-1/2} - (LC_0)^{-1/2} \frac{k}{2C_0} s_1(t)$$
$$\hat{=} \Omega_0 + k_1 s_1(t).$$

Die zeitabhängige Resonanzfrequenz $\omega(t)$ entspricht somit der in Gl. (6.7) vorgeschriebenen zeitabhängigen Momentanfrequenz $\Omega(t)$.

6.3.2 Spektrum der FM

Gl. (6.28) läßt sich in allgemeiner Form nur sehr schwer auswerten. Deshalb wird im folgenden der einfache Fall eines harmonischen Sendesignales betrachtet:

$$s_1(t) = \hat{s}_1 \cos \omega_1 t. \qquad (6.29)$$

Hierfür ergibt sich mit Gl. (6.27) das Argument

$$\psi(t) = \Omega_0 t + \frac{k_1 \hat{s}_1}{\omega_1} \sin \omega_1 t. \qquad (6.30)$$

Mit der Einführung der Bezeichnungen *Frequenzhub*

$$\Delta\Omega = k_1 \hat{s}_1 \qquad (6.31)$$

und *Modulationsindex*

$$\eta = \frac{\Delta\Omega}{\omega_1} = \frac{k_1 \hat{s}_1}{\omega_1} \qquad (6.32)$$

erhält man die frequenzmodulierte Schwingung nach Gl. (6.28), die zweckmäßigerweise auf die Exponentialform entsprechend Gl. (6.10) gebracht wird:

$$\begin{aligned} m_1(t) &= A\cos(\Omega_0 t + \eta \sin \omega_1 t) \\ &= A\mathrm{Re}(e^{j\Omega_0 t} e^{j\eta \sin \omega_1 t}). \end{aligned} \qquad (6.33)$$

Der zweite Exponentialausdruck läßt sich umformen zu

$$\begin{aligned} e^{j\eta \sin \omega_1 t} &= e^{\frac{\eta}{2}(e^{j\omega_1 t} - e^{-j\omega_1 t})} \\ &= e^{\frac{\eta}{2} z} e^{-\frac{\eta}{2} z^{-1}}, \end{aligned} \qquad (6.34)$$

mit der Abkürzung

$$z = e^{j\omega_1 t}. \qquad (6.35)$$

Durch Potenzreihenentwicklung der Exponentialfunktion ergibt sich für die beiden Faktoren in Gl. (6.34)

$$e^{\frac{\eta}{2}z}e^{-\frac{\eta}{2}z^{-1}} = \sum_{m=0}^{\infty}\frac{1}{m!}\left(\frac{\eta}{2}\right)^m z^m \sum_{k=0}^{\infty}\frac{(-1)^k}{k!}\left(\frac{\eta}{2}\right)^k z^{-k}$$

$$= \sum_{m=0}^{\infty}\sum_{k=0}^{\infty}\frac{(-1)^k}{m!k!}\left(\frac{\eta}{2}\right)^{m+k} z^{m-k}.$$

Mit der Substitution $m - k = n$ bzw. $m = n + k$ läßt sich die Doppelsumme umformen zu

$$\sum_{n=-\infty}^{\infty}\sum_{k=0}^{\infty}\frac{(-1)^k}{(n+k)!k!}\left(\frac{\eta}{2}\right)^{n+2k} z^n = \sum_{n=-\infty}^{\infty} J_n(\eta)z^n.$$

Hierin stellt $J_n(\eta)$ die *Bessel-Funktion* erster Art der Ordnung n dar. Mit der Rücksubstitution von z, gemäß Gl. (6.35), ergibt sich für Gl. (6.34) die komplexe Fourier-Reihenentwicklung

$$e^{j\eta\sin\omega_1 t} = \sum_{n=-\infty}^{\infty} J_n(\eta)e^{jn\omega_1 t}. \tag{6.36}$$

Damit lautet die modulierte Schwingung von Gl. (6.33) nach der Realteilbildung:

$$m_1(t) = A \sum_{n=-\infty}^{\infty} J_n(\eta)\cos(\Omega_0 + n\omega_1)t. \tag{6.37}$$

Durch Fourier-Transformation erhält man hieraus das Spektrum des FM-Signales zu

$$M_1(j\omega) = \pi A \sum_{n=-\infty}^{\infty} J_n(\eta)[\delta(\omega - \Omega_0 - n\omega_1) + \delta(\omega + \Omega_0 + n\omega_1)]. \tag{6.38}$$

Als Anwendungsbeispiel soll von $\Delta\Omega = 2\pi 75\,\text{kHz}$ und $\omega_1 = 2\pi 15\,\text{kHz}$, also $\eta = 5$, ausgegangen werden. (Diese Zahlenwerte ergeben sich beim UKW-Rundfunk als Frequenzhub bzw. Grenzfrequenz im Basisband.) Mit den im Anhang angegebenen Diagrammen der Bessel-Funktionen sowie der Beziehung

$$J_{-n}(\eta) = (-1)^n J_n(\eta), \tag{6.39}$$

ergibt sich das in Bild 6.12 dargestellte Betragsspektrum.

6.3 Winkelmodulation

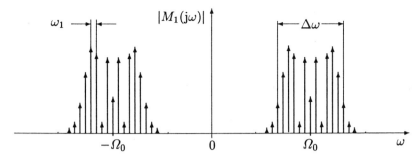

Bild 6.12 Betragsspektrum des FM-Signales bei sinusförmigem Primärsignal der Frequenz ω_1 und einem Modulationsindex $\eta = 5$

Das FM-Spektrum ist also im Fall eines harmonischen Sendesignales ein Linienspektrum, dessen Diracimpulse symmetrisch zur Trägerfrequenz Ω_0 im Abstand von Vielfachen der Frequenz ω_1 des Signales $s_1(t)$ liegen. Die Amplitudenfaktoren der Deltaimpulse sind proportional zu den Werten der Bessel-Funktionen für das Argument $\eta = 5$. Der Verlauf der Bessel-Funktionen zeigt, daß diese Amplituden für $n > \eta$ schnell abnehmen, so daß das eigentlich unendlich ausgedehnte FM-Spektrum praktisch auf die in Bild 6.12 eingetragene Bandbreite $\Delta\omega$ begrenzt ist.

Ist ω_g die höchste Frequenz im Basisband, dann gilt mit Gl. (6.32) für die sog. *Carson-Bandbreite*

$$\Delta\omega = 2(\eta + 1)\omega_g = 2(\Delta\Omega + \omega_g). \tag{6.40}$$

(Mit dieser Definition werden stets mindestens 99% der Leistung der modulierten Schwingung $m_1(t)$ gemäß Gl. (6.37) erfaßt.) Gegenüber der ZSB-AM erhöht sich somit die zu übertragende Bandbreite der FM um den doppelten Frequenzhub $\Delta\Omega$. Diese *Bandbreitedehnung* wird durch den Modulationsindex beschrieben, und man bezeichnet den Fall $\eta < 1$ als *Schmalband-FM*, den Fall $\eta > 1$ dagegen als *Breitband-FM*.

Das Spektrum der FM konnte in diesem Abschnitt nur für den Sonderfall eines sinusförmigen Sendesignales angegeben werden. Im Zusammenhang mit der Tastung interessiert natürlich auch das Spektrum für den Fall einer Rechteckschwingung entsprechend Bild 6.2b. In Aufgabe 6.4 wird gezeigt, wie hierfür das Spektrum der FSK auf die Superposition der Spektren zweier ASK-Signale zurückgeführt werden kann.

6.3.3 Demodulation von FM-Signalen

Der FM-Demodulator hat die Aufgabe, aus der modulierten Schwingung nach Gl. (6.28) das Sendesignal möglichst unverzerrt wiederzugewinnen. Da $s_1(t)$ in integraler Form im Argument $\psi(t)$ enthalten ist, wird das FM-Signal zunächst nach der Zeit differenziert:

$$m_2(t) = T\frac{\mathrm{d}m_1(t)}{\mathrm{d}t} = -AT\frac{\mathrm{d}\psi(t)}{\mathrm{d}t}\sin\psi(t). \qquad (6.41)$$

(Hierbei sorgt die Zeitkonstante T dafür, daß $m_1(t)$ und $m_2(t)$ die gleiche physikalische Dimension haben.) Die zeitliche Ableitung des Argumentes $\psi(t)$ stellt eine AM der amplituden- und winkelmodulierten Schwingung $m_2(t)$ dar. Ein Hüllkurvendetektor, entsprechend Bild 6.9b, bildet daraus das demodulierte Signal

$$s_2(t) = k_2\frac{\mathrm{d}\psi(t)}{\mathrm{d}t} = k_2[\Omega_0 + k_1 s_1(t)]. \qquad (6.42)$$

Nach Ausfilterung der Gleichgröße $k_2\Omega_0$ wird das Sendesignal $s_1(t)$ also zurückgewonnen. Die beschriebene Anordnung zur Demodulation von FM-Signalen wird als *FM-Diskriminator* bezeichnet. Vor dem Eingang dieses Diskriminators sind in einem vollständigen FM-Empfänger zusätzlich ein Bandpaß der Bandbreite $\Delta\omega$ und ein Amplitudenbegrenzer angeordnet. Beide Blöcke sollen den Einfluß additiver Störungen verringern, deren Auswirkung in Abschn. 6.4 noch näher betrachtet wird. Die vollständige Realisierung eines solchen FM-Empfängers zeigt Bild 6.13.

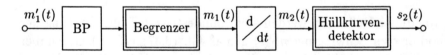

Bild 6.13 Prinzip der Demodulation von FM-Signalen

Die beschriebene Methode eignet sich zwar zum prinzipiellen Verständnis der Demodulation von FM-Signalen, ist aber in dieser Form nicht direkt brauchbar: Der relativ kleine Signalanteil ist nämlich gemäß Gl. (6.42) einem wesentlich größeren Gleichanteil überlagert. Aus diesem Grunde soll noch ein anderes (synchrones) Verfahren beschrieben werden, dessen Blockstruktur Bild 6.14 zeigt. Es handelt sich um einen sog. *Phasenregelkreis*, der auch als PLL (Abkürzung für engl. „Phase-Locked Loop") bezeichnet wird.

6.3 Winkelmodulation

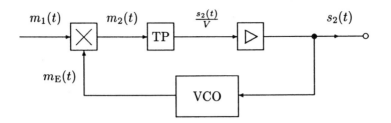

Bild 6.14 Demodulation von FM-Signalen durch PLL

Der Kern ist ein durch das Ausgangssignal $s_2(t)$ gesteuerter Frequenzmodulatur oder VCO (Abkürzung für engl. „Voltage Controlled Oscillator"). Am Ausgang des Phasendetektors entsteht durch Multiplikation der Signale

$$m_1(t) = A\cos\psi(t) = A\cos\left[\Omega_0 t + k_1 \int s_1(t)\,\mathrm{d}t\right]$$

und

$$m_\mathrm{E}(t) = A_\mathrm{E}\sin\psi_\mathrm{E}(t) = A_\mathrm{E}\sin\left[\Omega_\mathrm{E} t + k_\mathrm{E} \int s_2(t)\,\mathrm{d}t\right] \qquad (6.43)$$

die modulierte Schwingung

$$m_2(t) = \frac{AA_\mathrm{E}}{2}[\sin(\psi_\mathrm{E} - \psi) + \sin(\psi_\mathrm{E} + \psi)],$$

die in einem niederfrequenten Term die Phasendifferenz und in einem hochfrequenten Term die Phasensumme enthält. Nach Ausfilterung des hochfrequenten Termes mit einem Tiefpaß entsteht nach weiterer Verstärkung das Ausgangssignal $s_2(t)$. Am Eingang des Verstärkers liegt somit das durch den Verstärkungsfaktor V dividierte Ausgangssignal

$$\frac{s_2(t)}{V} = \frac{AA_\mathrm{E}}{2}\sin\left[(\Omega_\mathrm{E} - \Omega_0)t + \int(k_\mathrm{E} s_2 - k_1 s_1)\,\mathrm{d}t\right].$$

Im Grenzübergang $V \to \infty$ müssen nun beide Seiten dieser Gleichung gegen null gehen. Auf der rechten Seite ist dies für alle t nur möglich, wenn gilt:

$$\Omega_\mathrm{E} = \Omega_0, \quad k_\mathrm{E} s_2(t) = k_1 s_1(t). \qquad (6.44\mathrm{a,b})$$

Der VCO stellt sich somit genau auf die Frequenz Ω_0 ein mit einer exakten Phasenverschiebung von $\pi/2$ (wegen der Sinusfunktion in Gl. (6.43)), wobei das Empfangssignal $s_2(t)$ dem Sendesignal $s_1(t)$ proportional ist.

Das Ergebnis von Gl. (6.44) bezieht sich allerdings nur auf den sog. eingerasteten Zustand dieses nichtlinearen Regelkreises. Weiterführende Fragestellungen lassen sich bequemer durch eine Rechnersimulation beantworten (vgl. Kapitel 8). Vor allem ist wichtig, in welchem Bereich der PLL der Eingangsgröße nachlaufen kann („Haltebereich") und wie groß der Bereich ist, in welchem der PLL noch auf eine Eingangsgröße synchronisieren kann („Fangbereich"). In praktischen Phasenregelkreisen ist oft der Tiefpaß mit dem Verstärker vertauscht, so daß der Phasendetektor mit dem Verstärker eine Baugruppe bildet. Diese wird dann meist digital realisiert und es gilt

$$m_2(t) = K_p \operatorname{sgn}[m_1(t)] \operatorname{sgn}[m_E(t)]. \tag{6.45}$$

Diese Beziehung wird in dem Simulationsbeispiel in Abschn. 8.6.3 zugrunde gelegt.

6.3.4 Phasenmodulation

Wie anhand der Gln. (6.7) und (6.9) bereits erläutert wurde, stellt die Phasenmodulation eine Frequenzmodulation mit dem differenzierten Sendesignal dar. Eine PM-Übertragung kann somit gemäß Bild 6.15 mit Hilfe von FM-Baugruppen durchgeführt werden. Die modulierte PM-Schwingung lautet allgemein mit den Gln. (6.2) und (6.8)

$$m_1(t) = A \cos[\Omega_0 t + k_1 s_1(t)]. \tag{6.46}$$

Im einfachen Fall eines sinusförmigen Sendesignales

$$s_1(t) = \widehat{s}_1 \sin \omega_1 t \tag{6.47}$$

ist

$$m_1(t) = A \cos[\Omega_0 t + \Delta\phi \sin \omega_1 t] \tag{6.48}$$

mit dem *Phasenhub*

$$\Delta\phi = k_1 \widehat{s}_1, \tag{6.49}$$

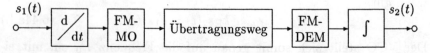

Bild 6.15 PM-Übertragung durch FM-Baugrupppen

der die gleiche Bedeutung besitzt wie der Modulationsindex η der FM in Gl. (6.33). Die Berechnung des Spektrums der PM und der Übertragungsbandbreite erfolgt analog zu Abschn. 6.3.2, indem man in den Gln. (6.38) und (6.40) η durch $\Delta\phi$ ersetzt.

Die in Bild 6.2 gezeigten Verfahren der ASK und FSK stellen jeweils eine AM bzw. FM für ein digitales Sendesignal entsprechend Gl. (6.4) dar. Die dargestellte ASK bezeichnet man auch als unipolare Signalübertragung, da nur die binäre „1" zu einer von null verschiedenen, getasteten Schwingung führt. Die PSK mit $k_1 = \pi$, wie in Bild 6.2b gezeigt, kann jedoch als bipolare ASK mit dem modulierenden Signal

$$s_1(t) = \sum_{n=-\infty}^{\infty} (2a_{1n} - 1)\text{rect}\left(\frac{t - n\Delta t}{\Delta t}\right) \tag{6.50}$$

aufgefaßt werden, wobei weiterhin $a_{1n} \in \{0,1\}$ gilt. Das Spektrum der Phasenumtastung, für den Fall einer modulierenden Rechteckschwingung, kann somit als einfaches AM-Spektrum in der Form von Gl. (6.16) angegeben werden.

6.4 Störverhalten der modulierten Signalübertragung

Es soll nun untersucht werden, wie empfindlich einzelne Modulationsverfahren gegenüber Störungen sind. Bei den Störungen beschränken wir uns auf *weißes Rauschen* (vgl. Abschn. 2.2.4.2 des ersten Bandes), das additiv in den Übertragungskanal eindringt. Bei praktisch allen frequenzversetzten Übertragungsverfahren hat man es mit *Schmalbandrauschen* zu tun, da die Frequenzcharakteristik am Eingang des Empfängers Bandpaßverhalten besitzt (Bild 6.16). Schmalbandrauschen wird deshalb oft auch als Bandpaßrauschen bezeichnet.

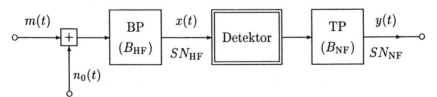

Bild 6.16 Empfang gestörter modulierter Signale

Empfangen wird die Summe aus dem Nutzsignal $m(t)$ und der Störung $n_0(t)$, wobei beide Anteile als Musterfunktionen stationärer stochastischer Prozesse (vgl. Abschn. 2.2.2 des ersten Bandes) verstanden werden. Der Bandpaß begrenzt das weiße Rauschen auf die HF-Bandbreite des Nutzsignales, so daß sich das Eingangssignal $x(t)$ des Demodulators aus dem Nutzsignal und additiv überlagertem Bandpaßrauschen zusammensetzt. Durch die Demodulation wird das Ausgangssignal $y(t)$ auf die NF-Bandbreite des Nutzsignales begrenzt. Im folgenden wird das *Signal-Rausch-Verhältnis* oder kurz *SN*-Verhältnis auf der HF- und auf der NF-Seite des Demodulators berechnet.

6.4.1 Schmalbandrauschen

Hierunter versteht man Rauschen, dessen spektrale Leistungsdichte S_0 in einem schmalen Intervall $\Delta\omega$ um eine mittlere Frequenz Ω_0 herum vorhanden ist mit der Eigenschaft

$$\Delta\omega \ll \Omega_0.$$

Wird durch einen Bandpaß gefiltertes weißes Rauschen oszillographisch dargestellt, so beobachtet man einen Zeitverlauf entsprechend Bild 6.17.

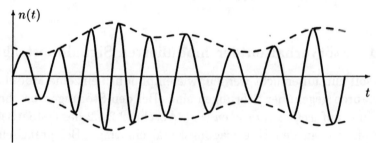

Bild 6.17 Zeitverlauf von Schmalbandrauschen

Es ergibt sich eine Schwingung, deren Amplitude und Phase sich zeitlich relativ langsam ändern. Schmalbandrauschen stellt also eine regellos amplituden- und winkelmodulierte Zeitfunktion dar:

$$n(t) = a_n(t) \cos[\Omega_0 t + \varphi_n(t)]. \qquad (6.51)$$

Nach Abschn. 6.1.2 läßt sich hierfür auch schreiben

$$n(t) = n_c(t) \cos \Omega_0 t - n_s(t) \sin \Omega_0 t$$

mit den (statistisch unabhängigen) Quadraturkomponenten

$$n_c(t) = a_n(t) \cos \varphi_n(t), \qquad (6.52a)$$
$$n_s(t) = a_n(t) \sin \varphi_n(t). \qquad (6.52b)$$

Ist $\varphi_n(t)$ eine im Intervall $(0, 2\pi)$ gleichverteile Zufallsgröße, dann gilt für die quadratischen Mittelwerte (mittlere Leistungen)

$$\overline{n^2(t)} = \overline{n_c^2(t)} = \overline{n_s^2(t)}. \tag{6.53}$$

6.4.2 Störabstände bei AM

Mit Gl. (6.15) lautet die modulierte Schwingung im Fall der ZSB-AM in vereinfachter Schreibweise

$$m(t) = [A + s(t)] \cos \Omega_0 t.$$

Am Eingang des Detektors liegt die Summe aus Nutzsignal $m(t)$ und Störung (Schmalbandrauschen) $n(t)$:

$$\begin{aligned} x(t) &= m(t) + n(t) \\ &= [A + s(t) + n_c(t)] \cos \Omega_0 t - n_s(t) \sin \Omega_0 t. \end{aligned} \tag{6.54}$$

Hieraus lassen sich die Mittelwerte der Trägerleistung P_t, der Signalleistung P_s und der Rauschleistung P_n auf der HF-Seite des Demodulators berechnen:

$$(P_t)_{HF} = \frac{1}{2} A^2, \quad (P_s)_{HF} = \frac{1}{2} \overline{s^2(t)}, \quad (P_n)_{HF} = \overline{n^2(t)}.$$

Die Summe aus $(P_t)_{HF}$ und $(P_s)_{HF}$ wird auch als *HF-Leistung* bezeichnet. Da das weiße Rauschen mit der Leistungsdichte S_0 auf die Bandbreite $\Delta f = B_{HF}$ begrenzt wird, gilt mit Abschn. 2.3.3b des ersten Bandes

$$(P_n)_{HF} = \overline{n^2(t)} = S_0 2 B_{HF}. \tag{6.55}$$

Für das SN-Verhältnis am Detektoreingang erhält man also

$$SN_{HF} = \left(\frac{P_s}{P_n}\right)_{HF} = \frac{\overline{s^2(t)}}{4 S_0 B_{HF}}. \tag{6.56}$$

Die Demodulation kann entweder durch einen Synchron- oder einen Hüllkurvendetektor erfolgen. Der ideale *Synchrondetektor* bildet das Produkt aus $x(t)$ und der Trägerschwingung $\cos \Omega_0 t$. Die dadurch entstehenden Spektralanteile bei $\pm 2\Omega_0$ werden durch den Tiefpaß unterdrückt und man erhält

$$y(t) = \frac{1}{2}[A + s(t) + n_c(t)]. \tag{6.57}$$

Hieraus lassen sich die Mittelwerte der Signalleistung und der Rauschleistung auf der NF-Seite des Demodulators berechnen, wobei mit Gl. (6.53) gilt

$$(P_\text{s})_\text{NF} = \frac{1}{4}\overline{s^2(t)}, \quad (P_\text{n})_\text{NF} = \frac{1}{4}\overline{n_\text{c}^2(t)} = \frac{1}{4}\overline{n^2(t)}.$$

Mit Gl. (6.55) sowie der für ZSB-AM gültigen Eigenschaft $B_\text{HF} = 2B_\text{NF}$ ergibt sich das SN-Verhältnis am Empfängerausgang zu

$$SN_\text{NF} = \left(\frac{P_\text{s}}{P_\text{n}}\right)_\text{NF} = \frac{\overline{s^2(t)}}{4S_0 B_\text{NF}}. \tag{6.58}$$

Der aus den Gln. (6.58) und (6.56) gebildete Quotient

$$\frac{SN_\text{NF}}{SN_\text{HF}} = \frac{B_\text{HF}}{B_\text{NF}} \tag{6.59}$$

gilt nicht nur für die ZSB-AM, sondern auch für die ESB-AM, wobei sich im ersten Fall der Wert zwei und im zweiten Fall der Wert eins ergibt.

Der ideale *Hüllkurvendetektor* bildet die Amplitude (Hüllkurve) der Zeitfunktion $x(t)$ von Gl. (6.54):

$$y(t) = \{[A + s(t) + n_\text{c}(t)]^2 + n_\text{s}^2(t)\}^{1/2}.$$

Beschränken wir uns auf den praktisch bedeutsamen Fall, daß die Trägeramplitude sehr viel größer ist als die Rauschstörung, so gilt

$$y(t) \approx A + s(t) + n_\text{c}(t).$$

Aus dem Vergleich mit Gl. (6.57) folgt, daß sich an den SN-Verhältnissen gegenüber dem Synchrondetektor nichts ändert.

6.4.3 Störabstände bei FM

Mit Gl. (6.28) lautet die modulierte Schwingung im Fall der FM in vereinfachter Schreibweise

$$m(t) = A\cos[\Omega_0 t + \int s(t)\,\mathrm{d}t].$$

Am Eingang des Detektors liegt wieder die Summe aus Nutzsignal $m(t)$ und Störung $n(t)$:

$$x(t) = A\cos[\Omega_0 t + \int s(t)\,\mathrm{d}t] + n(t).$$

Hieraus erhält man die mittlere Signalleistung P_s und die mittlere Rauschleistung P_n, entsprechend Gl. (6.55), auf der HF-Seite des Demodulators:

$$(P_s)_{\mathrm{HF}} = \frac{1}{2}A^2, \quad (P_n)_{\mathrm{HF}} = \overline{n^2(t)} = S_0 2 B_{\mathrm{HF}}. \qquad (6.60\mathrm{a,b})$$

Die mittlere Signalleistung ist vom Argument unabhängig, da $A\cos\psi(t)$ und damit auch $A\cos 2\psi(t)$ mittelwertfrei ist. Für das SN-Verhältnis am Detektoreingang gilt also

$$SN_{\mathrm{HF}} = \left(\frac{P_s}{P_n}\right)_{\mathrm{HF}} = \frac{A^2}{4 S_0 B_{\mathrm{HF}}}. \qquad (6.61)$$

Zur Berechnung des SN-Verhältnisses am Empfängerausgang wird im folgenden vorausgesetzt, daß $SN_{\mathrm{HF}} \gg 1$ gilt. Unter dieser Bedingung sind in guter Näherung Nutz- und Störleistung auf der NF-Seite voneinander unabhängig, und die Nutzleistung kann unter der Annahme eines verschwindenden Störsignales $n(t) = 0$ berechnet werden. Der ideale FM-Demodulator erzeugt an seinem Ausgang ein Signal, das der Momentanfrequenz $\Omega(t)$ um die Trägerfrequenz Ω_0 proportional ist. Entsprechend Gl. (6.42) findet man in vereinfachter Schreibweise

$$y(t)\Big|_{n(t)=0} = \Omega_0 + s(t)$$

und somit für die Signalleistung auf der NF-Seite

$$(P_s)_{\mathrm{NF}} = \overline{s^2(t)}. \qquad (6.62)$$

Entsprechend kann die Rauschleistung unter der Annahme eines verschwindenden Signales $s(t) = 0$ berechnet werden, und wir erhalten zunächst am Detektoreingang entsprechend Gl. (6.54)

$$\begin{aligned} x(t)\Big|_{s(t)=0} &= [A + n_c(t)]\cos\Omega_0 t - n_s(t)\sin\Omega_0 t \\ &= a(t)\cos[\Omega_0 t + \varphi(t)] \end{aligned} \qquad (6.63)$$

mit

$$\begin{aligned} a(t) &= \{[A + n_c(t)]^2 + n_s^2(t)\}^{1/2} \approx A, \\ \varphi(t) &= \arctan\frac{n_s(t)}{A + n_c(t)} \approx \frac{n_s(t)}{A}. \end{aligned}$$

Der in Bild 6.13 auf den Eingangsbandpaß folgende Begrenzer hat die Aufgabe, die von der additiven Störung verursachte AM zu beseitigen. Unter der oben angenommenen Voraussetzung $SN_\mathrm{HF} \gg 1$ gilt weiterhin die Näherung für $\varphi(t)$ und somit

$$x(t)\Big|_{s(t)=0} \approx A\cos\Big[\Omega_0 t + \frac{n_\mathrm{s}(t)}{A}\Big]. \qquad (6.64)$$

Der FM-Demodulator bildet wiederum die Ableitung des Argumentes gemäß Gl. (6.42)

$$y(t)\Big|_{s(t)=0} = \Omega_0 + \frac{1}{A}\frac{\mathrm{d}n_\mathrm{s}(t)}{\mathrm{d}t}. \qquad (6.65)$$

Das Rauschsignal $n_\mathrm{s}(t)$ hat mit den Gln. (6.53) und (6.60b) die mittlere Leistung

$$\overline{n_\mathrm{s}^2(t)} = \overline{n^2(t)} = S_0 2B_\mathrm{HF}.$$

Das Leistungsdichtespektrum $S_\mathrm{nns}(\omega)$ dieses niederfrequenten Rauschsignales liegt symmetrisch zur Frequenz $\omega = 0$, so daß mit $\Delta\omega = 2\pi B_\mathrm{HF}$ gilt

$$S_\mathrm{nns}(\omega) = 2S_0 \mathrm{rect}\Big(\frac{\omega}{\Delta\omega}\Big). \qquad (6.66)$$

Der Differentiation im Zeitbereich von Gl. (6.65) entspricht eine Multiplikation mit $j\omega$ im Frequenzbereich. Unter Berücksichtigung der Tiefpaßbegrenzung $\omega_\mathrm{g} < \Delta\omega/2$ am Ausgang des Empfängers erhält man mit Gl. (2.67) des ersten Bandes die Rauschleistung auf der NF-Seite des Demodulators

$$(P_\mathrm{n})_\mathrm{NF} = \frac{1}{2\pi}\int_{-\omega_\mathrm{g}}^{\omega_\mathrm{g}} \frac{\omega^2}{A^2} 2S_0\,\mathrm{d}\omega = \frac{2S_0}{3\pi A^2}\omega_\mathrm{g}^3. \qquad (6.67)$$

Für das SN-Verhältnis am Empfängerausgang ergibt sich mit Gl. (6.62)

$$SN_\mathrm{NF} = \Big(\frac{P_\mathrm{s}}{P_\mathrm{n}}\Big)_\mathrm{NF} = \frac{3\pi A^2}{2S_0}\frac{\overline{s^2(t)}}{\omega_\mathrm{g}^3}. \qquad (6.68)$$

Entsprechend Gl. (6.59) wird nun der Quotient aus den Gln. (6.68) und (6.61) gebildet, der mit $\omega_\mathrm{g} = 2\pi B_\mathrm{NF}$ liefert

$$\frac{SN_\mathrm{NF}}{SN_\mathrm{HF}} = 3\frac{\overline{s^2(t)}}{\omega_\mathrm{g}^2}\frac{B_\mathrm{HF}}{B_\mathrm{NF}}. \qquad (6.69)$$

6.4 Störverhalten der modulierten Signalübertragung

Da dieses Ergebnis vom Signalverlauf $s(t)$ abhängt, betrachten wir den Fall eines harmonischen Signales

$$s(t) = \hat{s} \cos \omega_g t$$

mit der mittleren Leistung

$$\overline{s^2(t)} = \frac{1}{2}\hat{s}^2 = \frac{1}{2}\eta_{\min}^2 \omega_g^2. \tag{6.70}$$

Hierbei ist $\eta_{\min}$ der Modulationsindex nach Gl. (6.32) für $k_1 = 1$ und $\omega_1 = \omega_g$. Unter Berücksichtigung von Gl. (6.40), ausgedrückt durch B_{HF} und B_{NF}:

$$\frac{B_{\text{HF}}}{B_{\text{NF}}} = 2(\eta_{\min} + 1), \tag{6.71}$$

erhält man aus Gl. (6.69) mit (6.70)

$$\frac{SN_{\text{NF}}}{SN_{\text{HF}}} = 3\eta_{\min}^2(\eta_{\min} + 1). \tag{6.72}$$

Anhand dieser Beziehung erkennen wir, daß bei der Frequenzmodulation der niederfrequente Störabstand bei unveränderter Signalleistung und hinreichendem hochfrequenten Störabstand durch einen größeren Modulationsindex verbessert werden kann. Dies wird allerdings gemäß Gl. (6.71) mit einer größeren belegten HF-Bandbreite erkauft. Dieser Erkenntnis liegt die fundamentale Gesetzmäßigkeit zugrunde, daß Bandbreite und Störabstand gegeneinander ausgetauscht werden können, wie im folgenden Abschnitt noch näher ausgeführt werden soll.

6.4.4 Informationstheoretische Beurteilung

Gl. (3.40) des ersten Bandes gibt die Kanalkapazität C bzw. die obere Grenze des Transinformationsflusses $T'_{\max}$ in Abhängigkeit der Grenzfrequenz f_g und des SN-Verhältnisses an. Da sich derselbe Wert für C durch beliebige Kombinationen von f_g und SN ergeben kann, stellt diese Formel die theoretische Grenze für den Austausch von Bandbreite und Störabstand dar. Sie kann folglich zur Beurteilung der beschriebenen Modulationsverfahren herangezogen werden.

Gemäß Bild 6.16 gelangt (über einen gestörten Übertragungskanal) ein moduliertes Signal $m(t)$ der Bandbreite B_{HF} und des Störabstandes SN_{HF} auf den Eingang eines Demodulators. Da der (ideale) Demodulator keinen Informationsverlust und keine zusätzliche Störung bringt, muß der Transinformationsfluß, der auf der HF-Seite hineingeht, auf der NF-Seite vollständig wieder herauskommen. Mit der Bandbreite B_{HF} und dem Störabstand SN_{NF} des demodulierten Signales $y(t)$ gilt somit allgemein

$$B_{\text{HF}}\,\text{ld}(1 + SN_{\text{HF}}) = B_{\text{NF}}\,\text{ld}(1 + SN_{\text{NF}}) \tag{6.73}$$

und für den praktisch bedeutsamen Fall geringer Störungen ($SN_{\text{HF,NF}} \gg 1$) näherungsweise

$$SN_{\text{NF}} = SN_{\text{HF}}^{B_{\text{HF}}/B_{\text{NF}}}. \tag{6.74}$$

Diese Beziehungen kennzeichnen die theoretische Grenze für den Austausch von Bandbreite und Störabstand. Gl. (6.74) macht deutlich, daß eine lineare Erhöhung der HF-Bandbreite zu einer exponentiellen Vergrößerung des NF-seitigen Störabstandes führen kann. Tendentiell wird dieses optimale Verhalten z.B. durch die Pulscodemodulation (siehe Abschn. 6.6.5) erreicht.

Für die *Amplitudenmodulation* ergibt sich aus Gl. (6.59)

$$SN_{\text{NF}} = SN_{\text{HF}} \frac{B_{\text{HF}}}{B_{\text{NF}}}, \tag{6.75}$$

wobei für die ZSB-AM $B_{\text{HF}}/B_{\text{NF}} = 2$ und für die ESB-AM $B_{\text{HF}}/B_{\text{NF}} = 1$ gilt. Der aufgrund von Gl. (6.74) theoretisch erreichbare Störabstand ist also im Fall der ZSB-AM wegen der Quadrierung wesentlich größer, während er bei der ESB-AM mit Gl. (6.75) übereinstimmt.

In beiden Fällen ist jedoch kein Austausch von Bandbreite und Störabstand möglich, wie bei der *Frequenzmodulation*. Für Breitband-FM ($\eta_{\min} \gg 1$) liefert Gl. (6.72) mit Gl. (6.71) näherungsweise

$$SN_{\text{NF}} = 3 SN_{\text{HF}} \left(\frac{B_{\text{HF}}}{2B_{\text{NF}}}\right)^3. \tag{6.76}$$

Auch hier ist der Störabstand auf der NF-Seite weit von der theoretischen Grenze entfernt, wie das Einsetzen von Zahlenwerten beweist.

6.5 Pulsmodulation

Nach Abschnitt 1.6.1 des ersten Bandes kann jedes auf die Frequenz f_g tiefpaßbegrenzte Signal durch seine Abtastwerte beschrieben werden, wenn die Abtastfrequenz f_a die Bedingung

$$f_a \geq 2 f_g$$

6.5 Pulsmodulation

erfüllt. Auf diesem Gedanken beruht die Pulsmodulation von Bild 6.18. Unter einem Pulsträger wird dabei eine periodische Folge von Rechteckimpulsen der Amplitude A und der Dauer T im Abstand von $T_\mathrm{a} = 1/f_\mathrm{a}$ verstanden:

$$s_\mathrm{T}(t) = A \sum_{n=-\infty}^{\infty} \mathrm{rect}\left(\frac{t - nT_\mathrm{a}}{T}\right). \tag{6.77}$$

6.5.1 Grundsätzliche Verfahren

Je nachdem, ob das zu übertragende Signal $s_1(t)$ der Größe A, T oder T_a aufmoduliert wird, spricht man von *Pulsamplituden-* (PAM), *Pulsdauer-* (PDM) oder *Pulsphasenmodulation* (PPM). Bei den amplitudenkontinuierlichen Verfahren entspricht der übertragene Wert genau

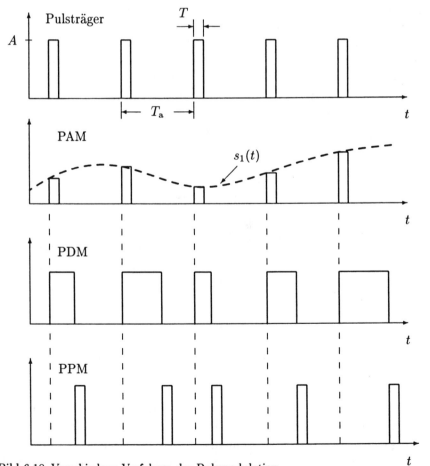

Bild 6.18 Verschiedene Verfahren der Pulsmodulation

der Amplitude des Signales an der abgetasteten Stelle. Es können aber auch diskrete Werte für die Übertragung fest vorgegeben sein, so daß jeweils der Wert übertragen wird, dem die Signalamplitude am nächsten kommt. Die quantisierten Abtastwerte lassen sich schließlich codieren und in digitaler Form übertragen. In diese Gruppe gehören die *Pulscodemodulation* (PCM) sowie die *Deltamodulation* (DM).

Die PAM, die in der Nachrichtenübertragung kaum direkt zur Anwendung kommt, stellt die Ausgangsbasis vieler digitaler Verfahren dar. Die PDM und die PPM dagegen werden auch direkt angewendet in geschalteten Leistungsverstärkern und Reglern sowie in Funk-Fernsteuerungen.

6.5.2 Zeitmultiplex-Übertragung

Grundlage der Zeitmultiplextechnik bildet die Pulsmodulation. Hierdurch wird ein ursprünglich kontinuierliches Sendesignal in ein zeitdiskretes umgeformt. Beispielsweise bei der PAM ist die Amplitude des diskreten Signales nur zu bestimmten periodischen Zeitpunkten identisch mit der des zeitkontinuierlichen Signalverlaufes. Zwischen diesen Abtastzeitpunkten ist die Amplitude des zeitdiskreten Signales identisch null. Dadurch ist es möglich, die Abtastwerte vieler kontinuierlicher Sendesignale seriell zu übertragen, wie Bild 6.19 zeigt.

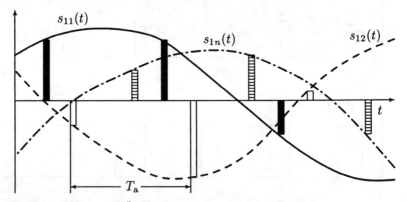

Bild 6.19 Zeitverlauf der Übertragung bei Zeitmultiplextechnik

Eine Einrichtung zur Abtastung und Multiplexbildung ist beispielsweise ein mit der Abtastfrequenz $f_a = 1/T_a$ umlaufender Drehschalter, der in der Praxis elektronisch realisiert ist (Bild 6.20). Die Trennung der Abtastwerte unterschiedlicher Sendesignale erfolgt mit einem Zeitfilter, also ebenfalls einem mit der Frequenz f_a umlaufenden Dreh-

6.5 Pulsmodulation

Bild 6.20 Realisierungsprinzip der Zeitmultiplex-Übertragung

schalter. Beide Drehschalter müssen hierbei natürlich völlig synchron umlaufen.

Zur Sprachübertragung (300 bis 3400 Hz) wurde beispielsweise ein Impulsabstand von $T_a = 125\,\mu s$ eingeführt, entsprechend einer Abtastfrequenz von $f_a = 8\,kHz$. Das Grundsystem ist für die Übertragung von 30 Sprachkanälen zusätzlich zweier Hilfskanäle ausgelegt. Der eine Hilfskanal dient zur Synchronisation, der andere zur Übertragung von Vermittlungsinformation.

Im Gegensatz zur Frequenzmultiplextechnik spielen die *nichtlinearen Verzerrungen* bei der PAM keine große Rolle mehr, während jedoch weiterhin hohe Anforderungen an den Störabstand des Übertragungsweges zu stellen sind. Deshalb soll nun ein Übertragungsverfahren behandelt werden, das auf die PAM aufbaut und sich durch eine besondere Störsicherheit auszeichnet.

6.5.3 Pulscodemodulation (PCM)

Das Schema einer PCM-Zeitmultiplex-Übertragung ist in Bild 6.21 dargestellt. Die Einrichtungen der PAM-Übertragung sind darin wiederzufinden; also Tiefpässe zur Begrenzung des Spektrums und Drehschalter zur Abtastung und Multiplexbildung auf der Sendeseite sowie zweiter Drehschalter zur Kanaltrennung und Tiefpässe zur Demodulation auf der Empfangsseite. Dazu kommen bei der PCM-Übertragung als wesentliche Bausteine ein Quantisierer und Codierer auf der Sendeseite sowie ein Schwellwertdetektor und Decodierer auf der Empfangsseite. Der Quantisierer läßt nur noch eine endliche Anzahl möglicher Amplitudenwerte zu, die nun codiert und beispielsweise als Binärzahlenfolge übertragen werden können. Das Sendesignal $m(t)$ besteht also aus einer beliebigen Folge von Rechteckimpulsen der Amplitude A oder 0.

Auf dem Übertragungsweg addieren sich Störungen, die zu gewissen zeitabhängigen Verformungen des Sendesignales führen. Die erste Stufe des Empfängers ist ein Empfangsfilter, das zwar für die Funktion, aber nicht für das Grundverständnis wichtig ist (vgl. Abschnitt 6.6). Wesentlich ist nun der Schwellwertdetektor: Mittels einer Amplitudenschwelle wird hier entschieden, ob es sich gerade um einen Binärwert der Amplitude A oder 0 handelt (Bild 6.22). Liegt der Schwellwert

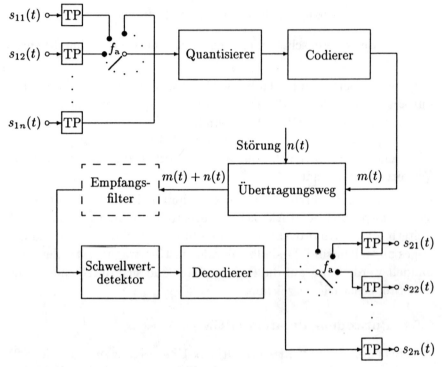

Bild 6.21 Prinzip eines PCM-Übertragungssystems

genau bei $A/2$, so ist leicht einzusehen, daß Störungen mit einem Augenblickswert kleiner als $A/2$ prinzipiell zu keinem Übertragungsfehler führen. Dies ist der wesentliche Vorteil der codierten Binärübertragung. Da nun keine Störungen mehr zu erwarten sind, können die Binärwerte mittels Decodierung wieder in Abtastwerte umgewandelt werden.

An einem einfachen **Beispiel** mit nur einem einzigen Signal $s_1(t)$ werden zunächst die Schritte Abtastung, Quantisierung und Codierung verdeutlicht. Dazu nehmen wir entsprechend Bild 6.23 an, daß insgesamt acht Quantisierungsstufen vorhanden sind. Die Stufenbreite Q muß so gewählt werden, daß die acht Stufen gerade den Bereich S_{max} von der größten negativen bis zur größten positiven Signalamplitude

6.5 Pulsmodulation

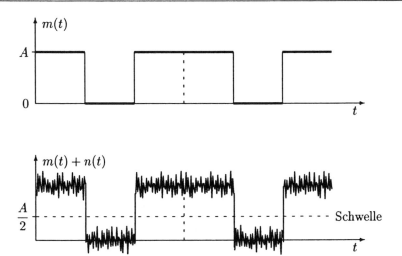

Bild 6.22 Störbefreiung der Binärübertragung durch Amplitudenschwelle

abdecken. Der Signalverlauf $s_1(t)$ wird zu diskreten Zeitpunkten nT_a abgetastet und man erhält den Zeitverlauf $s_{1a}(nT_a)$.

Die Amplitude jedes Abtastwertes liegt innerhalb einer bestimmten Amplitudenstufe. Das Ausgangssignal des Quantisierers ist jeweils genau der Wert in der Mitte einer Quantisierungsstufe. Durch die Quantisierung entsteht also ein Fehler oder auch eine Störung, worauf wir weiter unten noch zurückkommen. Jeder Quantisierungsstufe ist nun ein binäres Codewort zugeordnet; bei acht Stufen also ein Codewort, bestehend aus drei Stellen (bit). Wählt man z.B. den normalen *Dualzahlencode*, so ist der Stufe 0 die Binärzahl 000 zugeordnet, der nächsten die 001 usw. bis 111 für die höchste Stufe. Beim Sendesignal entspricht die binäre 1 der Amplitude A und die binäre 0 der Amplitude 0. Damit erhält man den in Bild 6.23 dargestellten Verlauf für das Sendesignal $m(t)$.

Wie bereits festgestellt wurde, ist dieses Sendesignal zwar selbst sehr störunanfällig, dafür aber durch die Quantisierung von Haus aus fehlerbehaftet. Dieser *Quantisierungsfehler* ist nun die Differenz zwischen den Quantisierungs- und den Abtastwerten:

$$f_q(nT_a) = s_{1q}(nT_a) - s_{1a}(nT_a). \tag{6.78}$$

Der Fehlerverlauf ist für das obige Beispiel ebenfalls in Bild 6.23 dargestellt. Man sieht, daß er betragsmäßig nie größer als $Q/2$ werden, aber jeden beliebigen Wert zwischen $-Q/2$ und $Q/2$ annehmen kann. Die Quantisierungsstufenbreite selbst berechnet sich allgemein als Quoti-

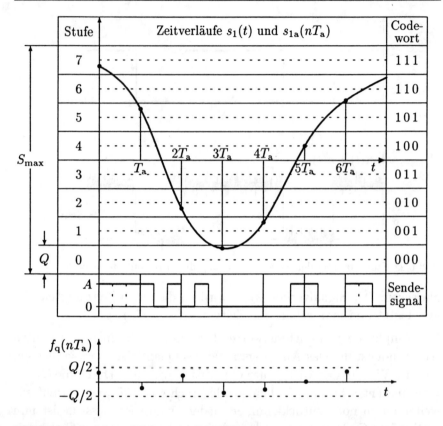

Bild 6.23 Beispiel zur Bildung des PCM-Signales

ent von S_max und der Stufenzahl 2^b, also

$$Q = S_\mathrm{max}/2^b, \qquad (6.79)$$

wobei b die Stellenzahl (bit) des Codewortes ist.

6.5.4 Quantisierungsrauschen

Das Sendesignal $m(t)$ wird gebildet aus den codierten, quantisierten Abtastwerten. Die quantisierten Abtastwerte $s_\mathrm{1q}(nT_\mathrm{a})$ sind nach Gl. (6.78) gleich der Summe aus den Abtastwerten $s_\mathrm{1a}(nT_\mathrm{a})$ und dem Quantisierungsfehler $f_\mathrm{q}(nT_\mathrm{a})$. Der zeitliche Verlauf des Quantisierungsfehlers kann nun als ein Zufallsprozeß betrachtet werden, der Amplitudenwerte zwischen $-Q/2$ und $Q/2$ annimmt, wobei jeder Zwischenwert gleich wahrscheinlich ist und der auch als *Quantisierungsrauschen* bezeichnet wird. Die Verteilungsdichtefunktion dieses Zu-

6.5 Pulsmodulation

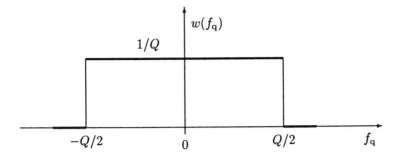

Bild 6.24 Verteilungsdichtefunktion des Quantisierungsfehlers

fallsprozesses ist die Gleich- oder Rechteckverteilung der Breite Q und der Höhe $1/Q$, so daß die Fläche den Wert eins annimmt (Bild 6.24).

Die mittlere Leistung eines Zufallsprozesses berechnet sich nach Gl. (2.24) des ersten Bandes als Integral über sämtliche möglichen Amplitudenquadrate $g(f_q) = f_q^2$, multipliziert mit der dazugehörigen Wahrscheinlichkeitsdichte $w(f_q)$:

$$P_q = E\left[f_q^2\right] = \int_{-\infty}^{\infty} f_q^2 w(f_q)\,df_q$$

$$= \frac{1}{Q} \int_{-Q/2}^{Q/2} f_q^2\,df_q = \frac{Q^2}{12}. \tag{6.80}$$

Mit Gl. (6.79) kann die Größe Q durch den Quotienten aus $S_{\max}$ und 2^b ausgedrückt werden:

$$P_q = \frac{S_{\max}^2}{12 \cdot 2^{2b}}. \tag{6.81}$$

Für die Berechnung der größten Nutzleistung $P_{s\max}$ wird ein sinusförmiges Signal mit der Amplitude

$$\hat{s}_1 = (S_{\max} - Q)/2$$

zugrunde gelegt, und das Quadrat des Effektivwertes liefert

$$P_{s\max} = \left(\frac{S_{\max} - Q}{2\sqrt{2}}\right)^2 \approx \frac{S_{\max}^2}{8}. \tag{6.82}$$

Nun kann das SN-Verhältnis gebildet werden und man erhält

$$SN_{q\max} = \frac{P_{s\max}}{P_q} = \frac{3}{2} 2^{2b} \tag{6.83}$$

oder als Leistungspegel

$$10 \lg SN_{\mathrm{qmax}} \, \mathrm{dB} = 10 \lg \frac{3}{2} \, \mathrm{dB} + 20 b \lg 2 \, \mathrm{dB}$$
$$\approx (1{,}8 + 6b) \, \mathrm{dB}. \tag{6.84}$$

Bei einer 8-bit-Übertragung, was bei Fernsprechsignalen üblich ist, beträgt also das maximale SN-Verhältnis bezüglich des Quantisierungsrauschens ziemlich genau 50 dB. Dieser Wert gilt jedoch nur, wenn das Signal den Amplitudenbereich S_{max} stets voll ausnutzt. Reale Signale haben oft eine Verteilungsdichtefunktion, die in der Umgebung des Nullpunktes ein hohes Maximum aufweist. Zur Abhilfe verzerrt man in diesen Fällen die Quantisierungskennlinie derart, daß Signalanteile mit geringen Amplitudenwerten feiner quantisiert werden. Dieses Verfahren wird *Kompandierung* genannt.

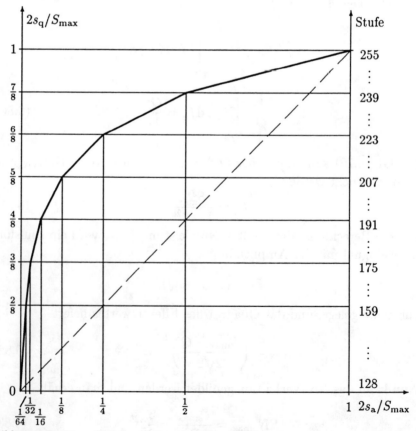

Bild 6.25 Positiver Teil der 13-Segment-Kennlinie

6.5 Pulsmodulation

Bild 6.25 zeigt den positiven Teil der sog. 13-Segment-Kennlinie, die eine Approximation einer Logarithmusfunktion darstellt. Für Abtastwerte, die im linearen Bereich

$$-\frac{1}{64} \leq \frac{2s_\mathrm{a}}{S_\mathrm{max}} \leq \frac{1}{64}$$

liegen, werden bis zu $64 = 2^6$ Amplitudenstufen verwendet, was einer 6-bit-Codierung entspricht. Nach Gl. (6.84) ergibt sich hierfür ein maximales SN-Verhältnis von ca. 38 dB. Ohne Kompandierung (gestrichelte Kennlinie in Bild 6.25) ergäbe sich hierfür ein um

$$20\lg\frac{1}{64}\,\mathrm{dB} \approx -36\,\mathrm{dB}$$

verringertes Nutzsignal und somit nur noch ein SN-Verhältnis von 50 dB − 36 dB = 14 dB. Für kleine Signalamplituden gewinnt man somit bis zu 24 dB Geräuschabstand. Eine genauere Analyse zeigt jedoch, daß man bei großen Signalamplituden in diesem Fall bis zu 12 dB verliert.

6.5.5 Deltamodulation

Die Codewortlänge der PCM läßt sich deutlich verringern, wenn die statistische Abhängigkeit benachbarter Abtastwerte berücksichtigt wird. Da hierbei jeweils die Differenz aus dem Abtastwert und einer geschätzten Näherung codiert wird, werden diese Verfahren als *Differenz-Pulscodemodulation* (DPCM) bezeichnet. Eine modifizierte DPCM stellt die *Deltamodulation* (DM) von Bild 6.26 dar, bei der nur noch zwei Quantisierungsstufen vorhanden sind, die sich durch einen einzigen Binärwert codieren lassen (1-bit-Verfahren).

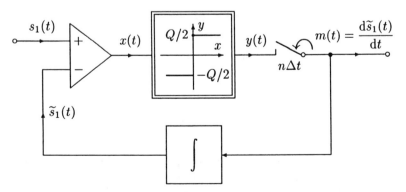

Bild 6.26 Realisierung der Deltamodulation

Am Ausgang des Quantisierers erscheint der Wert $Q/2$ solange $s_1(t) \geq \tilde{s}_1(t)$ ist und der Wert $-Q/2$ für $s_1(t) < \tilde{s}_1(t)$. Durch Abtastung zu den Zeitpunkten $t = n\Delta t$ entsteht daraus eine Impulsfolge mit den Amplituden $\pm Q/2$. Die Integration dieser Impulsfolge liefert schließlich die Treppenapproximation $\tilde{s}_1(t)$, wobei alle Stufen die gleiche Höhe $Q/2$ besitzen.

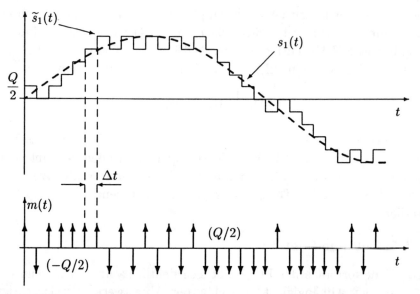

Bild 6.27 Prinzip der Deltamodulation

In Bild 6.27 sind die entsprechenden Zeitverläufe dargestellt, und man erkennt, daß die Approximation dem Signalverlauf im Bereich seiner maximalen Steilheit nur folgen kann, wenn die Bedingung

$$\Delta t \left| \frac{ds_1(t)}{dt} \right|_{\max} \leq \frac{Q}{2} \qquad (6.85)$$

erfüllt ist. Ändert sich die Amplitude von null auf $\hat{s}_1$ in der Einschwingzeit T_e (gemäß Aufgabe 1.10 des ersten Bandes), so gilt mit $\hat{s}_1 = \alpha S_{\max}/2$ $(0 < \alpha < 1)$:

$$\Delta t \frac{\alpha S_{\max}}{T_e} \leq Q.$$

Wird nun eine ideale Tiefpaßbegrenzung des Signales mit der Grenzfrequenz f_g vorausgesetzt, wofür der Zusammenhang $T_e = 1/(2f_g)$ existiert, dann erhält man die Bedingung für die *Abtastfrequenz* f_{DM} des

6.5 Pulsmodulation

Deltamodulators

$$f_{\text{DM}} = \frac{1}{\Delta t} \geq \alpha \frac{S_{\max}}{Q} 2 f_g. \qquad (6.86)$$

Der Demodulator besteht im wesentlichen aus einem Integrator, der bei störungsfreier Übertragung wieder die Treppenapproximation $\tilde{s}_1(t)$ aus $m(t)$ bildet. Der *Quantisierungsfehler*

$$f_q(n\Delta t) = \tilde{s}_1(n\Delta t) - s_1(n\Delta t) \qquad (6.87)$$

besitzt die Verteilungsdichtefunktion gemäß Bild 6.24, solange Gl. (6.85) erfüllt ist und somit die mittlere Leistung entsprechend Gl. (6.80). Die spektrale Leistungsdichte des Quantisierungsrauschens kann innerhalb einer Bandbreite von $f_{\text{DM}}/2$ als konstant angenommen werden. Da das Signal eine geringere Bandbreite von f_g besitzt, ergibt sich am Ausgang eines entsprechenden Tiefpaßfilters die Rauschleistung

$$P_q = \frac{Q^2}{12} \frac{2 f_g}{f_{\text{DM}}}.$$

Mit der maximalen Nutzleistung gemäß Gl. (6.82) erhält man hiermit das SN-Verhältnis der Deltamodulation zu

$$SN_{q\max} = \frac{P_{s\max}}{P_q} = \frac{3}{2} \left(\frac{S_{\max}}{Q} \right)^2 \frac{f_{\text{DM}}}{2 f_g}. \qquad (6.88)$$

Mit der niedrigsten Abtastfrequenz nach Gl. (6.86) folgt hieraus

$$SN_{q\max} = \alpha \frac{3}{2} \left(\frac{S_{\max}}{Q} \right)^3$$

oder umgekehrt

$$\frac{S_{\max}}{Q} = \left(\frac{2 SN_{q\max}}{3\alpha} \right)^{1/3}.$$

In ausreichender Fernsprechqualität von $10 \lg SN_{q\max}\,\text{dB} = 50\,\text{dB}$ ergibt sich beispielsweise mit $\alpha = 0{,}05$ ein Wert von $S_{\max}/Q = 110$. Die niedrigste *Bitrate*

$$r_{\text{DM}} = 1\,\text{bit} f_{\text{DM}} \qquad (6.89)$$

berechnet sich hierfür nach Gl. (6.86) zu $r_{\text{DM}} = 11\,\text{bit} f_g$. (Der Amplitudenfaktor α wurde hierbei so gewählt, daß sich eine gute Übereinstimmung mit praktischen Realisierungen einstellt.)

Vergleicht man das Ergebnis mit der Pulscodemodulation, wobei für die Bitrate der PCM

$$r_{\text{PCM}} = bf_a \geq b2f_g \qquad (6.90)$$

gilt, dann zeigt sich deutlicher Gewinn zugunsten der Deltamodulation: Bei einer 8-bit-Codierung ergibt sich gemäß Gl. (6.84) eine Bitrate von $r_{\text{PCM}} = 16\,\text{bit}\,f_g$. Ein weiterer Vorteil der DM besteht darin, daß keine Wortsynchronisation erforderlich ist, wie bei der PCM. Die weite Verbreitung der PCM in digitalen Netzen hängt u.a. damit zusammen, daß die 8-bit-Codierung der Sprache und die Byte-Darstellung der Nachrichtenverarbeitung (1 Byte = 8 bit) den Austausch der Codeworte von Sprache und Daten ermöglicht, was die Integration erheblich fördert.

6.6 Störverhalten der codierten Signalübertragung

In Abschnitt 6.5.3 wurde bereits auf die Störsicherheit der binären Signalübertragung hingewiesen (vgl. Bild 6.22). Dieses Verhalten soll nun quantitativ untersucht werden.

6.6.1 Fehlerwahrscheinlichkeit gestörter Binärsignale

Es wird ein Empfänger betrachtet, der zunächst nur entscheiden soll, ob zu einem bestimmten Zeitpunkt ein in seiner Form bekanntes Signal $m(t)$ gesendet wurde oder nicht. Diese Entscheidung soll gemäß Bild 6.28 durch eine Schwellenschaltung am Ausgang eines Empfangsfilters mit nachfolgendem Abtaster getroffen werden.

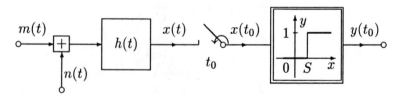

Bild 6.28 Empfang gestörter Binärsignale

Zunächst wird angenommen, daß das bekannte Signal $m(t) = g(t)$ (z.B. ein Rechteckimpuls der Amplitude A und der Dauer Δt) gesendet wurde. Der Abtastwert $x_1(t_0)$ am Ausgang des Empfangsfilters setzt sich aus einem Nutzanteil $g_1(t_0)$ und dem Störanteil $n_1(t_0)$ zusammen:

$$x_1(t_0) = g_1(t_0) + n_1(t_0). \qquad (6.91)$$

6.6 Störverhalten der codierten Signalübertragung

Der Schwellwertdetektor vergleicht den Abtastwert $x_1(t_0)$ mit einem geeignet gewählten Schwellwert S und zeigt $y(t_0) = 1$ („$g(t)$ gesendet") an, wenn $x_1(t_0) > S$ ist. Der Empfänger trifft eine Fehlentscheidung, wenn $x_1(t_0) \leq S$ ist, obwohl $g(t)$ gesendet wurde. Der Abtastwert $x_1(t_0)$ ist eine Zufallsgröße mit der Verteilungsfunktion $F(x_1, t_0)$, mit deren Hilfe sich die Fehlerwahrscheinlichkeit

$$W_1[x_1(t_0) \leq S] = F(S, t_0)$$

ausdrücken läßt. Mit der Verteilungsdichtefunktion $f(x_1, t_0)$ erhält man hierfür

$$W_1 = \int_{-\infty}^{S} f(x_1, t_0)\, dx_1 \ . \tag{6.92}$$

Wir setzen voraus, daß das auf dem Übertragungsweg addierte Störsignal $n(t)$ weißes, mittelwertfreies Rauschen mit der Leistungsdichte S_0 sei. Zusätzlich wird angenommen, daß das Rauschsignal sowohl am Eingang als auch am Ausgang des Empfangsfilters normalverteilt ist (siehe Aufgabe 2.3 des ersten Bandes). Dieser gaußverteilten, mittelwertfreien Zufallsgröße mit der Streuung $\sigma = P_{n1}^{1/2}$ ist der konstante Nutzanteil $g_1(t_0) = P_{s1}^{1/2}$ als Mittelwert überlagert. Damit hat $x_1(t_0)$ eine Verteilungsdichtefunktion

$$f(x_1, t_0) = (2\pi P_{n1})^{-1/2}\, e^{-(x_1 - P_{s1}^{1/2})^2/(2P_{n1})}$$

und als Fehlerwahrscheinlichkeit ergibt sich mit Gl. (6.92)

$$W_1 = (2\pi P_{n1})^{-1/2} \int_{-\infty}^{S} e^{-(x_1 - P_{s1}^{1/2})^2/(2P_{n1})}\, dx_1 \ . \tag{6.93}$$

Für dieses Integral, das nicht geschlossen lösbar ist, läßt sich mit Gl. (A.5) des ersten Bandes auch schreiben

$$W_1 = \frac{1}{2}\operatorname{erfc}\left[\frac{P_{s1}^{1/2} - S}{(2P_{n1})^{1/2}}\right] \ . \tag{6.94}$$

In einem zweiten Experiment wird nun angenommen, daß kein Signal gesendet wurde ($m(t) = 0$). Der Abtastwert $x_0(t_0)$ am Ausgang des Empfangsfilters ist dann nur vom Störsignal abhängig:

$$x_0(t_0) = n_0(t_0) = n_1(t_0) \ . \tag{6.95}$$

In diesem Fall trifft der Empfänger eine Fehlentscheidung, wenn $x_0(t_0) > S$ ist, obwohl $g(t)$ nicht gesendet wurde. Die zugehörige Fehlerwahrscheinlichkeit berechnet sich damit zu

$$W_0 = \int\limits_S^\infty f(x_0,t_0)\,dx_0 = \int\limits_{-\infty}^{-S} f(x_0,t_0)\,dx_0\,,$$

da $x_0(t_0)$ eine normalverteilte, aber jetzt mittelwertfreie Zufallsgröße mit einer geraden Verteilungsdichtefunktion ist. In gleicher Rechnung wie oben erhält man

$$W_0 = \frac{1}{2}\,\text{erfc}\left[\frac{S}{(2P_{\text{n}1})^{1/2}}\right]. \tag{6.96}$$

Die beiden Dichtefunktionen $f(x_1,t_0)$ und $f(x_0,t_0)$ sind in Bild 6.29 dargestellt. Bei zunächst willkürlicher Annahme einer Schwelle S entsprechen die schraffierten Flächen den Fehlerwahrscheinlichkeiten W_1 und W_0 in beiden Experimenten. Faßt man nun beide zu einem Gesamtexperiment zusammen, bei dem die Ereignisse „$g(t)$ gesendet" und „$g(t)$ nicht gesendet" jeweils mit der gleichen Wahrscheinlichkeit auftreten, so gilt für diese *Bitfehlerwahrscheinlichkeit*

$$W_{\text{b}} = (W_1 + W_0)/2\,. \tag{6.97}$$

Wie anhand von Bild 6.29 sofort einsichtig ist, wird dieser Fehler minimal, wenn der Schwellwert S mit dem Schnittpunkt der beiden Dichtefunktionen zusammenfällt. Für $S = P_{\text{s}1}^{1/2}/2$ ergibt sich mit den Gln. (6.94) und (6.96)

$$W_{\text{b}} = \frac{1}{2}\,\text{erfc}\left(\frac{P_{\text{s}1}}{8P_{\text{n}1}}\right)^{1/2}. \tag{6.98}$$

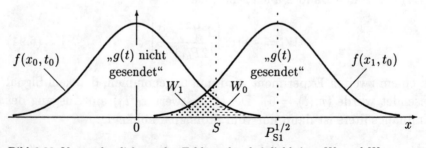

Bild 6.29 Veranschaulichung der Fehlerwahrscheinlichkeiten W_1 und W_0

6.6 Störverhalten der codierten Signalübertragung

Wird als Empfangsfilter ein *matched filter* (vgl. Abschnitt 2.3.4 des ersten Bandes) eingesetzt, so gilt mit Gl. (2.75) für das SN-Verhältnis

$$SN_1 = \frac{P_{s1}}{P_{n1}} = \frac{E_g}{S_0}, \qquad (6.99)$$

wobei E_g die Energie des Sendesignales $m(t) = g(t)$ darstellt. Der Verlauf der Fehlerwahrscheinlichkeit W_b ist in Bild 6.30 als Funktion des Leistungspegels dargestellt. Die Schwelle für eine praktisch fehlerfreie Übertragung liegt knapp oberhalb von 20 dB. Bei einer Abtastrate von $T_a = 125\,\mu s$ und einer 8-bit-Codierung ergeben sich bei 21 dB im Mittel etwas mehr als 2 Fehler pro Stunde (h) für einen Binärwert:

$$W_b \frac{1\,\text{Fehler}}{\Delta t} = \frac{10^{-8}\,\text{Fehler}}{125\,\mu s/8} = \frac{1\,\text{Fehler}}{1562{,}5\,\text{s}} = 2{,}3\frac{\text{Fehler}}{\text{h}}.$$

Bei 17 dB sind es bereits mehr als 6 Fehler pro Sekunde.

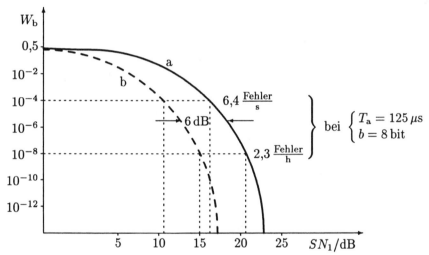

Bild 6.30 Fehlerwahrscheinlichkeit eines gestörten Binärwertes bei a) unipolarer und b) bipolarer Übertragung

Anstelle der betrachteten Zuordnung bei der Übertragung eines binären Zufallswertes a_{1n} in der Form

$$a_{1n} = 1: \quad m(t) = g(t),$$
$$a_{1n} = 0: \quad m(t) = 0,$$

die *unipolare Übertragung* genannt wird, kann auch eine *bipolare Übertragung* verwendet werden mit der Verknüpfung

$$\begin{aligned} a_{1n} &= 1: \quad m(t) = g(t), \\ a_{1n} &= 0: \quad m(t) = -g(t). \end{aligned} \qquad (6.100)$$

In Aufgabe 6.9 wird gezeigt, daß sich hierfür eine Fehlerwahrscheinlichkeit berechnen läßt, die gegenüber der durch Gl. (6.98) gegebenen ein um 6 dB reduziertes SN-Verhältnis besitzt. Da die Signalform $g(t)$ selbst nicht in die Betrachtungen mit eingeht, gelten die Ergebnisse auch für *Bandpaßsignale*. Somit stellt die ASK von Bild 6.2 eine unipolare und die PSK eine bipolare Übertragung dar. Bei der FSK handelt es sich dagegen um die Übertragung mit zwei verschiedenen Signalformen

$$a_{1n} = 1: \quad m(t) = g_1(t),$$
$$a_{1n} = 0: \quad m(t) = g_0(t).$$

Sind die beiden Signalformen $g_1(t)$ und $g_0(t)$ orthogonal [6.5], dann errechnet sich hierfür eine Bitfehlerwahrscheinlichkeit, die in der Mitte zwischen den beiden Kurven von Bild 6.30 liegt.

6.6.2 Übertragung von Binärsignalfolgen

Die im letzten Abschnitt angestellten Überlegungen lassen sich in einfacher Weise auf das praktische Problem der Übertragung einer Folge binärer Quellensignale übertragen. Eine Nachrichtenquelle erzeuge zu den diskreten Zeitpunkten $t = n\Delta t$ jeweils einen Binärwert a_{1n}. Die Folge der a_{1n} kann als Musterfunktion eines binären, zeitdiskreten Zufallsprozesses angesehen werden. In einem Sender werden diese Binärwerte dann mit einer Folge von ebenfalls im Abstand der Taktzeit Δt erzeugten Trägersignalen der Form $g(t)$ so verknüpft, daß am Ausgang des Senders das modulierte Signal

$$m(t) = \sum_{n=-\infty}^{\infty} a_{1n}\, g(t - n\Delta t) \qquad (6.101)$$

erscheint. In Bild 6.31 ist diese unipolare Übertragung am Beispiel einer rechteckförmigen Impulsform $g(t)$ dargestellt.

Wird nun das Sendesignal $m(t)$ über einen störungsfreien Kanal übertragen, dann erscheint am Empfängerausgang eines *matched filters* der Impulsantwort

$$h(t) = g(\Delta t - t) \qquad (6.102)$$

das Signal

$$x(t) = m(t) * h(t) = \sum_{n=-\infty}^{\infty} a_{1n}\, g(t - n\Delta t) * g(\Delta t - t).$$

6.6 Störverhalten der codierten Signalübertragung

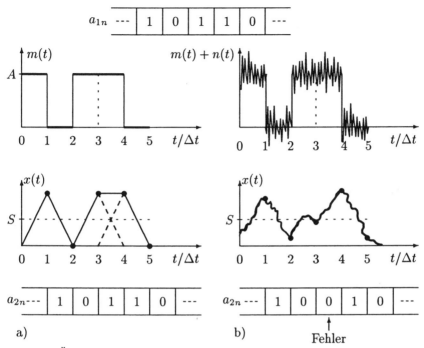

Bild 6.31 Übertragung einer Binärsignalfolge a) ungestört, b) gestört

Stellt man das Faltungsprodukt durch das entsprechende Integral dar, so ergibt sich zunächst

$$x(t) = \sum_{n=-\infty}^{\infty} a_{1n} \int_{-\infty}^{\infty} g(\tau - n\Delta t) g(\Delta t - t + \tau) \, d\tau$$

und mit der Substitution $\tau - n\Delta t = \vartheta$ schließlich

$$x(t) = \sum_{n=-\infty}^{\infty} a_{1n} \int_{-\infty}^{\infty} g(\tau) g[\tau - t + (n+1)\Delta t] \, d\tau , \qquad (6.103)$$

wenn hinterher ϑ wieder durch τ ersetzt wird. Tastet man dieses Ausgangssignal zum Zeitpunkt $t = \Delta t$ ab, dann ergibt sich der Abtastwert

$$x(\Delta t) = \sum_{n=-\infty}^{\infty} a_{1n} \int_{-\infty}^{\infty} g(\tau) g(\tau + n\Delta t) \, d\tau .$$

Für $n = 0$ enthält die Summe den Term $a_{10} E_g$, der nur dem einen

Binärwert a_{10} der Quelle proportional ist, multipliziert mit der Energie E_g des Trägersignales $g(t)$. Weiter enthält die Summe aber für $n \neq 0$ im allgemeinen zusätzliche, unerwünschte Terme, die sich dem Term $a_{10}E_g$ überlagern und dadurch störende *Eigeninterferenzen* hervorrufen. Die Störterme verschwinden, wenn die Bedingung

$$\int_{-\infty}^{\infty} g(\tau)g(\tau + n\Delta t)\,d\tau = 0 \qquad \text{für} \quad n \neq 0 \qquad (6.104)$$

erfüllt ist. Dieses sog. 1. *Nyquist-Kriterium* besagt, daß die Autokorrelationsfunktion (vgl. Abschnitt 2.2.3 des ersten Bandes) $r_{gg}(n\Delta t) = 0$ sein muß für $n \neq 0$. Betrachtet man in Gl. (6.103) einen beliebigen Zeitpunkt $t = (\nu + 1)\Delta t$, dann bleibt bei erfüllter Bedingung (6.104) nur ein Term $a_{1\nu}E_g$ übrig, dem der Binärwert $a_{1\nu}$ der Quelle entnommen werden kann.

Das 1. Nyquist-Kriterium wird u.a. von allen zeitbegrenzten Trägersignalen erfüllt, deren Breite nicht größer als die Taktzeit Δt ist. Ein Beispiel hierfür stellt das rechteckförmige Signal von Bild 6.31 dar. Im Fall der ungestörten Übertragung führt jeder einzelne Rechteckimpuls zu einem dreieckförmigen Impuls am Ausgang des matched filters (vgl. Abschnitt 2.3.4.2 des ersten Bandes). Der Verlauf von $x(t)$ zeigt, daß sich die einzelnen Dreieckimpulse zwar zum Teil überlagern, aber zu den Abtastzeitpunkten $t = n\Delta t$ nicht gegenseitig beeinflussen. Mit Hilfe der Schwellwertdetektion erhält man am Ausgang des Empfängers die Binärfolge a_{2n}, die bis auf eine Zeitverschiebung um Δt mit der Folge a_{1n} der Nachrichtenquelle übereinstimmt.

Auf der rechten Seite von Bild 6.31 ist der Fall einer gestörten Übertragung dargestellt. Für jeden einzelnen Abtastwert $x(n\Delta t)$ gilt die im vorherigen Abschnitt berechnete Fehlerwahrscheinlichkeit W_b, wenn keine Eigeninterferenzen auftreten. In Abschnitt 1.6.2 des ersten Bandes wurde festgestellt, daß zeitbegrenzte Signale ein unendlich ausgedehntes Spektrum besitzen. Es existieren jedoch auch frequenzbandbegrenzte Signale, die das 1. Nyquist-Kriterium erfüllen. Einfachstes Beispiel hierfür ist die si-Funktion

$$g(t) = \text{si}(\pi t/\Delta t)\,, \qquad (6.105)$$

mit der Grenzfrequenz (vgl. Abschnitt 1.6.2 des ersten Bandes)

$$f_g = 1/(2\Delta t)\,, \qquad (6.106)$$

6.6 Störverhalten der codierten Signalübertragung

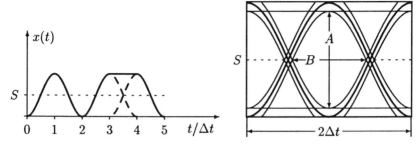

Bild 6.32 Zur Darstellung des Augendiagramms

wie in Aufgabe 6.11 gezeigt wird.

Eine qualitative Beurteilung des Eigeninterferenzverhaltens ermöglicht das sog. *Augendiagramm* von Bild 6.32. Hierzu wird die am Ausgang des Empfangsfilters auftretende Spannung $x(t)$ auf die Vertikalablenkung eines Oszillographen gegeben und die Horizontalablenkung gleichzeitig mit einer Schwingung der Periodendauer $2\Delta t$ getriggert. Bei einer längeren, zufälligen Binärsignalfolge entsteht das rechts dargestellte Augenmuster. Die um die Schwerpunktslinien herum angegebenen Unsicherheitsbereiche werden durch die Störungen verursacht. Während die Augenöffnung A ein Maß für die Entscheidungssicherheit der beiden Binärwerte 1 und 0 darstellt, gibt die Augenbreite B Aufschluß über die einzuhaltende Genauigkeit bezüglich der Abtastzeitpunkte $n\Delta t$.

6.6.3 Störabstände bei PCM

In Abschnitt 6.5.4 wurde bereits die Rauschleistung P_q berechnet, die auf den Quantisierungsfehler zurückzuführen ist. Der bei der binären Signalübertragung auftretende Bitfehler stellt nun ein weiteres Störsignal dar, das den decodierten Abtastwerten $s_{2a}(nT_a)$ auf der Empfangsseite additiv überlagert ist. Setzt man voraus, daß die Fehlerwahrscheinlichkeit W_b relativ gering ist, so wird in jedem Codewort höchstens ein Binärwert falsch sein. Als Zwischenschritt läßt sich damit die Rauschleistung berechnen, die sich ergibt, wenn in jedem Codewort genau ein Binärwert falsch ist. Die diskrete Verteilungsdichtefunktion dieses *Codewortfehlers* $f_c(nT_a)$ zeigt Bild 6.33.

Ein Fehler in der niedrigsten Binärstelle hat den Wert $\pm 2^0 Q$, in der nächsten den Wert $\pm 2^1 Q$ usw. bis $\pm 2^{b-1} Q$ in der höchsten Binärstelle. Das Auftreten eines Fehlers sei in jeder Binärstelle gleich wahrscheinlich, so daß jeder Diracimpuls der diskreten Dichtefunktion die Fläche

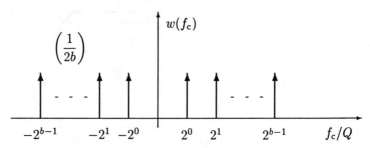

Bild 6.33 Dichtefunktion des Codewortfehlers

$1/(2b)$ hat. Die Gesamtfläche ist also auch hier gleich eins. Das Integral zur Bestimmung der mittleren Leistung des Codewortfehlers geht in eine Summe über, die eine endliche geometrische Reihe bildet:

$$P_c = E\left[f_c^2\right] = \frac{1}{b}\left[(2^0 Q)^2 + (2^1 Q)^2 + \cdots + (2^{b-1} Q)^2\right]$$
$$= \frac{Q^2}{b}\sum_{i=1}^{b}(2^2)^{i-1} = \frac{Q^2}{b}\frac{2^{2b}-1}{2^2-1} \approx \frac{Q^2}{3b}2^{2b}.$$

Mit der Quantisierungsstufenbreite nach Gl. (6.79) ergibt sich hieraus

$$P_c = \frac{S_{\max}^2}{3b}.$$

Ein Fehler tritt aber in jedem Codewort nur mit der Wahrscheinlichkeit bW_b auf. Damit gilt für die Rauschleistung P_b, die durch Bitfehler verursacht wird:

$$P_b = bW_b P_c = W_b \frac{S_{\max}^2}{3}. \qquad (6.107)$$

Da die durch Quantisierung und durch Übertragungsfehler verursachten Störleistungen stochastisch unabhängig sind, können sie addiert werden. Bezieht man sich wieder auf die maximale Nutzleistung entsprechend Gl. (6.82), so ergibt sich schließlich das resultierende SN-Verhältnis der PCM-Übertragung

$$SN_{\text{PCM}} = \frac{P_{\text{smax}}}{P_q + P_b} = \frac{1{,}5}{2^{-2b} + 4W_b}. \qquad (6.108)$$

Das Ergebnis ist in Bild 6.34 als Funktion des SN-Verhältnisses am Ausgang des Empfangsfilters nach Gl. (6.99) aufgetragen. Wäre nun b beliebig groß, d.h. die Quantisierung beliebig fein, so ließe sich bei unipolarer Übertragung für SN_1 knapp über 20 dB eine nahezu störungsfreie Übertragung erreichen. Bei bipolarer Übertragung liegt diese

6.6 Störverhalten der codierten Signalübertragung

Schwelle (gemäß Aufgabe 6.11) knapp über 14 dB. Durch das Quantisierungsrauschen tritt jedoch eine scharfe Begrenzung ein, die pro bit um 6 dB nach oben verschoben werden kann.

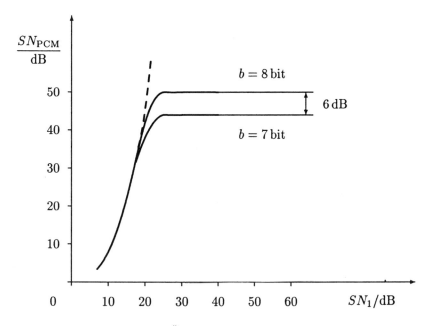

Bild 6.34 Störabstand der PCM-Übertragung

Eine Verbesserung des Störabstandes durch Verlängerung des Codewortes muß jedoch mit einer Erhöhung der benötigten *Übertragungsbandbreite* B_{PCM} erkauft werden. Bei Verwendung der durch Gl. (6.105) gegebenen si-Funktion als Trägersignal $g(t)$ erhält man mit Gl. (6.106)

$$B_{PCM} = \frac{1}{2\Delta t} = \frac{1}{2T_a/b} = \frac{bf_a}{2} \geq bf_g,$$

da für ein b-bit-Codewort $\Delta t = T_a/b$ gelten muß. Die si-Funktion wird allerdings wegen der nur schwach bedämpften Oszillation nicht in der digitalen Signalübertragung eingesetzt. Gebräuchlich sind statt dessen *Impulsformfilter*, deren Frequenzgänge kosinusförmige Flanken vom Durchlaß- in den Sperrbereich aufweisen. Ein Beispiel hierfür ist das Kosinusfilter am Ende von Abschnitt 5.5.1. Mit $\Delta t = 2T$ ergeben sich keine Eigeninterferenzen und eine Bandbreite

$$B_{PCM} = \frac{1}{2T} = \frac{1}{\Delta t} = bf_a \geq 2bf_g. \tag{6.109}$$

In der Praxis sind jedoch etwas steilere Filterflanken üblich als in Bild 5.22, so daß mit einem sog. *roll-off-Faktor* r ($0 \leq r \leq 1$) gerechnet wird:

$$B_{\text{PCM}} \geq (1+r)bf_{\text{g}}.$$

Im Fall der Zeitmultiplex-Übertragung erhöht sich die Bandbreite noch um einen Faktor k, der die Kanalzahl angibt.

Die PCM gehört somit, wie die FM, zu jenen Übetragungsverfahren, die einen Austausch von Bandbreite und Störabstand ermöglichen. Für einen Störabstand auf dem Übertragungskanal $SN_1 = SN_{\text{HF}}$, knapp oberhalb der PCM-Schwelle, hängt der Störabstand des Empfangssignales $SN_{\text{PCM}} = SN_{\text{NF}}$ praktisch nur noch vom Quantisierungsrauschen ab, d.h. in Gl. (6.108) wird $2^{-2b} \gg W_{\text{b}}$. Ersetzt man hierin die Codewortlänge b mit Hilfe von Gl. (6.109), so ergibt sich mit den Umbenennungen $B_{\text{PCM}} = B_{\text{HF}}$ und $f_{\text{g}} = B_{\text{NF}}$:

$$SN_{\text{NF}} = \frac{3}{2} 2^{B_{\text{HF}}/B_{\text{NF}}}. \qquad (6.110)$$

Diese Beziehung hat die ideale Form von Gl. (6.74), wenn man dort den HF-seitigen Störabstand SN_{HF} als eine Konstante betrachtet. Dort, wie in Gl. (6.110), bewirkt eine lineare Erhöhung der HF-Bandbreite eine exponentielle Vergrößerung des NF-seitigen Störabstandes. Damit zeigt die Pulscodemodulation oberhalb der PCM-Schwelle ein in der Tendenz optimales Verhalten, wenngleich diese Schwelle noch relativ weit von der theoretischen Grenze $SN_1 = 2\ln 2$ (gem. Aufg. 3.6 des ersten Bandes) entfernt ist.

6.6.4 Quarternäre Phasenumtastung

Bei der bisher ausschließlich betrachteten binären Signalübertragung berechnet sich die Bitrate zu

$$r_{\text{b}} = 1\,\text{bit}/\Delta t, \qquad (6.111)$$

wobei Δt gemäß Gl. (6.106) von der Grenzfrequenz f_{g} des Trägersignals $g(t)$ abhängt und damit wiederum von der Bandbreite des Übertragungskanals. Durch höherwertige Verfahren der Phasenumtastung lassen sich höhere Übertragungsraten auf Bandpaßkanälen erzielen. Ein Beispiel hierfür stellt die *quarternäre Phasenumtastung* (abgekürzt QPSK oder 4-PSK) dar.

6.6 Störverhalten der codierten Signalübertragung

Bei diesem Verfahren werden jeweils zwei aufeinanderfolgende Binärwerte $a_{1n}, a_{1n+1} \in \{0,1\}$ zusammengefaßt und in der Form

$$m_{1n}(t) = A \operatorname{rect}\left(\frac{t}{\Delta t}\right) [(2a_{1n} - 1)\cos\Omega_0 t - (2a_{1n+1} - 1)\sin\Omega_0 t]$$

$$= \sqrt{2} A \operatorname{rect}\left(\frac{t}{\Delta t}\right) \cos\left[\Omega_0 t + (2k+1)\frac{\pi}{4}\right], \quad (6.112)$$

mit $k \in \{0,1,2,3\}$, übertragen. Die *quarternäre Bitrate* ist somit

$$r_q = 2\,\text{bit}/\Delta t, \quad (6.113)$$

wobei die modulierte Schwingung die Nullphasenwinkel $\pi/4$, $3\pi/4$, $5\pi/4$ und $7\pi/4$ annehmen kann. Dieser Sachverhalt kommt zum Ausdruck in dem sog. *Phasendiagramm* von Bild 6.35 mit der Kophasal- oder Inphasekomponenten C und der Quadraturkomponenten S.

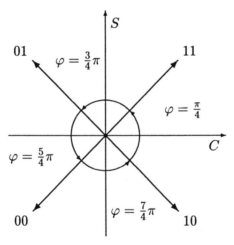

Bild 6.35 Phasendiagramm der QPSK

Zur Wiedergewinnung der binären Quellenwerte a_{1n} und a_{1n+1} werden die beiden (orthogonalen) Teilträgersignale zunächst getrennt synchron demoduliert, wie Bild 6.36 zeigt. Die zwei Binärsignalempfänger entsprechen jeweils der Darstellung von Bild 6.28. Zum Schluß muß noch eine **Parallel-Serien-Umsetzung** der Binärwerte a_{2n}, a_{2n+1} erfolgen. Da sich die Signalleistung auf die beiden Trägerkomponenten aufteilt und somit halbiert, erhält man für den hier vorliegenden Fall der bipolaren Übertragung mit Aufgabe 6.9 die *quarternäre Bitfehlerwahrscheinlichkeit*

$$W_{bq} = \frac{1}{2}\operatorname{erfc}\left(\frac{P_{s1}}{4P_{n1}}\right)^{1/2}. \quad (6.114)$$

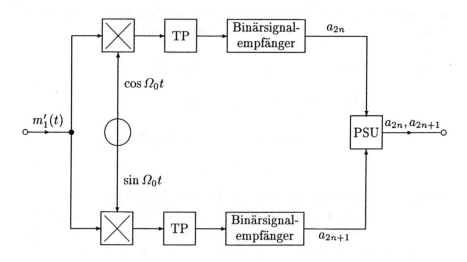

Bild 6.36 Demodulation der QPSK

Der zugehörige Funktionsverlauf liegt in der Mitte zwischen den beiden Kurven von Bild 6.30. Wie am Ende von Abschn. 6.6.1 festgestellt wurde, entspricht dies der Bitfehlerwahrscheinlichkeit der binären FSK. Da die Bitrate der QPSK aber doppelt so hoch ist, handelt es sich hierbei um das prinzipiell überlegenere Verfahren.

6.7 Aufgaben zu Kapitel 6

Aufgabe 6.1
Die technische Erzeugung von linearer Modulation läßt sich mit Hilfe des dargestellten *Ringmodulators* bewerkstelligen. Durch die Spannung $u_0(t) = \hat{u}_0 \cos \Omega_0 t$, mit $\hat{u}_0 \gg |u_1(t)|$, wird die Signalspannung $u_1(t)$ abhängig vom Vorzeichen (**Sign**um) von $u_0(t)$ mit der Trägerfrequenz Ω_0 umgepolt. Am Ausgang des Modulators erhält man also die Spannung

$$u_2(t) = k u_1(t) \operatorname{sgn}[u_0(t)],$$

wobei die Konstante k u.a. von den Abschlußwiderständen abhängt.

a) Skizzieren Sie die Zeitverläufe $\operatorname{sgn}[u_0(t)]$ und $u_2(t)$ für $u_1(t) = \hat{u}_1 \cos \omega_1 t$ mit $\Omega_0 = 10\, \omega_1$.
b) Berechnen Sie das Spektrum $U_2(j\omega)$ für ein auf $\omega_g < \Omega_0$ bandbegrenztes Spektrum $U_1(j\omega)$ und stellen Sie es qualitativ dar.

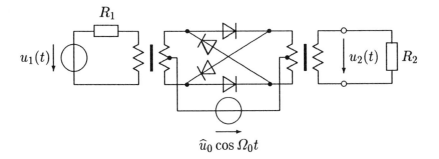

c) Wie läßt sich aus $u_2(t)$ eine linear modulierte Schwingung $m_1(t)$ gewinnen?

Aufgabe 6.2
Die modulierte Schwingung einer Einseitenband-AM

$$m_1(t) = s_1(t)\cos\Omega_0 t \pm [s_1(t) * h_H(t)]\sin\Omega_0 t$$

soll durch einen Synchrondetektor demoduliert werden. (Für die in der angegebenen Darstellung auftretende *Hilbert-Transformation* gilt $h_H(t) \circ\!\!-\!\!\bullet\ H_H(j\omega) = -j\,\text{sgn}(\omega)$.)

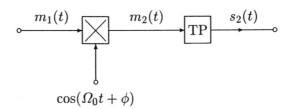

a) Berechnen Sie zunächst die modulierte Schwingung $m_2(t)$.
b) Durch den Tiefpaß werden die Spektralanteile um $2\Omega_0$ weggefiltert. Wie lauten demnach die Zeitfunktion $s_2(t)$ und das zugehörige Spektrum $S_2(j\omega)$?
c) Zeigen Sie am Beispiel des Signales $s_1(t) = \hat{s}_1\cos\omega_1 t$, daß die Trägerphase ϕ auf der Empfangsseite zu einer Phasenverschiebung des Primärsignales in der Form

$$s_2(t) = k_2\hat{s}_1\cos(\omega_1 t \pm \phi)$$

führt.

Aufgabe 6.3

Gegeben ist folgender nichtkohärenter AM-*Überlagerungsempfänger* für den Mittelwellenbereich ($0{,}5\,\text{MHz} \leq f_0 \leq 1{,}5\,\text{MHz}$). Die Grenzfrequenz des Primärsignales $a_1(t)$ betrage $f_g = 5\,\text{kHz}$.

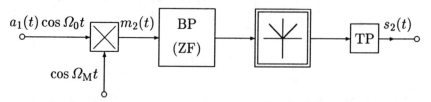

a) Geben Sie den Zusammenhang zwischen f_0, f_M und der Mittenfrequenz des Bandpasses (**Z**wischenfrequenz) f_{ZF} an.

b) Zeigen Sie, daß der Überlagerungsempfänger i.a. außer dem Signal mit der Trägerfrequenz f_0 zusätzlich ein zweites Signal mit der Trägerfrequenz f_{0S} (Spiegelfrequenz) empfängt. Wie läßt sich der Empfang der Spiegelfrequenzsignale unterdrücken?

c) Wie groß muß f_{ZF} mindestens sein, wenn die Spiegelfrequenzsignale außerhalb des MW-Bereiches liegen sollen? In welchem Bereich muß f_M dann variiert werden können und wie groß ist die ZF-Bandbreite f_{ZF} zu wählen?

Aufgabe 6.4

Durch *Amplitudentastung* (ASK) der Trägerschwingung

$$s_T(t) = A \sin \Omega_0 t$$

mit der periodischen Rechteckschwingung $s(t)$ erhält man die modulierte Schwingung $m_1(t)$, während eine *Frequenzumtastung* (FSK) mit Hilfe der beiden Träger

$$s_{T1}(t) = A \sin \Omega_0 t, \qquad s_{T2}(t) = A \sin 2\Omega_0 t$$

die modulierte Schwingung $m_2(t)$ liefert.

a) Stellen Sie zunächst die Zeitverläufe $m_1(t)$ und $m_2(t)$ in geschlossener mathematischer Form dar.

b) Berechnen Sie die beiden Spektren $M_1(j\omega)$ und $M_2(j\omega)$ für die Trägerfrequenz $f_0 = \Omega_0/(2\pi) = 2/T$ und skizzieren Sie deren Beträge für $\omega \geq 0$.

Hinweis: Die Schaltfunktion $s(t)$ läßt sich als Faltungsprodukt eines Rechteckimpulses mit einer periodischen Folge von Deltaimpulsen beschreiben. Das FSK-Signal ist als Summe zweier ASK-Signale darstellbar.

6.7 Aufgaben zu Kapitel 6

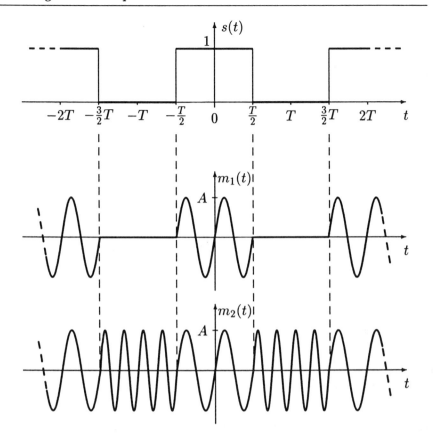

Aufgabe 6.5

Gegeben ist folgende Schaltung (Armstrong-Modulator):

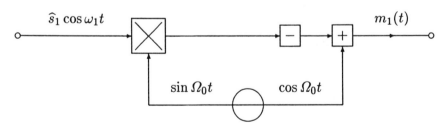

Zeigen Sie, daß $m_1(t)$ für $\widehat{s}_1 \ll 1$ ein phasenmoduliertes Signal ist.

Aufgabe 6.6

Bei der FM-*Stereophonie-Übertragung* werden die Primärsignale $r(t)$ und $l(t)$ (Grenzfrequenz $f_g = 15\,\mathrm{kHz}$) in folgender Multiplexschaltung kombiniert (Pilotfrequenz $f_p = 19\,\mathrm{kHz}$).

a) Skizzieren Sie das Spektrum $M(j\omega)$ des Multiplexsignales $m(t)$.

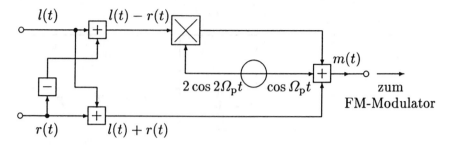

b) Entwerfen Sie eine geeignete Empfängerschaltung zur Rückgewinnung der Signale $r(t)$ und $l(t)$ aus $m(t)$.

c) Begründen Sie die Lage der Pilotfrequenz f_p.

Aufgabe 6.7
Die Störabstände bei Phasenmodulation sollen entsprechend Abschnitt 6.4.3 berechnet werden.

a) Wie lautet das SN-Verhältnis am Demodulatoreingang?

b) Berechnen Sie das SN-Verhältnis am Empfängerausgang für ein allgemeines Primärsignal $s(t)$ und für $s(t) = \hat{s}_1 \cos\omega_\text{g} t$.

c) Nach Abschnitt 6.3.4 entspricht der Phasenhub $\Delta\phi$ bei PM dem Modulationsindex η der FM. Geben Sie damit die Gl. (6.72) entsprechende Beziehung an.

Aufgabe 6.8
Ein Tiefpaßsignal $s(t)$ der Grenzfrequenz f_g wird mit der Rate $1/T_\text{a} \geq 2f_\text{g}$ abgetastet und in Form einer Treppenkurve

$$\tilde{s}(t) = s_\text{a}(t) * h(t) = \left[s(t) \sum_{n=-\infty}^{\infty} \delta(t - nT_\text{a}) \right] * h(t)$$

näherungsweise rekonstruiert.

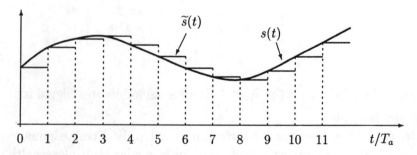

a) Wie lautet die Impulsantwort $h(t)$ eines Systems, welche zu der

6.7 Aufgaben zu Kapitel 6

näherungsweisen Rekonstruktion führt? (Ein Beispiel für ein derartiges System stellt der DA-Wandler eines PCM-Übertragungssystems dar.)
b) Berechnen Sie die Übertragungsfunktion $H(j\omega)$ •—∘ $h(t)$ und skizzieren Sie den Verlauf des Betrages $|H(j\omega)|$.
c) Geben Sie die Übertragungsfunktion $H_E(j\omega)$ eines Systems an, mit dem $s_a(t)$ aus $\tilde{s}(t)$ fehlerfrei rekonstruiert werden kann. Zeigen Sie, daß sich ein derartiger Entzerrer durch folgende Systemstruktur realisieren läßt:

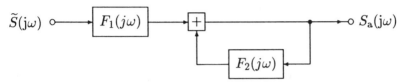

Was stellen $F_1(j\omega)$ und $F_2(j\omega)$ grundsätzlich dar?

Aufgabe 6.9

Das modulierte Sendesignal $m(t)$ hat im Fall der *bipolaren Übertragung*, mit $a_{1n} \in \{0,1\}$, die Form

$$m(t) = \sum_{n=-\infty}^{\infty} (2a_{1n} - 1)g(t - n\Delta t).$$

a) Berechnen Sie hierfür die Bitfehler-Wahrscheinlichkeit W_{bbip} entsprechend Abschnitt 6.6.1.
b) Wie läßt sich der Verlauf von W_{bbip} in Abhängigkeit des SN_1-Verhältnisses aus der Bitfehler-Wahrscheinlichkeit W_{buni} bei unipolarer Übertragung konstruieren?

Aufgabe 6.10

Ein rechteckförmiges Trägersignal $g(t)$ wird mit einem *matched filter* empfangen, das näherungsweise durch ein RC-Glied mit der Impulsantwort

$$h(t) = s(t)\frac{1}{T}\,e^{-t/T}$$

ersetzt werden soll.

a) Berechnen Sie das Ausgangssignal $x(t) = g(t) * h(t)$ des RC-Gliedes und skizzieren Sie den prinzipiellen Verlauf. Für welche Zeit t erreicht das Ausgangssignal sein Maximum?
b) Dem Sendesignal $m(t) = g(t)$ ist weißes Rauschen der Leistungsdichte S_0 überlagert. Wie groß ist im Abtastzeitpunkt $t = \Delta t$ das Signal-Rausch-Verhältnis SN_1 am Ausgang des RC-Gliedes?

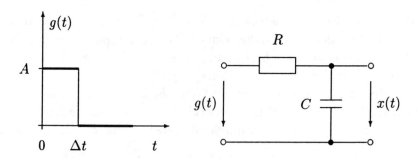

c) Für welche Zeitkonstante T wird SN_1 maximal? Vergleichen Sie dieses $SN_{1\,max}$ mit dem SN_{1opt} des optimalen Suchfilters.

Aufgabe 6.11
Zeigen Sie mit Hilfe des Faltungssatzes, daß das 1. *Nyquist-Kriterium* durch die si-Funktion

$$g(t) = \text{si}(\pi t/\Delta t)$$

erfüllt wird.

Aufgabe 6.12
Ein auf S_{max} gleichverteiltes Signal der Grenzfrequenz $f_g = 4\,\text{kHz}$ wird über ein PCM-System übertragen. Quantisierungsrauschen und Kanalstörung sollen einen Abstand zur Nutzsignalleistung von jeweils mindestens 40 dB haben.

a) Bestimmen Sie die erforderliche Codewortlänge b sowie den Rauschabstand SN_1 am Ausgang des Empfangsfilters.

b) Welche Mindestübertragungsbandbreite B_{PCM} ist bei einem roll-off-Faktor $r = 0{,}5$ erforderlich?

7 Optische Nachrichtenübertragung

Die optische Nachrichtentechnik ist in heutigen Kommunikationssystemen von entscheidender Bedeutung. Wie in der konventionellen Nachrichtentechnik werden zur Übertragung von Signalen elektromagnetische Wellen auf geeigneten Leitern geführt, jedoch mit um vier bis fünf Größenordnungen höheren Frequenzen (Bild 7.1).

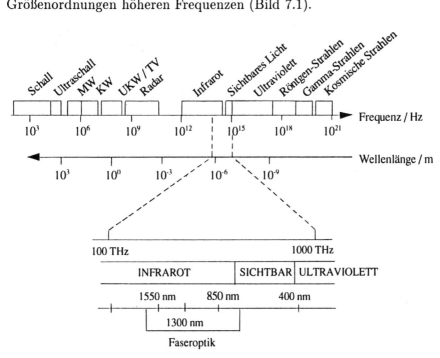

Bild 7.1 Spektrum elektromagnetischer Wellen.

Die optische Nachrichtentechnik bietet eine Fülle von Vorteilen, deren wichtigste wohl sind die enorme Übertragungskapazität (Bild 7.2) und die Tatsache, daß optische Systeme unempfindlich gegenüber elektromagnetischen Einflüssen sind.

Dieses Kapitel hat zum Ziel, die wesentlichen Komponenten und Systemüberlegungen vorzustellen, die die optische von der konventionellen Nachrichtenübertragung unterscheiden.

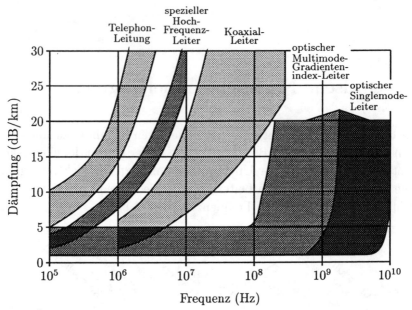

Bild 7.2 Übertragungskapazität verschiedener Leiter.

Das Wesensmerkmal der optischen Nachrichtentechnik ist die leitungsgebundene Übertragung von Signalen mit Licht (Bild 7.3).

Daher befassen sich die ersten Abschnitte mit den Grundkomponenten nämlich

- dem Übertragungsmedium, dem sog. Lichtwellenleiter

- dem optischen Sender, der elektrische Signale in optische umsetzt

- dem optischen Empfänger, der optische Signale in elektrische umsetzt.

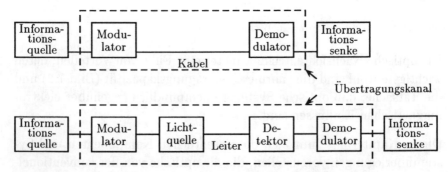

Bild 7.3 a) Konventionelles und b) faseroptisches Übertragungssystem.

Das Verständnis der Funktionsweise und Eigenschaften der Grundkomponenten ist Voraussetzung für den Aufbau eines optischen Übertragungssystems.

Im vierten Abschnitt wird die Kopplung der Grundkomponenten und ihre Grenzen betrachtet, bevor im letzten Abschnitt dann die eigentlichen Übertragungssysteme in ihren Grundzügen beschrieben werden.

7.1 Grundkomponente 1: Lichtwellenleiter

Das zentrale Element der optischen Übertragungsstrecke ist der *Lichtwellenleiter* (LWL), also jene Komponente, die die an einen Leiter gebundene Führung von Lichtsignalen ermöglicht.

In erster Linie ist dies die sogenannte Glasfaser, jedoch sind sowohl andere Materialen als Glas möglich als auch Bauformen die von der Faser abweichen. Zunächst sollen die physikalischen Prozesse beschrieben werden, die die Leitung von Licht ermöglichen, danach die Entstehung von Moden, also diskreten, ausbreitungsfähigen Verteilungen des elektromagnetischen Feldes als Konsequenz der Bindung an den Leiter, abschließend dann spezielle Ergebnisse für die meistverwendete Bauform, den zylindersymmetrischen Wellenleiter.

7.1.1 Physikalische Grundlagen der Lichtleitung

Die exakte Formulierung der Gesetzmäßigkeiten, nach denen sich Licht, das ja nur einen kleinen Teil des elektromagnetischen Spektrums (Bild 7.1) darstellt, basiert auf den *Maxwellgleichungen* und den daraus ableitbaren Wellengleichungen[1]. Diese Darstellung ist für diesen Rahmen zu umfangreich und in anderen Lehrbüchern [7.1 – 7.4] ausführlich und einprägsam beschrieben.

Daher wurde eine Darstellung gewählt, die mit möglichst einfachen Modellen arbeitet und zumindest qualitativ die richtigen Ergebnisse liefert.

Wesentliche Gesetzmäßigkeiten lassen sich anschaulich mit Hilfe der *Strahlenoptik* erklären. Dieses Modell, das die geradlinige Ausbreitung des Lichts annimmt, reicht jedoch zur Erklärung einiger Erscheinungen nicht aus, so daß bei Bedarf Anleihen bei der *Wellenoptik* genommen werden müssen.

---

[1] Damit würde natürlich auch die Ausbreitung von Wellen in Hohlleitern oder dielektrischen Leitern beschrieben, wie sie in der Hochfrequenztechnik auftreten.

7.1.1.1 Lichtbrechung an Grenzflächen und Totalreflexion

Licht breitet sich in unterschiedlichen Medien mit unterschiedlicher Geschwindigkeit aus. Dies führt zu der bekannten Erscheinung der *Brechung* eines Lichtstrahls beim Übergang von einem Medium in ein anderes (Bild 7.4).

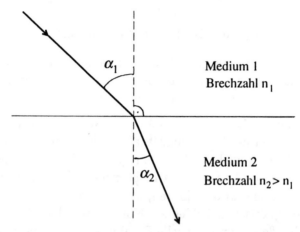

Bild 7.4 Brechungsgesetz.

Der Strahlenverlauf wird durch das Snellsche *Brechungsgesetz* beschrieben

$$n_1 \cdot \sin \alpha_1 = n_2 \cdot \sin \alpha_2 . \tag{7.1}$$

Die *Brechzahl* n_i ist dabei eine Stoffkennzahl, die sich ergibt aus dem Verhältnis

$$n_i = \frac{c_0}{c_i},$$

wobei c_0 die Lichtgeschwindigkeit im Vakuum, c_i die im Medium i ist.

Die Brechzahl hängt von der Wellenlänge des Lichts ab und nimmt in dem hier betrachteten Bereich mit zunehmender Wellenlänge λ ab.

In Bild 7.5 ist der Verlauf der Brechzahl als Funktion der Wellenlänge für Quarzglas gezeigt, dem Material, aus dem überwiegend Lichtleiter hergestellt werden.

Für die Lichtleitung wesentlich ist die Betrachtung des Lichtübergangs vom Medium mit der größeren Brechzahl („optisch dichter") in das mit der kleineren („optisch dünner").

7.1 Grundkomponente 1: Lichtwellenleiter

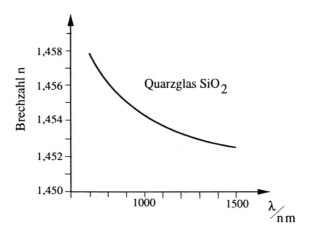

Bild 7.5 Spektraler Verlauf der Brechzahl.

Wie in Bild 7.6 gezeigt, existiert ein Winkel α_g, oberhalb dessen ein Übergang ins optisch dünnere Medium nicht mehr möglich ist, da das Brechungsgesetz (7.1) nicht erfüllt werden kann ($\sin\alpha \leq 1$).

Dieser Grenzwinkel errechnet sich aus dem Brechungsgesetz mit der Bedingung $\alpha_1 = 90°$ zu

$$\sin\alpha_g = \frac{n_1}{n_2}. \tag{7.2}$$

Zum Beispiel werde als Medium 1 Luft ($n_1 \approx 1$) betrachtet, als Medium 2 Quarzglas ($n_2 \approx 1{,}46$). Damit errechnet sich der Grenzwinkel wegen

$$\sin\alpha_g = \frac{n_1}{n_2} = \frac{1}{1{,}46} = 0{,}685$$

zu $\quad \alpha_g = \arcsin 0{,}685 = 43{,}2°.$

Die Reflexion bei Überschreiten des Grenzwinkels erfolgt unter idealen Bedingungen zu 100 %, heißt daher *Totalreflexion*.

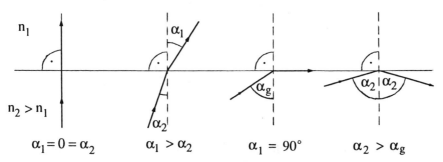

Bild 7.6 Übergang eines Lichtstrahls ins optisch dünnere Medium.

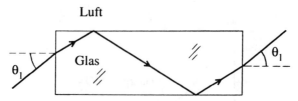

Bild 7.7 Glasplatte als Lichtleiter.

Der einfachste Lichtleiter ist demnach eine Glasplatte mit parallelen Wänden, umgeben von Luft: Durch Totalreflexion an der oberen und unteren Grenzfläche wird der Lichtstrahl von einem Ende der Platte auf Zick-Zack-Bahnen zum anderen Ende geführt (Bild 7.7).

Der naheliegende Gedanke, die Glasplatte durch einander gegenüberliegende Metallspiegel zu ersetzen, scheitert bei der praktischen Ausführung daran, daß diese Spiegel im besten Fall nur 95 % reflektieren, d.h., nach einer Reflexion sind noch 95 % der eingekoppelten Lichtleistung vorhanden, nach fünf nur noch $(0{,}95)^5 = 77\,\%$, nach zehn noch ca. 60 % und nach 100 Reflexionen gerade noch 0.6 %.

Typischerweise treten in Fasern mehrere 100 Reflexionen pro Meter auf, was für die Spiegel-Lösung unannehmbare Dämpfungswerte bedeutet.

Damit Totalreflexion stattfinden kann, muß sichergestellt sein, daß das außenliegende Medium eine kleinere Brechzahl besitzt. Daher wird die Glasplatte zweckmäßigerweise in ein niedriger brechendes Material, z.B. eine andere Glassorte, eingebettet (Bild 7.8).

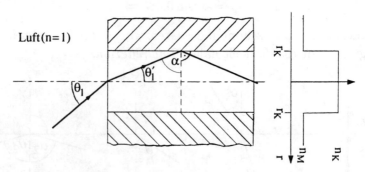

Bild 7.8 Aufbau eines Lichtwellenleiters.

Der Winkelbereich, innerhalb dessen Licht in einen derartigen LWL eingekoppelt werden kann, ist festgelegt durch die Bedingung, daß an

7.1 Grundkomponente 1: Lichtwellenleiter

der Grenze zwischen der lichtführenden Schicht, dem Kern mit Brechzahl n_k und der umgebenden Schicht (Mantel, n_m) Totalreflexion stattfinden muß.
Damit gilt:
$$\sin \alpha_g = \frac{n_m}{n_k}.$$

Aus einfachen trigonometrischen Überlegungen ergibt sich

$$\Theta'_1 = 90° - \alpha,$$
$$\sin \Theta'_1 = \sin(90° - \alpha),$$
$$\sin \Theta'_1 = \cos \alpha,$$
$$\sin \Theta'_1 = \sqrt{1 - \sin^2 \alpha}.$$

Das Brechungsgesetz angewandt auf die Einkoppelfläche liefert

$$1 \cdot \sin \Theta_1 = n_k \cdot \sin \Theta'_1,$$
$$\sin \Theta_1 = n_k \sqrt{1 - \sin^2 \alpha}.$$

Der maximale Einkoppelwinkel ergibt sich, wenn $\alpha = \alpha_g$:

$$\sin \Theta_{1\,max} = n_k \sqrt{1 - \sin^2 \alpha_g},$$
$$= n_k \sqrt{1 - \frac{n_m^2}{n_k^2}},$$
$$= \sqrt{n_k^2 - n_m^2}.$$

Damit wird die *numerische Apertur NA* definiert

$$NA := \sin \Theta_{1\,max} = \sqrt{n_k^2 - n_m^2}. \tag{7.3}$$

Die numerische Apertur ist ein Maß für den Öffnungswinkel relativ zur Faserachse (*Akzeptanzwinkel*), innerhalb dessen Lichtstrahlen eingekoppelt und durch Totalreflexion weitergeleitet werden können. Für eine Glasplatte ($n_k = 1{,}46$), die in Mantelschichten ($n_m = 1{,}41$) mit niedrigerer Brechzahl eingebettet ist, ergeben sich dann folgende Werte für

- die numerische Apertur $\quad NA = \sqrt{1{,}46^2 - 1{,}41^2} = 0{,}38$
- den Akzeptanzwinkel $\quad \Theta_{1\,max} = \arcsin 0{,}38 = 22{,}3°$.

7.1.1.2 Elektromagnetische Wellen

Die Gleichungen, die das räumliche und zeitliche Verhalten des elektromagnetischen Feldes beschreiben, lassen sich aus den Maxwell-Gleichungen ableiten [7.1 – 7.4].

Im allgemeinen Fall entsteht dabei ein Satz von sechs Differentialgleichungen, jeweils drei für die Komponenten des elektrischen und des magnetischen Felds.

Für den einfachsten Spezialfall, einer *ebenen Welle* (Anhang A6), die sich in z-Richtung ausbreitet und deren elektrisches Feld nur eine Komponente in y-Richtung haben soll, stellt sich die zu lösende Gleichung folgendermaßen dar:

$$\frac{\partial^2 E_y}{\partial z^2} - \mu \cdot \varepsilon \frac{\partial^2 E_y}{\partial t^2} = 0. \tag{7.4}$$

Die magnetische Permeabilität μ setzt sich zusammen aus der absoluten Permeabilität μ_0 des Vakuums ($\mu_0 = 4\pi \cdot 10^{-7}\,\mathrm{Ns^2/C^2}$) und der relativen Permeabilität μ_r des Mediums.

Die Dielektrizitätskonstante ε setzt sich zusammen aus der absoluten Dielektrizitätskonstanten ε_0 des Vakuums ($\varepsilon_0 = 8{,}8542 \cdot 10^{-12}\,\mathrm{C^2/(Nm^2)}$) und der relativen Dielektrizitätskonstanten ε_r des Mediums. Insgesamt gilt also: $\varepsilon = \varepsilon_0 \cdot \varepsilon_r$ und $\mu = \mu_0 \cdot \mu_r$.

Beim Vergleich mit einer allgemeinen Wellengleichung für eine Größe A (siehe auch Gl. 5.4)

$$\frac{d^2 A}{dz^2} - \frac{1}{v_p^2} \cdot \frac{d^2 A}{dt^2} = 0 \tag{7.5}$$

errechnet sich die *Phasengeschwindigkeit* v_p zu

$$v_p = (\mu_0 \varepsilon_0 \cdot \mu_r \cdot \varepsilon_r)^{-\frac{1}{2}} \tag{7.6}$$

Für die Ausbreitung einer Welle im leeren Raum ergibt sich wegen $\varepsilon_r = \mu_r = 1$

$$v_p = (\varepsilon_0 \mu_0)^{-\frac{1}{2}} = 2{,}997 \cdot 10^8 \frac{\mathrm{m}}{\mathrm{s}} = c_0. \tag{7.7}$$

Für die im weiteren ausschließlich betrachteten dielektrischen Stoffe gilt (da unmagnetisch gilt: $\mu_r = 1$):

$$v_p = c_0 \cdot (\varepsilon_r)^{-\frac{1}{2}} = \frac{c_0}{n}$$

7.1 Grundkomponente 1: Lichtwellenleiter

und damit

$$n = \sqrt{\varepsilon_r}. \tag{7.8}$$

Dabei ist allerdings zu beachten, daß ε_r frequenzabhängig ist und daher nicht die aus der Elektrostatik bekannten Werte verwendet werden dürfen.

Da sich mit Hilfe der Fourier-Synthese bzw. der Fourierintegrale (siehe Kap. 1) alle Funktionen aus harmonischen aufbauen lassen, reicht exemplarisch die Diskussion für den Spezialfall einer (Co-)Sinus-Lösung der Form

$$E(z,t) = E_0 \cos(\omega t - kz) = E_0 \cdot \text{Re}\{e^{j(\omega t - kz)}\} \quad . \tag{7.9}$$

Der Phasenwinkel als Argument der Cosinus-Funktion hängt von zwei Parametern ab, die die zeitliche Periodizität (Periodendauer T) und die räumliche Periodizität (Periodenlänge λ) beschreiben (Bild 7.9): *Kreisfrequenz* $\omega = 2\pi/T$, *Ausbreitungskonstante* $k = 2\pi/\lambda$.

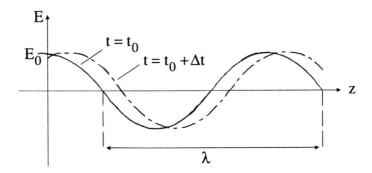

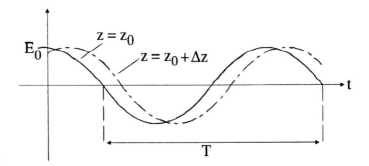

Bild 7.9 Charakteristische Größen für Wellenausbreitung.

Im allgemeinen Fall einer beliebigen Ausbreitung der Welle im Raum werden Richtung und Phase der Welle durch den Ausbreitungsvektor $\underline{k}$ beschrieben, wobei gilt:

$$|\underline{k}| = k = \frac{2\pi}{\lambda}. \qquad (7.10)$$

Die Ausbreitungsgeschwindigkeit dieser Welle, genauer hier: die Geschwindigkeit, mit der sich ein Punkt fester Phase fortbewegt, ergibt sich (siehe Anhang A7) zu

$$v_p = \frac{\omega}{k} = \frac{2\pi/T}{2\pi/\lambda} = \frac{1}{T} \cdot \lambda = f \cdot \lambda \qquad (7.11)$$

mit f als Frequenz der Welle.

Da die Geschwindigkeit von der Brechzahl des Mediums abhängt, gilt dies bei gleichbleibender Frequenz (Energieerhaltung) auch für die Wellenlänge und damit für die Ausbreitungskonstante (Bild 7.10)

$$\begin{aligned} \lambda &= \frac{c}{f} = \frac{1}{n} \cdot \frac{c_o}{f} = \frac{1}{n} \cdot \lambda_o, \\ k &= \frac{2\pi}{\lambda} = \frac{2\pi}{\lambda_o} \cdot n = k_o \cdot n, \end{aligned} \qquad (7.12)$$

wobei die mit „o" indizierten Größen die Werte für den leeren Raum bedeuten.

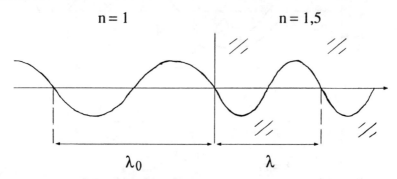

Bild 7.10 Wellenlänge in unterschiedlichen Medien.

7.1.2 Einfacher Schichtwellenleiter

Das einfachste Modell zur Veranschaulichung der Wellenführung ist das zweier planer Metallspiegel, deren reflektierende Flächen einander im Abstand d gegenüber liegen (Bild 7.11).

7.1 Grundkomponente 1: Lichtwellenleiter

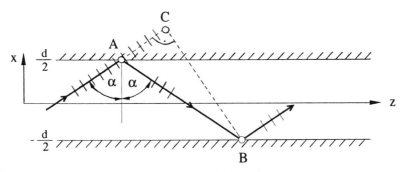

Bild 7.11 Einfaches Modell eines planaren Wellenleiters.

Ein einmal in diese Anordnung eingekoppelter Lichtstrahl bewegt sich nach dem Reflexionsgesetz zickzackförmig in z-Richtung fort.

Das einfache Strahlenmodell läßt dabei jeden beliebigen Einfallswinkel zu und ist daher nicht ausreichend, die Verhältnisse auch nur qualitativ zu beschreiben.

Ohne Beschränkung der Allgemeinheit wird für die folgenden Überlegungen angenommen, daß das elektrische Feld senkrecht zur Ebene der Ausbreitung schwingt. Eine derartige Welle wird als transversalelektrische, kurz: TE-Welle bezeichnet, im Gegensatz zur transversalmagnetischen (TM-) Welle, bei der das E-Feld in der Ausbreitungsebene schwingt.

Unter Berücksichtigung der Welleneigenschaften des Lichts sind nur solche Winkel zur Ausbreitung möglich, bei denen die Welle nach zweifacher Reflexion wieder in Phase mit der einlaufenden Welle ist, das Wellenfeld sich also selbst reproduziert. Andernfalls wird sich die Welle nach einigen Reflexionen selbst auslöschen, sich also nicht in z-Richtung ausbreiten können. Für die Betrachtung des Phasenwinkels ist zu beachten, daß sich bei der Reflexion an der metallischen Spiegelfläche ein Phasensprung von 180° zwischen ein- und auslaufender Welle ergibt. Andernfalls wird die Bedingung verletzt, daß im metallischen Leiter kein elektrisches Feld existieren kann.

Daher lautet die Bedingung für konstruktive Überlagerung des einfallenden und des zweifach-reflektierten Strahls, daß der Wegunterschied zwischen Weg $\overline{AB}$ und Weg $\overline{AC}$ ein ganzzahliges Vielfaches der Wellenlänge sein muß:

$$\overline{AB} - \overline{AC} - 2 \cdot \lambda/2 = p \cdot \lambda \qquad (p = 0, 1, 2 \ldots) \qquad (7.13)$$

Dabei gilt:

$$\overline{AB} = \frac{d}{\cos \alpha},$$

$$\overline{AC} = \overline{AB} \cdot \cos[2(90° - \alpha)] = -\overline{AB} \cdot \cos 2\alpha,$$
$$= -\overline{AB}(1 - 2\sin^2 \alpha) = -\overline{AB}(1 - 2 + 2\cos^2 \alpha),$$
$$\overline{AC} = \overline{AB}(1 - 2\cos^2 \alpha).$$

Eingesetzt in Gl.(7.13) ergibt dies

$$2d \cdot \cos \alpha = m \cdot \lambda \quad \text{mit} \quad m = p + 1, \quad m = 1, 2, 3 \ldots$$

und damit die Bedingung für den Einfallswinkel

$$\cos \alpha_m = m \cdot \frac{\lambda}{2d}. \tag{7.14}$$

Dies bedeutet also, daß nur diskrete Werte für den Einfallswinkel möglich sind, die von der Geometrie, genauer dem Abstand der Spiegelflächen, und der verwendeten Wellenlänge abhängen (Bild 7.12).

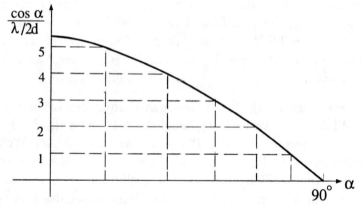

Bild 7.12 Zulässige Zick-Zack-Winkel α.

Die Zahl der möglichen Lösungen ist beschränkt durch die Bedingung $\cos \alpha \leq 1$.

Damit ergibt sich nach (7.14) als obere Grenze

$$m_{\max} = \frac{2d}{\lambda} \tag{7.15}$$

Zu jedem Winkel α_m gehört also ein bestimmter Zick-Zack-Weg. Die zugehörige Verteilung des elektromagnetischen Felds wird (engl.) „*Mode*" genannt.

7.1.2.1 Ausbreitungskonstanten

Das Wellenfeld im Raum zwischen den Spiegeln läßt sich also beschreiben als Überlagerung zweier ebener Wellen (Bild 7.13):

- einer aufwärts laufenden mit Wellenvektor

$$\underline{k}_\uparrow = \begin{pmatrix} k_x \\ 0 \\ k_z \end{pmatrix}$$

- einer abwärts laufenden mit Wellenvektor

$$\underline{k}_\downarrow = \begin{pmatrix} -k_x \\ 0 \\ k_z \end{pmatrix}$$

wobei gilt: $|\underline{k}_\uparrow| = |\underline{k}_\downarrow| = k$.

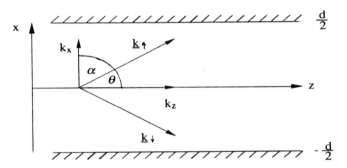

Bild 7.13 Wellenvektoren und ihre Komponenten.

Diese beiden Wellen stehen in einer festen Phasenbeziehung zueinander, und müssen die *Interferenzbedingung* Gl. (7.14) erfüllen. Auf der z-Achse, also auf halbem Weg zwischen A und B beträgt die Phasendifferenz dann gerade den halben Wert, also

$$(\varphi_\uparrow - \varphi_\downarrow) = p \cdot \pi, \qquad p = 0, 1, 2 \ldots, \tag{7.16}$$

was zur Auslöschung führt, wenn $p = 1, 3, 5 \ldots$, und zur Verstärkung, wenn $p = 0, 2, 4 \ldots$.

Aus der Überlagerung resultiert eine Welle, die sich nur noch in z-Richtung ausbreitet.

In x-Richtung nämlich führen die beiden gegenläufigen Wellen mit den Ausbreitungskonstanten

$$k_x = k \cdot \cos\alpha = k \cdot \sin\Theta = \frac{2\pi}{\lambda} \cdot m \cdot \frac{\lambda}{2d} = m \cdot \frac{\pi}{d} \quad (7.17)$$

zu einer sogenannten stehenden Welle, also einer in x-Richtung stationären Feldverteilung. Dies ist auch daran ersichtlich, daß die Welle in x-Richtung bei einem Durchlauf, also einmal auf und ab, eine Phasendrehung um

$$\Delta\varphi_x = k_x \cdot 2d,$$
$$= \frac{2\pi}{\lambda} \cdot \cos\alpha_m \cdot 2d,$$
$$= \frac{2\pi}{\lambda} \cdot m \cdot \frac{\lambda}{2d} \cdot 2d,$$
$$\Delta\varphi_x = m \cdot 2\pi \quad (7.18)$$

macht, also in sich zurückläuft.

Für die z-Komponente des Wellenvektors, also die Ausbreitungskonstante der geführten Welle ergibt sich nach Bild 7.14

$$k_z^2 = k^2 - k_x^2,$$
$$k_{zm}^2 = k^2 - \left(\frac{m \cdot \pi}{d}\right)^2. \quad (7.19)$$

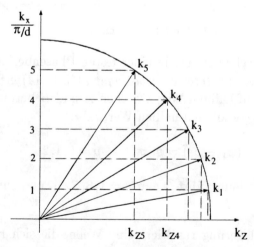

Bild 7.14 Ausbreitungsvektoren k_m und zugehörige x/z-Komponenten.

7.1.2.2 Dispersionsbeziehung

Zur späteren Berechnung der Ausbreitungschwindigkeiten ist es nötig, die funktionale Abhängigkeit zwischen Ausbreitungskonstante und Frequenz der Welle zu kennen. Dieser Zusammenhang $\omega = \omega(k)$ wird *Dispersionsrelation* genannt.

Im vorigen Abschnitt ergab sich für das einfache Wellenleitermodell

$$k^2 = k_z^2 + \left(\frac{m \cdot \pi}{d}\right)^2,$$

$$\frac{\omega^2}{c_0^2} = k_z^2 + \left(\frac{m \cdot \pi}{d}\right)^2,$$

$$\omega = \sqrt{c_0^2 k_z^2 + \left(m\frac{\pi \cdot c_0}{d}\right)^2}. \qquad (7.20)$$

Daraus ergibt sich eine Kurvenschar (Bild 7.15) mit m als Scharparameter. Auffallend dabei ist:

• Für große Frequenzen nähern sich alle Ausbreitungskonstanten der für die freie Welle an.

• Unterhalb der Frequenz $\omega = \pi/d \cdot c_0$ existiert keine (reelle) Ausbreitungskonstante, also keine Wellenleitung.

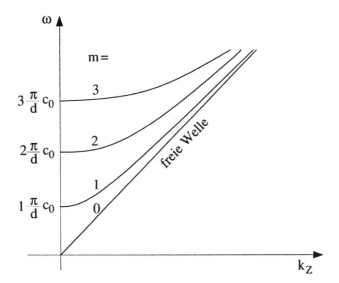

Bild 7.15 Dispersionsbeziehung für planaren Wellenleiter.

7.1.2.3 Feldverteilung

Wie in den vorhergehenden Abschnitten gezeigt, läßt sich das elektromagnetische Feld für einen Leitungsmode m darstellen als Überlagerung zweier ebener Wellen, deren Ausbreitungsrichtungen $\pm\Theta_m$ gegen die Achse geneigt sind, und deren Phasen um $(m-1)\pi$ gegeneinander verschoben sind. Damit ergibt sich wegen

$$E_\uparrow = E_0 \, e^{-jk_x x} \cdot e^{-jk_z z},$$
$$E_\downarrow = E_0 \, e^{+jk_x x} \cdot e^{j(m-1)\pi} \, e^{-jk_z z},$$

das Gesamtfeld E_g zu

$$E_g = E_\uparrow + E_\downarrow = E_0 \cdot e^{-jk_z z} \cdot \left\{ e^{-jk_x x} + e^{+jk_x x} \cdot e^{j(m-1)\pi} \right\}$$

Da gilt:

$$e^{j\alpha} + e^{-j\alpha} = 2\cos\alpha,$$
$$e^{j\alpha} - e^{-j\alpha} = 2\sin\alpha$$

und

$$e^{j(m-1)\pi} = \begin{cases} +1 & \text{für } m = 1,3,5\ldots \\ -1 & \text{für } m = 2,4,6\ldots \end{cases},$$

folgt daraus für das resultierende Feld mit $k_{xm} = m \cdot \pi/d$

$$E_g = \begin{cases} 2E_0 \cdot \cos\left(\dfrac{m\cdot\pi}{d}x\right) \cdot e^{-jk_z z} & \text{für } m = 1,3,5\ldots \\ 2E_0 \cdot \sin\left(\dfrac{m\cdot\pi}{d}x\right) \cdot e^{-jk_z z} & \text{für } m = 2,4,6\ldots \end{cases}.$$

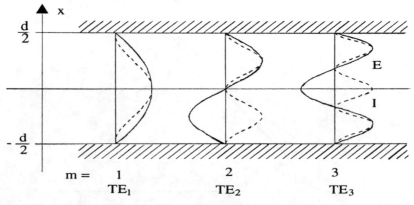

Bild 7.16 Feld- (—) und Intensitätsverteilung (---) für die ersten 3 Moden des planaren Wellenleiters.

7.1 Grundkomponente 1: Lichtwellenleiter

Diese in Bild 7.16 gezeigten Feldverteilungen sind also stationär in x-Richtung und bewegen sich mit der zugehörigen *Gruppengeschwindigkeit* in z-Richtung.

Bei Betrachtung der ausgangsseitigen Stirnfläche dieses Wellenleiters werden, vorausgesetzt nur jeweils **ein** Mode sei angeregt, ein, zwei, drei... Intensitätsmaxima (wg. $I \sim E^2$) gemessen. Der Index in der Modenbezeichnung TE_i gibt die Zahl der Intensitätsmaxima wieder.

7.1.2.4 Ausbreitungsgeschwindigkeiten

Die für die Ausbreitung von Signalen wesentliche Größe ist die Gruppengeschwindigkeit v_g (siehe Anhang A7). Sie berechnet sich bei bekannter Dispersionsrelation zu

$$v_g = \frac{d\omega}{dk_z}.$$

Für das hier betrachtete Modell ergibt sich somit

$$\omega^2 = c_0^2 \left\{ k_z^2 + \left(\frac{m \cdot \pi}{d}\right)^2 \right\}$$

abgeleitet nach k_z folgt:

$$2\omega \frac{d\omega}{dk_z} = 2c_0^2 k_z,$$

$$\frac{d\omega}{dk_z} = c_0^2 \cdot \underbrace{\frac{k}{\omega}}_{= 1/c_0 \text{ nach } (7.11)} \cdot \cos\Theta,$$

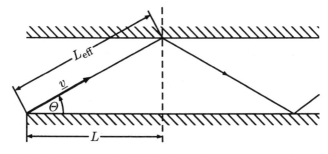

Bild 7.17 Zur Ausbreitungsgeschwindigkeit.

und somit

$$v_g = \frac{d\omega}{dk_z} = c_0 \cdot \cos\Theta. \qquad (7.21)$$

Dieses Ergebnis entspricht auch dem intuitiv erwarteten: Je steiler der Zick-Zack-Winkel, desto länger ist der effektive Weg L_{eff}, den der Strahl innerhalb des Leiters der Länge L zurücklegen muß (Bild 7.17).

Die Ausbreitungsgeschwindigkeit für die geführte Welle ist demnach die z-Komponente des Geschwindigkeitvektors $\underline{v}$ mit $|v| = c_0$ und damit $v_g = c_0 \cdot \cos\Theta$.

7.1.3 Dielektrischer Schichtwellenleiter

Die im vorigen Abschnitt am wohl einfachsten Wellenleiteraufbau dargestellten Überlegungen lassen sich auch auf einen *dielektrischen Wellenleiter* übertragen, bei dem die metallische Reflexion durch Totalreflexion an der Grenzfläche zweier Medien ersetzt wird (Bild 7.18).

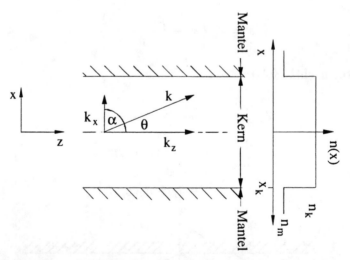

Bild 7.18 Aufbau eines dielektrischen Schichtwellenleiters.

Jedoch ist der Aufwand an Mathematik wesentlich höher, so daß an dieser Stelle der Lösungsweg nur skizziert werden soll und die Ergebnisse als Analogien zum vorigen Abschnitt dargestellt werden.

Ausführliche Darstellungen finden sich in [7.1–7.4].

7.1.3.1 Fresnel-Gleichungen

Im Unterschied zu vorhin ist die Existenz eines elektrischen Felds auch jenseits der Grenzschicht möglich. Damit ist es nötig, die Wellengleichung für die elektromagnetischen Felder im Bereich des Kerns und des Mantels (Bild 7.19) aufzustellen und zu lösen. Dabei sind die aus der Elektro- und Magnetostatik bekannte Randbedingungen zu beachten, daß die tangentialen (hier: z) Komponenten der Felder im Kern und im Mantel an der Grenzfläche $x = x_k$ stetig ineinander übergehen müssen.

Diese Anschlußbedingungen führen zu den sog. „*Fresnel-Gleichungen*", die Amplituden und Phasen der reflektierten und der durchgehenden Welle relativ zur einfallenden Welle beschreiben. Die Ergebnisse (Bild 7.19a,b) enthalten natürlich auch den Fall der Totalreflexion, wie er mit einfacheren Mitteln im Abschnitt 7.1.1 hergeleitet wurde.

Totalreflexion bedeutet nicht, daß jenseits der Grenzfläche kein elektromagnetisches Feld mehr ist, sondern nur, daß sich dort keine Welle ausbreiten kann.

Mathematisch zeigt sich dies durch eine imaginäre Ausbreitungskonstante, die eine exponentielle Abnahme der Feldamplitude mit zunehmender *Eindringtiefe* zur Folge hat.

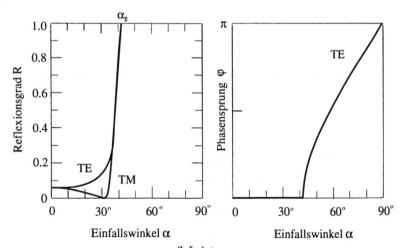

Bild 7.19 a) *Reflexionsgrad* $R = \dfrac{\text{refl. Leistung}}{\text{einf. Leistung}}$ beim Übergang vom optisch dichteren ins optisch dünnere Medium.
b) Phasenverschiebung φ der reflektierten Welle.

7.1.3.2 Ausbreitungskonstanten und Zahl der Moden

Für die Ausbreitungskonstante im Kern gilt:

$$k = \frac{2\pi}{\lambda_k} = \frac{2\pi}{\lambda_0} \cdot n_k = n_k \cdot k_0,$$
$$k_x = n_k \cdot k_0 \cdot \cos\alpha,$$
$$k_z = n_k \cdot k_0 \cdot \sin\alpha.$$

Üblicherweise wird die z-Komponente des Wellenvektors $\underline{k}$ im Medium mit β bezeichnet. Es gilt also die Identität

$$\beta \equiv k_z.$$

Für die Totalreflexion ist es notwendig, daß $\alpha_g \leq \alpha \leq 90°$. Damit ergeben sich für die Ausbreitungskonstante in z-Richtung folgende Grenzwerte:

Für $\alpha = \alpha_g$ gilt: $\beta = n_k \cdot k_0 \cdot \sin\alpha_g = n_k \cdot k_0 \quad n_m/n_k = n_m \cdot k_0$
Für $\alpha = 90°$ gilt: $\beta = n_k \cdot k_0 \cdot \sin 90° \qquad\qquad\qquad = n_k \cdot k_0$

Diese Grenzwerte entsprechen einer Ausbreitung in einem homogenen Material mit Brechzahl n_m bzw. n_k, d.h., es gilt

$$n_m \cdot k_0 \leq \beta \leq n_k \cdot k_0. \tag{7.22}$$

Zur Erfüllung der Interferenzbedingung für eine ausbreitungsfähige Welle müssen entsprechend die Phasensprünge φ bei der Totalreflexion berücksichtigt werden. Gleichung (7.13) entsprechend umformuliert lautet dann:

$$k \cdot 2d \cdot \cos\alpha - 2\varphi(\alpha) = p \cdot 2\pi. \tag{7.23}$$

Bei Vernachlässigung der Phasensprünge, was für hohe Modennummern p zulässig ist, gilt als Näherung

$$\cos\alpha_p = \frac{p \cdot \lambda_0}{2d \cdot n_k}. \tag{7.24}$$

Der maximale Wert für p und damit die Zahl M der möglichen Moden ergibt sich für den kleinstmöglichen Wert für α, also $\alpha = \alpha_g$. Damit:

$$M = \frac{2d \cdot n_k}{\lambda_0} \cdot \cos\alpha_g$$

oder umgeformt

$$M = \frac{2d}{\lambda_0} \cdot NA. \tag{7.25}$$

7.1 Grundkomponente 1: Lichtwellenleiter

Beispiel: Für Schichtwellenleiter der Dicke $100\,\mu\text{m}$, $n_k = 1{,}46$ und $n_m = 1{,}41$ berechnet sich bei einer Wellenlänge $\lambda_0 = 1{,}0\,\mu\text{m}$ die Zahl der Moden zu

$$M = \frac{2 \cdot 100\,\mu\text{m}}{1\,\mu\text{m}} \cdot \sqrt{1{,}46^2 - 1{,}41^2} = 75\,.$$

7.1.3.3 Dispersionrelation

Die Berechnung des funktionalen Zusammenhangs zwischen Ausbreitungskonstante β und Frequenz ist sehr aufwendig [7.4]. Darum soll an dieser Stelle ein qualitatives Ergebnis genügen, das den möglichen Wertebereich für β gemäß Gl.(7.22) angibt und in Bild 7.20 dargestellt ist.

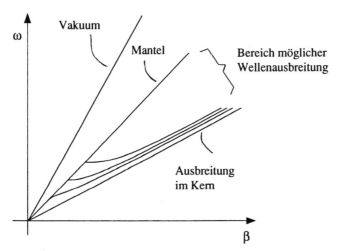

Bild 7.20 Dispersionskurven für dielektrischen Wellenleiter. Der Bereich möglicher Wellenführung nach Gl.(7.22) ist stark gespreizt dargestellt.

7.1.3.4 Feldverteilung

Wie im Modell des Spiegelwellenleiters läßt sich die Verteilung des E-Felds mit der Überlagerung zweier um $\pm\Theta_p$ gegen die Achse geneigten ebenen Wellen beschreiben.

Analog dazu ergibt sich für den Innenbereich dann wegen

$$k_{x_p} = k \cdot \cos\alpha_p = k \cdot \sin\Theta_p\,,$$
$$\beta_p = k \cdot \sin\alpha_p = k \cdot \cos\Theta_p\,,$$
$$k = \frac{2\pi}{\lambda} \quad \text{mit} \quad \lambda = \lambda_0/n_k$$

ein resultierendes Feld

$$E_G = \begin{cases} 2E_0 \cdot \cos\left(\dfrac{2\pi \cdot \cos\alpha_p}{\lambda}x\right) \cdot e^{-j\beta_p \cdot z} & \text{für} \quad p = 0, 2, 4 \ldots \\ 2E_0 \cdot \sin\left(\dfrac{2\pi \cdot \cos\alpha_p}{\lambda}x\right) \cdot e^{-j\beta_p \cdot z} & \text{für} \quad p = 1, 3, 5 \ldots \end{cases} \quad (7.26)$$

Bemerkenswert hierbei ist, daß jetzt am Rand des Kerns sich ein von Null verschiedener Wert des Felds ergibt, der umso höher ist, je höher die Modennummer ist, also je steiler der Strahl auf die Grenzfläche auftrifft.

Ausgehend von diesem Wert fällt dann das Feld im Außenbereich $|x| \geq d/2$ exponentiell ab mit einer Dämpfungskonstante γ_p gemäß folgender Beziehung

$$E(x) \sim e^{\pm \gamma_p x} \begin{cases} + & \text{für} \quad x \leq -d/2 \\ - & \text{für} \quad x \geq d/2 \end{cases}. \quad (7.27)$$

Diese Konstante berechnet sich aus der Anschlußbedingung für die Felder an der Grenzfläche und ergibt sich zu (siehe Aufgabe 7.3)

$$\gamma_p = n_m \cdot k_0 \sqrt{\dfrac{\sin^2 \varepsilon_p}{\sin^2 \varepsilon_g} - 1}. \quad (7.28)$$

Dabei ist anzumerken, daß γ_p mit der Modennummer p abnimmt, das Feld bei steileren Winkeln also weiter in den Außenbereich eindringt. Dieses Feld wird auch als *evaneszentes Feld* bezeichnet.

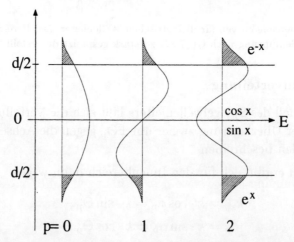

Bild 7.21 Feldverteilung für die ersten drei Moden eines symmetrischen dielektrischen Schichtwellenleiters.

7.1 Grundkomponente 1: Lichtwellenleiter

Insgesamt ergibt sich in Analogie zu Bild 7.16 der in Bild 7.21 gezeigte Verlauf für die ersten drei Moden eines symmetrischen dielektrischen Schichtwellenleiters.

Das Mantelmaterial muß also nicht nur eine kleinere Brechzahl als der Kernbereich haben, sondern muß auch von hoher optischer Qualität, d.h. dämpfungsarm sein, da auf Grund des evaneszenten Felds ein beträchtlicher Anteil der gesamten Welle außerhalb des Kerns geführt wird.

7.1.3.5 Ausbreitungsgeschwindigkeit

Wie aus der in Bild 7.20 dargestellten Dispersionsbeziehung hervorgeht, breitet sich jeder Mode bei niedrigen Frequenzen annähernd mit $v_g \approx c_0/n_m$ aus, für hohe Frequenzen dagegen mit $v_g \approx c_0/n_k$.

Der Grund für dieses Verhalten ist, daß bei niedrigen Frequenzen das Feld tief in den Mantel eindringt, für hohe Frequenzen dagegen überwiegend auf den Kern konzentriert ist. Dementsprechend dominieren die Eigenschaften des Mantel- oder des Kernmaterials.

Im Bereich dazwischen findet ein weicher Übergang zwischen den Grenzwerten statt.

7.1.4 Zylindrischer dielektrischer Wellenleiter

In den vorangegangenen Abschnitten war die Ausbreitung der elektromagnetischen Welle nur in einer Dimension, in x-Richtung beschränkt. Dies führte zu einer „Quantisierung" der Ausbreitungskonstanten in x-Richtung analog einer beidseitig eingespannten Saite, die ebenfalls nur die Grundschwingung und deren Oberschwingungen durchführen kann. Um die Ausbreitung nur noch in z-Richtung zu erlauben, ist es daher nötig, auch senkrecht zur y-Achse reflektierende Schichten anzubringen.

Im einfachsten Fall entsteht dann ein Wellenleiter mit quadratischem Querschnitt (Bild 7.22a), wo Material der Brechzahl n_k allseitig von Material der Brechzahl $n_m < n_k$ umgeben ist.

Damit nun eine Ausbreitung in z-Richtung möglich ist, muß die Interferenzbedingung (7.23) sowohl in x- als auch unabhängig davon in y-Richtung erfüllt werden.

Dies führt zwangsläufig zu einer größeren Anzahl von Moden, in erster Näherung $M \times M$, wenn M die möglichen Moden für einen entsprechenden Schichtwellenleiter angibt.

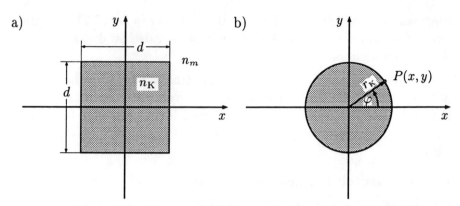

Bild 7.22 Querschnitte durch Wellenleiter mit Führung in zwei Dimensionen.

In der Praxis wesentlich häufiger jedoch tritt der Wellenleiter mit kreisförmigem Querschnitt und Radius r_k auf (Bild 7.22b). Zu dessen Beschreibung ist es vorteilhaft, von den bisher verwendeten kartesischen Koordinaten x, y, z auf Zylinderkoordinaten r, φ, z überzugehen, wobei weiterhin z die Ausbreitungsrichtung sein soll.

Die Strahlen, die die Interferenzbedingung erfüllen, lassen sich in zwei Klassen einteilen (Bild 7.23)

- *Meridionalstrahlen*, die immer innerhalb einer Ebene bleiben, die die Wellenleiterachse enthält, und den bekannten Zick-Zack-Bahnen entsprechen.

- *Helische Strahlen*, die schräg auf die Endfläche treffen und durch die Reflexion aus der ursprünglichen Ebene abgelenkt werden, sich also auf einer Art Schraubenlinie bewegen.

Das bislang verwendete erweiterte Strahlenmodell läßt sich nur mehr mit Einschränkungen anwenden (WKB-Methode, [7.2]). Wie schon im

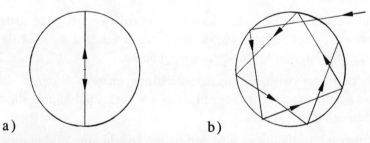

Bild 7.23 Querschnitt des Wellenleiters mit
  a) Meridionalstrahlen
  b) Helixstrahlen.

vorigen Abschnitt sollen auch hier nur die wesentlichen Gedanken zur Berechnung und deren Ergebnisse dargestellt werden in Analogie zu den bereits bekannten Tatsachen.

7.1.4.1 Wellengleichung und ihre Lösung

In Zylinderkoordinaten r, φ, z lautet die allgemeine Form einer Wellengleichung für eine Funktion $E(r, \varphi, z)$

$$\frac{\partial^2 E}{\partial r^2} + \frac{1}{r}\frac{\partial E}{\partial r} + \frac{1}{r^2}\frac{\partial^2 E}{\partial \varphi^2} + \frac{\partial^2 E}{\partial z^2} + n^2 \cdot k^2 \cdot E = 0, \qquad (7.29)$$

wobei der zeitabhängige Anteil bereits abgespalten wurde.

Die Lösung der Gleichung läßt sich durch einen Separationsansatz erreichen, dem die Überlegungen zugrunde liegen:

- Wellenausbreitung in z-Richtung, somit $E \sim \mathrm{e}^{-\mathrm{j}\beta z}$.

- In Azimut φ muß die Lösung eine periodische Funktion sein, die nach einem Umlauf in sich zurückläuft, d.h.:

$$E \sim \mathrm{e}^{\mathrm{j}l\varphi} \quad \text{mit} \quad l = 0, \pm 1, \pm 2 \ldots .$$

Damit entsteht folgender Ansatz:

$$E(r, \varphi, z) = f(r) \cdot \mathrm{e}^{\mathrm{j}l\varphi} \cdot \mathrm{e}^{-\mathrm{j}\beta z} \qquad (7.30)$$

und nach Einsetzen in die Wellengleichung (7.29)

$$\frac{\partial^2 f}{\partial r^2} + \frac{1}{r}\frac{\partial f}{\partial r} + \left\{ n^2 \cdot k_0^2 - \beta^2 - \frac{l^2}{r^2} \right\} f = 0 \qquad (7.31)$$

Diese Gleichung ist zu lösen für den

Innenbereich $(r < r_\mathrm{k})$: $\quad n = n_\mathrm{k}$

Außenbereich $(r < r_\mathrm{k})$: $\quad n = n_\mathrm{m}$

Da weiterhin die Ausbreitungskonstante gemäß Gl. (7.22) beschränkt ist

$$n_\mathrm{m} \cdot k < \beta < n_\mathrm{k} \cdot k,$$

bietet sich die Einführung neuer Variabler an:

Innenbereich: $u^2 = n_k^2 \cdot k^2 - \beta^2 > 0$ (7.32)

Außenbereich: $w^2 = \beta^2 - n_m^2 \cdot k^2 > 0$ (7.33)

Die Lösung der so entstandenen Besselschen Differentialgleichung ist aus der Literatur bekannt [7.1] und führt

im Innenbreich zur Besselfunktion $J_p(u \cdot r)$, $p = 0, 1, 2 \ldots$

Außenbereich zur Hankelfunktion $K_p(w \cdot r)$, $p = 0, 1, 2 \ldots$.

Bessel- und Hankelfunktion verhalten sich näherungsweise wie die als Lösung im vorigen Abschnitt aufgetretenen Sinus-/Cosinus- bzw. Exponentialfunktionen. An der Grenzfläche $r = r_k$ schließen sie stetig differenzierbar aneinander an wie in Bild 7.24 für die drei ersten Moden zu sehen.

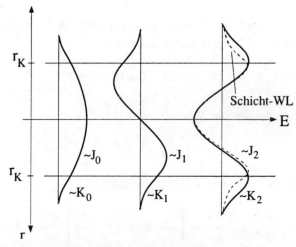

Bild 7.24 Die radialen Feldverläufe für die ersten drei Moden eines zylindrischen Wellenleiters. Zum Vergleich mit einem entsprechenden Schichtwellenleiter ist das Ergebnis für den dritten Mode qualitativ eingezeichnet.

Diese Anschlußbedingung führt zur sog. *charakteristischen Gleichung* oder Dispersionsrelation, welche die Ausbreitungskonstante β erfüllen muß. Dabei gibt es zu jeder azimutalen *Modenzahl l* mehrere Lösungen, so daß für den in zwei Dimensionen beschränkten Wellenleiter die Ausbreitungskonstante β mit zwei Indizes l und p zu versehen ist.

7.1.4.2 Feldverteilung

In den überwiegenden Fällen ist die Brechzahldifferenz $n_k - n_m$ sehr klein (0,01...0,001), so daß sich auch nur sehr flache Zick-Zack-Winkel ergeben ($\leq 4°$). Für diesen Fall der sog. „schwachen Führung" dürfen die geführten Wellen in guter Näherung als reine Transversalwellen (TE, TM) betrachtet werden, d.h., die Felder haben nur Komponenten senkrecht zur z-Achse. Dies ist auch der Grund für die überwiegend verwendete Bezeichnung der Moden als linear polarisierte Moden

$$LP_{lp}$$

mit

l als azimutale Modenzahl, wobei $2l$ der Zahl der Nullstellen im Azimut entspricht

p als radiale Modenzahl, wobei p der Zahl der Maxima in radialer Richtung entspricht.

Die Intensitätsverteilung für drei LP-Moden ist in Bild 7.25 gezeigt.

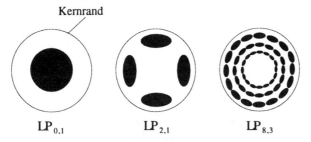

Bild 7.25 Intensitätsverteilung für drei LP_{lp}-Moden.

7.1.4.3 Dispersionsrelation

Die charakteristische Gleichung, die die Erfüllung der Anschlußbedingungen formuliert, ist nur noch grafisch oder numerisch lösbar [7.3]. Der prinzipielle Verlauf $\omega(\beta)$ ist vergleichbar dem für den planaren dielektrischen Wellenleiter (Bild 7.20), d.h. innerhalb der Asymptoten, die durch die Ausbreitungskonstante im homogenen Mantel- und Kernmaterial gegeben sind.

Diese Darstellung ist jedoch für reale Kern-/Mantelbrechzahlen nicht sehr aussagekräftig, da die Asymptoten wegen der geringen Brechzahldifferenz sehr eng zusammen liegen.

Daher haben sich zweckmäßigere Darstellungen eingebürgert, bei denen normierte Größen gegeneinander aufgetragen werden.

Normierte Ausbreitungskonstante: $\quad b = \beta/k_0$

$$\text{Normierte Frequenz:} \quad V = \frac{2\pi}{\lambda_0} \cdot r_k \cdot NA \qquad (7.34)$$

Die nicht unbedingt naheliegende Festlegung der normierten Frequenz, häufig auch als *V-Parameter* bezeichnet, erweist sich als hilfreich bei der Lösung der Wellengleichung, da nach den Definitionen (7.32) und (7.33) gilt mit:

$$U^2 = u^2 \cdot r_k^2 \quad \text{und} \quad W^2 = w^2 \cdot r_k^2$$
$$U^2 + W^2 = V^2$$

Typische Verläufe für die ersten Moden eines zylindrischen dielektrischen Wellenleiters sind in Bild 7.26 zu sehen.

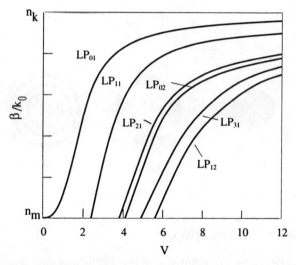

Bild 7.26 Dispersionsverlauf für die ersten Moden eines dielektrischen zylindrischen Wellenleiters.

7.1.4.4 Ausbreitungsgeschwindigkeit

Die Gruppengeschwindigkeit eines Modes läßt sich nun bei bekanntem Zusammenhang $b(V)$, daraus $\beta(\omega)$ und somit $\omega(\beta)$ durch Ableitung bilden. Dabei ergibt sich für den Grundmode der in Bild 7.27 gezeigte typische Verlauf der Geschwindigkeit als Funktion der Frequenz.

7.1 Grundkomponente 1: Lichtwellenleiter

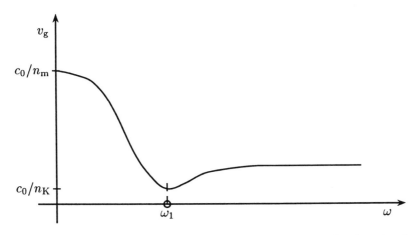

Bild 7.27 Typischer Verlauf der Ausbreitungsgeschwindigkeit des Grundmodes.

Wie beim entsprechenden Schichtwellenleiter dominiert bei niedrigen Frequenzen das Mantelmaterial, bei hohen das Kernmaterial.

Auffallend ist ein Minimum, bei dem also im Singlemode-Betrieb kleine Änderungen der Frequenz keine Änderung der Signalgeschwindigkeit hervorrufen. Dies wird bedeutsam für die Übertragung höchster Datenraten (siehe Abschnitt 7.1.7.3).

7.1.4.5 Zahl der Moden, Multi- und Singlemode-LWL

Bei gegebenem LWL und fester Frequenz läßt sich die Zahl M der ausbreitungsfähigen Moden aus Diagrammen wie in Bild 7.26 ermitteln.

Für $V \gg 1$ ergibt sich in guter Näherung [7.1]

$$M \approx \frac{V^2}{2}. \tag{7.35}$$

Wird jedoch $V < 2{,}405$, so ist nur noch ein einziger Mode ausbreitungsfähig. Die zugehörige Frequenz wird „*Cut-Off-Frequenz*" genannt, d.h., höhere Moden werden abgeschnitten, der LWL wird zum sog. „*Einmoden*"-LWL, oder gebräuchlicher: „*Singlemode*"- oder „*Monomode*-LWL".

Oberhalb von $V = 2{,}405$ beginnt der Mehrmoden- oder Multimode-Bereich, wobei auch hier Cut-Off-Frequenzen für die jeweiligen Moden festgelegt sind.

Beispiele: a) Für eine Faser mit $NA = 20$, $2r_k = 50\,\mu m$ sei bei einer Wellenlänge $\lambda = 1{,}3\,\mu m$ die Zahl der möglichen Moden zu berechnen:

Mit $M \approx V^2/2$ und $V = (2\pi/\lambda_0) \cdot r_k \cdot NA$ ergibt sich

$$V = \frac{2\pi}{1{,}3} \cdot 25 \cdot 0{,}2 = 24$$

und damit
$$M \approx 290.$$

b) Für eine Faser mit $NA = 0{,}1$ sei derjenige Kerndurchmesser zu ermitteln, ab dem die Faser bei 1300 nm einmodig wird: Mit der Bedingung für Einmodenbetrieb

$$2{,}405 \geq V = \frac{2\pi}{\lambda_0} \cdot r_k \cdot NA$$

ergibt sich der Kernradius zu

$$r_k \leq \frac{2{,}405 \cdot \lambda}{2\pi \cdot NA} = \frac{2{,}405 \cdot 1{,}3\,\mu m}{2\pi \cdot 0{,}1}$$

$$r_k \leq 5\,\mu m.$$

c) Der Brechzahlunterschied Δn für obige SM-Faser berechnet sich unter der Voraussetzung, daß der Kern reines Quarzglas ist ($n_k = 1{,}459$) aus

$$NA = \sqrt{n_k^2 - n_m^2} = \sqrt{\underbrace{(n_k - n_m)}_{\Delta n}\underbrace{(n_k + n_m)}_{\approx 2n_k}}$$

zu

$$\Delta n = \frac{NA^2}{2n_k} = \frac{0{,}01}{2 \cdot 1{,}459} \approx 0{,}0034.$$

Der Singlemode-Betrieb ist sehr wichtig bei der Übertragung hoher Datenraten (Abschnitt 7.1.7.3). Daher läge es nahe, bei der Herstellung einen V-Parameter deutlich unterhalb der kritischen Größe anzustreben.

Dies ist in der Praxis jedoch nicht sinnvoll aus zwei Gründen:

• Das elektromagnetische Feld dringt umso weiter in den Mantel ein, je kleiner der V-Parameter (siehe Bild 7.28) ist.

7.1 Grundkomponente 1: Lichtwellenleiter

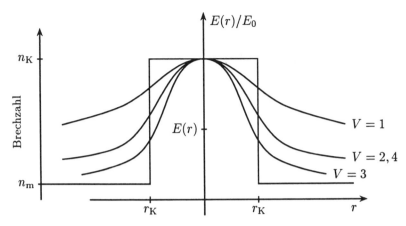

Bild 7.28 Normierter Verlauf des elektromagnetischen Felds für verschiedene V-Parameter.

Damit wird die Wellenführung durch den Kern schwächer und der Einfluß des Mantels stärker. Dies ist nicht erwünscht, da im allgemeinen der Mantel nicht die optische Qualität des Kerns besitzt.

- Bei fester Wellenlänge wird der V-Parameter durch den Kernradius und die NA bestimmt. Beide sollten aus Gründen der Handhabbarkeit so groß wie möglich sein.

Daher werden Singlemode-Fasern einen V-Parameter knapp unterhalb $V = 2{,}405$ haben, mit einer relativ niedrigen numerischen Apertur ($NA \approx 0{,}1$) damit der Kernradius möglichst groß werden kann.

7.1.5 Herstellung von optischen Fasern

Aus der großen Fülle möglicher LWL-Aufbauten und -Materialien wird die Darstellung hier beschränkt auf die überwiegend in der optischen Nachrichtentechnik eingesetzten Fasern aus Quarzglas SiO_2. Weitergehende Einzelheiten seien der einschlägigen Literatur (z.B. [7.5]) entnommen.

Stichpunktartig die wesentlichen Punkte:

- Grundmaterial: Quarzglas, das hochrein hergestellt wird durch Abscheidung aus dampfförmigem Zustand (engl.: Chemical Vapor Deposition d.h. *CVD-Verfahren*). Der Weg über die Dampfphase ermöglicht die notwendige Freiheit von Verunreinigungen.

Quarzglas im Gegensatz zum Quarzkristall hat keine regelmäßige Anordnung/pagebreak[3] der molekularen Bausteine auf festen, regelmäßigen Gitterplätzen. Daher ergeben sich auch Brechzahlfluktuationen im mikroskopischen Maßstab, die eine der Ursachen für die Dämpfung sind (siehe Abschnitt 7.1.7).

- Einstellung der Brechzahl: Um die für Kern und Mantel unterschiedliche Brechzahl zu erhalten, kann das Grundmaterial dotiert werden:

– Erniedrigung der Brechzahl durch Zugabe von Fluor oder Bor

– Erhöhung der Brechzahl durch Zugabe von Germanium, Phosphor, Titan oder anderen Stoffen.

- Herstellungsschritte: Ganz wesentlich für die Eigenschaften der Faser ist der Umstand, daß sie nicht in einem Schritt im Maßstab 1 : 1 hergestellt wird, sondern zunächst eine sogenannte „*Vorform*" (engl. Preform).

– Vorform-Herstellung: Hierbei werden die Verfahren noch unterschieden nach

o Außenabscheideverfahren, d.h., auf den Mantel eines zylindrischen Stabs wird außen das gewünschte Material abgeschieden.

o Innenabscheideverfahren, d.h., die Abscheidung erfolgt auf die Innenseite eines Quarzglas-Rohrs.

Beide Verfahren basieren auf der Oxidation von Siliziumchlorid $SiCl_4$ und entsprechenden Dotierungen in einer auf ca. 2000 °C aufgeheizten Zone. Die entsprechende Reaktionsgleichung lautet

$$SiCl_4 \quad + \quad O_2 \quad \underset{2000\,°C}{\longrightarrow} \quad SiO_2 \quad + \quad 2Cl_2$$

gasförmig　　　　　　　　Niederschlag　gasförmig

Je nach Aufwand lassen sich dabei Schichten abscheiden, deren Dicke im Grenzfall gerade eine Moleküllage ist. Damit können fast beliebige Brechzahlprofile erzeugt werden.

Die fertige Vorform hat typisch einen Durchmesser von 2 bis 3 cm bei einer Länge von 1 m.

- Kollabieren: Eine rohrförmige Vorform wird über die Erweichungstemperatur erhitzt. Die Oberflächenspannung kann nun das weiche Material zu einem massiven Stab zusammenziehen: das Rohr kollabiert (Bild 7.29).

- Faserziehen: Die (kollabierte) Vorform wird in eine ringförmige Heizzone gesteckt und beginnt zu schmelzen. Der entstehende Tropfen zieht einen dünnen Faden nach, der dann folgende Stationen durchläuft (siehe Bild 7.30):

o Durchmesserkontrolle

o Bad zum Aufbringen eines Schutzmantels

o Aushärte-Zone (Hitze oder UV-Strahlung)

bis er auf eine rotierende Trommel aufgewickelt wird. Die Wickelgeschwindigkeit der Trommel wird über die Durchmesserkontrolle geregelt.

Die so entstandene Faser hat jetzt typisch folgende Abmessungen:

Durchmesser Glasfaser: 125 μm

Gesamtdurchmesser incl. Schutzmantel: 250 μm

Durch das Ziehen der Faser werden möglicherweise in der Vorform enthaltene Welligkeiten in Längsrichtung um mindestens drei bis vier Größenordnungen gestreckt, also enorm geglättet. Üblicherweise werden aus einer Vorform bis zu 200 km Faser am Stück gezogen.

7.1.6 Planare Lichtwellenleiter

Die im vorigen Abschnitt beschriebenen Glasfasern sind zwar mengenmäßig bei weitem dominierend, jedoch nicht die einzige Form von Lichtwellenleitern.

Ähnlich wie in der Elektronik sich der Kupferdraht zu einer Platine oder einem IC verhält, zeichnet sich in der optischen Nachrichtentechnik eine Ergänzung zu den Fasern ab: *Planare Lichtwellenleiter*.

Die Ausgangsmaterialien sind vorwiegend

- Quarz

- Lithiumniobat ($LiNbO_3$)

- Lithiumtantalat ($LiTaO_3$)

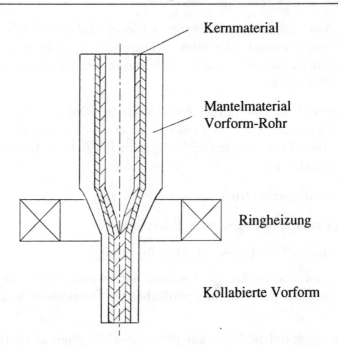

Bild 7.29 Kollabieren des Vorform-Rohrs.

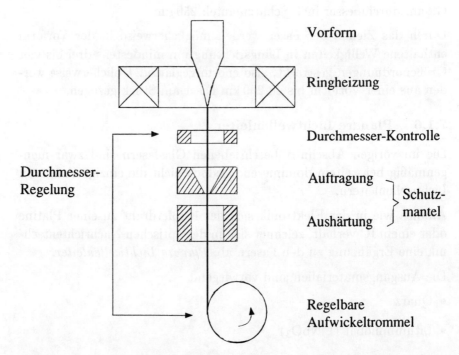

Bild 7.30 Stationen beim Faserziehen.

- Galliumarsenid (GaAs)
- Polymere Kunststoffe

Allen gemeinsam ist, daß durch Dotierung (Ionenaustausch, Diffusionsprozesse, Ionenbestrahlung) Bereiche mit höherer Brechzahl und somit Wellenleiterstrukturen erzeugt werden. Diese Strukturen können durch entsprechende Prozesse, die der Maskentechnik bei der Herstellung von ICs entsprechen, komplexere Formen annehmen.

Manche der Stoffe sind in ihrem Verhalten elektrisch beeinflußbar (z.B. $LiNbO_3$) oder auch für Sende- und Empfangselemente (GaAs) geeignet. Daher wird für planare Wellenleiter auch schon häufig der Begriff „*integrierte Optik*" verwendet.

7.1.7 Übertragungseigenschaften I: Dämpfung

Die *Dämpfung* D, also die Abnahme der Amplitude der Lichtwelle beim Durchlaufen des LWLs, wird üblicherweise in logarithmischen Einheiten gemessen.

$$D = 10 \frac{\lg(P_a/P_e)}{L} \text{ dB/km} \qquad (7.36)$$

Hierbei ist P_e die in den LWL eingekoppelte Leistung, P_a die ausgekoppelte Leistung und L die Länge des LWL.

Dabei ist zu beachten, daß sowohl beim Ein- als auch beim Auskoppeln Verluste auftreten.

Zu ihrer Entstehung tragen eine Reihe von Ursachen bei, die sich einteilen lassen in Verluste auf Grund von

Intrinsisch		Extrinsisch		
Absorption	Streuung	Absorption	Streuung	Abstrahlung
Molekülschwingungen (IR)	Rayleigh-Streuung	Verunreinigungen	Einschlüsse	Durchmesservariationen
Elektronenanregung (UV)			Mikrorisse	Fehler an der Kern-Mantel-Grenzfläche
			Luftblasen	Krümmung

Bild 7.31 Dämpfungsursachen in Quarzglasfasern.

- *Absorption,*
- *Streuung,*
- äußeren Ursachen.

Für einen ersten Überblick sind die wesentlichen Verursacher in Bild 7.31 zusammengestellt.

7.1.7.1 Absorption

Reines Quarzglas SiO_2 ist durchlässig im Wellenlängenbereich zwischen etwa 300 nm und 2000 nm (siehe Bild 7.32).

Im ultravioletten Bereich ($\lambda < 300$ nm) wird elektromagnetische Strahlung absorbiert dadurch, daß Elektronen innerhalb der Moleküle auf höhere Niveaus angehoben werden.

Im infraroten Bereich ($\lambda > 2000$ nm) reicht die Energie der Lichtquanten gerade aus, um die SiO_2-Moleküle zu Schwingungen anzuregen.

Im Bereich dazwischen findet sich im Quarzglas keine Komponente, die die entsprechende Energie aufnehmen könnte.

Die UV- und IR-Absorption bilden also eine untere Grenze für die Durchlässigkeit auch des ideal reinen Materials. Man spricht daher von „intrinsischer" Absorption, im Gegensatz zur „extrinsischen" Absorption, die auf Grund von Verunreinigungen bei der Herstellung zustande kommt.

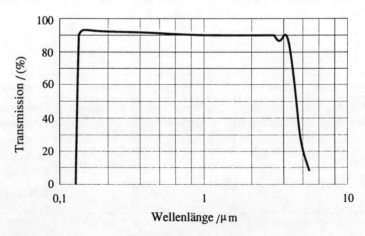

Bild 7.32 Transmission eines Quarzglas-Stabs der Länge 1 m.

7.1 Grundkomponente 1: Lichtwellenleiter

Tabelle 7.1 Verluste durch Verunreinigungen.

a) **Metalle** ($\lambda = 850$ nm, 1 Fremdmolekül auf 10^6 SiO_2 - Moleküle)

	Zusatzverlust in dB/km
Vanadium	2500
Chrom	1300
Eisen	130
Nickel	27

b) **Wasser** (genauer OH^-, 1 Molekül auf 10^6 SiO_2 - Moleküle)

Wellenlänge	
$\lambda = 1370$ nm	2900
1240 nm	150
950 nm	72

Kleinste Verunreinigungen können zu einer starken Absorptionszunahme führen, wie anhand von Tab. 7.1 deutlich wird.

Damit ist auch der enorme Aufwand erklärbar, der nötig ist, um hochreine Materialien zu erhalten. Metallionen können durch Komponenten aus Edelstahl ins Glas gelangen, die OH^--Ionen entstehen bei der chemischen Reaktion.

7.1.7.2 Streuung

Streuung bedeutet die teilweise Ablenkung der Lichtstrahlen aus ihrer ursprünglichen Bahn. Ursachen dafür können sein: Einschlüsse, Mikrorisse, Spalte, Querschnittsänderungen. Je nach Größe dieser Streuzentren relativ zur Wellenlänge des Lichts ergeben sich unterschiedliche Winkelverteilungen des gestreuten Lichts.

Das gestreute Licht kann dabei

- den LWL verlassen, wenn der Grenzwinkel der Totalreflexion unterschritten wird (Verluste) oder andernfalls

- im LWL bleiben oder auf Grund der geänderten Richtung in einem anderen Mode geführt werden (sog. *Modenkonversion*).

Der bei den hier betrachteten LWL vorherrschende Streuprozeß ist die sog. „*Rayleigh-Streuung*", die ihre Ursache an grundsätzlich unvermeidlichen Brechzahlschwankungen im Glas hat, die sich über Bereiche der Größenordnung $\lambda/10$ erstrecken. Die Rayleigh-Streuung nimmt mit abnehmender Wellenlänge stark zu ($\sim 1/\lambda^4$) und bestimmt im kurzwelligen Bereich die untere Grenze der erreichbaren Dämpfung.

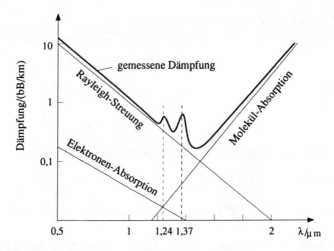

Bild 7.33 Spektrale Dämpfung bei hochreinem Quarzglas.

Qualitativ ergibt sich damit der in Bild 7.33 gezeigte Verlauf der spektralen Dämpfung, zusammengesetzt aus den bislang behandelten Ursachen. Dabei zeigt sich ein absolutes Minimum bei einer Wellenlänge $\lambda = 1550$ nm und einem nicht zu unterschreitenden Wert von etwa 0,15 dB/km.

Die mit eingezeichneten Dämpfungsmaxima, verursacht durch die OII^- Ionen, sind bei Fasern allerneuester Bauart (1994) kaum mehr feststellbar.

7.1.7.3 Äußere Ursachen

Die Dämpfung des LWL kann sehr stark erhöht werden durch Ursachen, die von außen auf ihn einwirken wie beispielsweise

- Krümmung,

- Dehnung/Stauchung/Quetschung,

- Temperatur,

- Radioaktive Bestrahlung.

Durch entsprechende Schutzmaßnahmen (Verkabelung) lassen sich die mechanischen Störeinflüsse gering halten. Temperatureinflüsse treten nur bei LWL auf, bei denen die Brechzahl stark temperaturabhängig ist (z.B. Fasern mit Glaskern und Kunststoffmantel); Einsatz in radioaktiver Umgebung erfordert Spezialfasern mit bestimmten Dotierungen.

Krümmungen sind im praktischen Einsatz unvermeidlich.

7.1 Grundkomponente 1: Lichtwellenleiter

Die Verluste, die dabei auftreten, lassen sich in bei den hier verwendeten LWL-Modellen erklären:

- Strahlenmodell: Krümmungen führen dazu, daß für höhere Moden, entsprechend steilen Zick-Zack-Winkeln, der Grenzwinkel der Totalreflexion unterschritten werden kann und damit eine Abstrahlung aus dem Kern erfolgt. Dies bedeutet, daß höhere Moden stärker bedämpft werden, sich also effektiv ein kleinerer Akzeptanzwinkel und damit eine kleinere numerische Apertur ergibt. Näherungsweise kann die verminderte NA beschrieben werden durch (siehe auch Aufgabe 7.6):

$$NA_\text{eff} = \sqrt{n_\text{k}^2 - n_\text{m}^2 \left(1 + \frac{r_\text{k}}{R}\right)^2} \qquad (7.37)$$

mit

$n_\text{k,m}$ = Brechzahl von Kern/Mantel,

r_k = Kernradius,

R = Krümmungsradius.

- Wellenmodell: Jeder Mode ist durch eine ihm eigene Feldverteilung bestimmt, die sich mit der zugehörigen Geschwindigkeit bewegt. Wird nun der LWL gekrümmt, so müssen die Feldanteile auf der „Außenbahn" schneller laufen als innen. Wenn die Krümmung so stark ist, daß die Geschwindigkeit außen die Lichtgeschwindigkeit im Mantelmaterial übersteigen müßte (was nicht zulässig ist), so führt dies zur Abstrahlung dieses Teils der Feldenergie. Zur Stabilisierung der Feldverteilung wird Energie aus den Innenbereichen nachgeführt und damit insgesamt die Amplitude nach und nach verringert.

Die durch Krümmung entstehenden Verluste lassen sich kleinhalten durch

- Verwendung von LWL mit großer numerischer Apertur,

- Verwendung der kleinstmöglichen Wellenlänge.

Beide Maßnahmen haben jedoch nachteilige Auswirkungen auf andere Bereiche wie z.B. Übertragungsbandbreite.

7.1.7.4 Andere Werkstoffe

Außer Quarzglas werden zunehmend andere Werkstoffe verwendet, die jeweils spezifische Vorteile haben.

- *Kunststoff-LWL:* Hierbei wird überwiegend Polymethylmetacrylat (PMMA, „Plexiglas") oder Polycarbonat (PC, „Makrolon") eingesetzt. Die erreichbare Dämpfung ist um Größenordnungen schlechter (minimal 100 dB/km) jedoch Gründe wie günstiger Preis und einfache Handhabung machen den Einsatz auf kurzen Strecken sinnvoll.

- *Werkstoffe für IR-Fasern:* Wie in Bild 7.33 zu sehen ist, wird das Dämpfungsminimum bestimmt durch den Schnittpunkt der Kurven für Rayleigh-Streuung und Absorption an den SiO_2-Molekülen.

Dieser Schnittpunkt läßt sich zu größeren Wellenlängen verschieben, wenn statt SiO_2 schwerere Moleküle verwendet werden, beispielsweise Gläser auf Zirkonfluoridbasis. Damit lassen sich theoretisch Dämpfungswerte unter 0,01 dB/km erzielen, jedoch sind noch viele Entwicklungsarbeiten nötig, da weder der LWL noch die zugehörenden Sende- und Empfangselemente im Wellenlängenbereich 2 bis 5 μm industriell einsetzbar sind.

7.1.8 Übertragungseigenschaften II: Dispersion

Der neben der Dämpfung zweite wesentliche Mechanismus, der die Übertragung von Signalen beeinflußt, ist die *Dispersion*. Aus Gründen der Anschaulichkeit soll in diesem Abschnitt die Dispersion erklärt werden an der Übertragung von digitalen Signalen, also von Lichtpulsen (= 1) oder keinen (= 0). Wurde bei der Dämpfung die Höhe eines Signalimpulses verringert, so erzeugt die Dispersion eine Verbreiterung dieses Impulses. Zwei ursprünglich getrennte Impulse können dann nach Durchlaufen der Übertragungsstrecke so ineinander laufen, daß sie am Empfänger nicht mehr einzeln als zwei Impulse erkannt werden können (Bild 7.34). Damit begrenzt die Dispersion die Zahl der pro Zeiteinheit übertragbaren, also am Empfänger als solche erkennbaren Impulse; sie bestimmt also die Übertragungsbandbreite.

Dispersion bedeutet also das zeitliche Auseinanderlaufen der verschiedenen Anteile, aus denen sich ein Impuls zusammensetzt. Diese Aufteilung des Energieinhalts auf verschiedene Anteile kann geschehen in Form von

- Aufteilung auf unterschiedliche Moden, sog. *„Modendispersion"*

7.1 Grundkomponente 1: Lichtwellenleiter

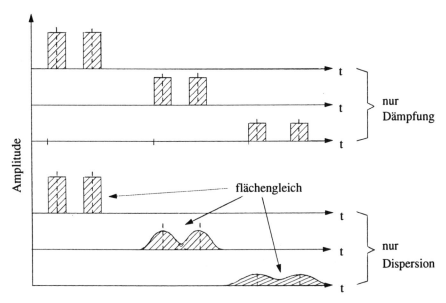

Bild 7.34 Wirkung von Dämpfung und Dispersion auf die Form von Impulsen.

- Aufteilung auf unterschiedliche Frequenzanteile, sog. „*chromatische Dispersion*"

7.1.8.1 Modendispersion

Grundsätzlich hat jeder Mode eine ihm eigene Ausbreitungsgeschwindigkeit, die sich durch Ableitung der Ausbreitungskonstanten β nach der Frequenz ω ermitteln läßt (vgl. Bild 7.26 und 7.27). Dies bedeutet jedoch, daß ein Lichtimpuls, dessen Energie gleichmäßig auf die zulässigen Moden verteilt wird, nach Durchlaufen einer Länge L breiter sein wird als am Anfang (siehe Bild 7.35).

Eine genauere Berechnung der Impulsverbreiterung ist in diesem Rahmen zu aufwendig, eine Abschätzung jedoch sehr einfach:

Die maximale Ausbreitungsgeschwindigkeit ist die im Mantelmaterial: $v_{\max} = c_0/n_m$.

Die minimale Ausbreitungsgeschwindigkeit ist die im Kernmaterial: $v_{\min} = c_0/n_k$.

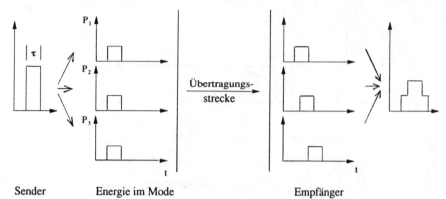

Sender · Energie im Mode · Empfänger

Bild 7.35 Modendispersion: Lichtimpuls P wird auf drei Moden (P_1, P_2, P_3) gleichmäßig aufgeteilt. Nach Durchlaufen der Länge L mit ihren jeweiligen Geschwindigkeiten kommen die Moden zeitversetzt am Empfänger an. Ihre Überlagerung ergibt einen verbreiterten Impuls.

Damit ergibt sich für den schnellsten und den langsamsten Mode nach Durchlaufen der Länge L eine Laufzeitdifferenz

$$\Delta T = \frac{L}{c_0/n_k} - \frac{L}{c_0/n_m},$$

$$\Delta T = \frac{L}{c_0}(n_k - n_m),$$

$$\Delta T = \frac{L \cdot n_k}{c_0} \cdot \frac{n_k - n_m}{n_k},$$

$$\Delta T = \frac{L \cdot n_k}{c_0} \cdot \Delta,$$

$$\Delta T = \frac{L \cdot NA^2}{2 n_k c_0}, \tag{7.38}$$

wobei verwendet wurde, daß

$$NA = \sqrt{n_k^2 - n_m^2},$$

$$NA = \sqrt{(n_k - n_m)(n_k + n_m)},$$

$$NA \approx \sqrt{2 n_k^2 \cdot \Delta}.$$

Beispiel: Für eine Faser mit $NA = 0{,}2$, Länge $L = 1000\,\text{m}$, Kernbrechzahl $n_k = 1{,}46$ berechnet sich die Pulsverbreiterung ΔT gemäß Gl. (7.38) zu

$$\Delta T = \frac{1000\,\text{m} \cdot (0{,}2)^2}{2 \cdot 1{,}46 \cdot 3 \cdot 10^8\,\text{m/s}} = 46\,\text{ns}.$$

7.1 Grundkomponente 1: Lichtwellenleiter

An Hand dieser worst-case Abschätzung erkennt man, daß die *Pulsverbreiterung* linear mit der Länge der Übertragungsstrecke zunimmt. Der Vergleich mit Messungen zeigt jedoch, daß dieser lineare Zusammenhang nur bis zu einer bestimmten Länge L_k gilt. Für $L > L_k$ nimmt die Pulsverbreiterung nur noch mit $\sqrt{L}$ zu (siehe Bild 7.36).

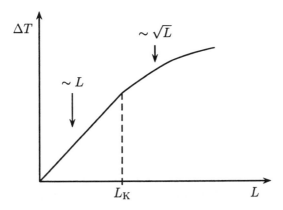

Bild 7.36 Modendispersion als Funktion der Faserlänge.

Der Grund für diese Abweichung liegt darin, daß die für die Abschätzung getroffene Annahme, die Leistung sei gleichmäßig auf alle Moden aufgeteilt, mit zunehmender Länge immer weniger gilt.

7.1.8.2 Modenverteilung

Höhere Moden eines LWL werden stärker gedämpft als niedrigere. Dies ist zurückzuführen auf drei Ursachen:

• Wegen des steileren Zick-Zack-Winkels müssen sie eine längere Strecke durchlaufen.

• Sie treffen häufiger auf die Grenzfläche Kern/Mantel, sind also abhängig von deren Qualität.

• Ihr evaneszenter Anteil dringt weiter in den Mantel ein; dessen Dämpfung ist meist höher als die des Kerns.

Dies hat zur Folge, daß mit zunehmender Länge der LWL aus einer anfänglich gegeben *Modengleichverteilung* (d.h., jeder Mode transportiert die gleiche Leistung) die höheren Moden immer weniger beitragen (Bild 7.37). Dies bedeutet aber nicht, daß ab einer bestimmten Länge keine hohen Moden mehr vorhanden sind.

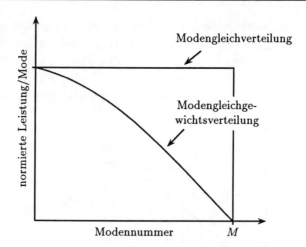

Bild 7.37 Verteilung der Leistung auf die verschiedenen Moden.

Vielmehr werden auf Grund von Modenkonversion (siehe Abschnitt 7.1.7.2), verursacht durch Streuung an Inhomogenitäten verschiedenster Art im LWL, also beispielsweise auch durch Steckverbindungen, immer wieder höhere Moden aus niedrigeren entstehen (und umgekehrt, daher: *Modenmischung*).

Ab einer gewissen Länge L_k, der sog. „Koppellänge" deren Wert von der Beschaffenheit des LWL abhängt (bei Quarzglasfasern typisch 1 km), stellt sich ein dynamisches Gleichgewicht ein, die sog. *„Modengleichgewichtsverteilung"*.

Die Folge dieser Verteilung ist, daß die Leistung überwiegend von den niedrigeren Moden transportiert wird und damit die effektive Laufzeitstreuung abnimmt.

Die Übertragungsbandbreite kann also durch gezielten Einbau von *Modenmischern* erhöht werden, allerdings auf Kosten der Signal-Amplitude.

7.1.8.3 Gradientenindex-Fasern

Reicht die durch Modendispersion begrenzte Übertragungsbandbreite nicht aus, so finden sich zwei Lösungsmöglichkeiten:

• Der LWL wird so dimensioniert, daß nur noch ein einziger Mode ausbreitungsfähig ist, d.h. Singlemode-LWL mit entsprechend kleinem Kerndurchmesser.

• Bei gleichbleibenden Abmessungen wird der LWL so verändert, daß

- achsnahe Strahlen (d.h. niedrigere Moden), die den geometrisch kürzeren Weg laufen, verzögert werden gegenüber

- achsfernen Strahlen (d.h. höhere Moden), die den geometrisch längeren Weg laufen.

Die zweite Lösungsmöglichkeit läßt sich realisieren durch eine radiale Brechzahlverteilung $n(r)$ innerhalb des Kerns, die ihren maximalen Wert auf der Achse hat (und damit die minimale Ausbreitungsgeschwindigkeit zuläßt) und zum Kernrand stetig abnimmt, somit dort größere Geschwindigkeiten zuläßt (Bild 7.38).

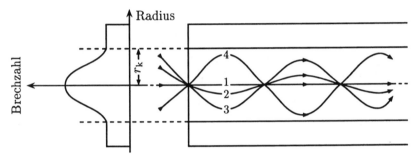

Bild 7.38 Brechzahlverlauf $n(r)$ und Strahlengang in Gradientenindex-LWL.

LWL, die einen derartigen radialen Verlauf der Brechzahl besitzen, werden „*Gradientenindex (GI)-Fasern*" genannt im Gegensatz zu den bisher ausschließlich behandelten „*Stufenindex (SI)-Fasern*" mit homogener Brechzahl im Kern.

Die Wirkungsweise eines derartigen *Brechzahlprofils* wird deutlich, wenn die kontinuierliche Funktion $n(r)$ durch eine Treppenfunktion $n_i(r_i)$ angenähert wird (Bild 7.39).

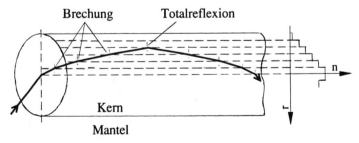

Bild 7.39 Modellierung der Wirkungsweise einer Gradientenindex-Faser durch diskrete Schichtung des Brechzahlverlaufs.

Auf dem Weg von der Achse zum Rand wird der Strahl an jedem Übergang weiter vom Einfallslot weggebrochen bis schließlich der Grenzwinkel der Totalreflexion erreicht wird.

Anders als bei SI-Fasern werden viele Strahlen, egal ob Meridional- oder Helixstrahlen (Bild 7.23), gar nicht mehr die Grenzfläche Kern/ Mantel erreichen. Damit fällt deren Beitrag und der Beitrag des Mantels zur Dämpfung zu einem großen Teil weg. GI-Fasern haben also bei sonst gleicher Geometrie niedrigere Dämpfungswerte als SI-Fasern.

Bei einem kontinuierlichen Brechzahlprofil wird sich also ein weicher Verlauf der Strahlenwege ergeben, wie in Bild 7.38 gezeigt. Das Profil ist dann optimal, wenn die Laufzeiten auf den Wegen 1 bis 4 gleich groß sind.

Für den Verlauf des Profils wird aus Gründen der Einfachheit eine Potenzfunktion angesetzt mit einem freien Parameter α:

$$n(r) = \begin{cases} \sqrt{n_1^2 - NA^2 \cdot \left(\frac{r}{r_k}\right)^\alpha} & \text{für} \quad r \leq r_k \\ n_2 & \text{für} \quad r \geq r_k \end{cases} \quad . \tag{7.39}$$

Durch Verändern des Profilparameters α läßt sich das Brechzahlprofil in einem großen Bereich einstellen (Bild 7.40).

Bei Lösung der Wellengleichungen ist diese radiale Abhängigkeit $n(r)$ natürlich zu beachten.

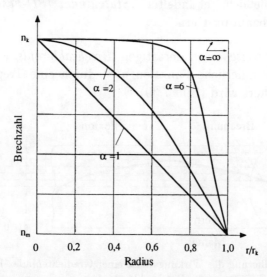

Bild 7.40 Radialer Brechzahlverlauf für verschiedene Profilparameter α.

7.1 Grundkomponente 1: Lichtwellenleiter

Aus der vereinfachten Bedingung, daß der niedrigste und der höchste Mode die gleiche Laufzeit haben sollen, läßt sich in erster Näherung eine Bestimmungsgleichung für den optimalen *Profilparameter* herleiten [7.1]

$$\alpha_{\text{opt}} \approx 2\left(1 - \frac{\lambda_0}{\Delta}\frac{d\Delta}{d\lambda}\bigg|_{\lambda=\lambda_0}\right). \tag{7.40}$$

Entscheidend für den Profilparameter sind also

- die Betriebswellenlänge λ_0
- die relative Brechzahldifferenz $\Delta = \dfrac{n_k - n_m}{n_k}$ mit $n_k = n_{k_{\max}}$
- die Wellenlängenabhängigkeit der Brechzahldifferenz.

Das so gefundene Minimum der Laufzeitdispersion ist auf einen sehr kleinen Bereich um $\alpha = \alpha_{\text{opt}}$ begrenzt (Bild 7.41).

Für den optimalen Wert läßt sich dann eine maximale *Laufzeitdifferenz* angeben [7.1]

$$\Delta T_{\text{GI}} = \frac{L \cdot n_k \cdot \Delta^2}{8c_0}. \tag{7.41}$$

Verglichen mit einer entsprechenden Stufenindexfaser (Gl. (7.38)) bedeutet dies eine Verbesserung um den Faktor $\Delta/8$, was für typische Quarzfasern etwa den Wert 1000 ergibt.

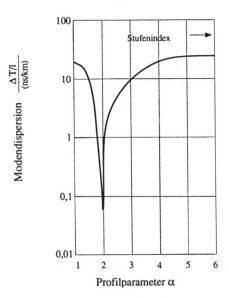

Bild 7.41 Modendispersion für verschiedene Brechzahlprofile.

Da die Einhaltung dieses optimalen Brechzahlverlaufs so exakt kaum machbar ist, lassen sich in der Praxis „nur" Werte um 100 erreichen.

Verbunden mit dem geänderten Brechzahlprofil ist auch die Zahl M der ausbreitungsfähigen Moden geändert verglichen mit einer SI-Faser. Für $\alpha = 2$ ergibt sich [7.1]

$$M_{\text{GI}} \approx \frac{1}{2} M_{\text{SI}} = \frac{V^2}{4}. \tag{7.42}$$

Beispiel: Für eine Faser mit $n_k = 1{,}46$, $n_m = 1{,}45$, $2r_k = 50\,\mu\text{m}$ sei bei einer Wellenlänge $\lambda = 1{,}3\,\mu\text{m}$ die Laufzeitstreuung nach der Länge $L = 1\,\text{km}$ zu ermitteln. Unabhängig vom Fasertyp benötigt man zur Berechnung:

$$\Delta = \frac{n_k - n_m}{n_k} = \frac{1{,}46 - 1{,}45}{1{,}46} = 0{,}007,$$

$$NA = \sqrt{n_k^2 - n_m^2} = \sqrt{1{,}46^2 - 1{,}45^2} = 0{,}17.$$

Im Falle einer Stufenindex-Faser errechnet sich eine Laufzeitstreuung

$$\Delta T_{\text{SI}} = \frac{L \cdot n_k}{c_0} \cdot \Delta = \frac{1000\,\text{m} \cdot 1{,}46}{3 \cdot 10^8\,\text{m/s}} \cdot 0{,}007 = 34\,\text{ns}.$$

Im Falle einer Gradientenindex-Faser ergibt sich

$$\Delta T_{\text{GI}} = \Delta T_{\text{SI}} \cdot \frac{\Delta}{8} = 0{,}03\,\text{ns}.$$

Die Zahl der ausbreitungsfähigen Moden berechnet sich gemäß Gl. (7.35) und Gl. (7.42). Der benötigte V-Parameter beträgt

$$V = \frac{2\pi}{\lambda_0} \cdot r_k \cdot NA = \frac{2\pi}{1{,}3\,\mu\text{m}} \cdot 25\,\mu\text{m} \cdot 0{,}17 = 20{,}5.$$

Danach erhält man:

$$M_{\text{SI}} \approx \frac{V^2}{2} = 210; \qquad M_{\text{GI}} \approx \frac{V^2}{4} = 105.$$

7.1.8.4 Chromatische Dispersion

Der Grenzfall, wo nur noch ein räumlicher Mode ausbreitungsfähig ist, bedeutet noch nicht, daß die Dispersion verschwindet; es entfällt nur die Modendispersion.

7.1 Grundkomponente 1: Lichtwellenleiter

Bei genauer Betrachtung ergeben sich, wenn auch um Größenordnungen kleiner, weitere Dispersionsanteile, die auf die Wellenlängenabhängigkeit verschiedener Parameter zurückzuführen sind.

Da sich, wie bereits bekannt, die Ausbreitungsgeschwindigkeit v_g im Wellenleiter berechnet nach

$$v_g = \frac{d\omega}{d\beta}$$

oder wegen der hier im Vordergrund stehenden Laufzeit/Länge

$$T = \frac{1}{v_g} = \frac{d\beta}{d\omega},$$

kommt die direkte und indirekte spektrale Abhängigkeit der Ausbreitungskonstanten β zum Tragen:

$$\beta = \beta(\underbrace{n_k(\omega)}_{\substack{\text{Material-}\\\text{dispersion}}}, \underbrace{V(\omega)}_{\substack{\text{Wellenleiter-}\\\text{dispersion}}}, \underbrace{\Delta(\omega)}_{\substack{\text{Profil-}\\\text{dispersion}}}, \ldots) \qquad (7.43)$$

Ursache für

Damit ergibt sich also noch eine Vielzahl von Beiträgen zur Dispersion innerhalb eines Modes. Man spricht daher von <u>intra</u>modaler Dispersion.

Diese spektrale Abhängigkeit kommt zum Tragen dadurch, daß keine reale Lichtquelle absolut monochromatisch ist, also immer eine spektrale Breite $\Delta\omega$ oder $\Delta\lambda$ vorliegt.

Selbst wenn es diese Lichtquelle gäbe, würden die durch die Modulation entstehenden Seitenbänder ein breiteres Spektrum erzeugen.

An dieser Stelle sei nur auf die beiden dominanten Beiträge eingegangen: Materialdispersion und Wellenleiterdispersion. Für weitergehende Betrachtungen sei auf [7.3] verwiesen.

- **Materialdispersion:** Nach Anhang A7 berechnet sich die Gruppengeschwindigkeit v_g zu

$$v_g = c_0 \cdot \frac{1}{n - \lambda\, dn/d\lambda}. \qquad (7.44)$$

Damit braucht ein Impuls zum Durchlaufen der Länge L die Zeit

$$T_m = \frac{L}{v_g} = \frac{L}{c_0} \cdot \left(n - \lambda \cdot \frac{dn}{d\lambda}\right).$$

Da der Impuls vom Sender mit einer spektralen Breite $\Delta\lambda$ emittiert wird, ergibt sich eine Laufzeitdifferenz zwischen der kurz- und der langwelligen Flanke:

$$\Delta T_m = \frac{dT_m}{d\lambda} \cdot \Delta\lambda$$

wobei

$$\frac{dT_m}{d\lambda} = \frac{L}{c_0}\left(\frac{dn}{d\lambda} - \frac{dn}{d\lambda} - \lambda \cdot \frac{d^2 n}{d\lambda^2}\right),$$

und somit

$$\Delta T_m = -\frac{L \cdot \lambda}{c_0} \cdot \frac{d^2 n}{d\lambda^2} \cdot \Delta\lambda. \tag{7.45}$$

Es ist daher wichtig, den genauen spektralen Verlauf $n(\lambda)$ zu kennen. Für Quarzglas ist diese Abhängigkeit sehr genau bekannt (Bild 7.42).

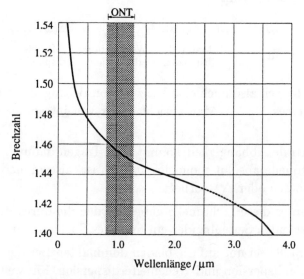

Bild 7.42 Spektraler Verlauf der Brechzahl von reinem Quarzglas.

Die für die Pulsverbreiterung wesentliche Größe $\overline{d^2 n/d\lambda^2}$ ist für verschieden dotiertes Glas in Bild 7.43 gezeigt.

Dabei ist bemerkenswert:

- Die Pulsverbreiterung verschwindet bei einer bestimmten Wellenlänge völlig (bei reinem Quarzglas bei ca. 1300 nm, siehe Aufgabe 7.8).

- Dieser Nulldurchgang läßt sich durch Dotierung verschieben.

7.1 Grundkomponente 1: Lichtwellenleiter

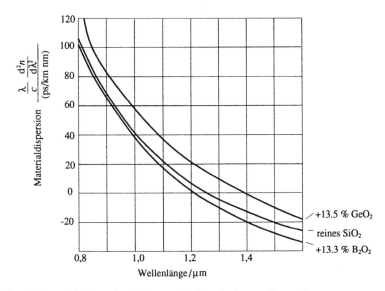

Bild 7.43 Materialdispersion für verschieden dotiertes Quarzglas.

— Es läßt sich gezielt negative oder positive Dispersion einstellen um andere Dispersionsanteile zu kompensieren.

• **Wellenleiterdispersion:** Die Dispersionsbeziehung $\beta(V(\lambda))$ für den einzig ausbreitungsfähigen Grundmode LP_{01} einer Singlemode-Faser ist in Bild 7.26 gezeigt, der daraus abgeleitete spektrale Verlauf der Ausbreitungsgeschwindigkeit v_g in Bild 7.27.

Danach durchläuft v_g ein Minimum bei einer Frequenz ω_1. Damit kann wiederum durch Änderung der Wellenleiterstruktur, beschrieben durch $V(n_k, n_m, \lambda, r_k)$, erreicht werden, daß dieser Dispersionsanteil

— zu Null wird

— größer oder kleiner Null wird und sich damit andere Dispersionsanteile kompensieren lassen.

7.1.8.5 Gesamtdispersion

Die einzelnen Beiträge zur Dispersion oder Impulsverbreiterung müssen nun zu einer Gesamtdispersion zusammengefaßt werden (Bild 7.44). Dabei lassen sich für Singlemode-Fasern durch geeignete Dotierung und Verlauf der Brechzahlverteilung bestimmte Fasertypen herstellen

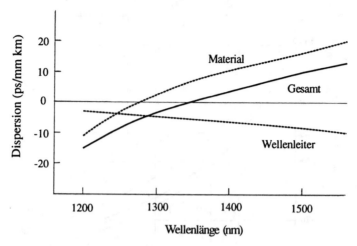

Bild 7.44 Chromatische Gesamtdispersion als Summe von Material- und Wellenleiterdispersion.

- **Dispersionsverschobene Fasern (DSF):** Ideal wäre eine Faser, die im Dämpfungsminimum ($\lambda = 1{,}55\,\mu\text{m}$) auch ihren Dispersionsnulldurchgang hat. Dies läßt sich durch das in Bild 7.45 gezeigte Dreiecksprofil erreichen.

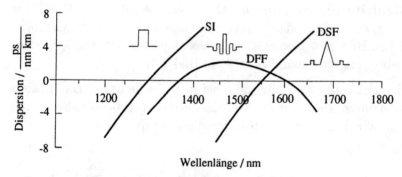

Bild 7.45 Dispersionsverlauf für Stufenindex-(SI), dispersionsflache (DFF) und dispersionsverschobene Faser (DSF).

- **Dispersionsflache Fasern (DFF):** Für den Fall, daß ein breiter spektraler Bereich benutzt werden soll, beispielsweise für Multiplexbetrieb mit verschiedenen Wellenlängen, ist es wünschenswert, in diesem gesamten Bereich einen flachen Verlauf der Dispersion nahe bei Null zu haben. Dies ermöglicht das gezeigte W-förmige Brechzahlprofil.

Damit wird auch klar, welche große Bedeutung den Verfahren zur Herstellung der Faser-Vorform zukommt.

7.1 Grundkomponente 1: Lichtwellenleiter

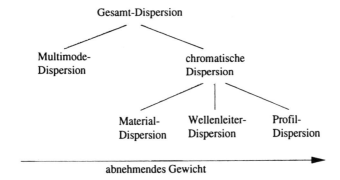

Bild 7.46 Gesamt-Dispersion für Multimode-Fasern.

Die Gesamtdispersion für Multimode-Fasern errechnet sich durch quadratische Addition der jeweiligen Anteile

$$\Delta T_\mathrm{G} = \sqrt{\Delta T_\mathrm{mod}^2 + \Delta T_\mathrm{chrom}^2}\,,$$

wobei in der Praxis der Anteil der Modendispersion deutlich größer ist als der der chromatischen Dispersion, und innerhalb dieser wiederum für Standard-Fasern die Materialdispersion dominiert (Bild 7.46).

Die Dispersion als begrenzender Faktor der Übertragungskapazität läßt sich mit steigendem Aufwand (Bild 7.47) um mehrere Größenordnungen verkleinern, beginnend mit einer Multimode-Stufenindex-Faser

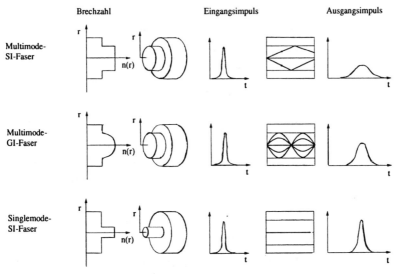

Bild 7.47 Impuls-Übertragungsverhalten verschiedener Faser-Bauformen.

über eine Gradientenindex-Faser zur Singlemode-Faser mit komplexen Brechzahlprofilen.

7.2 Grundkomponente 2: Lichtquellen

Lichtquellen für die optische Nachrichtentechnik haben eine Reihe von Anforderungen zu erfüllen. Neben allgemeineren Kriterien wie Baugröße (sollte dem LWL angepaßt sein), Umweltfestigkeit und Herstellungskosten sind dies vor allem jene, die bestimmend sind für

– die maximale Länge der Übertragungsstrecke:

– Höhe der Leistung, die in die Faser eingekoppelt werden kann,

– Wellenlänge des abgestrahlten Lichts (nach Möglichkeit bei den Dämpfungsminima der Faser).

– die maximal übertragbare Datenrate:

– Spektrale Breite des abgestrahlten Lichts (so klein als möglich, damit die Dispersion klein gehalten werden kann),

– Linearität der Strom/optische Leistungskennlinie (möglichst gut, damit keine Verzerrungen auftreten)

Die meisten dieser Forderungen lassen sich mit Halbleiter-Bauelementen verwirklichen, weshalb in diesem Kapitel nach grundsätzlichen Betrachtungen zur Erzeugung von Licht ein Abschnitt die Halbleiterverbindungen für die optische Nachrichtentechnik behandelt. Anschließend werden die beiden wesentlichen Halbleiterlichtquellen, die Lumineszenzdiode (LED) und die Laserdiode, vorgestellt mit ihren Funktionsprinzipien, Eigenschaften und Bauformen.

7.2.1 Emission und Absorption von Licht

In mikroskopischen Systemen, also bei Betrachtung im Maßstab von Atom- oder Moleküldurchmessern, gewinnt die Quantisierung der Energie an Bedeutung: Es können nur ganz bestimmte energetische Zustände eingenommen werden, beispielsweise die diskreten Bahnen eines Elektrons um den Atomkern.

Ein Übergang zwischen zwei dieser Energieniveaus ist mit Energieaufnahme oder -abgabe verbunden.

An Hand des einfachsten denkbaren Modells, einem 2-Niveausystem für Elektronen (Bild 7.48), sollen die Prozesse erklärt werden, die zur

7.2 Grundkomponente 2: Lichtquellen

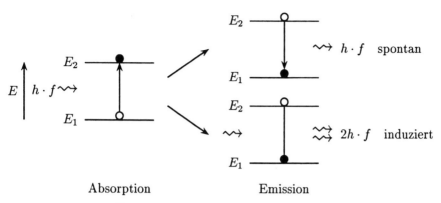

Bild 7.48 Mögliche Übergänge zwischen zwei Energieniveaus.

Entstehung von Licht (= *Emission*) oder dessen Vernichtung (= *Absorption*) führen.

Im Normalfall befindet sich das Elektron im energetisch niedrigeren unteren Niveau E_1, dem Grundzustand. Durch Zufuhr einer Energie ΔE mit

$$\Delta E = E_2 - E_1$$

kann das Elektron auf das obere Niveau E_2 gehoben werden: Das System befindet sich in einem *angeregten Zustand*. Die Energiezufuhr kann auf verschiedene Weise erfolgen. In diesem Fall geschieht sie in Form eines Lichtquants mit passender Energie ΔE, wobei bekanntlich der Zusammenhang gilt:

$$\Delta E = h \cdot f, \qquad (7.46)$$

mit

f als Frequenz des Lichts

h als *Plancksches Wirkungsquantum* ($6{,}6 \cdot 10^{-34}$ Js).

Bei diesem Vorgang wird das Photon vernichtet, „absorbiert".

Der angeregte Zustand ist zeitlich nicht stabil. Nach einer gewissen Zeit, der sog. *Lebensdauer* des angeregten Niveaus fällt das Elektron wieder in den Grundzustand E_1 zurück, man spricht von Rekombination. Das Herabfallen des Elektrons ist verbunden mit Energieabgabe, hier mit der Aussendung (Emission) eines Lichtquants mit einer Energie gemäß (7.46): strahlende Rekombination.

In größeren Systemen kann die Energie auch auf andere Weise durch nichtstrahlende Rekombination abgegeben werden, beispielsweise in Form von Anregung von Gitterschwingungen (Wärme) oder kinetischer Energie anderer Elektronen (Auger-Effekt).

Die Lebendauer τ ist verschieden für jedes Niveau, sie bewegt sich typischerweise im Bereich 10^{-9} s, kann in bestimmten Fällen aber auch $> 10^{-3}$ s werden (sog. *„metastabiles"* Niveau).

Dabei ist jedoch zu beachten, daß τ nur die Zeit ist, nach der **im Mittel** das Elektron wieder in den Grundzustand zurückfällt. Der Übergang wird nicht von außen beeinflußt; man spricht daher von *„spontaner"* Emission.

Es besteht jedoch auch die Möglichkeit, daß das Herabfallen des Elektrons induziert wird durch ein weiteres Photon, das die Bedingung (7.46) erfüllt. Durch eine Art Resonanzeffekt geht das Elektron in den Grundzustand. Das dabei frei werdende Photon hat die gleichen Eigenschaften wie das induzierende, d.h. gleiche

- Frequenz,

- Phasenlage und

- Richtung.

Es findet also eine Verdoppelung des einfallenden Photons durch das angeregte System statt, die einfallende Lichtwelle wird verstärkt. Die mit dieser *induzierten* (manchmal auch: stimulierten) *Emission* verbundenen Zeitkonstanten sind wesentlich kleiner als die der spontanen Emission.

Absorption und Emission von Licht werden durch dieses einfache Modell grundsätzlich richtig beschrieben, jedoch muß für reale Systeme berücksichtigt werden, daß

- die Energieniveaus nicht absolut scharf sind, sondern je nach Dichte mehr oder weniger breit. Daraus folgt, daß auch die zum Übergang gehörende Frequenz nicht absolut scharf ist, sondern eine spektrale Verteilung Δf um eine Mittenfrequenz f_0 aufweist.

- mehr als zwei Energieniveaus vorhanden sind und daher komplexere Vorgänge ablaufen können.

7.2.2 Halbleiter für die optische Nachrichtentechnik

In Festkörpern liegen die *Energieniveaus* der Elektronen so dicht, daß sie zu *Energiebändern* zusammengefaßt werden können. Innerhalb dieser Bänder sind die Energien quasi kontinuierlich verteilt, zwischen den Bändern sind keine Zustände möglich (Anhang A8). Für das optische Verhalten sind die beiden obersten Energiebänder maßgeblich, die mit Elektronen besetzt sind: *Valenzband* und *Leitungsband*, getrennt durch eine Energielücke E_G.

Die Zahl der Elektronen im Leitungsband, wo sie frei beweglich sind und damit Strom transportieren können, nimmt mit steigender Temperatur zu. Spiegelbildlich verhält es sich mit der Zahl der von Elektronen verlassenen Stellen im Valenzband, den sog. „Löchern".

Zusätzlich kann die Zahl der freien Ladungsträger erhöht werden durch Zugabe von Dotierungsstoffen, die

- Elektronen zur Verfügung stellen: Donatoren; erzeugen n(egativ)-leitendes Material.

- Löcher zur Verfügung stellen indem sie Elektronen binden: Akzeptoren; erzeugen p(ositiv)-leitendes Material.

Übergänge zwischen beiden Bändern finden überwiegend zwischen den *Bandkanten* (d.h. unterer Rand Leitungsband, oberer Rand Valenzband) statt, da auch innerhalb des Bands der energetisch günstigste Zustand angestrebt wird. Damit wird die Mittenfrequenz oder Mittenwellenlänge der emittierten Strahlung wesentlich durch die *Bandlücke* bestimmt:

$$E_G = h \cdot f = h \cdot \frac{c_0}{\lambda}, \tag{7.47}$$

$$\lambda = \frac{hc_0}{E_G},$$

$$\frac{\lambda}{(\mu m)} = \frac{1{,}24}{E_G/(eV)}. \tag{7.48}$$

Die Breite des Spektrums hängt von verschiedenen Faktoren ab, u.a. von der Dotierung, der genauen *Bandstruktur*, der Temperatur. Auf Grund ihrer Bandstruktur zeigen nur bestimmte, sog. „direkte" Halbleiter einen höheren Anteil an *strahlender Rekombination*. Dies sind vor allem Verbindungen aus drei- und fünfwertigen Elementen. Durch

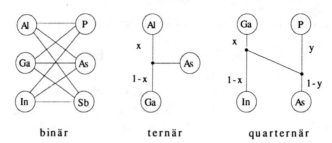

Bild 7.49 Mögliche Verbindungen von drei- und fünfwertigen Halbleiterelementen.

die Zahl der Verbindungspartner und deren jeweiliger Konzentration läßt sich die Bandlücke in einem weiten Bereich einstellen (Bild 7.49):

$$0{,}4\,\text{eV} < E_G < 2{,}4\,\text{eV} \quad \text{und damit} \quad 3\,\mu\text{m} > \lambda > 0{,}5\,\mu\text{m}$$

Dabei sind aus technologischen Gründen manche Verbindungen nicht sinnvoll.

7.2.3 Lumineszenzdioden (LED)

Lumineszenzdioden (Leuchtdioden) sind die einfachsten Halbleiterlichtquellen, die physikalischen Grundlagen sind jedoch die gleichen wie bei den komplexeren (Anhang A8).

7.2.3.1 Funktionsprinzip

Bringt man p- und n-dotiertes Material zusammen, entsteht eine *Sperrschicht*, in der sich keine beweglichen Ladungsträger aufhalten. Die *Raumladungszone* (RLZ), gebildet durch die fest im Gitter eingebauten Donator- und Akzeptorionen ist Ursache für eine Potentialstufe (Bild 7.50a) der Höhe U_{RLZ}.

Durch Anlegen einer Spannung U_F in Vorwärtsrichtung wird die Potentialstufe verringert, Elektronen und Löcher können in das jeweils andere Gebiet gelangen und dort unter Energieabgabe rekombinieren (Bild 7.50b).

Das Gebiet in dem die Rekombination erfolgt und damit Strahlung entstehen kann, die sog. aktive Zone, ist auf die unmittelbare Umgebung der Sperrschicht beschränkt und dies umso mehr, je höher die Dotierung ist. Zwischen den einzelnen Rekombinationsprozessen besteht kein Zusammenhang, es handelt sich um spontane Emission.

Die eingebrachten („injizierten") Ladungsträger verursachen also die Entstehung von Licht („*Lumineszenz*"), daher auch die Bezeichnung Lumineszenzdiode oder **Licht-emittierende Diode (LED)**

7.2 Grundkomponente 2: Lichtquellen

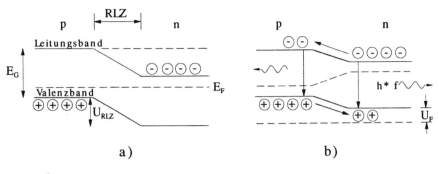

⊕ = Elektron, ⊖ = Loch, E_F = Fermi-Energie

Bild 7.50 Potentialverlauf am pn-Übergang a) ohne und b) mit äußerer Spannung.

7.2.3.2 Bauformen

Die im Innern des Halbleiters entstandene Strahlung kann grundsätzlich vom Material gleich wieder absorbiert werden, da sie ja ausreichend Energie besitzt, um ein Elektron aus dem Valenz- ins Leitungsband zu heben.

Daher muß der Aufbau so gestaltet sein, daß diese Selbstabsorption möglichst gering bleibt.

Dies läßt sich auf zweierlei Arten erreichen:

– Aktive Zone nahe an die Oberfläche legen, damit nur geringe Absorptionslängen auftreten können.

– Aktive Zone umgeben mit Schichten aus Material mit größerer Bandlücke. Damit wird zum einen erreicht, daß die Photonen wegen zu geringer Energie nicht absorbiert werden und zum anderen, daß die von der Stromquelle eingebrachten Ladungsträger durch die so entstandenen Potentialbarrieren in der aktiven Zone gehalten werden. Dies wiederum erhöht die Wahrscheinlichkeit für die Rekombination in diesem Bereich.

Derartige Strukturen aus verschiedenen Materialien werden als „*Heterostrukturen*" bezeichnet im Gegensatz zu „*Homostrukturen*", die aus dem gleichen Material nur mit unterschiedlicher Dotierung bestehen.

Die nun entstandene Strahlung soll möglichst effizient in einen LWL eingekoppelt werden. Dies ist umso leichter, je kleiner die abstrahlende Fläche ist (siehe Abschnitt 7.4). Dies wiederum läßt sich durch entsprechende Formgebung der elektrischen Anschlußkontakte an das p- und n-Gebiet erreichen, die so ausgeführt werden, daß der Stromfluß auf

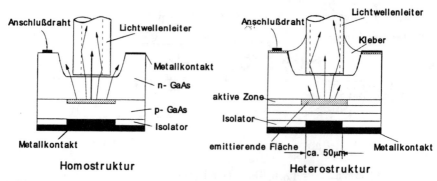

Bild 7.51 Burrus-LED mit Homo- und Heteroverbindungen (nach C.A. Burrus, AT & T).

einem schmalen Kanal begrenzt wird. Die so erfolgte Erhöhung der Stromdichte bewirkt unmittelbar eine Erhöhung der *Strahldichte*, die pro Fläche abgestrahlte Leistung steigt.

Beispiele für LEDs, die nach den aufgeführten Kriterien gebaut wurden, sind in Bild 7.51 gezeigt. Dabei werden Schichten teilweise weggeätzt um

– die aktive Zone nahe an die Oberfläche zu bringen,

– die Ankopplung des LWL zu erleichtern.

Für diese Art von LED wird der Teil der Strahlung ausgenutzt, der überwiegend senkrecht zum pn-Übergang emittiert wird. Sie wird daher als „*Oberflächenstrahler*" bezeichnet (engl. „surface emitting LED"). Eine andere Möglichkeit ist durch Einbetten der aktiven Schicht in Schichten mit niedrigerer Brechzahl (Heterostruktur) einen LWL zu erzeugen, in dem das erzeugte Licht durch Totalreflexion zu

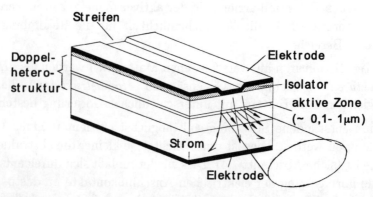

Bild 7.52 Kantenemitter mit Doppelheterostruktur und Streifengeometrie.

7.2 Grundkomponente 2: Lichtquellen

den Enden (Kanten) geführt wird. Diese Bauart wird als *Kantenemitter* (engl. „edge emitting LED = ELED") bezeichnet.

Damit auch hier die aktive Zone möglichst konzentriert bleibt, werden die Elektroden streifenförmig ausgeführt, so daß letztlich nur innerhalb eines Kanals längs der pn-Schicht Licht erzeugt werden kann (Bild 7.52).

7.2.3.3 Eigenschaften

Die im vorigen Abschnitt behandelten Bauformen sind optimiert für den Einsatz in der optischen Nachrichtentechnik. Dabei sind die nachfolgend aufgeführten Eigenschaften von besonderer Bedeutung.

Abgestrahlte Leistung: Die abgestrahlte Leistung P_{opt} hängt in erster Linie vom Strom I_F in Vorwärtsrichtung ab (Bild 7.53).

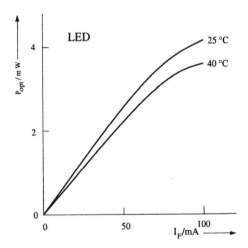

Bild 7.53 Strom-/Leistungskennlinie einer LED.

Die zugehörige $P(I)$-Kennlinie verläuft bei niederen Strömen linear; bei höheren Strömen flacht sie jedoch ab wegen der zunehmenden Aufheizung und der damit verbundenen Abnahme der strahlenden Rekombination.

Bei erhöhter Umgebungstemperatur ist die gesamte Kurve flacher: die relative Leistungsabnahme pro °C beträgt typisch 1 %. Durch die gute Linearität ist die LED geeignet zur Übertragung analoger Signale.

Abstrahlcharakteristik: Die Abstrahlcharakteristik, d.h. Leistung pro Raumwinkel (=Strahlstärke I) einer oberflächenemittierenden LED, läßt sich in guter Näherung durch die eines sog. „Lambert-Strahlers" beschreiben (Bild 7.54).

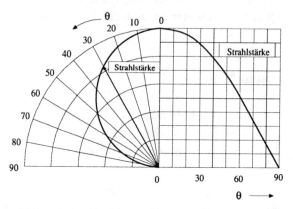

Bild 7.54 Abstrahlcharakteristik eines Lambertstrahlers in kartesischen (rechts) und Polarkoordinaten (links).

Danach gilt folgende Beziehung:

$$I(0) = I_0 \cdot \cos\theta. \tag{7.49}$$

Auf Grund dieser breiten Abstrahlcharakteristik ist dieser Typ weniger geeignet, viel Leistung in einen LWL mit verglichen dazu kleinem Akzeptanzwinkel einzukoppeln (siehe Abschn. 7.4).

Kantenemitter hingegen zeigen eine wesentlich stärker gerichtete Abstrahlung (Bild 7.55). Wegen des eher rechteckigen Querschnitts der

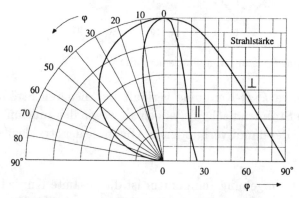

Bild 7.55 Abstrahlcharakteristik eines Kantenemitters parallel (∥) und senkrecht (⊥) zur pn-Schicht.

7.2 Grundkomponente 2: Lichtquellen

aktiven Zone ergibt sich ein Abstrahlkegel mit elliptischem Querschnitt.

Spektrum: Die *Mittenwellenlänge* des abgestrahlten Lichts wird wesentlich bestimmt durch die Bandlücke E_G.

Die Breite des Spektrums hängt, wie bereits erwähnt, ab von der Dotierung, der Temperatur, der Bandstruktur und möglicherweise vorhandenen Verunreinigungen. Abhängig vom Material beträgt die *Halbwertsbreite* (d.h. die Breite der Kurve zwischen den Punkten, wo nur noch die halbe Leistung gemessen wird) zwischen 30 und 100 nm (Bild 7.63), was den Anteil der Materialdispersion bei der Übertragung (Abschn. 7.1.7.3) beträchtlich erhöhen kann.

Eine Erhöhung der Temperatur bewirkt zudem eine Verringerung der Bandlücke und damit eine Verschiebung der Mittenwellenlänge zu größeren Wellenlängen.

Dabei findet man typische Werte in der Größenordnung 0,2 nm/K.

Wirkungsgrad: Abgesehen von Nebeneffekten wie Leckströmen wird der Wirkungsgrad η, definiert als

$$\eta = \frac{\text{abgestrahlte optische Leistung}}{\text{zugeführte elektrische Leistung}},$$

bestimmt durch zwei Anteile:

- *Quantenwirkungsgrad* η_q: er beschreibt den Anteil an strahlender Rekombination an den gesamten Rekombinationsprozessen

$$\eta_q = \frac{1/\tau_s}{1/\tau_s + 1/\tau_{ns}} = \frac{1}{1 + \tau_s/\tau_{ns}} \quad (7.50)$$

mit τ_s als Lebensdauer für strahlende Rekombination τ_{ns} als Lebensdauer für nicht strahlende Rekombination.

- *Optischer Wirkungsgrad* η_0 definiert als

$$\eta_0 = \frac{\text{abgestrahlte optische Leistung}}{\text{insgesamt erzeugte opt. Leistung}}.$$

Dabei ist zu berücksichtigen, daß nur der Anteil des Lichts, der unter einem Winkel kleiner als der der Totalreflexion abgestrahlt wird, aus dem Material austreten kann.

Für GaAs ergibt dies einen Anteil von weniger als 2%, (siehe Aufgabe 7.6), wobei noch zusätzlich die Reflexion an der Grenzfläche mit mehr als weiteren 30 % berücksichtigt werden muß.

Modulierbarkeit: Die Modulation der LED erfolgt durch Modulation des Injektionsstroms. Begrenzende Parameter sind die Kapazität der Diode (kann konstruktiv klein gehalten werden) und die Lebensdauer τ_s für strahlende Rekombination. Diese Lebensdauer sinkt mit steigender Dotierung (jedoch ab einem bestimmten Wert sinkt auch der Wirkungsgrad) und zunehmender Zahl der injizierten Ladungsträger [7.6].

In guter Näherung zeigt die LED das Verhalten eines Tiefpasses 1.Ordnung (Bild 7.56)

$$P(\omega) = \frac{P(0)}{\sqrt{1 + (\omega \tau_s)^2}}.$$

Abhängig vom Material und der Wellenlänge lassen sich Übertragungsbandbreiten im IR von einigen 100 MHz erreichen.

7.2.4 Laserdioden

Grundsätzlich sind *Laserdioden* (abgekürzt: LD) sehr ähnlich den Kantenemitterdioden aus dem vorangegangenen Abschnitt.

Der wesentliche Unterschied ist jedoch, daß bei der LD die Strahlung durch induzierte Emission entsteht, was voraussetzt, daß eine *Besetzungsinversion* zwischen benachbarten Energieniveaus auftritt (siehe Anhang A9).

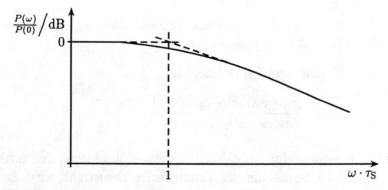

Bild 7.56 Frequenzgang einer LED.

7.2 Grundkomponente 2: Lichtquellen

7.2.4.1 Funktionsprinzip

Wie bei der LED wird eine Spannung U_F in Vorwärtsrichtung angelegt und damit die Potentialstufe vermindert.

Jedoch sind bei Laserdioden die Dotierungen so hoch, daß das Ferminiveau

- auf der p-Seite im Valenzband
- auf der n-Seite im Leitungsband

liegt (Bild 7.57a).

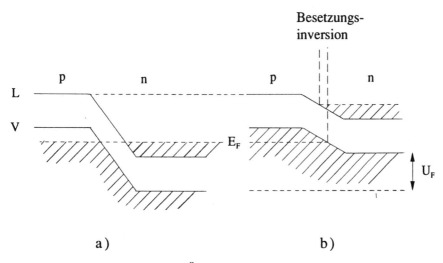

Bild 7.57 Potentialverlauf am pn-Übergang einer Laserdiode a) ohne und b) mit äußerer Spannung.

Dadurch wird erreicht, daß ab einem bestimmten Wert der Vorwärtsspannung frei bewegliche Elektronen im Leitungsband über freien Stellen (Löchern) im Valenzband zu liegen kommen, also die angestrebte Besetzungsinversion zwischen dem oberen und dem unteren Niveau (Bild 7.57b) entsteht.

Das zweite Wesensmerkmal eines Lasers neben der induzierten Emission ist die Existenz eines Resonators, der nur ganz bestimmte Wellenlängen zuläßt.

Im einfachsten Fall, dem sog. *Fabry-Perot-Laser* wird die relativ hohe Reflexion am Übergang Halbleiter/Luft (typisch bei etwa 35 %) ausgenutzt. Dieser Wert reicht aus, weil die Verstärkung innerhalb der aktiven Zone sehr hoch ist verglichen mit anderen Lasertypen. Der

Resonator wird in diesem Fall also gebildet durch die beiden „Spiegel" an den Stirnseiten der aktiven Zone.

7.2.4.2 Bauformen

Die Bauformen für Laserdioden, die in der optischen Nachrichtentechnik als Sender fungieren sollen, sind nach den eingangs des Kapitels aufgeführten Kriterien optimiert.

Die Querabmessungen (0,1 bis 1 μm senkrecht, $\approx$ 5 μm parallel) der aktiven Zone sind meist so, daß nur Einmoden-Betrieb möglich ist.

Senkrecht zu den Schichten erfolgt die Führung der Strahlung durch eine entsprechende Heterostruktur vergleichbar der einer ELED. Je nach Art der Begrenzung parallel zur Schichtung werden unterschieden:

– *gewinngeführte Laser:* Durch die Streifengeometrie der Elektroden kann nur im zentralen Bereich Strom fließen und damit Strahlung entstehen und verstärkt werden (Bild 7.58a).

– *indexgeführte Laser:* Zusätzlich seitlich angebrachte Schichten mit einem Brechungsindex kleiner als der der aktiven Schicht machen den Wellenleiter komplett (Bild 7.58b).

In Längsrichtung ist beim einfachen Fabry-Perot-Laser mit üblichen Resonatorlängen von einigen 100 μm kein Einmoden-Betrieb möglich ohne zusätzliche Maßnahmen wie externe Resonatoren und Beugungsgitter.

Für den Einmodenbetrieb wurden daher andere Reflektoren entwickelt, die zu den

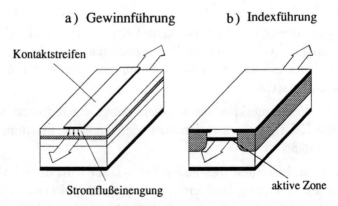

Bild 7.58 a) Laser mit Gewinnführung,
b) Laser mit Indexführung.

7.2 Grundkomponente 2: Lichtquellen

- *DFB-Lasern* (distributed feedback) führen (Bild 7.59a), wo die gesamte aktive Schicht in ihrer Dicke periodisch moduliert ist und durch die so „verteilte Rückkopplung" Resonanz nur in einem ganz schmalen Wellenlängenbereich möglich ist.

- *DBR-Lasern* (distributed-Bragg-Reflector) führen (Bild 7.59b), wo diese periodische Dickenvariation nur an den Enden der aktiven Schicht zu finden ist.

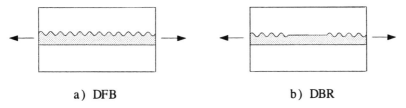

a) DFB b) DBR

Bild 7.59 Strukturen für Einmoden-Laserdioden.

Für zukunftsorientierte Anwendungen mit Wellenlängenmultiplex oder kohärente Übertragung (siehe Abschnitt 7.5.8) sind abstimmbare Laser und Laserdioden-Arrays im Kommen.

Letztere gehören zu einer neuen Klasse von oberflächenemittierenden Lasern (VCSEL = vertical cavity surface emitting laser) in sog. Quantentopf-Strukturen (MQW = Multiple Quantum Well), wo in atomaren Maßstäben hochreflektierende Schichten auf die aktive Zone aufgebracht werden und somit kurze Resonatorlängen ermöglichen. Generell sind die Schichten bei Laserdioden deutlich dünner als bei LEDs. Daher sind die LDs auch empfindlicher gegenüber Spannungsspitzen, die unbedingt von der Ansteuerelektronik abgefangen werden müssen.

7.2.4.3 Eigenschaften

Bei aller Verwandtschaft zur LED ergeben sich in manchen Punkten deutliche Unterschiede.

Abgestrahlte Leistung: Die Strom-/Leistungskennlinie zeigt ein stark nichtlineares Verhalten (Bild 7.60).

Bei kleinen Strömen ergibt sich ein flacher Anstieg mit dem Vorwärtsstrom I_F, der oberhalb einer Schwelle I_{FS} in einen sehr steilen, ebenfalls linearen Anstieg übergeht.

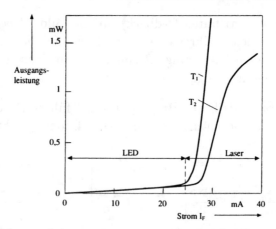

Bild 7.60 Strom-/Leistungskennlinie einer Laserdiode.

Dies erklärt sich wie folgt:

Unterhalb des *Schwellstroms* I_{FS} verhält sich die Diode wie eine LED; oberhalb ist die Verstärkung durch induzierte Emission (vgl. Bild 7.57) größer als die Verluste innerhalb des Resonators (hauptsächlich Selbstabsorption und Verluste an beiden Spiegelenden) und jede zusätzliche Stromzunahme wird unmittelbar in eine Strahlungszunahme umgesetzt.

Der Einfluß einer Temperaturzunahme macht sich in dieser Kennlinie an mehreren Stellen bemerkbar:

- Der Schwellstrom wird zu höheren Werten verschoben.

- Die Kennlinie im Laserbetrieb verläuft flacher bis hin zur Sättigung und thermischen Überlastung wegen zusätzlicher Eigenerwärmung.

Der Grund für dieses Verhalten ist in der Zunahme der nichtstrahlenden Rekombinationsvorgänge mit steigender Temperatur zu sehen.

Abstrahlcharakteristik: Auf Grund der annähernd rechteckigen abstrahlenden Fläche ergibt sich eine Abstrahlcharakteristik (Bild 7.61) mit unterschiedlichen Öffnungswinkeln:

- senkrecht zur Schicht typ. $\pm 30°$

- parallel zur Schicht typ. $\pm 10°$

Damit ist die Laserdiode deutlich besser geeignet um viel Licht in eine Faser einzukoppeln.

7.2 Grundkomponente 2: Lichtquellen

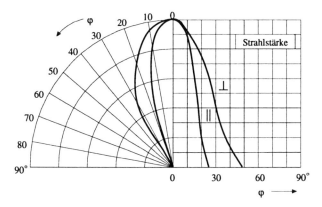

Bild 7.61 Abstrahlcharakteristik einer Laserdiode senkrecht ($\perp$) und parallel ($\parallel$) zur aktiven Schicht.

Spektrum: Die spektrale Verteilung der Strahlung wird von zwei Faktoren bestimmt:

- Verstärkungskurve, festgelegt durch Bandabstand, Dotierung und Injektionsstrom

- Moden des Resonators.

Die Veränderung des Spektrums mit zunehmendem Injektionsstrom zeigt Bild 7.62.

Dabei ist festzustellen:

- Mit zunehmendem Strom nimmt die *Halbwertsbreite* stark ab.

- Die Mittenwellenlänge verschiebt sich analog zur LED zu größeren Wellenlängen.

- Bei höheren Strömen dominiert der Mode, der dem Maximum der Verstärkungskurve am nächsten liegt. Verschiebt sich dieses Maximum, so kommt es zum sog. „Modenspringen", wenn der benachbarte Mode jetzt näher am Maximum liegt.

Diese Verschiebung läßt sich auch direkt durch Temperaturänderung erzielen. Sie beträgt typisch $0{,}5\,\text{nm}/^\circ\text{C}$.

Die Halbwertsbreite von einfachen Fabry-Perot-Lasern liegt in der Größenordnung 0,5 bis 2 nm (Bild 7.63).

Bei den aufwendigeren DFB-Lasern sind Werte von besser als 10^{-4} nm erreichbar.

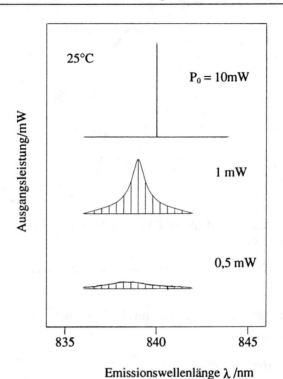

Bild 7.62 Spektrum einer Laserdiode bei verschiedenen Leistungen.

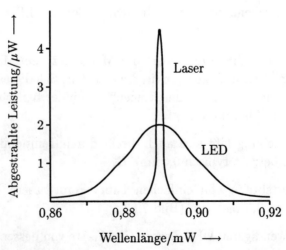

Bild 7.63 Spektrum Laser/LED.

7.2 Grundkomponente 2: Lichtquellen

Wirkungsgrad: Wie bei der LED gibt es auch bei der LD die beiden Anteile

- Quantenwirkungsgrad η_Q
- optischer Wirkungsgrad η_0.

Wegen der Vorzugsrichtung der durch den Laser-Prozeß entstandenen Strahlung ist der optische Wirkungsgrad jedoch deutlich höher und bewegt sich im Bereich $0{,}2 < \eta_0 < 0{,}4$.

Modulierbarkeit: Üblicherweise wird der Arbeitspunkt soweit oberhalb der Schwelle zwischen LED- und LD-Betrieb gewählt, daß bei entsprechender Modulationsamplitude stets induzierte Emission vorliegt.

Damit werden Einschwingvorgänge vermieden, die auftreten, wenn die Besetzungsinversion erst aufgebaut werden muß.

Die Zeitkonstante für strahlende Rekombination hängt auch hier von der Dotierung und der Höhe des Injektionsstroms ab. Sie ist um Größenordnungen kleiner als bei der LED, so daß es von dieser Seite kein Problem ist eine Laserdiode mit Frequenzen im Gigahertz-Bereich zu modulieren.

7.2.5 Vergleichende Zusammenfassung

Die für die optische Nachrichtentechnik wesentlichen Eigenschaften der drei besprochenen Sendeelemente sind in Tab. 7.2 zusammengefaßt. Dabei sind im Vorgriff auf spätere Abschnitte auch einige noch nicht im Detail besprochenen Merkmale aufgeführt.

Tabelle 7.2 Daten von Sendeelementen.

Parameter	Dimension	LED	ELED	LD
Spektrale Breite	nm	< 100	< 100	< 2
Abstrahlende Fläche	$\mu m \times \mu m$	50×50	2×20	$0{,}1$ bis 1×5
Modulierbarkeit	MHz	< 700	< 700	> 5000
Leistung in LWL mit $9\,\mu m$ Kern$\oslash$	μW	< 2	< 200	> 5000
Temperaturdrift	nmK^{-1}	$0{,}2$	$0{,}3$	$0{,}5$
Polarisationsgrad	%	< 2	< 20	> 95

Tabelle 7.3 Vor- und Nachteile von LED und Laserdiode.

	LED	LD
Aufwand zur Herstellung	+	−
Leistung in LWL	−	++
Temperaturempfindlichkeit	+	−
Aufwand zur Ansteuerung	+	−−
Modulierbarkeit	−	++
Spektrale Breite	−	++
Empfindlichkeit gegen Reflexion	++	−
Zusatzrauschen	+	−

Einige Gesichtspunkte, wann welcher Typ vorteilhaft eingesetzt werden soll, lassen sich aus Tab. 7.3 entnehmen.

7.3 Grundkomponente 3: Detektoren

An der Ausgangsseite der optischen Übertragungsstrecke werden nun Komponenten benötigt, die das optische Signal wieder in ein elektrisches umwandeln. Als wesentliche Eigenschaften sind hier gefordert, komplementär zu denen bei den Lichtquellen:

- hohe Empfindlichkeit,

- hohe Bandbreite,

- wenig Zusatzrauschen,

- einfacher Betrieb.

Zusätzlich ist für Analogbetrieb auch eine hohe Linearität erwünscht. Auch auf der Empfängerseite können die speziellen Eigenschaften von Halbleiter-Bauelementen vorteilhaft ausgenutzt werden.

7.3.1 Funktionsprinzip

Trifft ein Photon mit einer Energie größer als die der Bandlücke auf ein Halbleitermaterial, so kann es ein Elektron vom Valenz- ins Leitungsband heben, wo es dann frei beweglich ist, genau so wie das entstandene Loch im Valenzband. Dieses Elektron-Loch-Paar kann nun durch ein elektrisches Feld getrennt werden und so das Fließen eines elektrischen Stroms, des sog. Photostroms zu ermöglichen.

7.3 Grundkomponente 3: Detektoren

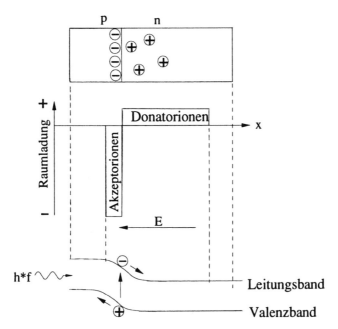

Bild 7.64 Prinzip einer Halbleiter-Empfangsdiode.

Es liegt nahe, zu dieser Trennung das bereits vorhandene E-Feld eines pn-Übergangs zu verwenden (Bild 7.64). Dazu ist es aber nötig, daß die Erzeugung des Elektron-Loch-Paares in der Sperrschicht erfolgt, da ja außerhalb der Sperrschicht kein E-Feld vorhanden ist.

7.3.2 Empfindlichkeit

Die *Empfindlichkeit* (engl. responsivity) R ist definiert als

$$R = \frac{I_\mathrm{p}}{P_\mathrm{opt}} \quad ,$$

wobei I_p der *Photostrom* und P_opt die auftreffende Lichtleistung ist. Die Dimension von R ist dementsprechend A/W.

Dabei läßt sich die optische Leistung ausdrücken als Produkt aus Photonenrate r_p (Zahl der Photonen, die pro Zeit auftreffen) und der Energie eines Photons $(h \cdot f)$.

$$P_\mathrm{opt} = r_\mathrm{p} \cdot h \cdot f \quad ,$$
$$r_\mathrm{p} = \frac{P_\mathrm{opt}}{h \cdot f} \quad .$$

Den Übergang von der Photonenrate zur Elektronenrate r_e, welche ein Maß für die Stromstärke ist, vermittelt auch hier ein Quantenwirkungsgrad η, der angibt, wie viele Elektronen pro einfallendes Photon vom Valenz- ins Leitungsband gehoben werden.

Damit ergibt sich dann die Elektronenrate

$$r_e = \eta \cdot r_p$$

und nach Multiplikation mit der Elementarladung e der Photostrom

$$I_p = e \cdot r_e ,$$
$$I_p = e \cdot \eta \cdot r_p ,$$
$$I_p = e \cdot \eta \cdot \frac{P_{opt}}{h \cdot f} .$$

Dies führt schließlich zur Empfindlichkeit

$$R = \frac{I_p}{P_{opt}} = \eta \cdot \frac{e}{h \cdot f}$$

oder wegen $f = c_0/\lambda$

$$R = \eta \cdot \frac{e \cdot \lambda}{h \cdot c_0} \tag{7.51}$$

und nach Einsetzen der Zahlenwerte für die Naturkonstanten e, h, c_0

$$\frac{R}{[A/W]} = \frac{\eta}{1{,}24} \cdot \frac{\lambda}{[\mu m]} . \tag{7.52}$$

Dies bedeutet also einen linearen Anstieg der Empfindlichkeit mit zunehmender Wellenlänge. In der Realität jedoch ist zu berücksichtigen, daß

– ab einer Wellenlänge $\lambda_k = h \cdot c_0/E_G$ für ein Material mit einer Bandlücke E_G, die Energie des Photons nicht mehr ausreicht, ein Elektron-Loch-Paar zu erzeugen. Für Strahlung mit Wellenlängen oberhalb dieser „langwelligen Absorptionskante" ist dieses Material durchsichtig.

Tabelle 7.4 Energielücken und langwellige Bandkanten.

Material	E_G/[eV]	λ/[μm]	geeigneter Bereich/[μm]
Silizium	1,11	1,12	0,6 bis 1,1
Germanium	0,67	1,4	0,8 bis 1,5
InGaAs	0,77	1,6	0,9 bis 1,6

7.3 Grundkomponente 3: Detektoren

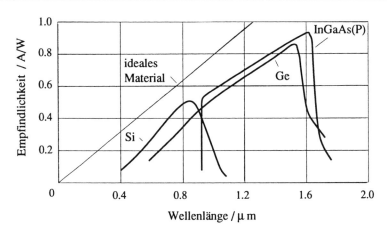

Bild 7.65 Spektrale Empfindlichkeit verschiedener Halbleitermaterialien.

– sich Strukturen in diesem Verlauf $P(\lambda)$ ergeben, die die Bandstrukturen (direkte/indirekte Halbleiter) widerspiegeln.

Die Werte für die wesentlichen Materialien sind in Tab. 7.4 und Bild 7.65 wiedergegeben.

Korrekterweise muß an dieser Stelle auch noch berücksichtigt werden, daß durch den Brechzahlsprung am Übergang ins Detektormaterial die ankommende Strahlung zu etwa einem Drittel reflektiert wird. Diese Reflexion läßt sich um mehr als eine Größenordnung vermindern durch Aufbringen einer dielektrischen Schicht mit einer Brechzahl $n_s \approx \sqrt{n_{Det}}$ und einer Dicke von $\lambda_0/(4 \cdot n_{Det})$.

7.3.3 Betriebsarten

An Hand der Strom-/Spannungskennlinie (Bild 7.66) lassen sich die möglichen Arten erläutern, eine Halbleiterdiode als Strahlungsdetektor einzusetzen.

Die bekannte Diodenkennlinie verschiebt sich proportional zur Bestrahlung längs der Strom-Achse.

Damit ergeben sich die Extremfälle:

– Kurzschlußbetrieb: Bei Spannung Null ist der Kurzschlußstrom direkt ein Maß für die Bestrahlungsstärke

– Offener Betrieb: Bei Strom Null ändert sich die Spannung logarithmisch mit der Bestrahlung.

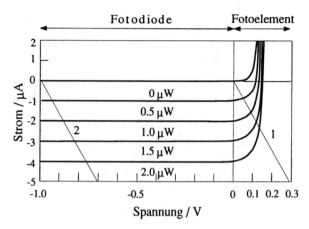

Bild 7.66 Strom-/Spannungscharakteristik einer Halbleiterdiode bei unterschiedlicher Bestrahlung.

Real sind aber weder absoluter Kurzschluß noch absolut offener Betrieb möglich. Eine mehr oder weniger steile Widerstandsgerade (1) legt das Ausgangssignal fest.

In den meisten Anwendungsfällen wird die Diode mit einer zusätzlich von außen angelegten Gegenspannung betrieben, so daß der Verlauf durch die Widerstandsgerade (2) beschrieben wird.

Diese Betriebsart hat Vorteile hinsichtlich der Schnelligkeit des Detektors, jedoch Nachteile hinsichtlich des Dunkelstroms I_D.

Dieser Strom fließt auch, wenn keine Strahlung den Detektor trifft. Grund dafür ist die thermische Erzeugung von Elektron-Loch-Paaren, die zu einem Stromfluß führt, wenn sie innerhalb der Raumladungszone erfolgt.

Da nun die Raumladungszone durch die Gegenspannung vergrößert wird, können auch mehr Elektron-Loch-Paare durch das ebenso weiter ausgedehnte elektrische Feld zu den Elektroden hin abgesaugt werden.

Der Dunkelstrom hängt also sowohl von der Temperatur als auch von der angelegten Gegenspannung ab.

In der Literatur wird häufig der Betrieb im

– dritten Quadranten als *Fotodioden-* oder fotoleitender Betrieb

– vierten Quadranten als *Fotoelement-* oder fotovoltaischer Betrieb bezeichnet.

7.3.4 Detektortypen und Eigenschaften

Der ideale Detektor sollte so aufgebaut sein, daß alle einfallenden Photonen in der Raumladungszone absorbiert werden. Erfolgt die Absorption außerhalb, so kommt es entweder

– zu keinem Stromfluß, weil Elektron und Loch ausreichend Zeit zum Rekombinieren haben.

– zu einem verzögerten Stromfluß, weil die Ladungsträger sich nur mit der erheblich kleineren Diffusionsgeschwindigkeit bewegen bis sie zur Raumladungszone gelangen und erst dort durch das E-Feld effektiv auf die Driftgeschwindigkeit beschleunigt werden. Der Detektor wird dadurch langsamer.

Diese Forderung hat unmittelbare Auswirkungen auf den Aufbau der Detektoren. In den meisten Fällen erfolgt die Bestrahlung senkrecht zu den Schichten. Damit muß die oberste Schicht entweder sehr dünn, dafür stark dotiert sein, oder wie schon von den Lichtquellen her bekannt aus einem Material bestehen, das für Licht der verwendeten Wellenlänge transparent ist ($E_G > h \cdot c_0/\lambda_0$).

Heterostrukturen können also auch empfangsseitig Vorteile bringen.

In der optischen Nachrichtentechnik haben sich zwei Detektortypen durchgesetzt, die hier ausschließlich vorgestellt werden sollen.

7.3.4.1 PIN-Diode

In der *PIN-Diode* ist die Forderung nach einer ausgedehnten Raumladungszone dadurch realisiert, daß zwischen der p- und der n-dotierten Schicht ein nur schwach oder gar nicht dotiertes (daher intrinsisches) Material liegt.

Dies begründet auch die Bezeichnung dieses Diodentyps als Abkürzung von p̱ositiv-i̱ntrinsisch-ṉegativ.

Der prinzipielle Aufbau, Ladungs- und Feldverteilung einer PIN-Diode sind in Bild 7.67 gezeigt.

Damit werden im Vergleich zu einem unmittelbaren pn-Übergang folgende Verbesserungen erreicht:

– Durch die eingebrachte i-Schicht wird der Bereich vergrößert, in dem Photonen absorbiert werden können und die dabei erzeugte Elektron-Loch-Paare durch das interne E-Feld getrennt werden.

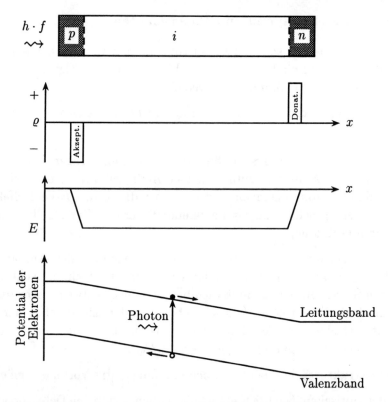

Bild 7.67 PIN-Diode: Grundsätzlicher Aufbau, Ladungsverteilung, Feld- und Potentialverlauf.

– Durch den vergrößerten Abstand zwischen p- und n-Material sinkt die Kapazität. Damit ergeben sich kürzere Zeitkonstanten.

Allerdings: Die erzeugten Ladungsträger brauchen etwas länger um die Schicht zu durchqueren.

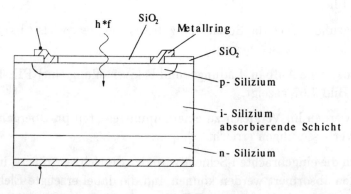

Bild 7.68 Typischer Aufbau einer Si-PIN-Diode.

7.3 Grundkomponente 3: Detektoren

– Der Anteil der Ladungsträger, die durch Diffusion noch zum Fotostrom beitragen, nimmt ab. Damit werden Impulse weniger verschliffen.

Mit PIN-Dioden sind Grenzfrequenzen von bis zu 50 GHz erreichbar; auf Grund ihrer ausgezeichneten Linearität über mehr als 6 Dekaden sind die PIN-Dioden hervorragend auch für Analog-Signale geeignet. Typische praktische Ausführungen (Bild 7.68) weisen noch einen Anti-Reflexbelag (z.B. SiO_2) auf um die Empfindlichkeit zu erhöhen.

7.3.4.2 Avalanche-Fotodioden

In der Regel sind die im Detektor erzeugten Fotoströme sehr klein, müssen daher durch die nachfolgende Elektronik verstärkt werden. Damit kommen jedoch neue Rauschquellen hinzu, die das Signal-/Rauschverhältnis verschlechtern.

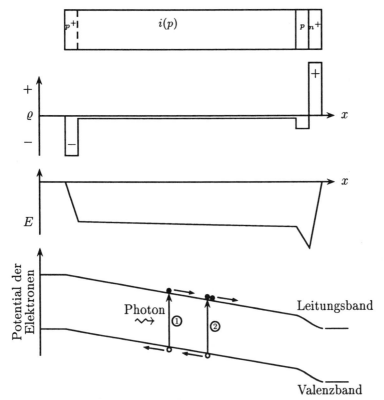

Bild 7.69 Zu Aufbau und Wirkungsweise einer APD
p^+ bedeutet stark p dotiert.

Daher wäre anzustreben, von vornherein höhere Fotoströme zu erzielen. Dies läßt sich grundsätzlich mit Avalanche-Fotodioden (abgekürzt APD von Avalanche Photo Diode) machen, bei denen durch den speziellen Aufbau (Bild 7.69) und deutlich höhere Gegenspannungen ein einfallendes Photon eine Lawine (engl.: Avalanche) von Ladungsträgern erzeugen kann.

Durch die hohe Gegenspannung im Bereich 50...200 V wird die Feldstärke im Inneren der Diode so hoch, daß die Ladungsträger auf Geschwindigkeiten beschleunigt werden, die ausreichen um durch Stoßprozesse neue Elektron-Loch-Paare zu generieren.

Dabei ist es wichtig, daß diese *Lawinenverstärkung* möglichst nur in eine Richtung erfolgt, d.h. nur für einen Ladungsträgertyp wirksam wird. Andernfalls kommt es zu einer quasi andauernden Entladung, die nicht erwünscht ist.

Mit APDs (Bild 7.70) lassen sich sinnvolle Verstärkungen bis zu einem Faktor 200 erreichen, was die Anforderung an den nachfolgenden Verstärker verringert. Dabei reagiert allerdings die Verstärkung sehr empfindlich auf Schwankungen der Gegenspannung und der Temperatur, so daß für den Betrieb beide Einflußgrößen mit teilweise großem Aufwand stabilisiert werden müssen.

Durch den Lawineneffekt treten auch zusätzliche Rauschterme auf, die in bestimmten Fällen die durch die Erhöhung des Fotostroms gewonnenen Vorteile wieder zunichte machen.

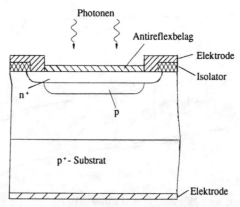

Bild 7.70 Typischer Aufbau einer APD; Einstrahlung hier durch die n^+-Schicht.

7.3.5 Vergleichende Zusammenfassung

Es ist nicht immer sinnvoll, in jeden Anwendungsfall die augenscheinlich empfindlichere APD der PIN-Diode vorzuziehen. Im Einzelfall müssen in die Beurteilung Größen in Betracht gezogen werden wie benötigter Signal/Rauschabstand, Höhe des ankommenden Signals, Modulationsfrequenz und dergleichen [7.5]. Dabei ist aus den vorigen Abschnitten ersichtlich, daß sich die APD mehr für Digital-Signale eignet.

In Tab. 7.5 sind die wesentlichen Eigenschaften beider Detektortypen bewertet.

Tabelle 7.5 Vor- und Nachteile von PIN-Diode und APD.

	PIN	APD
Empfindlichkeit	+	++
Schnelligkeit	+	++
Dynamikbereich	++	−
Linearität	++	−
Aufwand bei Herstellung	+	−
zum Betrieb	++	−−
Kosten	+	−

7.4 Kopplung der Grundkomponenten

Das vorrangige Ziel der Kopplung ist es, das Licht von einer Komponente mit möglichst geringen Verlusten auf die nachfolgende zu übertragen.

Dazu kommen weitere Anforderungen wie Unterdrückung von Reflexen, Stabilität gegenüber Änderung der Umgebungsbedingungen, Einfachheit der Ausführung.

Für den Anwender ist es meist am einfachsten, die Komponenten mit bereits montiertem Faserschwanz („Pigtail") einzusetzen und sich auf die gut beherrschbare Verbindung Faser-Faser zu beschränken.

7.4.1 Grundsätzliche Betrachtungen

Die beiden Parameter, die die Abstrahl-/Empfangscharakteristik einer Komponente bestimmen, sind:

− Abstrahl-/Akzeptanzwinkel,

– abstrahlende/empfangende Fläche,

sowohl nach Form als auch nach Größe.

Der Idealzustand wäre eine Gleichheit dieser Parameter auf Sende- und Empfangsseite. Soll beispielsweise Licht von einer Laserdiode in eine Singlemode-Faser ($NA = 0{,}1$, $\varnothing_{\text{Kern}} = 9\,\mu\text{m}$) eingekoppelt werden, so wäre ideal eine Abstrahlung von einer kreisförmigen Fläche mit Durchmesser $9\,\mu\text{m}$ in einen Kreiskegel mit (halben) Öffnungswinkel $5{,}8°$ (entsprechend einer $NA = 0{,}1$).

Tatsächlich jedoch ist die leuchtende Fläche ca. $0{,}5 \times 5\,\mu\text{m}^2$ und der Abstrahlkonus hat elliptischen Querschnitt mit (halben) Öffnungswinkeln von ca. $10°$ und $30°$.

Beide Parameter können mit Hilfe von optischen Komponenten verändert werden, jedoch nicht unabhängig voneinander.

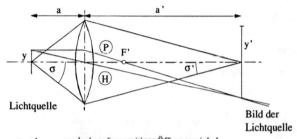

σ, σ' = sende-/empfangsseitiger Öffnungswinkel
a, a' = Objekt-/Bildweite
F' = Brennpunkt der Sammellinse

Bild 7.71 Abbildung einer Lichtquelle mit einer Sammellinse mit Hilfe der Konstruktionsstrahlen P und H.

So läßt sich bei der Abbildung mit einer Sammellinse (Bild 7.71) die abstrahlende Fläche vergrößern ($y' = y \cdot \frac{a'}{a}$), gleichzeitig jedoch ändern sich auch die zugehörigen Öffnungswinkel.

Grund dafür ist ein Erhaltungssatz (Liouville-Theorem), der letztlich auf den Energie-Erhaltungssatz zurückzuführen ist, nach dem mit passiven optischen Elementen (Linsen, Spiegel, ...) der Wert des Produkts

$$\left. \begin{array}{r} \text{Abstrahlende} \\ \text{Empfangende} \end{array} \right\} \text{Fläche} \times \text{Raumwinkel}$$

nicht verändert werden kann.

Verbesserungen beim Überkoppeln des Lichts von einer Komponente zur nächsten lassen sich nur innerhalb dieses Rahmens erzielen. Bei

7.4 Kopplung der Grundkomponenten

dem eingangs gebrachten Beispiel der Kopplung LD-Faser kann durch eine (linear) zweifach vergrößernde Abbildung die Einkopplung um etwa das 4-fache verbessert werden (Bild 7.72)

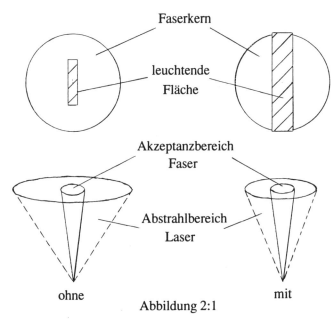

Bild 7.72 Flächen- und Winkelverhältnisse bei einer Kopplung LD-Faser mit und ohne Abbildung.
Mit Abbildung wesentliche bessere Übereinstimmung.

7.4.2 Kopplung Lichtquelle – LWL

Unter Berücksichtigung der oben beschriebenen Gesetzmäßigkeiten lassen sich nun die *Koppelwirkungsgrade* zwischen den verschiedenen Paaren sende- und empfangsseitig berechnen. Wegen der oft komplexen Abstrahlcharakteristiken sind diese Berechnungen sehr aufwendig.

7.4.2.1 Kopplung LED – Faser

Vergleichsweise einfach geht dies für die Kombination [7.5]

– oberflächenemittierende LED, Lambertcharakteristik, abstrahlende Fläche mit Radius r_s.

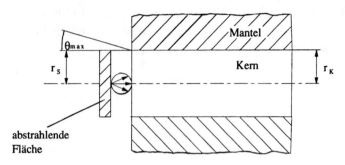

Bild 7.73 Kopplung LED – SI-Faser.

– Stufenindex-Faser mit Kernradius r_k und numerischer Apertur NA (Bild 7.73)

Befinden sich LED und Faser in unmittelbarem Kontakt, so errechnet sich der Einkoppelwirkungsgrad η_{SI} zu

$$\eta_{SI} = \frac{\text{von der Faser akzeptierte Leistung}}{\text{von der LED abgestrahlte Leistung}},$$

$$\eta_{SI} = \frac{r_k^2}{r_s^2} \cdot NA^2 \quad \text{für} \quad r_k \leq r_s, \qquad (7.53)$$

$$\eta_{SI} = \quad NA^2 \quad \text{für} \quad r_k > r_s.$$

In diesem Fall ist der Einsatz einer Einkoppeloptik nur dann sinnvoll, wenn $r_k > r_s$ (Bild 7.74).

Bei einer Einkopplung in Gradientenindex-Fasern, bei denen bekannt-

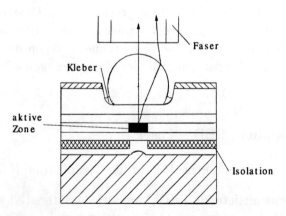

Bild 7.74 Verbesserung der Einkopplung durch Mikrolinse.

lich der Akzeptanzwinkel mit wachsender Entfernung von der Faserachse abnimmt, ergibt sich

$$\eta_{GI} = \frac{r_k^2}{2r_s^2} \cdot NA_0^2 \quad \text{für} \quad r_k \leq r_s,$$
$$\eta_{GI} = NA_0^2 \left(1 - \frac{r_k^2}{2r_s^2}\right) \quad \text{für} \quad r_k > r_s, \tag{7.54}$$

mit NA_0 als numerische Apertur auf der Faserachse.

Beispiel: Zu ermitteln sei der Anteil der abgestrahlten Leistung, der aus einer LED mit einer aktiven Fläche von 100 μm Durchmesser eingekoppelt werden kann, in folgende Fasertypen:

a) SI-Faser mit $NA = 0{,}2$, $r_k = 25\,\mu$m:

$$\eta_{SI} = \left(\frac{25}{50}\right)^2 \cdot 0{,}2^2 = 0{,}01.$$

b) GI-Faser mit $NA = 0{,}2$, $r_k = 25\,\mu$m:

$$\eta_{GI} = \frac{1}{2}\,\eta_{SI} = 0{,}005.$$

c) SM-Faser mit $NA = 0{,}1$ und $r_k = 5\,\mu$m:

$$\eta_{SM} = \left(\frac{5}{50}\right)^2 \cdot 0{,}1^2 = 0{,}0001.$$

An diesem Beispiel wird deutlich, daß oberflächenemittierende LEDs in dieser Hinsicht nicht die optimalen Lichtquellen sind.

7.4.2.2 Kopplung Laserdiode-Faser

Verglichen mit der LED ist die Berechnung für eine LD aufwendiger, da sowohl abstrahlende Fläche als auch der Winkelbereich, in den abgestrahlt wird, nicht rotationssymmetrisch sind, ausgenommen die neuartigen VCSEL (Abschn. 7.2.4) und Faserlaser.

Generell gelten jedoch die gleichen Überlegungen wie vorhin. Durch Verwendung von Zylinderlinsen läßt sich näherungsweise die für die Faser gewünschte Rotationssymmetrie der Abstrahlcharakteristik herstellen und durch weitere optische Elemente (Bild 7.75) unter den bekannten Voraussetzungen die Einkoppeleffizienz erhöhen. Dabei sind folgende Komponenten oder Kombinationen davon häufig anzutreffen:

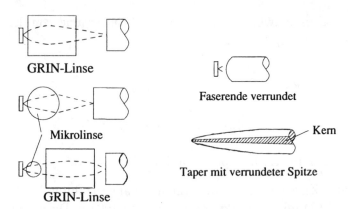

Bild 7.75 Optiken zur Verbesserung des Einkoppelwirkungsgrads.

– Mikrolinsen: Quarzglas, typisch $50\ldots100\,\mu\mathrm{m}\,\oslash$.

– G̲r̲a̲di̲e̲nt̲e̲ni̲n̲dex(GRIN)-Linsen (=Stablinsen): Glaszylinder bestimmter Länge; radiales Brechzahlprofil analog GI-Faser; erzeugt gleiche Wirkung wie konventionelle Linse.

– *Taper:* Trichterförmige Verjüngung bzw. Aufweitung sorgen für Vergrößerung/Verkleinerung des Akzeptanzwinkels.

Damit lassen sich mit vertretbarem Aufwand bis zu 60 % der abgestrahlten Leistung in Singlemode-Fasern einkoppeln, mit erhöhtem Aufwand (hyperbolische Faserendflächen) über 90 %.

7.4.3 Kopplung LWL – Detektor

Die Auskopplung auf den Detektor ist von den geometrischen Bedingungen her unkritisch, da meist die Detektorfläche größer ist als der Kerndurchmesser und der Akzeptanzwinkel generell ausreicht.

Bei hochbitratigen Systemen mit entsprechend empfindlichen Laserdioden wird häufig die Detektorfläche leicht schräg gestellt um Reflexe zurück in die Faser zu vermeiden.

7.4.4 Kopplung LWL – LWL

Die verschiedenen Arten Lichtwellenleiter miteinander zu koppeln, lassen sich nach mehreren Kriterien einteilen (Bild 7.76).

Darüberhinaus gibt es noch die Unterscheidung, ob die Kopplung

– für alle Anteile der Strahlung gleich oder

– selektiv (z.B. nach Wellenlänge, Polarisation) sein soll.

7.4 Kopplung der Grundkomponenten

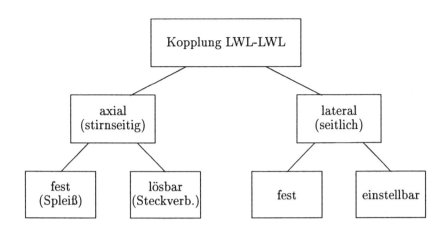

Bild 7.76 Einteilung der Verbindung LWL–LWL.

7.4.4.1 Axiale Kopplung

Die Dämpfung, die bei einer *axialen Kopplung*, also einer Kopplung der Stirnflächen zweier LWL auftritt, wird durch vier Klassen von Verlustmechanismen (Bild 7.77) bestimmt:

Dies sind Verluste wegen

– unterschiedlicher Fasertypen

    Abhilfe: nur in bestimmten Fällen möglich z.B. durch Tapern oder Aufweichung des Brechzahlprofils durch längeres Erhitzen.

– fehlerhafter Justierung der LWL relativ zueinander

    Abhilfe: entsprechender Aufwand an mechanischer Präzision

– schlechter Qualität der Faserendflächen

    Abhilfe: Verwenden von Spezialwerkzeugen zum exakten Brechen (Cleaving) der Fasern oder entsprechendes Schleifen und Polieren.

– Reflexion am Übergang LWL-Luft-LWL

    Abhilfe: Vermeiden durch direkten Kontakt (physical contact) oder Einbringen einer Brechzahl-angepaßten Flüssigkeit.

Wie aus der Übersicht in Bild 7.76 hervorgeht, ist noch zu unterscheiden, ob es sich um eine lösbare (Steck-) oder nicht-lösbare (Spleiß-) Verbindung handelt.

a) Unterschiedliche Fasertypen

Unterschiedliche Kernradien

Unterschiedliche Numerische Aperturen

Unterschiedliche Brechzahlprofile

b) Fehljustierungen

Radialer Versatz

Winkelfehler

Lücke

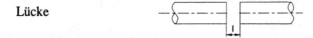

c) Faserendflächenqualität

Schnittwinkel

Ebenheit

Rauhigkeit

Schmutz

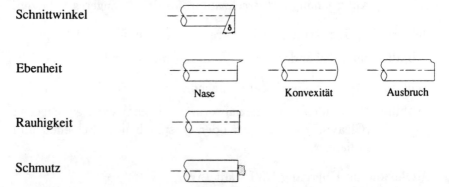

d) Reflexionsverluste

Bild 7.77 Verlustmechanismen bei der axialen Kopplung.

7.4 Kopplung der Grundkomponenten

Steckverbindungen: Hier hat sich eine große Vielfalt an Formen entwickelt, jedoch abgesehen von einigen Quasi-Standards (SMA, ST, FC, DIN) noch keine Norm etablieren können. Die einzelnen Steckerarten unterscheiden sich hinsichtlich

- Art der Zentrierung (Zylinder, Konus, Kugeln),
- Art der Befestigung der Faser (Kleben, Crimpen),
- Art der Arretierung (Schraub-, Bajonett-, Schnappverschluß),
- Material (Metall, Keramik, Kunststoff).

Damit kann ein breites Spektrum an Anforderungen abgedeckt werden, beginnend bei einfachsten Steckern für Plastikfasern mit 1 mm Durchmesser bis hin zu Hochpräzisionssteckern für spezielle Singlemode-Fasern mit schräggestellter und balliger Endfläche zur Vermeidung von Reflexionen.

Die Durchgangsdämpfungen liegen entsprechend bei typisch 1,2 dB bis zu Werten besser als 0,15 dB.

Spleißverbindungen: Hier werden die entsprechend präparierten LWL fest miteinander verbunden durch

- mechanisches Klemmen ⎫
- Verkleben ⎬ vorwiegend für Laborbetrieb
- Verschmelzen.

In der Praxis dominiert das dritte Verfahren, das sog. Schmelz- oder *Fusionsspleißen*.

Hierbei werden durch verschiedene Verfahren die Faserkerne exakt aufeinander ausgerichtet und in einem Schweißlichtbogen miteinander verschmolzen.

Gute Spleißverbindungen sind visuell kaum mehr erkennbar und erreichen Werte für die Durchgangsdämpfung von weniger als 0,1 dB.

Verbindungen Fasern – planare LWL: Bei den bislang behandelten Verbindungen handelte es sich ausschließlich um Verbindungen zwischen optischen Fasern.

Da zukünftig jedoch mehr und mehr auch planare LWL (Abschn. 7.1.6) eingesetzt werden, gewinnt die Ankopplung von Fasern an diese Komponenten an Bedeutung.

In den meisten Fällen werden die Fasern in Präzisions-V-Nuten an den Wellenleiter herangeführt und durch Kleben oder Laserschweißen fixiert.

7.4.4.2 Laterale Kopplung

Zum Aufbau von Übertragungssystemen ist es oft notwendig, das Signal von einer Leitung auf mehrere aufzuteilen oder umgekehrt. Dies läßt sich zwar grundsätzlich auch durch Stirnflächenkopplung erreichen, jedoch nur mit großen Verlusten.

Besser geeignet sind hier laterale *Koppler*, bei denen ausgenutzt wird, daß das Licht nicht mehr auf den Kern beschränkt ist, sondern – abhängig von Kerndurchmesser, Brechzahldifferenz und Wellenlänge – mehr oder weniger weit in den Mantel eindringt (siehe evaneszentes Feld, Gl. (7.28))

Damit bieten sich zwei Möglichkeiten einer seitlichen Aus- oder Einkopplung an (Bild 7.78):

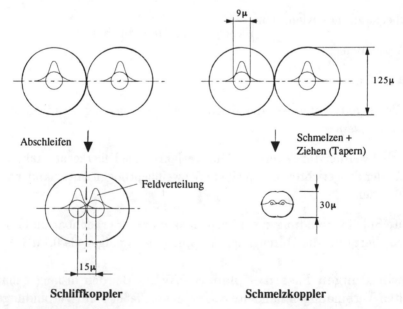

Bild 7.78 Laterale Koppler.

7.4 Kopplung der Grundkomponenten

- Abschleifen des LWL bis in Kernnähe (typisch einige Wellenlängen) und Anbringen eines gleichartigen zweiten LWLs parallel zum ersten. Damit erhält man einen Schliffkoppler, der überwiegend im Laborbetrieb eingesetzt wird. Durch relative Verschiebung läßt sich dann das Koppelverhältnis einstellen.

- Die beiden Fasern in mechanischen Kontakt bringen, erhitzen über die Erweichungstemperatur und gleichzeitig ziehen in Längsrichtung. Als Folge wird das LWL-Paar dünner, ebenso die Kerne, und damit wird das Feld noch weiter in den Außenbereich eindringen, bis es auch den Kern der anderen Faser erfaßt, für den umgekehrt das gleiche gilt. Dies führt zum *Schmelzkoppler* (engl. fused tapered coupler).

Der Prozeß zur Herstellung von Schmelzkopplern ist sehr gut beherrscht und im Gegensatz zu den *Schliffkopplern* auch mit mehr als zwei Fasern durchführbar.

Es lassen sich daher nicht nur 2 × 2-Koppler (2 Eingänge auf 2 Ausgänge) sondern auch 3 × 3, 4 × 4, ... -Strukturen herstellen, egal ob mit Singlemode- oder Multimode-Fasern.

Bei Singlemode-Kopplern können durch Variation der *Koppellänge*, d.h. der Länge, auf der Übersprechen von einem Kern zum andern erfolgt, verschiedene Größen unterschiedlich auf die Ausgangsarme verteilt werden:

- Leistung, z.B. Koppelverhältnis 1 : 1 (3 dB-Koppler)

- Wellenlänge z.B. 1300 nm auf einen, 1500 nm auf den anderen Arm

- Polarisation z.B. TE auf einen, TM auf den anderen Arm.

Dabei wird ausgenutzt, daß es sich bei dem LWL im Bereich der Koppelstrecke um einen mindestens zweimodigen WL handelt. Die Tatsache, daß sich die beide Moden nun unterschiedlich schnell ausbreiten, führt dazu, daß die Überlagerung je nach Länge der zweimodigen Strecke zu einer anderen Feldverteilung führt. Koppler dieser Art sind mit geringen Zusatzverlusten (gute Exemplare < 0,1 dB) verbunden und äußerst robust.

Eine weitere Möglichkeit, Koppler herzustellen, ist der Einsatz von planaren Wellenleitern, wo sich durch entsprechende Masken sehr komplexe Strukturen (z.B. 1 × 16) herstellen lassen.

Verluste und Umweltfestigkeit sind denen der Schmelzkoppler ebenbürtig, die Koppelverhältnisse eher besser reproduzierbar.

Wenn es darum geht, nur wenig Licht (< 1 %) aus der Faser aus- oder in die Faser einzukoppeln, so läßt sich dies mit Biegekopplern (engl. Taps) realisieren. Dabei wird ausgenutzt, daß bei Krümmung der Faser über ein gewisses Maß hinaus Licht aus dem Kern austreten kann und damit umgekehrt an dieser Stelle auch eingekoppelt werden kann.

7.5 Optische Nachrichtensysteme

Optische Nachrichtensysteme, bestehend aus den drei Grundkomponenten Lichtquelle, Lichtwellenleiter und Detektor, haben mit konventionellen Systemen viele gemeinsame, aber auch einige grundlegend unterschiedliche Merkmale. Diese Besonderheiten der optischen Systeme stehen im Mittelpunkt dieses Kapitels. Für tiefergehende systemtheoretische Betrachtungen sei auf die Bücher von Faßhauer [7.8] und Lutz Tröndle [7.9] verwiesen.

7.5.1 Systemgrößen

Die wesentlichen Größen, die ein Nachrichtensystem bestimmen sind

– Reichweite

– Bandbreite

– *Signal-/Rauschverhältnis* (analog) und *Bitfehlerrate* (digital)

Um das System optimal auslegen zu können, müssen die entsprechenden Parameter der Komponenten und der Koppelstellen bekannt sein (Tab. 7.6).

Aus Sicht der Systemtheorie wäre es zu einer Beschreibung wünschenswert, möglichst genaue Kenntnis zu haben über die

Tabelle 7.6 Wesentliche Parameter der Grundkomponenten.

Lichtquelle	Faser	Detektor
Typ (LED/LD)	Typ (SM/MM/GI)	Typ (PIN/APD)
Leistung in der Faser	Dämpfung	Empfindlichkeit
Wellenlänge λ_0	Numerische Apertur	Anstiegszeit
spektrale Breite $\Delta\lambda$	Kerndurchmesser	Zusatzrauschen
Stabilität	Brechzahlprofil	Stabilität
Zusatzrauschen (LD)	Bandbreiten-/Längenprodukt	

7.5 Optische Nachrichtensysteme

- *Übertragungsfunktion*, d.h. Amplituden- und Phasengang der jeweiligen Komponente,

- zusätzlichen Rauschquellen im Sende- und Empfangsteil.

Beide Größen sind meist nur mit mehr oder weniger genauen Näherungen erfaßbar. Beispielsweise ist es für Multimode-Fasern nicht möglich, **die** Übertragungsfunktion anzugeben, da das Übertragungsverhalten sehr stark von der Modenverteilung abhängt und damit

- von den Einkoppelbedingungen,

- von der Faserlänge,

- von der Verlegung der Faser.

Dies bedeutet beispielsweise, daß die selbe Faser ein anderes Übertragungsverhalten zeigt, wenn Licht aus einer LED oder aus einem Laser eingekoppelt wird.

In vielen Fällen ist es jedoch ausreichend, die Faser als einfachen Gauss-Tiefpaß zu beschreiben mit einer Grenzfrequenz, die sich aus der Pulsverbreiterung (Abschnitt 7.1.7.3) ableiten läßt und einer Dämpfung, die linear mit der Länge zunimmt. Auf der Sende- und Empfangsseite müssen neben den eigentlichen lichterzeugenden und -empfangenden Komponenten noch weitere berücksichtigt werden, die das System maßgeblich beeinflussen.

7.5.2 Optischer Sender

Der optische Sender erzeugt aus elektrischen Signalen optische Signale. Bei niederbitratigen Systemen mit LED ist dies recht einfach möglich. Der Aufwand steigt jedoch mit der zu übertragenden Datenrate, so daß bei Systemen, die Laser verwenden, um den eigentlichen LD-Chip herum eine Reihe von Komponenten eingesetzt werden müssen, um stabile Bedingungen zu gewährleisten.

Ein derartiges Sendemodul (Bild 7.79) muß folgende Aufgaben erfüllen:

- Stabilisierung der Wellenlänge durch Temperaturstabilisierung des Laser-Chips mit Hilfe eines *Peltierelements* und eines Temperaturfühlers (Thermistor).

- Stabilisierung der Ausgangsleistung: Dazu wird die Leistung des Lichts, das am hinteren Ende des Resonators austritt, von einer *Monitordiode* gemessen und als Regelgröße für einen Regelkreis benutzt.

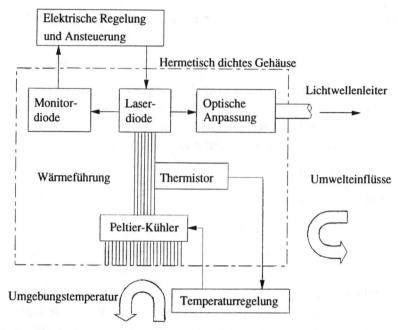

Bild 7.79 Bestandteile eines Laserdioden-Moduls.

– Stabile Einkopplung in die Faser: Dabei soll nicht nur möglichst viel Licht eingekoppelt werden, sondern nach Möglichkeit auch kein Reflex zurück in den Laser gelangen. Deshalb sind in besonders kritischen Fällen auch noch sog. optische Isolatoren enthalten, die das Laserlicht nur in einer Richtung durchlassen.

Gemeinsam finden all diese Komponenten in einem hermetisch dichten Gehäuse Platz, das die unmittelbaren Umwelteinflüsse abwehren soll.

Das komplette Subsystem „Optischer Sender" benötigt dann noch die entsprechende externe Elektronik für die beiden Regelkreise und die Einstellung des Arbeitspunkts.

Selbst mit diesem enormen Aufwand läßt sich jedoch nicht vermeiden, daß mit der direkten Modulation des Lasers über den Injektionsstrom auch eine Modulation der abgestrahlten Frequenz („Chirp") auftritt, die unmittelbar die chromatische Dispersion der Faser erhöht.

Dies läßt sich jedoch umgehen, indem das von einem Laser im Dauerstrich (CW)-Betrieb erzeugte Licht in einem nachgeschalteten elektro-optischen Element (z.B. $LiNbO_3$-Wellenleiter, Abschn. 7.1.6) extern moduliert wird.

7.5 Optische Nachrichtensysteme

7.5.3 Optischer Empfänger

Der Detektor liefert abhängig von der Bestrahlung einen Photostrom, der sich typisch im Bereich unterhalb von Mikroampere befindet. Dieses schwache Signal muß durch einen Vorverstärker auf einen Pegel angehoben werden, der der Signalverarbeitungselektronik angepaßt ist. Dabei spielen Größen eine Rolle, die in der konventionellen höchstfrequenten Nachrichtentechnik vernachlässigbar sind.

Dort ist das Rauschen der Quelle, deren Signal am Eingang des Vorverstärkers liegt, dominiert durch thermisches Widerstandsrauschen. Da der optische Detektor jedoch idealisiert eine rein kapazitive Signalquelle ist, entfällt dieser Beitrag und zwei andere, vorher vernachlässigbare bzw. nicht vorhandene Rauschquellen treten in den Vordergrund (Bild 7.80):

– Quantenrauschen (*Schrotrauschen*, shot noise): Die Zahl der Photonen, die pro Zeiteinheit auf den Detektor treffen, schwankt innerhalb einer Poisson-Verteilung statistisch um einen Mittelwert.

– *Multiplikationsrauschen* (nur bei APD) wegen der statistisch gestreuten Verstärkung durch den Lawinenprozeß.

Mit statistischen Methoden kann berechnet werden [7.6] wieviele Photonen benötigt werden um bei digitalen Signalen eine logische „1" mit einer bestimmten Warscheinlichkeit zu erkennen.

Üblicherweise wird dieser Wert für eine *Bitfehlerhäufigkeit* (engl: <u>b</u>it <u>e</u>rror <u>r</u>ate)

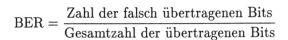

$$\text{BER} = \frac{\text{Zahl der falsch übertragenen Bits}}{\text{Gesamtzahl der übertragenen Bits}}$$

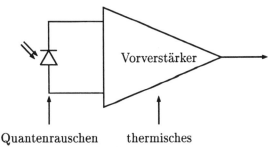

Bild 7.80 Rauschquellen in einem optischen Empfänger.

von BER $= 10^{-9}$ angegeben. Danach sind mindestens 21 Photonen als sog. Quantengrenze nötig.

Bei vorgegebener Bitrate läßt sich damit die optische Leistung berechnen, die nötig ist, um diese Bitfehlerhäufigkeit nicht zu überschreiten (Bild 7.81).

In der Praxis reicht dieser ideale Wert nicht aus, da durch den Vorverstärker zusätzlich erzeugtes Rauschen das Signal-/Rauschverhältnis um mindestens den Faktor 50 verschlechtert.

Diese Quantengrenze ist also eine physikalische untere Grenze für die Empfindlichkeit, die aber wegen des „schlechten" Vorverstärkers nicht erreichbar ist.

Möglichkeiten, diese Begrenzung zu umgehen, bieten die Methoden des Überlagerungsempfangs (Abschnitt 7.6.8) oder neue quantenmechanische Verfahren „squeezed states" [7.2].

Die weitaus häufigsten Konzepte für Vorverstärker in der optischen Nachrichtentechnik sind der *hochohmige Verstärker* (HV) und der *Transimpedanz-Verstärker* (TV) (Bild 7.82).

Der HV weist höchste Empfindlichkeit und das niedrigste Eigenrauschen auf. Wegen des hohen Lastwiderstands R_L wird jedoch die Ansprechzeit größer, so daß der HV bei hohen Frequenzen zum Integrator wird. Aus diesem Grund muß eine Entzerrerstufe (Differenzierer) nachgeschaltet werden, was den Aufwand beträchtlich erhöht.

Der größte Nachteil jedoch ist der begrenzte Dynamikbereich des HV, der bei ungünstiger Signalfolge (viele „Einsen") leicht in die Sättigung kommt.

Diese beiden Nachteile des HV werden beim Transimpedanz-Verstärker vermieden durch die Gegenkopplung über einen Widerstand R_G. Allerdings wird durch R_G das Eigenrauschen des TV erhöht und die Empfindlichkeit ist etwas geringer als beim HV.

7.5.4 Systemdämpfung

Mit den bekannten Eigenschaften von Sender, Übertragungsleitung und Empfänger ist es jetzt möglich, ein System bei gegebenen Randbedingungen hinsichtlich der zulässigen Dämpfung auszulegen. Dazu

7.5 Optische Nachrichtensysteme

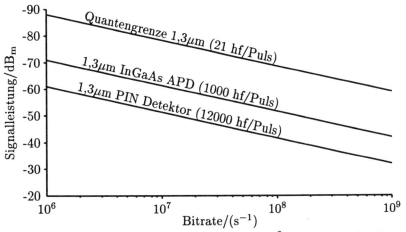

Bild 7.81 Benötigte Signalleistung für eine BER = 10^{-9} als Funktion der Bitrate.

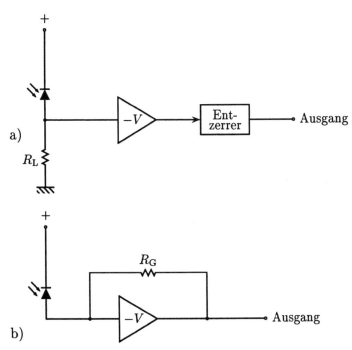

Bild 7.82 Die beiden meistverwendeten Verstärkerkonzepte
a) hochohmiger Verstärker, b) Transimpedanzverstärker
V = Verstärkung, R_L = Lastwiderstand,
R_G = Gegenkopplungswiderstand.

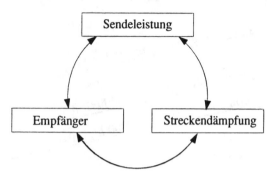

Bild 7.83 Aspekte zur Leistungsbilanz.

muß zunächst eine Leistungsbilanz aufgestellt werden, welche im Wesentlichen die drei Aspekte verknüpft (Bild 7.83):

– Welche Leistung steht zur Verfügung?

– Welche Verluste treten auf der Strecke auf?

– Welche Leistung muß mindestens am Empfänger ankommen um eine festgelegte Bitfehlerhäufigkeit nicht zu überschreiten?

Jede Änderung in einem Bereich muß durch komplementäre Änderungen in den anderen Bereichen ausgeglichen werden. Im einzelnen sind dies

– beim Sender: Sendeleistung, Einkoppelwirkungsgrad

– auf der Strecke: Faserdämpfung, Länge, Zahl und Art der Koppelstellen

– beim Empfänger: Detektortyp, Lawinenverstärkung, Auskoppelwirkungsgrad, Vorverstärker.

Dazu muß in der Praxis immer eine Systemreserve ($\geq 10\,\mathrm{dB}$) eingeplant werden, die Schwankungen, Alterungseffekte, mögliche zusätzliche Spleiße bei Reparaturen abfangen soll.

An Hand einer Modell-Übertragungsstrecke sollen die nötigen Überlegungen beispielhaft durchgeführt werden.

Die Anforderungen, die jeweiligen Leistungsvermögen von Sender und Empfänger und die jeweiligen Verluste sind in Tab. 7.7 zusammengefaßt.

Die angegebenen Werte bewegen sich in typischen Größenordnungen, wie sie auch den vorangegangenen Abschnitten entnommen werden können. Mit den so ermittelten Werten läßt sich der Verlauf

7.5 Optische Nachrichtensysteme

Tabelle 7.7 Beispiel einer Leistungsbilanz.

Anforderungen	
Reichweite:	10 km
Datenrate:	10 Mbit/s
Bitfehlerrate:	10^{-9}

Leistungsbilanz	
Optische Ausgangsleistung P_s der Sendediode (1 mW) (LD, 1300 nm, mittlere Leistung)	0 dBm
Minimales Signal am Detektor bei BER = 10^{-9} (PIN-Diode, 1300 nm)	−40 dBm
Überbrückbare Gesamtdämpfung	40 dB

Koppelverluste	
Sendediode/LWL	3 dB
Zwischenstecker	0,5 dB
LWL/Detektor	0,5 dB
Streckendämpfung	
1. LWL-Strecke 6 km (2 dB/km)	12 dB
2. LWL-Strecke 4 km (3 dB/km)	12 dB
Gesamtverluste des Systems	28 dB
Systemreserve	12 dB

des Leistungspegels längs der Übertragungsstrecke veranschaulichen (Bild 7.84).

Im realen Anwendungsfall müssen noch weitere Details berücksichtigt werden wie

– die Tatsache, daß das logische „0"-Signal nicht mit einer optischen Leistung „0" verbunden ist, da die Laserdiode meist mit ihrem Arbeitspunkt hinreichend oberhalb der Schwelle betrieben wird,

– die Übersteuerungsfestigkeit des Empfängers,

– die Frage nach der Modenverteilung bei Multimode-Fasern.

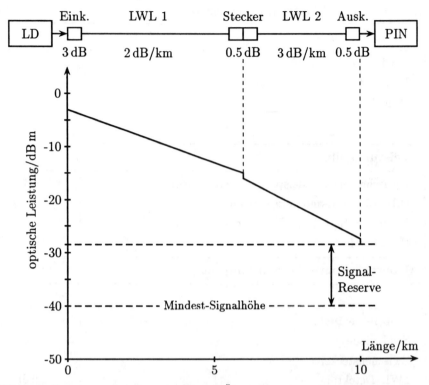

Bild 7.84 Leistungspegel längs der Modell-Übertragungsstrecke.

Dementsprechend bekommt der Pegelverlauf zusätzliche Feinstrukturen.

7.5.5 Systembandbreite

Parallel zur *Leistungsbilanz* muß eine entsprechende Untersuchung der *Bandbreite* des ganzen Systems durchgeführt werden. Diese läßt sich bestimmen aus den Anstiegszeiten der einzelnen Komponenten:

$$\tau_{sys} = \sqrt{\tau_{Sender}^2 + \tau_{Faser}^2 + \tau_{Empfänger}^2} \qquad (7.55)$$

und daraus die Bandbreite B:

$$B \approx \frac{0{,}35}{\tau_{sys}}, \qquad (7.56)$$

wobei B der Frequenz f entspricht, bei der die Amplitude des optischen Signals auf den halben Wert der Amplitude bei $f = 0$ abfällt.

7.5 Optische Nachrichtensysteme

Tabelle 7.8 Beispiel zur Ermittlung der System-Bandbreite.

Anforderungen:	
Reichweite: 10 km	
Bandbreite: 100 MHz →	$\tau_{\text{sys}} = 3,5\,\text{ns}$

Berechnung	
Anstiegszeit Sender:	$\tau_{\text{LD}} = 0,35\,\text{ns}$
(LD; 1300 nm; $\Delta\lambda = 2$ nm)	
Anstiegszeit LWL:	
(GI-Faser, 1300 nm, 50 μ Kerndurchmesser)	
$\tau_{\text{mod}} = 300\,\text{ps/km}$ — 3 ns $\Big\}$	$\tau_{\text{Faser}} \approx 3\,\text{ns}$
$\tau_{\text{mat}} = 6\,\text{ps/km} \cdot \text{nm}$ — 0,12 ns	
Anstiegszeit Empfänger:	$\tau_{\text{Det}} = 1\,\text{ns}$
(InGaAs-PIN)	

Anstiegszeit System:	$\tau_{\text{sys}} = 3,34\,\text{ns}$

Für das im vorigen Abschnitt beschriebene Modellsystem gelten dann die in Tabelle 7.8 aufgeführten Größen.

In dem gewählten Beispiel wird die Systembandbreite hauptsächlich bestimmt durch die Modendispersion der GI- Faser. Alle anderen Beiträge liegen z.T. eine Größenordnung darunter, tragen daher wegen der quadratischen Addition kaum nennenswert zur System-Anstiegszeit bei.

7.5.6 Punkt-zu-Punkt-Verbindungen

Die einfachste Übertragungsstrecke ist die Verbindung zweier Punkte, wobei noch unterschieden werden kann, ob die Übertragung nur in eine Richtung (unidirektional) oder in beide Richtungen (bidirektional) geht (Bild 7.85)

Bei einer digitalen faseroptischen Übertragungsstrecke umfaßt der Sendeteil neben dem eigentlichen optischen Sender (Abschnitt 7.5.2) noch weitere wesentliche Komponenten (Bild 7.86)

Das Signal der eigentlichen Nachrichtenquelle wird zunächst in ein Digitalsignal umgewandelt (Quellencodierung) und anschließend im Kanalcodierer in das Format gebracht, das dann auf die Strecke gehen soll.

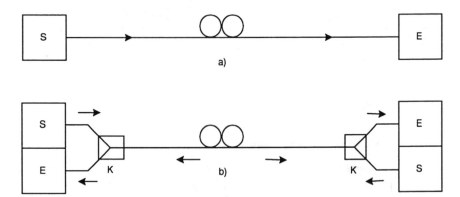

Bild 7.85 Einfachste Übertragungsstrecke
a) unidrektional
b) bidirektional; hier auf einer Leitung, jedoch auch mit zwei getrennten Leitungen machbar.
S = Sendeteil, E = Empfangsteil, K = Koppler.

Je höher die Auflösung bei der Analog-Digitalwandlung und je höher die gewünschte Sicherheit bei der Datenübertragung durch Verwendung redundanter oder fehlerkorrigierender Codes, desto höher wird die erforderliche Bitrate des Systems.

Grundsätzlich werden hier die gleichen Verfahren angewendet wie in der konventionellen Nachrichtenübertragung, nur mit dem Unterschied, daß ternäre Codes $(+1, 0, -1)$ nicht gebräuchlich sind, da eigentlich nur die Zustände „Licht an = 1" und „Licht aus = 0" zur Verfügung stehen.

Dabei ist zu entscheiden, ob die Daten im RZ(= Return to Zero)- oder NRZ(= Non Return to Zero)-Format übertragen werden (Bild 7.87). Im RZ-Format läßt sich empfangsseitig einfach das Taktsignal regenerieren, jedoch ist für die Übertragung die doppelte Bandbreite nötig.

Eine wesentliche Rolle bei der Auswahl des Codes spielt auch die Art

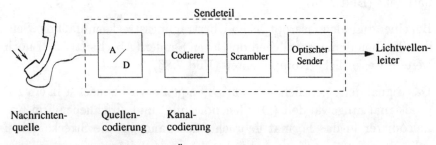

Bild 7.86 Sendeteil für optische Übertragungsstrecke.

7.5 Optische Nachrichtensysteme

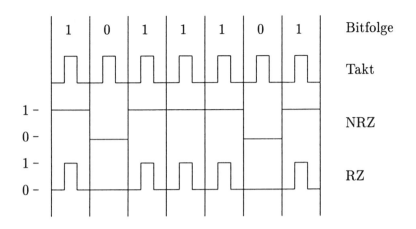

Bild 7.87 Bitfolge im NRZ- und RZ-Format.

der Kopplung des Empfängers, d.h. ob gleich- oder wechselspannungsgekoppelt.

Bevorzugt werden Codes, die pro Zeitintervall gleich viele „1" wie „0" verwenden, damit im Empfänger kein Integrationseffekt mit einem Weglaufen der Null-Linie auftritt.

Diese Gleichverteilung kann zusätzlich sichergestellt werden durch einen Daten-Verwürfler („Scrambler"), der dann natürlich auf der Empfangsseite einen entsprechenden Descrambler erforderlich macht. Auf der Empfangsseite werden im wesentlichen die gleichen Stationen wie auf der Sendeseite durchlaufen, nur natürlich in umgekehrter Reihenfolge (Bild 7.88).

Zusätzlich ist noch ein sog. „Entscheider" vorhanden, der zu einem durch das Taktsignal festgelegten Zeitpunkt entscheidet, ob es sich um

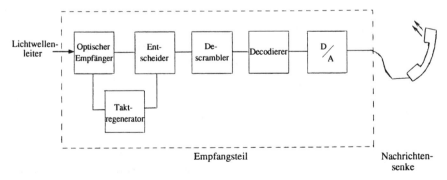

Bild 7.88 Empfangsteil einer optischen Übertragungsstrecke.

eine „0" oder eine „1" handelt. Das Taktsignal seinerseits wird entweder extra übertragen (selten) oder über eine entsprechende Schaltung regeneriert (z.B. PLL-Schaltung).

Ist die Übertragungsstrecke zu lang, so muß das Signal zwischendurch verstärkt werden durch einen oder mehrere *„Repeater"*. Dazu gibt es derzeit zwei Möglichkeiten:

– Elektrische Repeater,

– Optische Repeater.

Der elektrische Repeater (Bild 7.89) setzt das optische Signal in ein elektrisches um, bereitet es auf und schickt es dann über einen optischen Sender regeneriert wieder auf die Strecke. Dazu werden Komponenten verwendet, die aus dem Sende- und Empfangsteil bereits bekannt sind.

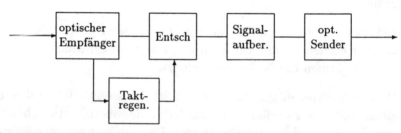

Bild 7.89 Elektrischer Repeater.

Der Aufwand für elektrische Repeater ist sehr groß, speziell bei hochbitratigen Systemen im GHz-Bereich. Da der Abstand zwischen diesen Repeatern bestenfalls etwa 20-30 km beträgt, ist dies für lange Strecken, beispielsweise Transatlantik-Verbindungen, ein enormer Kostenfaktor.

Erheblich günstiger ist daher die Verwendung *optischer Verstärker*, bei denen keine umständliche optisch-elektrisch-optische Wandlung mehr stattfinden muß. Die Verstärkung geschieht in diesem Fall rein optisch, indem das geschwächte Signal einen Abschnitt durchläuft, wo es durch induzierte Emission entweder in einem Halbleiter oder einer mit ausgewählten Stoffen (Er, Nd, Pr) dotierten Faser verstärkt wird.

Am weitesten entwickelt sind dabei die *Faserverstärker* (Bild 7.90) für den Wellenlängenbereich um 1550 nm unter Einsatz von Erbium-dotierten Fasern (EDFA: Erbium doped fiber amplifier)

7.5 Optische Nachrichtensysteme

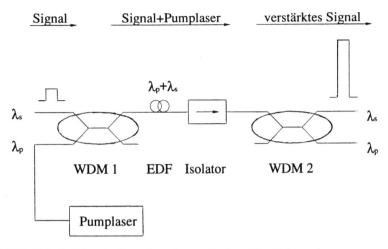

Bild 7.90 Prinzipieller Aufbau eines faseroptischen Verstärkers.

Dabei wird durch einen Pumplaser auf einem kurzen Streckenabschnitt (15...60 m) in der Erbium-dotierten Faser (EDF) eine Besetzungsinversion erzeugt. Dieses System ist so ausgewählt, daß es durch die nun mögliche induzierte Emission das über einen wellenlängenselektiven Koppler (WDM1, siehe Abschnitt 7.4.4) zugeführte Signal wieder in seinem Pegel anheben kann.

Der eingebaute optische Isolator verhindert, daß die Besetzungsinversion auch in Rückwärtsrichtung z.B. durch Reflexe abgebaut werden kann, der ausgangsseitige Koppler (WDM2) läßt nur noch Licht der Signalwellenlänge λ_s auf die weitere Strecke.

Der Einsatz derartiger faseroptischer Verstärker bringt Vorteile in mehrfacher Hinsicht:

– Kosteneinsparungen durch vergleichsweise einfachen Aufbau und Vergrößerung der Repeaterabstände auf 50...200 km.

– Einsetzbar sowohl als

- Leistungsverstärker direkt hinter dem Sender,

- Repeater auf der Strecke,

- Vorverstärker vor dem Detektor.

– Keine Festlegung auf eine bestimmte Datenrate notwendig, daher universell einsetzbar.

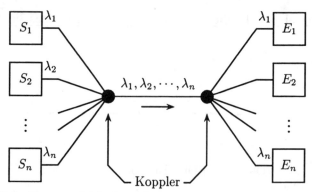
Bild 7.91 Wellenlängenmultiplexbetrieb.

- Verwendbar in einem relativ breiten spektralen Bereich ($\Delta\lambda \approx$ 30 nm).

Gerade dieser große Verwendungsbereich von ca. 4000 GHz macht den Faserverstärker attraktiv für den *Wellenlängenmultiplex*betrieb (Bild 7.91).

Die Signale von n Sendern, mit Wellenlängen λ_1 bis λ_n werden über einen $(n\times 1)$-Koppler in eine Faser eingekoppelt und ausgangsseitig mit Hilfe eines spiegelbildlich arbeitenden wellenlängenselektiven Kopplers wieder auf n Empfänger verteilt. Bei ausreichender Kanaltrennung durch genügend große Abstände $\Delta\lambda$ läßt sich damit die Übertragungskapazität der Faser in wesentlich größerem Umfang ausnutzen.

7.5.7 Netzwerke

Die Aufgabe von *Netzwerken* ist die Verbindung mehrerer Teilnehmer. Dies kann die Vernetzung von Rechnern sein, von Gebäudekomplexen oder ganzen Stadtteilen, aber auch Steuerung von Maschinen oder die Verkabelung eines Autos. Sämtliche in der konventionellen Nachrichtentechnik bekannten Systeme sind grundsätzlich auch optisch realisierbar.

Die wesentlichen Netzwerk-Topologien sind (Bild 7.92)

- linearer Bus,

- Stern,

- Ring.

Die spezifischen Probleme jeder Topologie, wie z.B.

- hohe Dynamikanforderungen beim linearen Bus

7.5 Optische Nachrichtensysteme

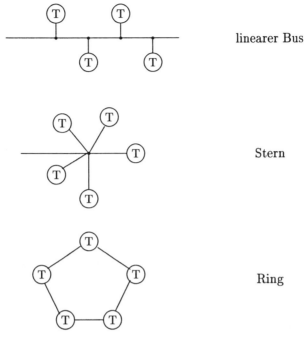

Bild 7.92 Netzwerk-Topologien (T = Teilnehmer).

– Ausfallsicherheit beim Ring

– Leistungsbilanz beim Stern

sind natürlich auch hier zu lösen.

Da also Architektur, Datenformate, Protokolle und dergleichen von den konventionellen Systemen übernommen werden können, ist die Hauptaufgabe beim Bau optischer Netze Aufbau und Entwicklung der optischen Komponenten.

Die Kernelemente sind dabei

– Steckverbinder,

– Koppler.

Gerade bei den Kopplern gibt es eine Vielzahl von Ausführungen, die auf die jeweiligen Systemanforderungen angepaßt sind. Dabei sind Fragen zu beantworten wie

– Aktiver oder passiver Koppler, d.h. findet eine $O/E - E/O$ Wandlung statt oder wird das Licht nur passiv aufgeteilt?

- Welches Koppelverhältnis?

- Kann der Koppler überbrückt werden, wenn ein Teilnehmer ausfällt?

- Welche Koppler-Technik?

Wie schon für die Punkt-zu-Punkt Übertragung gilt auch für die optischen Netze, daß sie nur dann eingesetzt werden, wenn sie Vorteile gegenüber den konventionellen versprechen.

Dies sind im wesentlichen die höhere Übertragungskapazität, die Störfestigkeit und die Gewichtseinsparung.

7.5.8 Kohärente Systeme

Bei den bisher betrachteten Systemen wurde nur die Intensität P_{opt} des Sendelichts moduliert und am Detektor ein elektrisches Signal proportional zu dieser Intensität erzeugt.

Derartige Systeme werden dementsprechend bezeichnet als „intensitätsmodulierte (IM)" Systeme mit *Direktempfang*. Die Kapazität von Übertragungssystemen läßt sich jedoch beträchtlich erweitern, wenn statt ausschließlich der Intensität, also

$$P_{opt} \sim |E|^2,$$

auch noch weitere Größen verwendet werden, die die elektromagnetische Welle beschreiben.

Bekanntlich ist das zeitliche Verhalten des elektrischen Felds charakterisiert durch Angabe von Amplitude E_0, Frequenz ω und Phase φ

$$E(t) = E_0 \cdot \cos(\omega t + \varphi).$$

Dies bedeutet, daß beim Direktempfang nur einer der Parameter, die Amplitude, ausgenutzt wird und damit bei weitem nicht die Möglichkeiten, die die elektromagnetische Welle bietet.

Dies ist vergleichbar mit optischen „Informationsspeichern":

Während die übliche Fotografie nur Helligkeitsunterschiede und damit das Amplitudenquadrat der Welle speichert, beinhaltet ein Hologramm die komplette Information inklusive Frequenz und Phase.

7.5 Optische Nachrichtensysteme

Damit stehen also drei Parameter zur Verfügung, die moduliert werden können um Information zu übertragen,

Amplitudenmodulation = Amplitude Shift Keying = ASK
Frequenzmodulation = Frequency Shift Keying = FSK
Phasenmodulation = Phase Shift Keying = PSK.

Die Methode, die in diesen Parametern steckende Information empfangsseitig herauszufiltern, ist identisch mit dem in der Radiotechnik seit langem verwendeten *Überlagerungsempfang*.

Dazu wird vor dem Detektor der Signalwelle (λ_s) über einen Koppler die Strahlung eines sog. „*lokalen Oszillators* (LO)" hinzugemischt (Bild 7.93)

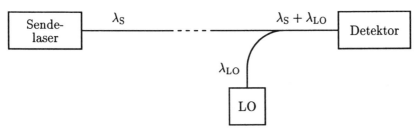

Bild 7.93 Prinzipieller Aufbau eines optischen Überlagerungsempfängers.

Damit diese Überlagerung im gewünschten Sinne funktioniert, müssen die beiden Wellen „*kohärent*" sein, d.h. es muß eine feste Beziehung zwischen den jeweiligen Frequenzen, Phasen und Polarisationsrichtungen bestehen.

Die resultierende Welle ergibt sich dann zu

$$E_{ges} = E_S + E_{LO}$$
$$= E_{OS}\cos(\omega_S t + \varphi_S) + E_{OLO}\cos(\omega_{LO} t + \varphi_{LO}) \quad (7.57)$$

und damit die optische Leistung wegen $P_{opt} \sim |E|^2$ zu

$$P_{ges} = P_S + P_{LO} + 2\sqrt{P_S \cdot P_{LO}}\cos\{(\omega_S - \omega_{LO})t + \varphi_S - \varphi_{LO}\}. \quad (7.58)$$

Es ergibt sich also ein Mischterm mit einer Zwischenfrequenz ZF = $\omega_S - \omega_{LO}$. Die Amplitude des Mischterms wird bestimmt durch die Leistung des LO, d.h. das schwache Signal des Senders kann damit erheblich verstärkt werden.

Man unterscheidet zwei Fälle:

ZF = 0: Homodyn-Empfang
ZF ≠ 0: Heterodyn-Empfang.

Mit einem abstimmbaren LO lassen sich so unterschiedliche Zwischenfrequenzen und damit unterschiedliche Übertragungskanäle herausfiltern, wie es beispielsweise auch bei einem Rundfunkempfänger möglich ist.

Der wesentliche Vorteil eines Überlagerungsempfängers im Vergleich mit einem Direkt-Empfänger liegt in der erhöhten Empfindlichkeit, die rechnerisch je nach Verfahren zwischen 20 und 30 dB besser ist. Allerdings stellt dieses Verfahren auch erhöhte Ansprüche an die Komponenten, die teilweise nur mit großem Aufwand verwirklicht werden können:

– ZF muß zeitlich konstant sein, d.h. entweder beide Laser sehr stabil oder ein Laser muß so geregelt werden, daß er die Schwankungen des anderen ausgleicht.

– Beide Laser müssen sehr schmalbandig sein

– Die Polarisationsproblematik kann gelöst werden durch

- Polarisationserhaltende Fasern

- Polarisationsregelung

- Polarisationsunabhängigen Empfänger durch doppelte Auslegung (je einer für jede Polarisationsrichtung)

In jedem Fall ist kohärente Übertragungstechnik ein Weg, die Übertragungskapazitäten um Größenordnungen zu erhöhen.

7.5.9 Entwicklungstendenzen

Optische Nachrichtensysteme mit ihrer enormen Übertragungskapazität eröffnen neue Möglichkeiten der Kommunikation.

Neben der Weiterentwicklung bestehender Systeme und Komponenten entstehen neue Konzepte, die die Grenzen hinsichtlich Reichweite und Bandbreite zu noch höheren Werten schieben.

Dazu gibt es Ansätze in den Bereichen

- Faserdämpfung: Verringerung um mehr als zwei Größenordnungen durch Übergang auf den Bereich $2-5\,\mu$m

- Faserdispersion: Hier bestehen zwei Möglichkeiten zur Verringerung: Zum einen die Kompensation durch Einbringen von Elementen mit entgegengesetzter Dispersion; zum anderen die Übertragung mit sog. „Solitonen".

  Solitonen sind Wellenformen die keine Dispersion zeigen. Sie können bei hohen Feldstärken (= Signalamplituden) erzeugt werden, wo auf Grund der dann merklichen Nichtlinearität der Brechzahl die langsamen Anteile eines Impulses schneller laufen können, während die schnelleren verzögert werden.

- Empfängerempfindlichkeit: Die physikalische Grenze, das sog. Quantenrauschen, läßt sich zwar im Prinzip nicht unterschreiten, jedoch ist durch bestimmte, ebenfalls nichtlineare Effekte, sog. „squeezed states" auf Kosten anderer, tolerierbarer Störungen eine effektiv höhere Empfindlichkeit machbar.

Die tatsächlichen Grenzen der optischen Nachrichtentechnik sind derzeit noch nicht absehbar.

7.6 Aufgaben zu Kapitel 7

Aufgabe 7.1 Gegeben seien zwei Lichtwellenleiter, jeweils 1 m lang

a) ein innenverspiegeltes Rohr, $\varnothing_{\text{innen}} = 10\,\text{mm}$, Reflexionsgrad = 90 %
b) ein Glasstab ($n = 1{,}5$) in Luft, $\varnothing = 10\,\text{mm}$, Dämpfung vernachlässigbar. Schätzen Sie ab, welcher Anteil des Lichts aus dem jeweiligen LWL austritt, wenn unter einem Winkel von 10° zur Achse eingekoppelt wird.

Aufgabe 7.2 Das Kernmaterial eines LWL habe eine Brechzahl $n_k = 1{,}50$. Welches der nachfolgenden Gläser ist als Mantelmaterial geeignet A: $n_a = 1{,}48$; B: $n_b = 1{,}51$; C: $n_c = 1{,}41$. Wie groß ist der Akzeptanzbereich der jeweiligen LWL?

Aufgabe 7.3 Zeigen Sie ausgehend von der Wellengleichung

$$\left\{\Delta - \frac{1}{v_p^2}\frac{\delta^2}{\delta t^2}\right\} E_y(x,z) = 0$$

daß die Erfüllung der Anschlußbedingungen für die Felder im Innen- und Außenbereich des im Abschnitt 7.1.3 beschriebenen Schichtwellenleiters einen exponentiell abfallenden Verlauf des Felds im Mantel ergibt mit der Dämpfungskonstante γ_p laut Gl. (7.28).

Aufgabe 7.4 Die spektrale Abhängigkeit der Brechzahl eines Glases sei durch folgende Näherung beschrieben

$$\eta(\lambda) = a_1 + a_2\lambda^2 + a_3\lambda^{-2}$$

$a_1 = 1{,}45084, \quad a_2 = -0{,}00334\,\mu\text{m}^{-2}, \quad a_3 = -0{,}00292\,\mu\text{m}^2$

$\lambda =$ Wellenlänge in μm

Wie groß ist für eine Wellenlänge $\lambda_0 = 1300\,\text{nm}$

a) die Phasengeschwindigkeit?
b) die Gruppengeschwindigkeit der Welle?

(Lichtgeschwindigkeit im Vakuum $c_0 = 2{,}997 \cdot 10^8\,\text{m/s}$)

Aufgabe 7.5 Eine Stufenindexfaser habe eine relative Brechzahldifferenz von 1% bei einer Kernbrechzahl von $n_k = 1{,}500$. Bei einer Wellenlänge von $\lambda_0 = 1300\,\text{nm}$ sind 110 Moden ausbreitungsfähig.

a) Wie groß ist der Kerndurchmesser?
b) Wie groß ist der maximale Kerndurchmesser wenn nur noch ein Mode ausbreitungfähig sein soll?
c) Aus praktischen Gründen soll die Cut-Off-Wellenlänge 20 % unterhalb von λ_0 liegen und der Kerndurchmesser $10\,\mu\text{m}$ betragen. Wie hoch muß jetzt die Brechzahl des Mantels sein?

Aufgabe 7.6 Ein paralleles Lichtbündel wird in Achsrichtung in einen LWL eingekoppelt ($n_k = 1{,}5$; $n_m = 1{,}45$; $\varnothing_k = 100\,\mu\text{m}$). Wie groß ist der minimale Krümmungsradius R, bis zu dem keine Dämpfung durch Abstrahlung eintritt?

Aufgabe 7.7 Wie groß ist die Laufzeitdifferenz zwischen höchsten und niedrigsten Mode nach 1 km bei einer

a) Stufenindexfaser ($r_k = 25\,\mu\text{m}$, $n_k = 1{,}46$; $NA = 0{,}2$)?
b) Gradientenindexfaser mit gleichen Parametern und optimalem Brechzahlprofil?
c) Wie groß ist der Akzeptanzwinkel der GI-Faser bei $r = 12{,}5\,\mu\text{m}$?

Aufgabe 7.8 Das Kermaterial einer Faser habe einen Brechzahlverlauf gemäß Aufgabe 7.4. Bei welcher Wellenlänge verschwindet die zugehörige Materialdispersion?

Aufgabe 7.9 Gegeben sei eine oberflächenemittierende LED aus Galliumarsenid ($n_{\text{GaAs}} = 3{,}5$) gemäß Bild 7.51.

Welcher Anteil der erzeugten Strahlung gelangt durch die Oberfläche, wenn innerhalb der aktiven Zone isotrope Strahlung angenommen wird?

(Hinweis: Zur Berechnung wird der Raumwinkel Ω benötigt, den ein Kreiskegel mit (halben) Öffnungswinkel σ einnimmt:
$\Omega = 2\pi(1 - \cos\sigma)$)

Aufgabe 7.10 Wie gut muß bei einer typischen Laserdiode die Temperatur stabilisiert werden, damit die Mittenwellenlänge auf 0,01 nm konstant bleibt?

Aufgabe 7.11 Eine Silizium-PIN-Diode habe bei einer Wellenlänge $\lambda_0 = 850$ nm einen Quantenwirkungsgrad η von 0,6.

a) Welcher Photostrom fließt, wenn eine optische Leistung von 0,1 μW absorbiert wird?
b) Wie hoch muß bei nicht entspiegeltem Material die auftreffende Leistung sein ($n_{SI} \approx 3$)?

Aufgabe 7.12 Licht einer oberflächenemittierenden LED soll in eine SI-Faser eingekoppelt werden.

Daten LED: $\oslash$Aktive Fläche $= 50\,\mu$m; $P_{ges} = 1$ mW

Daten Faser: $r_k = 50\,\mu$m; $NA = 0,2$

Welcher Anteil der emittierten Strahlung gelangt in die Faser

a) ohne Optik?
b) mit idealer Optik?

Aufgabe 7.13 In eine faseroptische Übertragungsstrecke werden 200 μW optische Leistung eingekoppelt, nach 10 km noch 5 μW detektiert.

a) Wie groß ist die mittlere Faserdämpfung wenn keine Stecker und Spleiße vorhanden sind?
b) Die Strecke sei nun aus Teilstücken dieser Faser zu je 1 km aufgebaut, der Spleißverlust sei 0,5 dB.
Welche Leistung gelangt nun noch zum Detektor?
c) Das minimal detektierbare Signal betrage 0,3 μW; welche Leistung muß in die Strecke nach b) eingekoppelt werden, wenn eine Systemreserve von 10 dB beinhaltet sein soll?

Aufgabe 7.14 Die relevanten Daten für ein faseroptisches Übertragungssystem seien

LED: Anstiegszeit 5 ns; Halbwertsbreite $= 50$ nm

Faser: Stufenindex; $n_k = 1{,}46$; $NA = 0{,}2$; Länge 1 km,
  Materialdispersion 6 ps/(nm · km)
PIN-Diode: Anstiegszeit 0,1 ns.

Stellen Sie eine Bilanz auf, aus der sich die System-Anstiegszeit ermitteln läßt.

Aufgabe 7.15 Ein 3 dB-Koppler habe Zusatzverluste von 0,2 dB und eine Schwankungsbreite des Koppelverhältnisses von 10% des Nominalwerts. Welche Leistung kommt maximal/minimal an einem Ausgangsarm an, bei einer Leistung von 1 mW am Eingang?

Aufgabe 7.16 Eine erbiumdotierte Faser wird mit einem Laser ($\lambda = 980$ nm, $P_{\text{in Faser}} = 100$ mW) gepumpt und hat für diese Wellenlänge eine Absorption von 2 dB/m. Zur Herstellung einer Besetzungsinversion wird eine Leistung von 2 mW benötigt.

Welche Länge sollte die Faser nicht übersteigen, damit sie noch als Verstärker wirken kann?

8 Simulation nichtlinearer Systeme

In der modernen Schaltungsentwicklung sind rechnergestützte Entwurfsmethoden zu unentbehrlichen Hilfsmitteln geworden. Insbesondere die Entwicklung hochintegrierter Digitalschaltungen wäre ohne die Digitalsimulation praktisch nicht mehr durchführbar. Aber auch die Analogsimulation wird in zunehmendem Maße dort eingesetzt, wo in kritischen Signalpfaden die analogen Eigenschaften über die Zuverlässigkeit digitaler Schaltungen entscheiden. Hier spielen Leitungseffekte wie Reflexion oder Übersprechen und andere parasitäre Effekte eine große Rolle, wenn die Gatterschalt- und -laufzeiten im Bereich von Nanosekunden liegen.

Neben der digitalen Schaltungstechnik wird die Analogtechnik weiterhin ihren Stellenwert behaupten bei Anpassungen an eine analoge Umgebung (Sensorik und Aktorik), sehr hohen Frequenzen (Mikrowellentechnik), großen Spannungen und Strömen (Hochspannungs- und Starkstromtechnik). Hier liegen die klassischen Einsatzgebiete der Analogsimulation, deren Akzeptanz maßgeblich davon abhängt, wie die sehr unterschiedlichen Anforderungen dieser Bereiche in einem entsprechenden Programm zum rechnergestützten Schaltungsentwurf Berücksichtigung finden. Die Qualitätsmerkmale eines derartigen Programmpakets werden einerseits durch die Benutzeroberfläche und andererseits durch die zugrundeliegenden Verfahren und Algorithmen bestimmt. Gegenstand dieses Kapitels ist deshalb die Darstellung einer effizienten Analysemethode und deren Anwendung bei der Simulation nichtlinearer Systeme der Nachrichtenübertragung.

8.1 Netzwerkelemente und -topologie

Bei dem vorzustellenden Analyseverfahren werden sowohl Schnittmengen- als auch Maschengleichungen aufgestellt, so daß die erlaubte Klasse von Netzwerkelementen keinen besonderen Einschränkungen unterliegt. Als *Basiselemente* sind zunächst nur die beiden unabhängigen Quellen, die vier linearen gesteuerten Quellen, lineare und nichtlineare Energieverbraucher (Widerstände bzw. Leitwerte) sowie lineare und nichtlineare Energiespeicher (Kapazitäten und Induktivitäten) zugelassen. Kurzschluß- und Leerlaufzweige werden als Spannungs- bzw. Stromquellen mit dem Wert null behandelt.

Andere Netzwerkelemente wie Übersetzerzwei- und mehrtore, nichtlineare gesteuerte Quellen oder Leitungen können durch diese minimale Klasse von Elementen beschrieben werden (vgl. Abschn. 8.5). Reale Bauelemente wie Dioden, Transistoren, Operationsverstärker, digitale Gatterbausteine, Übertrager oder gekoppelte Leitungen lassen sich wiederum durch diese Netzwerkelemente modellieren.

8.1.1 Ein Beispiel zur Netzwerktopologie

Betrachtet werde der Graph eines Netzwerkes von Bild 8.1 mit der Knotenzahl $k = 5$ und der Zweigzahl $z = 9$. Die dick ausgezogenen Linien bilden einen *vollständigen Baum*[1], während die restlichen Verbindungszweige zum *Baumkomplement* gehören. Die eingetragenen Bezugspfeile stellen die positiven Richtungen sowohl der Zweigströme als auch der Zweigspannungen dar.

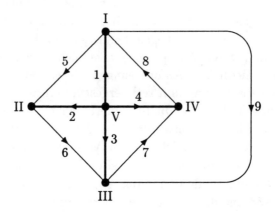

Bild 8.1 Beispiel eines Netzwerkgraphen mit den Knoten I bis V und den Zweigen 1 bis 9

Man erhält ein System von $k - 1$ linear unabhängigen *Schnittmengengleichungen*, indem man jeweils einen Schnitt durch einen Baumzweig und ausschließlich weitere Verbindungszweige legt. Im vorliegender

---

[1] Ein vollständiger Baum besteht aus einer Menge von Zweigen, welche jeden Knoten mit jedem verbindet, ohne daß ein geschlossener Umlauf aus diesen Baumzweigen entsteht.

8.1 Netzwerkelemente und -topologie

Beispiel lauten diese vier Gleichungen, die sich auch als Knotengleichungen interpretieren lassen

$$i_1 - i_5 + i_8 - i_9 = 0,$$
$$i_2 + i_5 - i_6 = 0,$$
$$i_3 + i_6 - i_7 + i_9 = 0,$$
$$i_4 + i_7 - i_8 = 0.$$

Hierfür läßt sich folgende Matrizenschreibweise angeben (mit dem Nullvektor auf der linken Seite):

$$\mathbf{0} = \underbrace{\begin{pmatrix} 1 & 0 & 0 & 0 \\ 0 & 1 & 0 & 0 \\ 0 & 0 & 1 & 0 \\ 0 & 0 & 0 & 1 \end{pmatrix}}_{\mathbf{1}} \underbrace{\begin{pmatrix} -1 & 0 & 0 & 1 & -1 \\ 1 & -1 & 0 & 0 & 0 \\ 0 & 1 & -1 & 0 & 1 \\ 0 & 0 & 1 & -1 & 0 \end{pmatrix}}_{\mathbf{S}} \left. \begin{pmatrix} i_1 \\ i_2 \\ i_3 \\ i_4 \\ \hline i_5 \\ i_6 \\ i_7 \\ i_8 \\ i_9 \end{pmatrix} \right\} \begin{matrix} i_B \\ \\ \\ \\ i_V \end{matrix} \quad . \tag{8.1}$$

Die sog. *Schnittmengenmatrix* $(\mathbf{1}\ \mathbf{S})$ dieses Gleichungssystems mit der vorderen Einheitsmatrix unterteilt den Stromvektor in die $k-1$ Baumzweigströme $\mathbf{i}_B$ und die $z-k+1$ Verbindungszweigströme $\mathbf{i}_V$. Aus diesem Gleichungssystem folgt in abkürzender Matrizenschreibweise

$$\mathbf{i}_B = -\mathbf{S}\mathbf{i}_V,$$

was bedeutet, daß die unabhängigen Ströme in den Verbindungszweigen fließen.

Es ergibt sich ein System von $z-k+1$ linear unabhängigen *Maschengleichungen*, indem jeweils ein Verbindungszweig ausschließlich über Baumzweige zu einer Masche geschlossen wird. Für das Beispiel von Bild 8.1 gilt

$$u_1 - u_2 + u_5 = 0,$$
$$u_2 - u_3 + u_6 = 0,$$
$$u_3 - u_4 + u_7 = 0,$$
$$-u_1 + u_4 + u_8 = 0,$$
$$u_1 - u_3 + u_9 = 0.$$

Dieses Gleichungssystem lautet in Matrizenschreibweise (mit dem Nullvektor auf der linken Seite):

$$\mathbf{0} = \left(\begin{array}{cccc|cccc} 1 & -1 & 0 & 0 & 1 & 0 & 0 & 0 \\ 0 & 1 & -1 & 0 & 0 & 1 & 0 & 0 \\ 0 & 0 & 1 & -1 & 0 & 0 & 1 & 0 \\ -1 & 0 & 0 & 1 & 0 & 0 & 0 & 1 \\ 1 & 0 & -1 & 0 & 0 & 0 & 0 & 1 \end{array}\right) \left(\begin{array}{c} u_1 \\ u_2 \\ u_3 \\ u_4 \\ \overline{u_5} \\ u_6 \\ u_7 \\ u_8 \\ u_9 \end{array}\right) \begin{array}{l} \left.\begin{array}{l}\\ \\ \\ \end{array}\right\} \boldsymbol{u}_B \\ \\ \left.\begin{array}{l}\\ \\ \end{array}\right\} \boldsymbol{u}_V \end{array} \quad . \quad (8.2)$$

$$\underbrace{}_{\boldsymbol{M}} \underbrace{}_{\boldsymbol{1}}$$

Der Spannungsvektor wird durch die sog. *Maschenmatrix* ($\boldsymbol{M}$ $\boldsymbol{1}$), mit der hinteren Einheitsmatrix, in gleicher Weise unterteilt wie der Stromvektor durch die Schnittmengenmatrix. Aus der abkürzenden Beziehung

$$\boldsymbol{u}_V = -\boldsymbol{M}\,\boldsymbol{u}_B$$

folgt, daß die unabhängigen Spannungen in den Baumzweigen liegen. Der Koeffizientenvergleich der Gln. (8.1) und (8.2) bestätigt die grundlegende topologische Beziehung

$$\boldsymbol{M} = -\boldsymbol{S}^T. \tag{8.3}$$

Die Maschengleichungen lassen sich also durch Transponierung aus den Schnittmengengleichungen rekonstruieren und umgekehrt. Im Unterschied zur einfachen Knotenanalyse wird jedoch für das beschriebene Verfahren zur Erfassung der Netzwerktopologie ein vollständiger Baum benötigt.

Anhand des modifizierten Beispiels von Bild 8.2 soll nun gezeigt werden, daß die Schnittmengenmatrix stets aus $k-1$ linear unabhängigen Knotengleichungen gewonnen werden kann. Diese Vorgehensweise entspricht einem *Baumfindungsalgorithmus*. Hierzu werden z.B. an den Knoten I, II und III die Knotengleichungen aufgestellt und es ergibt sich in Matrizenschreibweise

$$\underbrace{\begin{pmatrix} -1 & 0 & 1 & 0 & 0 & -1 \\ 1 & -1 & 0 & -1 & 0 & 0 \\ 0 & 0 & 0 & 1 & -1 & 1 \end{pmatrix}}_{\boldsymbol{K}} \begin{pmatrix} i_1 \\ i_2 \\ i_3 \\ i_4 \\ i_5 \\ i_6 \end{pmatrix} = \boldsymbol{0}\,.$$

8.1 Netzwerkelemente und -topologie

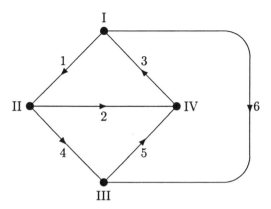

Bild 8.2 Beispiel eines Netzwerkgraphen mit 4 Knoten und 6 Zweigen

Die Knotenmatrix K wird nun schrittweise durch elementare Zeilen- und Spaltenoperationen so umgeformt, daß eine vordere Einheitsmatrix entsteht:

$$K \to \begin{pmatrix} 1 & 0 & -1 & 0 & 0 & 1 \\ 0 & 1 & -1 & 1 & 0 & 1 \\ 0 & 0 & 0 & 1 & -1 & 1 \end{pmatrix}.$$

Wegen $K_{33} = 0$ werden die dritte und fünfte Spalte vertauscht, was durch einen entsprechenden Tausch der Ströme i_3 und i_5 berücksichtigt werden muß:

$$\underbrace{\begin{pmatrix} 1 & 0 & 0 \\ 0 & 1 & 0 \\ 0 & 0 & 1 \end{pmatrix}}_{\mathbf{1}} \; \underbrace{\begin{pmatrix} 0 & -1 & 1 \\ 1 & -1 & 1 \\ -1 & 0 & -1 \end{pmatrix}}_{S} \begin{pmatrix} i_1 \\ i_2 \\ i_5 \\ \hline i_4 \\ i_3 \\ i_6 \end{pmatrix} = \mathbf{0}.$$

Die Zweige 1,2 und 5 bilden also einen möglichen vollständigen Baum.

8.1.2 Die topologischen Netzwerkgleichungen

Die Netzwerktopologie für einen Graphen aus k Knoten und z Zweigen wird zunächst durch die Aufstellung von $k-1$ Knotengleichungen der Form

$$\boldsymbol{K} \boldsymbol{i} = \boldsymbol{0} \qquad (8.4)$$

erfaßt. Die Knotenmatrix (reduzierte *Inzidenzmatrix*) K mit $k-1$ Zeilen und z Spalten verknüpft alle Zweigströme i miteinander. Durch elementare Zeilen- und Spaltenoperationen erhält man aus Gl. (8.4) die $k-1$ Schnittmengengleichungen

$$(1 \; S) \begin{pmatrix} i_{\mathrm{B}} \\ i_{\mathrm{V}} \end{pmatrix} = \mathbf{0} \, . \tag{8.5}$$

Hierin ist $(1 \; S)$ die Schnittmengenmatrix, i_{B} der Vektor der $k-1$ Baumzweigströme und i_{V} der Vektor der $z-k+1$ Verbindungszweigströme.

Der Einbau bestimmter Zweige in den Normalbaum hängt von den Zweigelementen ab und erfolgt nach der Rangfolge:

1. Spannungsquellen,
2. Kapazitäten,
3. Energieverbraucher,
4. Induktivitäten.

Die entsprechende Rangfolge für den Einbau von Zweigen in das Normalbaumkomplement lautet:

1. Stromquellen,
2. Induktivitäten,
3. Energieverbraucher,
4. Kapazitäten.

Die Zuordnung der erlaubten Netzwerkelemente zu den Baum- und Verbindungszeigen soll durch Bild 8.3 veranschaulicht werden.

Neben den unabhängigen Spannungsquellen können in einzelnen Baumzweigen auch spannungsgesteuerte oder stromgesteuerte Spannungsquellen (UUQs oder IUQs) auftreten. Als steuernde Größen kommen alle Zweigspannungen u bzw. Zweigströme i in Betracht. Die Verkopplung erfolgt über die Matrix der Spannungsverstärkungsfaktoren α bzw. die Matrix der Steuerwiderstände R_{S}. Im Vektor C_{B} sind alle linearen und nichtlinearen Baumzweigkapazitäten zusammengefaßt, während die Energieverbraucher der Baumzweige in die nichtlinearen Leitwerte G_{B} und die linearen Widerstände R_{B} unterteilt werden. Grundsätzlich können auch noch Induktivitäten L_{B} in einzelnen Baumzweigen auftreten.

In den Verbindungszweigen liegen neben den unabhängigen Stromquellen alle strom- und spannungsgesteuerten Stromquellen (IIQs und UIQs). Steuernde Größen können hier auch wieder alle Zweigströme i oder Zweigspannungen u sein, wobei die Verkopplung über die Matrix

8.1 Netzwerkelemente und -topologie

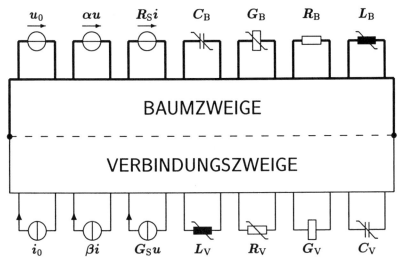

Bild 8.3 Die erlaubten Netzwerkelemente und deren Zuordnung zu den Baum- und Verbindungszweigen

der Stromverstärkungsfaktoren β bzw. die Matrix der Steuerleitwerte $\boldsymbol{G}_S$ erfolgt. Im Vektor $\boldsymbol{L}_V$ sind alle linearen und nichtlinearen Verbindungszweiginduktivitäten zusammengefaßt, während die Energieverbraucher der Verbindungszweige in die nichtlinearen Widerstände $\boldsymbol{R}_V$ und die linearen Leitwerte $\boldsymbol{G}_V$ unterteilt werden. In einzelnen Verbindungszweigen können auch noch Kapazitäten C_V auftreten.

Wird der Vektor der Zweigspannungen $\boldsymbol{u}$ ebenfalls unterteilt in die $k-1$ Baumzweigspannungen $\boldsymbol{u}_B$ und die $z-k+1$ Verbindungszweigspannungen $\boldsymbol{u}_V$, so erhält man die $z-k+1$ Maschengleichungen

$$(\boldsymbol{M}\ 1) \begin{pmatrix} \boldsymbol{u}_B \\ \boldsymbol{u}_V \end{pmatrix} = \boldsymbol{0}, \tag{8.6}$$

wobei die Matrix $\boldsymbol{M}$ der Maschenmatrix $(\boldsymbol{M}\ 1)$ gemäß Gl. (8.3) durch Transponierung der Matrix $\boldsymbol{S}$ gewonnen wird.

8.1.3 Berechnung der unbekannten Netzwerkgrößen

In den insgesamt z topologischen Netzwerkgleichungen (8.5) und (8.6) stellen die Verbindungszweigströme $\boldsymbol{i}_V$ und die Baumzweigspannungen $\boldsymbol{u}_B$ die unabhängigen Variablen dar. Unabhängige Größen in der klassischen Zustandsbeschreibung sind neben den unabhängigen Spannungsquellen der Baumzweige $\boldsymbol{u}_0$ und den unabhängigen Stromquellen der Verbindungszweige $\boldsymbol{i}_0$, die Ladungen bzw. Spannungen der

Baumzweigkapazitäten u_{CB} und die Flüsse bzw. Ströme der Verbindungszweiginduktivitäten i_{LV}. Die Spannungen der Baumzweiginduktivitäten u_{LB} und Ströme der Verbindungszweigkapazitäten i_{CV} stellen zunächst auch noch unabhängige Größen dar. In der erweiterten Zustandsbeschreibung des nächsten Abschnittes werden die Spannungen der nichtlinearen Leitwerte in den Baumzweigen u_{GB} und die Ströme der nichtlinearen Widerstände in den Verbindungszweigen i_{RV} ebenfalls als unabhängige Variablen betrachtet. Die Elemente der Baumzweige sind also ausschließlich unabhängige oder gesteuerte Spannungsquellen und lineare Widerstände, während die Verbindungszweige nur unabhängige oder gesteuerte Stromquellen und lineare Leitwerte enthalten (Bild 8.4).

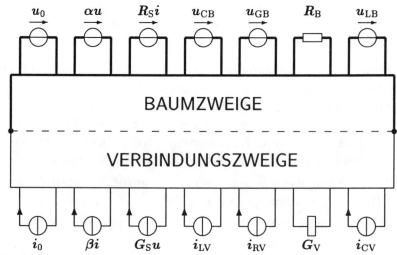

Bild 8.4 Beschreibung der Zweigelemente durch unabhängige und gesteuerte Quellen sowie lineare Energieverbraucher

Werden alle unabhängigen Variablen der Baum- und Verbindungszweige mit den Permutationsmatrizen P_B und P_V zu

$$u_{0B} = P_B \begin{pmatrix} u_0 \\ u_{CB} \\ u_{GB} \\ u_{LB} \end{pmatrix}, \quad i_{0V} = P_V \begin{pmatrix} i_0 \\ i_{LV} \\ i_{RV} \\ i_{CV} \end{pmatrix} \quad (8.7a,b)$$

zusammengefaßt, so gilt allgemein für die Baumzweigspannungen und Verbindungszweigströme mit den Diagonalmatrizen R_B und G_V:

8.1 Netzwerkelemente und -topologie

$$u_B = R_B i_B + \boldsymbol{\alpha}\, u + R_S i + u_{0B}, \tag{8.8a}$$

$$i_V = G_V u_V + \boldsymbol{\beta}\, i + G_S u + i_{0V}. \tag{8.8b}$$

Hierbei wird vorausgesetzt, daß in jedem Zeig genau ein Element vorhanden ist. Diese Voraussetzung wird nicht verletzt, wenn man die beiden Basiselemente UUQ und IUQ zusammenfaßt zu einer „BUQ", was *beliebig gesteuerte Spannungsquelle* (mit beliebigen und beliebig vielen Eingängen) bedeutet. Die Steuerparameter werden entsprechend in die Matrizen $\boldsymbol{\alpha}$ und $\boldsymbol{R}_S$ eingetragen. In gleicher Weise lassen sich die Basiselemente IIQ und UIQ zur „BIQ" zusammenfassen. Hier erfolgen die zugehörigen Eintragungen in die Matrizen $\boldsymbol{\beta}$ und $\boldsymbol{G}_S$.

Die gesteuerten Größen können noch additiv aufgespalten werden in die Anteile der Baum- bzw. Verbindungszweige:

$$\boldsymbol{\alpha}\, u = \boldsymbol{\alpha}_B u_B + \boldsymbol{\alpha}_V u_V, \tag{8.9a}$$

$$\boldsymbol{R}_S i = \boldsymbol{R}_{SB} i_B + \boldsymbol{R}_{SV} i_V, \tag{8.9b}$$

$$\boldsymbol{\beta}\, i = \boldsymbol{\beta}_B i_B + \boldsymbol{\beta}_V i_V, \tag{8.9c}$$

$$\boldsymbol{G}_S u = \boldsymbol{G}_{SB} u_B + \boldsymbol{G}_{SV} u_V. \tag{8.9d}$$

Die topologischen Gln. (8.5) und (8.6) bilden zusammen mit den Zweigbeziehungen (8.8) ein linear unabhängiges Gleichungssystem der Ordnung $2z$, das die Berechnung aller Zweigströme und -spannungen aus den unabhängigen Baumzweigspannungen u_{0B} und Verbindungszweigströmen i_{0V} ermöglicht. Die Gln. (8.5) und (8.6) lassen sich zusammenfassen zu

$$\begin{pmatrix} i_B \\ u_V \end{pmatrix} = \begin{pmatrix} -\boldsymbol{S} & 0 \\ 0 & -\boldsymbol{M} \end{pmatrix} \begin{pmatrix} i_V \\ u_B \end{pmatrix}. \tag{8.10}$$

Werden diese Beziehungen in die Gln. (8.8) mit (8.9) eingesetzt, so erhält man das lineare Gleichungssystem der Ordnung z:

$$[1 + \boldsymbol{\beta}_B \boldsymbol{S} - \boldsymbol{\beta}_V] i_V + [(G_V + \boldsymbol{G}_{SV})\boldsymbol{M} - \boldsymbol{G}_{SB}] u_B = i_{0V},$$

$$[(R_B + \boldsymbol{R}_{SB})\boldsymbol{S} - \boldsymbol{R}_{SV}] i_V + [1 + \boldsymbol{\alpha}_V \boldsymbol{M} - \boldsymbol{\alpha}_B] u_B = u_{0B}.$$

Dieses Gleichungssystem läßt sich durch eine Matrizeninversion nach den unbekannten Netzwerkgrößen i_V und u_B auflösen:

$$\begin{pmatrix} i_V \\ u_B \end{pmatrix} = \begin{pmatrix} 1 + \boldsymbol{\beta}_B \boldsymbol{S} - \boldsymbol{\beta}_V & (G_V + \boldsymbol{G}_{SV})\boldsymbol{M} - \boldsymbol{G}_{SB} \\ (R_B + \boldsymbol{R}_{SB})\boldsymbol{S} - \boldsymbol{R}_{SV} & 1 + \boldsymbol{\alpha}_V \boldsymbol{M} - \boldsymbol{\alpha}_B \end{pmatrix}^{-1} \begin{pmatrix} i_{0V} \\ u_{0B} \end{pmatrix}. \tag{8.11}$$

Mit den Gln. (8.10) und (8.11) können also alle Zweigströme und -spannungen aus den unabhängigen Quellströmen der Verbindungszweige und Quellspannungen der Baumzweige, gemäß Gl. (8.7), berechnet werden. In dem Sonderfall, daß das Netzwerk keine gesteuerten Quellen enthält (Zweipolnetzwerk), folgt aus Gl. (8.11)

$$\begin{pmatrix} i_V \\ u_B \end{pmatrix} = \begin{pmatrix} 1 & G_V M \\ R_B S & 1 \end{pmatrix}^{-1} \begin{pmatrix} i_{0V} \\ u_{0B} \end{pmatrix}. \qquad (8.12)$$

Es sei noch angemerkt, daß die zu invertierenden Matrizen regulär sind, sofern das „Gleichstromnetzwerk" nach Bild 8.4 keine Maschen enthält, die nur aus Spannungsquellen bestehen und keine Schnittmengen, die ausschließlich aus Stromquellen gebildet werden. Im Fall von U-Maschen bzw. I-Schnittmengen wäre jeweils eine Spannung bzw. ein Strom als Linearkombination anderer Spannungen bzw. Ströme darstellbar.

8.2 Die erweiterte Zustandsbeschreibung

In Abschn. 1.5.1 des ersten Bandes wird die Zustandsbeschreibung linearer, zeitinvarianter Netzwerke aus konzentrierten Elementen in der Form

$$\begin{pmatrix} \dot{w} \\ y \end{pmatrix} = \begin{pmatrix} A & B \\ C & D \end{pmatrix} \begin{pmatrix} w \\ x \end{pmatrix} \qquad (8.13)$$

angegeben. Hierin ist w der Vektor der Zustandsgrößen, also der Kondensatorspannungen und Spulenströme, x der Vektor der Eingangsgrößen und y der Vektor der Ausgangsgrößen. Die Bedeutung der vier Matrizen A, B, C und D, mit ausschließlich konstanten Koeffizienten, ergibt sich aus dem Signalflußdiagramm von Bild 1.41.

Gl. (8.13) gilt nur unter der physikalisch sinnvollen Annahme eines *normalen Netzwerkes*, in welchem bei stetigen Anregungen alle Spannungen und Ströme stetig sind. Ausgeschlossen sind hierbei Maschen, die ausschließlich aus Kapazitäten und idealen Spannungsquellen bestehen (CU-*Maschen*) sowie Schnittmengen, die nur aus Induktivitäten und idealen Stromquellen gebildet werden (LI-*Schnittmengen*).

8.2.1 Die Zustandsgleichungen nichtlinearer Systeme

Mit Hilfe der Gln. (8.10) und (8.11) lassen sich alle Ströme und Spannungen eines elektrischen Netzwerkes durch die unabhängigen Größen

8.2 Die erweiterte Zustandsbeschreibung

ausdrücken. Unabhängige Variablen in der Zustandsbeschreibung sind zunächst die Spannungen der Baumzweigkapazitäten u_{CB} und die Ströme der Verbindungszweiginduktivitäten i_{LV}. Abhängig sind dagegen die Ströme der Baumzweigkapazitäten $i_{CB} = \dot{q}_{CB}$ und die Spannungen der Verbindungszweiginduktivitäten $u_{LV} = \dot{\phi}_{LV}$. Zwischen den Ladungen q_{CB} und den Spannungen u_{CB} bzw. zwischen den Flüssen ϕ_{LV} und den Strömen i_{LV} existieren die i.allg. nichtlinearen Beziehungen $u_{CB} = g_C(q_{CB})$, $i_{LV} = g_L(\phi_{LV})$. Die beschriebenen Vektoren und nichtlinearen Funktionen faßt man zusammen zu

$$\dot{w} = \begin{pmatrix} \dot{q}_{CB} \\ \dot{\phi}_{LV} \end{pmatrix}, \qquad v = \begin{pmatrix} u_{CB} \\ i_{LV} \end{pmatrix}, \qquad (8.14\text{a,b})$$

$$v = g(w) = \begin{pmatrix} g_C(q_{CB}) \\ g_L(\phi_{LV}) \end{pmatrix}. \qquad (8.14\text{c})$$

In der erweiterten Zustandsbeschreibung (EZU) werden die Spannungen der nichtlinearen Leitwerte in den Baumzweigen u_{GB} sowie die Ströme der nichtlinearen Widerstände in den Verbindungszweigen i_{RV} ebenfalls als unabhängige Variablen aufgefaßt. Abhängige Größen stellen dann die Ströme i_{GB} bzw. die Spannungen u_{RV} dar, wobei zwischen den abhängigen und unabhängigen Größen die nichtlinearen Beziehungen $u_{GB} = h_G(i_{GB})$ bzw. $i_{RV} = h_R(u_{RV})$ gelten. Auch diese Vektoren und nichtlinearen Funktionen werden zusammengefaßt zu

$$s = \begin{pmatrix} i_{GB} \\ u_{RV} \end{pmatrix}, \qquad r = \begin{pmatrix} u_{GB} \\ i_{RV} \end{pmatrix}, \qquad (8.15\text{a,b})$$

$$r = h(s) = \begin{pmatrix} h_G(i_{GB}) \\ h_R(u_{RV}) \end{pmatrix}. \qquad (8.15\text{c})$$

Unabhängige Variablen sind schließlich auch noch sämtliche Quellspannungen u_0 sowie Quellströme i_0, die gleichzeitig die Eingangsgrößen x darstellen. Als (abhängige) Ausgangsgrößen y kommen Linearkombinationen (L-Matrix) sämtlicher Zweigspannungen und -ströme in Frage, also

$$y = L \begin{pmatrix} u \\ i \end{pmatrix}, \qquad x = \begin{pmatrix} u_0 \\ i_0 \end{pmatrix}. \qquad (8.16\text{a,b})$$

Wie im Fall der linearen Zustandsbeschreibung, gemäß Gl. (8.13), sollen auch im nichtlinearen Fall CU-Maschen und LI-Schnittmengen ausgeschlossen werden. Es zeigt sich, daß diese Einschränkung bei der Simulation nichtlinearer Systeme kaum von Bedeutung ist und durch eine geeignete Modellbildung stets umgangen werden kann (vgl. Aufg. 8.1). Unter dieser Voraussetzung erhält man mit den Bezeichnungen der Gln. (8.14) bis (8.16) die *erweiterte Zustandsbeschreibung* (EZU)

$$\begin{pmatrix} \dot{w} \\ s \\ y \end{pmatrix} = \begin{pmatrix} A_{11} & A_{12} & B_1 \\ A_{21} & A_{22} & B_2 \\ C_1 & C_2 & D \end{pmatrix} \begin{pmatrix} v \\ r \\ x \end{pmatrix} \qquad (8.17a)$$

mit den dazugehörigen nichtlinearen Beziehungen

$$v = g(w), \qquad r = h(s). \qquad (8.17b,c)$$

Wie den Gln. (8.13), so läßt sich auch den erweiterten Zustandsgleichungen ein Signalflußdiagramm zuordnen, das in Bild 8.5 dargestellt ist. Es zeigt sich, daß jedes nichtlineare elektrische Netzwerk auf das gleiche Signalflußbild aus rückwirkungsfreien Blöcken abgebildet werden kann. Die topologischen Unterschiede drücken sich durch die unterschiedlichen konstanten Koeffizienten der Matrizen $A_{\mu\nu}, B_\mu, C_\nu$ ($\mu, \nu = 1, 2$) und D aus. Während die über A_{11} rückgekoppelte Struktur den (nichtlinearen) dynamischen Teil beschreibt, stellt die über A_{22} rückgekoppelte Struktur eine Abbildung des nichtlinearen statischen Teiles dar. Beide Teile sind durch die Matrizen A_{12}, A_{21} verkoppelt und besitzen eine eigene Eingangs- bzw. Ausgangsmatrix B_1, B_2 bzw. C_1, C_2. D stellt schließlich die Durchgangsmatrix dar. Da sich nichtelektrische Systeme grundsätzlich auf die gleiche Struktur abbilden lassen, eignet sich die EZU-Methode inbesondere zur Simulation allgemeiner nichtlinearer Systeme.

In den Modellen für diskrete Halbleiter werden die nichtlinearen Kapazitäten meistens als $C(u)$ und nicht durch $u(q)$ beschrieben. In Aufgabe 8.3 wird deshalb gezeigt, wie Gl. (8.17) bzw. Bild 8.5 zu modifizieren ist, wenn sämtliche Energiespeicher in der Form $C(u)$ bzw. $L(i)$ gegeben sind.

8.2.2 Einbeziehung verzerrungsfreier Leitungen

Systeme mit verteilten Parametern, wie elektrische Leitungen oder auch Piezoschwinger, lassen sich grundsätzlich durch Modelle aus konzentrierten Elementen beschreiben (siehe z.B. die Leitungsersatzschaltung von Bild 5.5). Beschränkt man sich dagegen auf den verzerrungsfreien Fall, so läßt sich eine direkte Beschreibung des Klemmenver-

8.2 Die erweiterte Zustandsbeschreibung

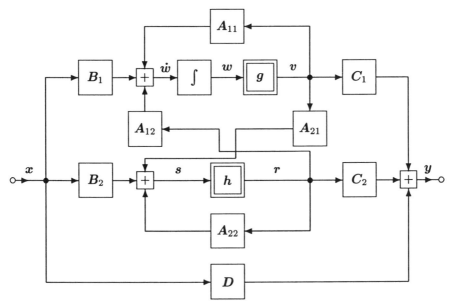

Bild 8.5 Signalflußdiagramm der erweiterten Zustandsbeschreibung nichtlinearer Systeme

haltens im Zeitbereich angeben, die durch eine Variablentransformation nahtlos in die EZU einbezogen werden kann. Die verzerrungsfreie Leitung tritt wiederum als wesentliches Grundelement bei der Modellierung verlustbehafteter, nicht verzerrungsfreier Leitungen und auch von verkoppelten Mehrleitersystemen auf.

Die Leitungsgleichungen (5.19) mit dem komplexen Dämpfungsbelag $\gamma = \alpha(\omega) + \mathrm{j}\beta(\omega)$ und dem Wellenwiderstand Z_w können auch in der Form

$$U_1(\mathrm{j}\omega) = Z_\mathrm{w} I_1(\mathrm{j}\omega) + [U_2(\mathrm{j}\omega) + Z_\mathrm{w} I_2(\mathrm{j}\omega)]\, \mathrm{e}^{-\gamma l}, \quad (8.18\mathrm{a})$$

$$U_2(\mathrm{j}\omega) = Z_\mathrm{w} I_2(\mathrm{j}\omega) + [U_1(\mathrm{j}\omega) + Z_\mathrm{w} I_1(\mathrm{j}\omega)]\, \mathrm{e}^{-\gamma l} \quad (8.18\mathrm{b})$$

dargestellt werden, indem man zunächst die Hyperbelfunktionen durch die Exponentialschreibweise ersetzt und dann die beiden Gleichungen addiert bzw. subtrahiert. Im verzerrungsfreien Fall, gemäß Gl. (5.28), mit $\gamma l = \alpha_0 l + \mathrm{j}\omega\tau$ und einem reellen, konstanten Wellenwiderstand $Z_\mathrm{w} = Z_0$, lassen sich die Gln. (8.18) unmittelbar vom Frequenz- in den Zeitbereich transformieren und man erhält

$$u_1(t) = Z_0 i_1(t) + [u_2(t-\tau) + Z_0 i_2(t-\tau)]\, \mathrm{e}^{-\alpha_0 l},$$
$$u_2(t) = Z_0 i_2(t) + [u_1(t-\tau) + Z_0 i_1(t-\tau)]\, \mathrm{e}^{-\alpha_0 l},$$

wobei τ die Laufzeit der Leitung repräsentiert. Mit der Variablentransformation

$$z_j(t+\tau) = u_j(t) + Z_0 i_j(t), \qquad j = 1, 2, \qquad (8.19)$$

ergibt sich schließlich in Matrizenschreibweise

$$\begin{pmatrix} z_1(t+\tau) \\ z_2(t+\tau) \end{pmatrix} = \begin{pmatrix} 2Z_0 & 0 \\ 0 & 2Z_0 \end{pmatrix} \begin{pmatrix} i_1(t) \\ i_2(t) \end{pmatrix} + \begin{pmatrix} 0 & e^{-\alpha_0 l} \\ e^{-\alpha_0 l} & 0 \end{pmatrix} \begin{pmatrix} z_1(t) \\ z_2(t) \end{pmatrix}. \qquad (8.20)$$

Den Gln. (8.19) und (8.20) läßt sich eine Ersatzschaltung der verzerrungsfreien Leitung im Zeitbereich zuordnen, die in Bild 8.6 dargestellt ist und nur aus den Basiselementen „Spannungsquelle" und „linearer Widerstand" besteht.

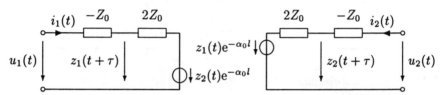

Bild 8.6 Ersatzschaltung der verzerrungsfreien Leitung im Zeitbereich

Enthält das Netzwerk mehrere Leitungen, so empfiehlt sich die Abkürzung für Gl. (8.20):

$$\boldsymbol{z}(t+\boldsymbol{\tau}) = 2\boldsymbol{Z}_0 \boldsymbol{i}_\mathrm{L}(t) + \boldsymbol{A}_0 \boldsymbol{z}(t), \qquad (8.21)$$

mit dem Laufzeitvektor $\boldsymbol{\tau}$, der Diagonalmatrix der Wellenwiderstände $\boldsymbol{Z}_0$ und der Dämpfungsmatrix $\boldsymbol{A}_0$. Zur Einbeziehung in die Zustandsbeschreibung wird $\boldsymbol{z}(t)$ als Vektor der unabhängigen Leitungsgrößen aufgefaßt, während $\boldsymbol{i}_\mathrm{L}(t)$ als Linearkombination der unabhängigen Netzwerkvariablen beschrieben werden kann. Damit ergibt sich die EZU unter Einbeziehung verzerrungsfreier Leitungen:

$$\begin{pmatrix} \dot{\boldsymbol{w}}(t) \\ \boldsymbol{s}(t) \\ \hdashline \boldsymbol{z}(t+\boldsymbol{\tau}) \\ \hdashline \boldsymbol{y}(t) \end{pmatrix} = \left(\begin{array}{cc:c:c} \boldsymbol{A}_{11} & \boldsymbol{A}_{12} & \boldsymbol{A}_{13} & \boldsymbol{B}_1 \\ \boldsymbol{A}_{21} & \boldsymbol{A}_{22} & \boldsymbol{A}_{23} & \boldsymbol{B}_2 \\ \hdashline \boldsymbol{A}_{31} & \boldsymbol{A}_{32} & \boldsymbol{A}_{33} & \boldsymbol{B}_3 \\ \hdashline \boldsymbol{C}_1 & \boldsymbol{C}_2 & \boldsymbol{C}_3 & \boldsymbol{D} \end{array} \right) \begin{pmatrix} \boldsymbol{v}(t) \\ \boldsymbol{r}(t) \\ \hdashline \boldsymbol{z}(t) \\ \hdashline \boldsymbol{x}(t) \end{pmatrix}, \qquad (8.22\mathrm{a})$$

$$\boldsymbol{v} = \boldsymbol{g}(\boldsymbol{w}), \qquad \boldsymbol{r} = \boldsymbol{h}(\boldsymbol{s}). \qquad (8.22\mathrm{b,c})$$

Eine anschauliche Interpretation ermöglicht das Signalflußdiagramm von Bild 8.7: Die abhängigen Netzwerkvariablen $\dot{\boldsymbol{w}}, \boldsymbol{s}$ und $\boldsymbol{y}$ hängen

8.2 Die erweiterte Zustandsbeschreibung

nur von den um τ verzögerten unabhängigen Größen v, r und x ab. Die Ordnung des iterativ zu lösenden nichtlinearen Gleichungssystems wird dadurch nicht erhöht, da die verzögerten Variablen $z(t)$ aus bereits an früheren Zeitpunkten berechneten Werten bestehen.

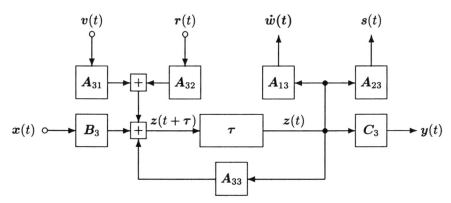

Bild 8.7 Signalflußdiagramm der Einbeziehung von verzerrungsfreien Leitungen in die EZU

In dem Algorithmus zur Gewinnung der EZU aus der Netzwerktopologie wird $A_0 z(t)$ als Teil der unabhängigen Spannungsquellen u_0 betrachtet. Der Vektor $z(t + \tau)$ ergibt sich aus Gl. (8.21), wobei $i_L(t)$ zu den unbekannten Baumzweigströmen i_B gehört.

8.2.3 Ein erläuterndes Beispiel

Anhand des Beispieles von Bild 8.8 sollen alle Schritte des beschriebenen Verfahrens verdeutlicht werden. Die gegebene Schaltung stellt das vereinfachte Modell einer Leitung mit dem Wellenwiderstand Z_0, der Laufzeit τ und dem Dämpfungsmaß $\alpha_0 l$ zwischen einem nichtlinearen Sender und Empfänger dar, wobei R_1 und R_2 den nichtlinearen Ausgangs- bzw. Eingangswiderstand und C_1, C_2 die Anschlußkapazitäten repräsentieren.

Nachdem der innere Vierpol durch die Ersatzschaltung einer verzerrungsfreien Leitung von Bild 8.6 ersetzt worden ist, können die Knoten des Netzwerkes mit I bis VI und die Zweige von 1 bis 9 numeriert werden. Das Schaltbild mit der Leitungsersatzschaltung sowie der Graph des Netzwerkes mit den Knoten- und Zweignummern sind ebenfalls in Bild 8.8 angegeben. Für die Knoten I bis V werden nacheinander die

a)
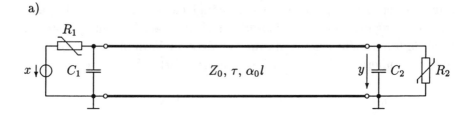

b)
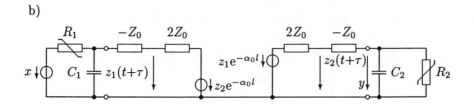

c)
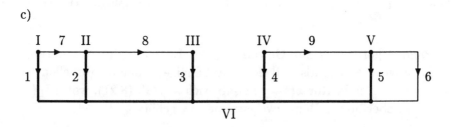

d)
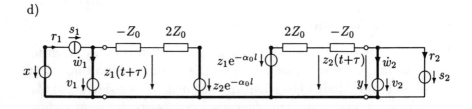

Bild 8.8 Zu dem betrachteten Beispiel:
a) Schaltbild des Beispiels
b) Schaltbild mit der Ersatzschaltung der Leitung
c) Graph des Netzwerks mit den Knoten- und Zweignummern
d) Ersatzschaltung zur Gewinnung der EZU

8.2 Die erweiterte Zustandsbeschreibung

Knotengleichungen aufgestellt, und man erhält das Gleichungssystem

$$\begin{pmatrix} 1 & 0 & 0 & 0 & 0 & 0 & 1 & 0 & 0 \\ 0 & 1 & 0 & 0 & 0 & 0 & -1 & 1 & 0 \\ 0 & 0 & 1 & 0 & 0 & 0 & 0 & -1 & 0 \\ 0 & 0 & 0 & 1 & 0 & 0 & 0 & 0 & 1 \\ 0 & 0 & 0 & 0 & 1 & 1 & 0 & 0 & -1 \end{pmatrix} \begin{pmatrix} i_1 \\ i_2 \\ i_3 \\ i_4 \\ i_5 \\ i_6 \\ i_7 \\ i_8 \\ i_9 \end{pmatrix} = \mathbf{0},$$

das bereits die Form der Schnittmengengleichungen (8.5) besitzt. Im Normalbaum liegen die Zweige 1 bis 5 (in Bild 8.8 dick ausgezogen), die alle Spannungsquellen und Kondensatoren enthalten. Für die weitere Rechnung werden die Matrizen $\mathbf{S}$ und $\mathbf{M}$ benötigt, die sich wie folgt angeben lassen:

$$\mathbf{S} = \begin{pmatrix} 0 & 1 & 0 & 0 \\ 0 & -1 & 1 & 0 \\ 0 & 0 & -1 & 0 \\ 0 & 0 & 0 & 1 \\ 1 & 0 & 0 & -1 \end{pmatrix}, \qquad \mathbf{M} = \begin{pmatrix} 0 & 0 & 0 & 0 & -1 \\ -1 & 1 & 0 & 0 & 0 \\ 0 & -1 & 1 & 0 & 0 \\ 0 & 0 & 0 & -1 & 1 \end{pmatrix}.$$

Zur Aufstellung der Zweigbeziehungen soll die unterste Ersatzschaltung von Bild 8.8 zugrunde gelegt werden. In den Baumzweigen sind ausschließlich unabhängige Spannungsquellen im Sinne von Gl. (8.7a) bzw. des letzten Absatzes von Abschn. 8.2.2, und man erhält mit den Bezeichnungen $u_1 = x$, $u_2 = v_1$, $u_3 = A_0 z_2$, $u_4 = A_0 z_1$, $u_5 = v_2$:

$$\mathbf{R_B} = \mathbf{0}, \qquad \mathbf{u_{0B}} = \begin{pmatrix} x \\ v_1 \\ A_0 z_2 \\ A_0 z_1 \\ v_2 \end{pmatrix}.$$

In den Verbindungszweigen kommen Leitwerte $Y_0 = Z_0^{-1}$ und unabhängige Stromquellen im Sinne von Gl. (8.7b) vor. Mit den Bezeichnungen $i_6 = r_2$ und $i_7 = r_1$ gilt hierfür:

$$\mathbf{G_V} = \begin{pmatrix} 0 & 0 & 0 & 0 \\ 0 & 0 & 0 & 0 \\ 0 & 0 & Y_0 & 0 \\ 0 & 0 & 0 & Y_0 \end{pmatrix}, \qquad \mathbf{i_{0V}} = \begin{pmatrix} r_2 \\ r_1 \\ 0 \\ 0 \end{pmatrix}.$$

Da das Netzwerk keine aus dem Gleichungssystem zu eliminierenden gesteuerten Quellen enthält, folgt aus Gl. (8.12) mit $R_B = 0$:

$$\begin{pmatrix} i_V \\ u_B \end{pmatrix} = \begin{pmatrix} 1 & G_V M \\ 0 & 1 \end{pmatrix}^{-1} \begin{pmatrix} i_{0V} \\ u_{0B} \end{pmatrix} = \begin{pmatrix} 1 & -G_V M \\ 0 & 1 \end{pmatrix} \begin{pmatrix} i_{0V} \\ u_{0B} \end{pmatrix}.$$

Hieraus ergeben sich mit Gl. (8.10) sämtliche unbekannten Baumzweigströme und Verbindungszweigspannungen

$$\begin{pmatrix} i_B \\ u_V \end{pmatrix} = \begin{pmatrix} -S & SG_V M \\ 0 & -M \end{pmatrix} \begin{pmatrix} i_{0V} \\ u_{0B} \end{pmatrix}.$$

Mit den Bezeichnungen $i_2 = \dot{w}_1$, $i_5 = \dot{w}_2$, $u_6 = s_2 = y$, $u_7 = s_1$ und den zusätzlichen Bezeichnungen für die Leitung, gemäß Gl. (8.20),

$$z_1(t+\tau) = 2Z_0 i_3 + A_0 z_2,$$
$$z_2(t+\tau) = 2Z_0 i_4 + A_0 z_1,$$

erhält man nach entsprechender Umsortierung die erweiterte Zustandsbeschreibung des betrachteten Beispieles:

$$\begin{pmatrix} \dot{w}_1(t) \\ \dot{w}_2(t) \\ s_1(t) \\ s_2(t) \\ z_1(t+\tau) \\ z_2(t+\tau) \\ y(t) \end{pmatrix} = \begin{pmatrix} -1/Z_0 & 0 & 1 & 0 & 0 & A_0/Z_0 & 0 \\ 0 & -1/Z_0 & 0 & -1 & A_0/Z_0 & 0 & 0 \\ -1 & 0 & 0 & 0 & 0 & 0 & 1 \\ 0 & 1 & 0 & 0 & 0 & 0 & 0 \\ 2 & 0 & 0 & 0 & 0 & -A_0 & 0 \\ 0 & 2 & 0 & 0 & -A_0 & 0 & 0 \\ 0 & 1 & 0 & 0 & 0 & 0 & 0 \end{pmatrix} \begin{pmatrix} v_1(t) \\ v_2(t) \\ r_1(t) \\ r_2(t) \\ z_1(t) \\ z_2(t) \\ x(t) \end{pmatrix}$$

Dieses Gleichungssystem wird noch durch die Zusammenhänge zwischen den Kondensatorspannungen und -ladungen ergänzt:

$$v_1 = \frac{w_1}{C_1}, \qquad v_2 = \frac{w_2}{C_2},$$

die im vorliegenden Fall als linear angenommen werden, sowie die nichtlinearen Zweipolbeziehungen

$$r_1 = h_1(s_1), \qquad r_2 = h_2(s_2).$$

8.3 Transientanalyse

Die drei wichtigsten Analysearten im Zusammenhang mit der Systemsimulation sind die Transient-, die Gleich- und die lineare Wechselstromanalyse. Während die Gleichstrom- oder Arbeitspunktanalyse meistens den anderen beiden Analysearten vorausgeht, interessiert im Zusammenhang mit nichtlinearen Systemen vor allem das *Transient-* oder *Übergangsverhalten* im Zeitbereich. Hierzu müssen die erweiterten Zustandsgleichungen mit Hilfe der Zeitdiskretisierung numerisch integriert werden. Bei den sog. impliziten Integrationsverfahren stößt man hierbei auf das Problem der iterativen Lösung eines nichtlinearen Gleichungssystems.

8.3.1 Numerische Integration und Zeitdiskretisierung

Die oberste Gleichung der EZU nach Gl. (8.22a) stellt ein System von Differentialgleichungen erster Ordnung dar:

$$\dot{w}(t) = f(t) = A_{11}v(t) + A_{12}r(t) + A_{13}z(t) + B_1 x(t). \qquad (8.23)$$

Zusammen mit den restlichen Zustandsgleichungen und den nichtlinearen Beziehungen von Gl. (8.22b,c) bildet dies ein System von Algebro-Differentialgleichungen, zu deren Integration sich die sog. *linearen Mehrschrittverfahren* durchgesetzt haben. Diese werden durch den allgemeinen Ansatz

$$w(n) = \sum_{i=1}^{k} a_i w(n-i) + T_n \sum_{i=0}^{k} b_i f(n-i) \qquad (8.24)$$

beschrieben. Die Koeffizienten a_i and b_i hängen von den Schrittweiten T_{n-i}, $i = 0, \ldots, k$, ab und müssen bei variabler Schrittweite in jedem diskreten Zeitschritt t_n neu berechnet werden.

Die numerische Integration liefert jedoch (mit dem wahren Wert $w(n)$) in jedem Schritt eine Näherung der Form

$$\tilde{w}(n) = w(n) + K T_n^{r+1} f^{(r)}(\Theta), \qquad t_{n-1} < \Theta < t_n. \qquad (8.25)$$

Der *Quadraturfehler* ist also proportional der Potenz $r+1$ von T_n und der r-ten Ableitung von f, wobei die *Konsistenzordnung* r sowie die Konstante K vom Integrationsverfahren abhängen.

Zu beachten ist ferner das Stabilitätsverhalten des Integrationsverfahrens, das hauptsächlich durch die Schrittweite T_n und die Schrittzahl

k bestimmt wird. Solche Verfahren, deren Stabilität von der Schrittweite unabhängig ist, nennt man absolut stabil (*A-stabil*). Über die **A-Stabilität** lassen sich drei wichtige Aussagen machen:

1. *Explizite Verfahren ($b_0 = 0$) sind nicht A-stabil.*
2. *Es existiert kein A-stabiles Mehrschrittverfahren von höherer Konsistenzordnung als $r = 2$.*
3. *Das genaueste A-stabile Verfahren ist die Trapezregel (vgl. Aufgaben 8.5 und 8.6):*

$$w(n) = w(n-1) + T_n[b_0 f(n) + (1-b_0)f(n-1)], \qquad (8.26)$$

mit $K = 1/12$ und $b_0 = 1/2$, die für $b_0 = 0$ in das explizite und für $b_0 = 1$ in das implizite Euler-Verfahren übergeht.

Für die folgenden Betrachtungen soll die einfache *Trapezregel* in der allgemeinen Form von Gl. (8.26) zugrunde gelegt werden. Durch Zeitdiskretisierung der Gl. (8.23) ergibt sich hiermit die diskrete Form der ersten Zustandsgleichung:

$$\begin{aligned}w(n) = {}& T_n b_0 [\boldsymbol{A}_{11}\boldsymbol{v}(n) + \boldsymbol{A}_{12}\boldsymbol{r}(n) + \boldsymbol{A}_{13}\boldsymbol{z}(n) + \boldsymbol{B}_1 \boldsymbol{x}(n)] \\ & + \boldsymbol{w}(n-1) + T_n(1-b_0)\boldsymbol{f}(n-1).\end{aligned} \qquad (8.27)$$

Die numerische Integration läßt sich durch das Signalflußdiagramm von Bild 8.9 beschreiben. Der Integrator von Bild 8.5 wird also bei der Trapezregel durch ein rekursives zeitdiskretes System ersten Grades simuliert. Die direkte Rückkopplung über den Koeffizienten $b_0 \neq 0$ der impliziten Verfahren hat zur Folge, daß in jedem Zeitschritt t_n ein nichtlineares Gleichungssystem iterativ gelöst werden muß (Abschn. 8.3.2).

Die zweite Gleichung der EZU nach Gl. (8.22a) lautet in zeitdiskreter Form

$$\boldsymbol{s}(n) = \boldsymbol{A}_{21}\boldsymbol{v}(n) + \boldsymbol{A}_{22}\boldsymbol{r}(n) + \boldsymbol{A}_{23}\boldsymbol{z}(n) + \boldsymbol{B}_2 \boldsymbol{x}(n), \qquad (8.28)$$

während für die dritte Gleichung mit dem diskreten Laufzeitvektor

$$T_\mathrm{L}\boldsymbol{k} = \boldsymbol{\tau} + \boldsymbol{0}(T_\mathrm{L}), \qquad (8.29)$$

wobei $\boldsymbol{0}(T_\mathrm{L})$ den Diskretisierungsfehler darstellt, gilt:

$$\boldsymbol{z}(n+\boldsymbol{k}) = \boldsymbol{A}_{31}\boldsymbol{v}(n) + \boldsymbol{A}_{32}\boldsymbol{r}(n) + \boldsymbol{A}_{33}\boldsymbol{z}(n) + \boldsymbol{B}_3 \boldsymbol{x}(n). \qquad (8.30)$$

8.3 Transientanalyse

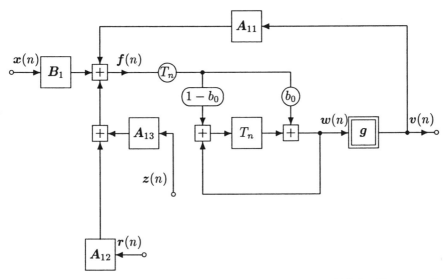

Bild 8.9 Signalflußdiagramm der numerischen Integration im Fall der Trapezregel

Das kleinste Laufzeitdekrement T_L hängt von der maximal zu berücksichtigenden Frequnez f_{max} ab, und es gilt nach dem Abtasttheorem

$$T_L \leq \frac{1}{2f_{max}}. \tag{8.31}$$

Da die Schrittweite T_n niemals größer werden darf als T_L, sollte T_L möglichst groß gewählt werden. Gilt dann für eine Laufzeit $\tau_i < T_L$, so kann diese für alle Frequenzen $f \leq f_{max}$ vernachlässigt werden.

Für den weiteren Rechengang wird der Vektor $z(n)$ benötigt, der nach Bild 8.7 nur von verzögerten Größen abhängt und damit aus bereits an früheren Zeitpunkten berechneten Werten besteht. Die diskrete Formulierung der Ausgangsgleichung der EZU erübrigt sich und kann hier entfallen. Ein ausführliches Beispiel zur Zeitdiskretisierung der linearen Zustandsbeschreibung befindet sich in Abschn. 1.7.6 des ersten Bandes, wobei dort das explizite Euler-Verfahren ($b_0 = 0$) zur numerischen Integration verwendet wird.

8.3.2 Iterative Lösung des nichtlinearen Gleichungssystems

Da die Laufzeitgrößen $z(n)$ aus bereits an früheren Zeitpunkten berechneten Werten gebildet werden, lassen sich die expliziten Anteile der Gln. (8.27) und (8.28) folgendermaßen zusammenfassen:

$$e_1(n) = T_n b_0 [A_{13} z(n) + B_1 x(n)]$$
$$+ w(n-1) + T_n(1-b_0) f(n-1), \quad (8.32a)$$
$$e_2(n) = A_{23} z(n) + B_2 x(n), \quad (8.32b)$$

und es ergibt sich die erheblich übersichtlichere Darstellung:

$$w(n) = T_n b_0 [A_{11} v(n) + A_{12} r(n)] + e_1(n),$$
$$s(n) = \quad A_{21} v(n) + A_{22} r(n) + e_2(n).$$

Hierfür kann man auch schreiben

$$0 = - \begin{pmatrix} w(n) \\ s(n) \end{pmatrix} + A \begin{pmatrix} v(n) \\ r(n) \end{pmatrix} + \begin{pmatrix} e_1(n) \\ e_2(n) \end{pmatrix}, \quad (8.33a)$$

mit

$$A = \begin{pmatrix} T_n b_0 A_{11} & T_n b_0 A_{12} \\ A_{21} & A_{22} \end{pmatrix}. \quad (8.33b)$$

Zusammen mit den nichtlinearen Beziehungen (8.22b,c) stellt Gl. (8.33) ein nichtlineares algebraisches Gleichungssystem dar, das sich grundsätzlich durch die *explizite Iterationsvorschrift* (ohne Zeitparameter n geschrieben)

$$\begin{pmatrix} w(m+1) \\ s(m+1) \end{pmatrix} = \begin{pmatrix} w(m) \\ s(m) \end{pmatrix} + E \left\{ - \begin{pmatrix} w(m) \\ s(m) \end{pmatrix} + A \begin{pmatrix} g[w(m)] \\ h[s(m)] \end{pmatrix} + \begin{pmatrix} e_1 \\ e_2 \end{pmatrix} \right\}$$
$$(8.34)$$

auflösen läßt. Durch eine geeignete Wahl der Matrix E wird die Konvergenz beschleunigt bzw. überhaupt erst ermöglicht. Unter Annahme der Konvergenz streben die Variablen auf beiden Seiten von Gl. (8.34) dem Fixpunkt $\hat{w}$ bzw. $\hat{s}$ zu. Wird diese Fixpunkt-Gleichung von obiger Gleichung subtrahiert, so erhält man

$$\begin{pmatrix} w(m+1) - \hat{w} \\ s(m+1) - \hat{s} \end{pmatrix} = \begin{pmatrix} w(m) - \hat{w} \\ s(m) - \hat{s} \end{pmatrix} \quad (8.35)$$
$$+ E \left\{ - \begin{pmatrix} w(m) - \hat{w} \\ s(m) - \hat{s} \end{pmatrix} + A \begin{pmatrix} g[w(m)] - g(\hat{w}) \\ h[s(m)] - h(\hat{s}) \end{pmatrix} \right\}.$$

Mit dem Mittelwertsatz der Differentialrechnung gilt

$$g[w(m)] = g(\hat{w}) + G(w^*)[w(m) - \hat{w}], \quad (8.36a)$$
$$h[s(m)] = h(\hat{s}) + H(s^*)[s(m) - \hat{s}], \quad (8.36b)$$

8.3 Transientanalyse

wobei die Hauptdiagonalelemente der Matrizen G und H sich aus folgenden Ableitungen berechnen:

$$G_{\mu\mu}(w_\mu^*) = \left.\frac{\mathrm{d}g_\mu(w_\mu)}{\mathrm{d}w_\mu}\right|_{w_\mu=w_\mu^*}, \quad \mu = 1,\ldots,p, \quad (8.37\text{a})$$

$$H_{\nu\nu}(s_\nu^*) = \left.\frac{\mathrm{d}h_\nu(s_\nu)}{\mathrm{d}s_\nu}\right|_{s_\nu=s_\nu^*}, \quad \nu = 1,\ldots,q. \quad (8.37\text{b})$$

Hierin sind die Größen w_μ^* und s_ν^* jeweils aus dem Intervall $[w_\mu(m), \hat{w}_\mu]$ bzw. $[s_\nu(m), \hat{s}_\nu]$, während p und q die Anzahl der Energiespeicher bzw. nichtlinearen Energieverbraucher darstellen. Werden die Diagonalmatrizen G und H weiter zusammengefaßt zu

$$J^* = \begin{pmatrix} G(w^*) & 0 \\ 0 & H(s^*) \end{pmatrix}, \quad (8.38)$$

so kann die Differenz zweier aufeinanderfolgender Iterationsergebnisse gegenüber dem Fixpunkt mit den Gln. (8.35) bis (8.38) wie folgt angegeben werden:

$$\begin{pmatrix} w(m+1) - \hat{w} \\ s(m+1) - \hat{s} \end{pmatrix} = [1 - E(1 - AJ^*)] \begin{pmatrix} w(m) - \hat{w} \\ s(m) - \hat{s} \end{pmatrix}.$$

Diese sog. *Fixpunkt-Iteration* konvergiert sicher, wenn mit der maximalen *Zeilensummen-Norm* gilt

$$\|1 - E(1 - AJ^*)\| < 1. \quad (8.39)$$

Man erkennt, daß die Konvergenz maßgeblich von der frei wählbaren Matrix E abhängt. Abgesehen von Sonderfällen ist es schwierig, E ohne Lösung eines linearen Gleichungssystems zu bestimmen, weshalb dieser einfache Algorithmus für die Systemsimulation keine Bedeutung hat.

Im Unterschied zur Fixpunkt-Iteration soll deshalb nach Gl. (8.33) von der *impliziten Iterationsvorschrift*

$$0 = -\begin{pmatrix} w(m+1) \\ s(m+1) \end{pmatrix} + A \begin{pmatrix} v(m+1) \\ r(m+1) \end{pmatrix} + \begin{pmatrix} e_1 \\ e_2 \end{pmatrix} \quad (8.40)$$

ausgegangen werden, die dadurch gekennzeichnet ist, daß zur Berechnung der korrigierten Größen ein Gleichungssystems nach vorheriger

Linearisierung gelöst werden muß. Ein ganz entscheidender Vorteil der EZU besteht nun darin, daß nicht ein vollständiges Gleichungssystem zu linearisieren ist, sondern nur die nichtlinearen Beziehungen (8.22b,c), und man erhält

$$v(m+1) = v(m) + G(m)[w(m+1) - w(m)], \quad (8.41a)$$
$$r(m+1) = r(m) + H(m)[s(m+1) - s(m)]. \quad (8.41b)$$

Hierin stellen $G(m)$ und $H(m)$ zunächst reine Diagonalmatrizen dar, deren Hauptdiagonalelemente sich aus den Ableitungen der nichtlinearen Beziehungen ergeben:

$$G_{\mu\mu}(m) = \left.\frac{dg_\mu(w_\mu)}{dw_\mu}\right|_{w_\mu=w_\mu(m)}, \quad (8.42a)$$

$$H_{\nu\nu}(m) = \left.\frac{dh_\nu(s_\nu)}{ds_\nu}\right|_{s_\nu=s_\nu(m)}. \quad (8.42b)$$

Hierzu müssen die $g_\mu(w_\mu)$ der p Energiespeicher und die $h_\nu(s_\nu)$ der q nichtlinearen Energieverbraucher nicht als analytische Funktionen vorliegen. Die Ableitungen können z.B. auch mit Hilfe der *Spline-Approximation* gebildet werden, wenn die nichtlinearen Beziehungen tabellarisch gegeben sind. Darüber hinaus dürfen alle Energiespeicher und -verbraucher zeitvariant sein, wobei zeitvariante lineare Widerstände bzw. Leitwerte topologisch als nichtlineare Energieverbraucher behandelt werden. In Aufg. 8.8 wird gezeigt, wie der bisherige Algorithmus zu ergänzen ist, wenn mehrfach gesteuerte nichtlineare Spannungs- bzw. Stromquellen als weitere Basiselemente zugelassen sind.

Mit der Abkürzung der sog. *Jakobimatrix*

$$J(m) = \begin{pmatrix} G(m) & 0 \\ 0 & H(m) \end{pmatrix}, \quad (8.43)$$

läßt sich aus den Gln. (8.40), (8.41) und (8.22) folgende Formel zur iterativen Lösung des nichtlinearen Gleichungssystems herleiten:

$$\begin{pmatrix} w(m+1) \\ s(m+1) \end{pmatrix} = \begin{pmatrix} w(m) \\ s(m) \end{pmatrix} + [1 - AJ(m)]^{-1} \quad (8.44)$$
$$\times \left\{ -\begin{pmatrix} w(m) \\ s(m) \end{pmatrix} + A \begin{pmatrix} g[w(m)] \\ h[s(m)] \end{pmatrix} + \begin{pmatrix} e_1 \\ e_2 \end{pmatrix} \right\}.$$

8.3 Transientanalyse

Die Tatsache, daß dieser sog. *Newton-Algorithmus* bis auf die Matrix vor der geschweiften Klammer mit der Fixpunkt-Iteration nach Gl. (8.34) übereinstimmt, ist folgendermaßen zu erklären: Es ist naheliegend die Matrix E so zu bestimmen, daß die Matrixnorm in Gl. (8.39) den Wert null annimmt. Dies ist jedoch nur näherungsweise bzw. iterativ möglich, da nicht die Matrix J^* von Gl. (8.38), sondern nur die Näherung $J(m)$ bekannt ist, und man setzt

$$E = [1 - AJ(m)]^{-1}. \qquad (8.45)$$

Wird nun die Matrix E in Gl. (8.34) durch diesen Ausdruck ersetzt, so ergibt sich der obige Newton-Algorithmus. Beide Iterationsverfahren sind somit durch das gemeinsame Signalflußdiagramm von Bild 8.10 beschreibbar. Dieses stellt einen Mehrgrößen-Regelkreis mit der Führungsgröße $(e_1, e_2)^T$ und der Regelabweichung

$$\mu(m) = -\begin{pmatrix} w(m) \\ s(m) \end{pmatrix} + A \begin{pmatrix} v(m) \\ r(m) \end{pmatrix} + \begin{pmatrix} e_1 \\ e_2 \end{pmatrix} \qquad (8.46)$$

dar. Im stationären Zustand gilt für das innere rekursive System

$$\lim_{m \to \infty} \begin{pmatrix} w(m+1) - w(m) \\ s(m+1) - s(m) \end{pmatrix} = 0$$

und damit unter der Voraussetzung einer regulären Matrix E:

$$\lim_{m \to \infty} \mu(m) = 0,$$

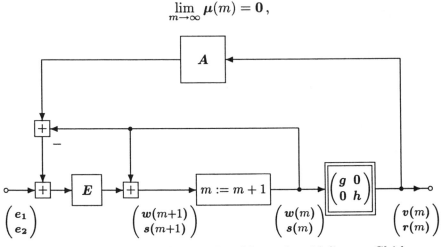

Bild 8.10 Signalflußdiagramm der iterativen Lösung des nichtlinearen Gleichungssystems für $t = t_n$

womit Gl (8.33) erfüllt ist. Die Überprüfung der Konvergenz wird numerisch durch ein Abbruchkriterium ersetzt, das im nächsten Abschnitt angegeben wird.

Die Anzahl der Iterationen läßt sich erheblich verringern, wenn nicht das Ergebnis des letzten Zeitschrittes als Startwert der Iterationsschleife eingesetzt wird, sondern ein Schätzwert aus mehreren zurückliegenden Zeitpunkten. Diese *Prädiktion* ist um so genauer, je kleiner die aktuelle Schrittweite im Vergleich zu den früheren Werten ist.

8.3.3 Schrittweitensteuerung und Abbruchkriterien

Sowohl die numerische Integration als auch die iterative Lösung des nichtlinearen Gleichungssystems führen zu Fehlern, die bestimmte Schranken nicht übersteigen dürfen. Bei der Vorgabe dieser Fehlerschranken muß stets ein vernünftiger Kompromiß zwischen der Genauigkeit und damit auch der Brauchbarkeit der Simulationsergebnisse einerseits und der Rechengeschwindigkeit andererseits gefunden werden. Ferner zeigt sich, daß ein gewisses Optimum hinsichtlich Genauigkeit und Simulationsdauer maßgeblich davon abhängt, wie gut das Abbruchkriterium der Iteration an den lokalen Integrationsfehler im n-ten Zeitschritt angepaßt ist.

Nach Gl. (8.25) ist der Integrations- oder Quadraturfehler

$$\boldsymbol{\delta}(n) = K T_n^{r+1} \boldsymbol{f}^{(r)}(\Theta), \qquad t_{n-1} < \Theta < t_n \qquad (8.47)$$

proportional der Potenz $r+1$ von T_n und der r-ten Ableitung von $\boldsymbol{f}(\Theta)$, die näherungsweise durch folgende Rekursionsformel bestimmt werden kann:

$$\boldsymbol{f}^{(r)}(n) = \frac{\boldsymbol{f}^{(r-1)}(n) - \boldsymbol{f}^{(r-1)}(n-1)}{T_n}. \qquad (8.48)$$

Der Differentiationsfehler ist hierbei unerheblich, da der Quadraturfehler mit Hilfe von Gl. (8.47) nur grob abgeschätzt werden muß. Im Integrationsintervall $(t_0, t_0 + L)$ soll aber ein vorgebbarer relativer Fehler F nicht überschritten werden, so daß für den n-ten Integrationsschritt ein *lokaler Fehler*

$$\varepsilon = F \frac{T_n}{L} \qquad (8.49)$$

zulässig ist. Da der Integrationsfehler eine absolute Größe darstellt,

8.3 Transientanalyse

muß jede Komponente mit dem zugehörigen absoluten Fehler verglichen werden:

$$|\delta_\mu(n)| \leq \varepsilon |w_\mu(n)|, \quad \mu = 1,\ldots,p.$$

Um die Schrittweite nicht ständig ändern zu müssen, wird mit der vorläufigen Schrittweite $\tilde{T}_n = T_{n-1}$ nach Vorgabe eines Toleranzfaktors $\alpha > 1$ geprüft, ob die Bedingung

$$\frac{1}{\alpha} < \frac{|\delta_\mu(n)|}{w_{\text{abs}} + \varepsilon |w_\mu(n)|} \leq \alpha$$

erfüllt ist. (Hierbei verhindert die Konstante w_{abs} eine Division durch null.) Da diese Bedingung für alle p Komponenten erfüllt sein muß, kann die obige Schreibweise durch die *Maximum-Norm* des Vektors $\boldsymbol{\delta}'(n)$ ersetzt werden:

$$\frac{1}{\alpha} < \|\boldsymbol{\delta}'(n)\| \leq \alpha, \tag{8.50a}$$

mit

$$\|\boldsymbol{\delta}'(n)\| = \max_\mu \left[\frac{|\delta_\mu(n)|}{w_{\text{abs}} + \varepsilon |w_\mu(n)|}\right]. \tag{8.50b}$$

Liegt der Integrationsfehler im Toleranzbereich, so wird die Schrittweite beibehalten, und man setzt

$$T_n = \tilde{T}_n. \tag{8.51a}$$

Wird der erlaubte Bereich überschritten, so muß die Schrittweite verkleinert werden, wobei mit den Gln. (8.47) und (8.50) von den Ansätzen

$$K\tilde{T}_n^{r+1} \|\boldsymbol{f}^{(r)'}(\Theta)\| = \|\boldsymbol{\delta}'(n)\|,$$
$$KT_n^{r+1} \|\boldsymbol{f}^{(r)'}(\Theta)\| = 1$$

ausgegangen werden kann. Hieraus erhält man

$$T_n = \tilde{T}_n \left[\frac{1}{\|\boldsymbol{\delta}'(n)\|}\right]^{\frac{1}{r+1}}. \tag{8.51b}$$

Bei einer Unterschreitung des Toleranzschlauches wird die Schrittweite vergrößert, wobei nur kleine Vergrößerungsfaktoren erlaubt sind, da der Funktionsverlauf $f(n)$ und damit auch dessen Ableitungen für $t > t_n$ noch unbekannt sind. Betrachtet man gerade die untere Toleranzgrenze $1/\alpha$, so ist von den Ansätzen

$$K\tilde{T}_n^{r+1}\|f^{(r)\prime}(\Theta)\| = \frac{1}{\alpha},$$

$$KT_n^{r+1}\|f^{(r)\prime}(\Theta)\| = 1$$

auszugehen, und es ergibt sich

$$T_n = \tilde{T}_n \alpha^{1/(1+r)}. \tag{8.51c}$$

Der Zusammenhang zwischen Schrittweiten- und Fehlervergrößerung ist praktisch nur innerhalb des Toleranzschlauches vorhersehbar. Die Frage nach dem zulässigen Vergrößerungsfaktor ist deshalb nur in Verbindung mit der Konsistenzordnung r und dem vorgebbaren Toleranzfaktor α zu beantworten. Bei Anwendung der Trapezregel ($r = 2$) wäre also eine Schrittweitenverdopplung gerade für $\alpha = 8$ erlaubt.

Aufgrund einer entsprechend vorgegebenen Schaltung oder Modellbildung kann es vorkommen, daß einzelne Zustandsgrößen keiner hinreichenden Bandbegrenzung unterliegen. Dadurch können die zugehörigen Komponenten der r-ten Ableitung von $f(\Theta)$ in Gl. (8.47) beliebig große Beträge annehmen, wodurch die Schrittweitensteuerung u.U. zu kleine Werte liefern würde. Um zu verhindern, daß die Rechenzeit damit unakzeptabel wird, ist es üblich, eine *minimale Schrittweite* $T_{\min}$ vorzugeben.

Um zu verhindern, daß die Schrittweitensteuerung u.U. beliebig große Werte liefert, so daß eine quasi-kontinuierliche Signaldarstellung nicht mehr möglich wäre, muß die Schrittweite durch entsprechende Vorgabe von $T_{\max}$ nach oben begrenzt werden. Sind Leitungen vorhanden, dann wird die Schrittweite noch durch das kleinste Laufzeitdekrement T_L beschränkt, und es gilt

$$T_n \leq \min(T_{\max}, T_\mathrm{L}). \tag{8.52}$$

In Systemen ohne Energiespeicher gibt es keinen Integrationsfehler, so daß hier $T_{\min} = T_{\max}$ vorgegeben wird.

Mit den *Iterationsfehlern* $\Delta w, \Delta s$ und den verbesserten Werten

$$\begin{pmatrix} w(m+1) \\ s(m+1) \end{pmatrix} = \begin{pmatrix} w(m) + \Delta w \\ s(m) + \Delta s \end{pmatrix}$$

8.3 Transientanalyse

folgt aus Gl. (8.44)

$$[1 - AJ(m)] \begin{pmatrix} \Delta w \\ \Delta s \end{pmatrix} = \mu(m). \qquad (8.53)$$

Wird dieses lineare Gleichungssystem, dessen rechte Seite durch Gl. (8.46) gegeben ist, mit dem bekannten Gauß-Algorithmus gelöst, so werden die Punktoperationen gegenüber der Matrizeninversion in Gl. (8.44) um den Faktor drei verringert. Mit den Fehlern Δv, Δr und den korrigierten Größen

$$\begin{pmatrix} v(m+1) \\ r(m+1) \end{pmatrix} = \begin{pmatrix} v(m) + \Delta v \\ r(m) + \Delta r \end{pmatrix}$$

erhält man aus Gl. (8.46) mit Gl. (8.40)

$$\mu(m) = \begin{pmatrix} \Delta w \\ \Delta s \end{pmatrix} - A \begin{pmatrix} \Delta v \\ \Delta r \end{pmatrix}.$$

Das lineare Gleichungssystem (8.53) ist also gelöst, wenn die vier Fehlervektoren gleichzeitig gegen null konvergieren. Im Hinblick auf eine Anpassung an den lokalen Integrationsfehler, gemäß Gl. (8.50), lautet deshalb das *Abbruchkriterium* des Iterationsfehlers Δw:

$$\|\Delta w'\| \leq \frac{1}{\beta} \qquad (8.54\text{a})$$

mit

$$\|\Delta w'\| = \max_{\mu} \left[\frac{|\Delta w_\mu|}{w_{\text{abs}} + \varepsilon |w_\mu(m)|} \right]. \qquad (8.54\text{b})$$

Da der Iterationsfehler kleiner sein soll als der Quadraturfehler, um diesen zuverlässig abschätzen zu können, wird der Faktor β etwa ein bis zwei Zehlerpotenzen größer als der Toleranzfaktor α gewählt. Die Abbruchkriterien der Vektoren Δv, Δs und Δr werden entsprechend formuliert, wobei der relative Fehler ε der beiden statischen Fehlervektoren von der Schrittweite unabhängig ist.

Die Newton-Iteration konvergiert in der Nähe des Lösungspunktes quadratisch, was bedeutet, daß die Anzahl signifikanter Dezimalstellen sich in jedem Schritt verdoppelt. Ist der Startwert der Iteration ungünstig, so sind von schlechter Konvergenz bis Divergenz alle Fälle denkbar. Es wurden verschiedene Vorschläge gemacht, den Konvergenzbereich zu vergrößern, die jedoch wiederum rechenzeitintensiv sind. In der Systemsimulation hat sich die Methode bewährt, die Anzahl der Iterationen zu begrenzen. Tritt nach $m = m_{\max}$ Durchläufen keine Konvergenz ein, so wird die Schrittweite verkleinert, beispielsweise halbiert, und die Iteration mit neuen Prädiktionswerten gestartet. Dieser Vorgang wiederholt sich, bis Konvergenz eintritt. Die Schrittweite wird erst in der

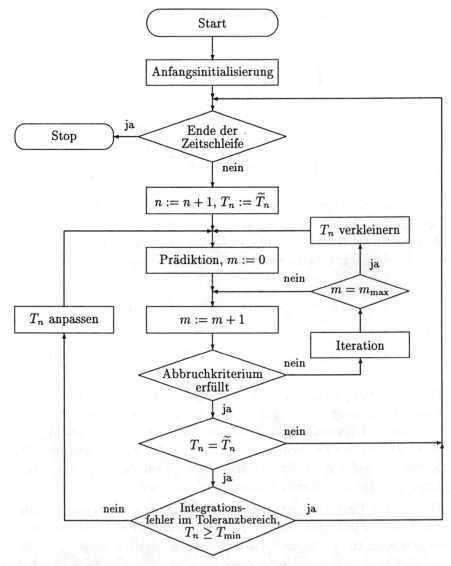

Bild 8.11 Flußdiagramm der Iteration mit Konvergenzüberwachung und Schrittweitenanpassung

nächsten Zeitschleife wieder vergrößert, z.B. verdoppelt, wenn der Integrationsfehler dies zuläßt. Auf diese Weise stellt sich eine angepaßte Schrittweite ein, die auch kleiner als $T_{\min}$ sein kann.

Bild 8.11 zeigt das Flußdiagramm der beschriebenen Iteration mit Konvergenzüberwachung und Schrittweitensteuerung. Es gilt auch für ein Netzwerk ohne Energiespeicher, bei dem sich aus Konvergenzgründen ebenfalls eine Schrittweite $T_n < T_{\min}$ einstellen kann. Diese wird in der Zeitschleife jeweils um einen bestimmten Faktor vergrößert, so daß sie sich den veränderten Signalverläufen anpassen kann.

8.4 Gleich- und lineare Wechselstromanalyse

Aktive Netzwerke, die direkt auf der Ebene diskreter Halbleiter-Bauelemente simuliert werden, enthalten Gleichspannungs- und -stromquellen zur Einstellung der Arbeitspunkte. Da es sich im allgemeinen um nichtlineare Schaltungen handelt, müssen diese Gleichgrößen aus Konvergenzgründen stetig (von null beginnend) eingeschaltet werden, bis die Endwerte erreicht sind. Die Berechnung der Arbeitspunkte mit Hilfe der Transientanalyse (*TR-Analyse*) wäre unnötig zeitaufwendig, da erst die asymptotischen Grenzwerte der Einschwingvorgänge abgewartet werden müßten. Für $t \to \infty$ stellen aber Kapazitäten Unterbrechungen und Induktivitäten Kurzschlüsse dar, während Laufzeiteffekte von Leitungen verschwinden, so daß eine getrennte Gleichstromanalyse (*DC-Analyse*) von Vorteil ist.

8.4.1 Arbeitspunktberechnung

Bild 8.12 zeigt die veränderte Netzwerktopologie zur DC-Analyse, wobei zu beachten ist, daß Leerlaufzweige zum Normalbaumkomplement und Kurzschlußzweige zum Normalbaum gehören, während alle Kondensatoren in Baumzweigen und alle Spulen in Verbindungszweigen liegen. Die Arbeitspunktgrößen u_{CA} und i_{LA} sind keine unabhängigen Variablen mehr, so daß die EZU zur DC-Analyse nicht einfach als Sonderfall der Zustandsbeschreibung zur TR-Analyse von Gl. (8.22) mit $\dot{w}(t) = 0$ und $z(t + \tau) = z(t)$ betrachtet werden kann. (Eine entsprechende Reduktionsformel würde zur Inversion von singulären Matrizen führen.)

Der Algorithmus zur Gewinnung der „DC-EZU" muß also mit der veränderten Netzwerktopologie getrennt durchgeführt werden, und

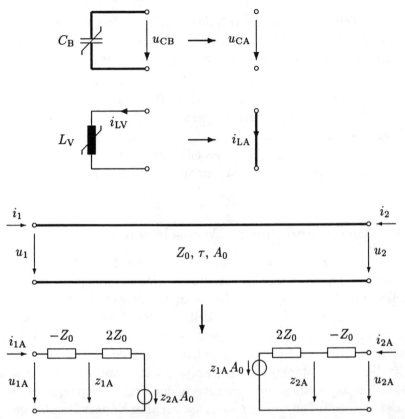

Bild 8.12 Beschreibung der beiden Energiespeicher und der Leitung in der Netzwerktopologie zur DC-Analyse

man erhält

$$\begin{pmatrix} s_A \\ y_A \end{pmatrix} = \begin{pmatrix} A & B \\ C & D \end{pmatrix} \begin{pmatrix} r_A \\ x_A \end{pmatrix}, \qquad (8.55a)$$

mit den nichtlinearen Beziehungen

$$r_A = h(s_A). \qquad (8.55b)$$

Der Vektor y_A enthält alle gesuchten Arbeitspunktgrößen. Im Fall einer anschließenden TR-Analyse sind dies u.a. die Spannungen der Kapazitäten und die Ströme der Induktivitäten, die dann die Arbeitspunktwerte v_A bilden. Die ebenfalls benötigten Arbeitspunktwerte w_A der Zustandsgrößen der Energiespeicher ergeben sich grundsätzlich aus den Umkehrbeziehungen

$$w_A = g^{-1}(v_A), \qquad (8.56)$$

8.4 Gleich- und lineare Wechselstromanalyse

zu deren Berechnung in Aufg. 8.9 ein iteratives Verfahren angegeben wird. Die Torspannungen und -ströme der Leitungen u_{LA} und i_{LA} müssen auch als Ausgangssignale der DC-Analyse behandelt werden. Hieraus ergeben sich mit Gl. (8.19) die Arbeitspunktwerte der Leitungsgrößen zu

$$z_A = u_{LA} + Z_0 i_{LA}, \qquad (8.57)$$

wobei Z_0 entsprechend Gl. (8.21) die Diagonalmatrix der Wellenwiderstände darstellt.

Zur Vermeidung von Konvergenzschwierigkeiten bei der iterativen Lösung des nichtlinearen Gleichungssystems müssen die Gleichquellen als Rampenfunktionen mit der Ausstiegszeit T_R eingeschaltet werden. Die Schrittweite stellt sich gemäß Abschn. 8.3.3 automatisch ein, wobei die maximale Schrittweite z.B. zu $T_{max} = T_R/\beta$ vorgegeben wird. In zeitdiskreter Form lautet somit die erste Zustandsgleichung

$$s(n) = A r(n) + B x(n). \qquad (8.58)$$

Zusammen mit den nichtlinearen Beziehungen (8.55b) erhält man hieraus ein nichtlineares Gleichungssystem, das durch den *Newton-Algorithmus* nach Gl. (8.44) bzw. Gl. (8.53) gelöst wird. Dieser lautet im vorliegenden Fall (ohne Zeitparameter n geschrieben):

$$[1 - A J(m)] \Delta s = -s(m) + A r(m) + e, \qquad (8.59a)$$

mit der Jakobimatrix

$$J(m) = H(m) = \left. \frac{\partial H}{\partial s} \right|_{s=s(m)} \qquad (8.59b)$$

und dem expliziten Anteil $e = Bx$. Auch hier gilt für die korrigierten Variablen

$$s(m+1) = s(m) + \Delta s$$

und das Abbruchkriterium

$$\|\Delta s'\| \leq 1/\beta, \qquad (8.60a)$$

mit der Maximum-Norm des Vektors $\Delta s'$:

$$\|\Delta s'\| = \max_\nu \left[\frac{|\Delta s_\nu|}{s_{abs} + \varepsilon |s_\nu(m)|} \right], \qquad \nu = 1, \ldots, q. \qquad (8.60b)$$

Wie bei der TR-Analyse, so muß auch hier noch das entsprechende Abbruchkriterium des Vektors Δr überprüft werden.

8.4.2 Linearisierung um den Arbeitspunkt

Werden nur kleine Signaländerungen um feste Arbeitspunktwerte betrachtet, so lassen sich die erweiterten Zustandsgleichungen der TR-Analyse um den Arbeitspunkt linearisieren und in den Frequenzbereich transformieren. Die abhängigen und unabhängigen Variablen von Gl. (8.22a) werden jeweils in eine Summe von konstanten Arbeitspunktwerten und zeitabhängigen Kleinsignalwerten aufgespalten:

$$\dot{w}(t) = \Delta\dot{w}(t), \qquad v(t) = v_A + \Delta v(t), \qquad (8.61\text{a,b})$$
$$s(t) = s_A + \Delta s(t), \qquad r(t) = r_A + \Delta r(t), \qquad (8.61\text{c,d})$$
$$z(t+\tau) = z_A + \Delta z(t+\tau), \qquad z(t) = z_A + \Delta z(t), \qquad (8.61\text{e,f})$$
$$y(t) = y_A + \Delta y(t), \qquad x(t) = x_A + \Delta x(t). \qquad (8.61\text{g,h})$$

Mit den linearisierten Beziehungen der nichtlinearen Energiespeicher bzw. -verbraucher nach Gl. (8.22b,c)

$$v = g(w) = v_A + G_A \Delta w, \qquad (8.62\text{a})$$
$$r = h(s) = r_A + H_A \Delta s, \qquad (8.62\text{b})$$

mit

$$G_A = \left.\frac{\partial g}{\partial w}\right|_{w=w_A}, \qquad H_A = \left.\frac{\partial h}{\partial s}\right|_{s=s_A}, \qquad (8.63\text{a,b})$$

folgt aus Gl. (8.22a)

$$\begin{pmatrix} \Delta\dot{w}(t) \\ \Delta s(t) \\ \Delta z(t+\tau) \\ \Delta y(t) \end{pmatrix} = \begin{pmatrix} A_{11} & A_{12} & A_{13} & B_1 \\ A_{21} & A_{22} & A_{23} & B_2 \\ A_{31} & A_{32} & A_{33} & B_3 \\ C_1 & C_2 & C_3 & D \end{pmatrix} \begin{pmatrix} G_A \Delta w(t) \\ H_A \Delta s(t) \\ \Delta z(t) \\ \Delta x(t) \end{pmatrix}. \quad (8.64)$$

Die Koeffizientenmatrix dieses Gleichungssystems des Kleinsignalbetriebes kann also von der Transientanalyse übernommen werden, während die beiden Matrizen G_A und H_A unmittelbar aus den Ergebnissen der Arbeitspunktanalyse berechnet werden können.

Da der Vektor Δs auf beiden Seiten des Gleichungssystems auftritt, läßt er sich durch die übrigen unabhängigen Variablen ausdrücken:

$$H_A \Delta s(t) = \tilde{H}_A [A_{21} G_A \Delta w(t) + A_{23} \Delta z(t) + B_2 \Delta x(t)], \qquad (8.65\text{a})$$

mit

$$\tilde{H}_A = H_A (1 - A_{22} H_A)^{-1}. \qquad (8.65\text{b})$$

8.4 Gleich- und lineare Wechselstromanalyse

Damit kann folgende reduzierte Form von Gl. (8.64) angegeben werden:

$$\begin{pmatrix} \Delta \dot{w}(t) \\ \Delta z(t+\tau) \\ \Delta y(t) \end{pmatrix} = \begin{pmatrix} \tilde{A}_{11} & \tilde{A}_{13} & \tilde{B}_1 \\ \tilde{A}_{31} & \tilde{A}_{33} & \tilde{B}_3 \\ \tilde{C}_1 & \tilde{C}_3 & \tilde{D} \end{pmatrix} \begin{pmatrix} G_A \Delta w(t) \\ \Delta z(t) \\ \Delta x(t) \end{pmatrix}. \quad (8.66)$$

wobei

$$\tilde{A}_{11} = A_{11} + A_{12}\tilde{H}_A A_{21}, \quad (8.67\text{a})$$

$$\tilde{A}_{13} = A_{13} + A_{12}\tilde{H}_A A_{23}, \quad (8.67\text{b})$$

$$\tilde{B}_1 = B_1 + A_{12}\tilde{H}_A B_2, \quad (8.67\text{c})$$

$$\tilde{A}_{31} = A_{31} + A_{32}\tilde{H}_A A_{21}, \quad (8.67\text{d})$$

$$\tilde{A}_{33} = A_{33} + A_{32}\tilde{H}_A A_{23}, \quad (8.67\text{e})$$

$$\tilde{B}_3 = B_3 + A_{32}\tilde{H}_A B_2, \quad (8.67\text{f})$$

$$\tilde{C}_1 = C_1 + C_2\tilde{H}_A A_{21}, \quad (8.67\text{g})$$

$$\tilde{C}_3 = C_3 + C_2\tilde{H}_A A_{23}, \quad (8.67\text{h})$$

$$\tilde{D} = D + C_2\tilde{H}_A B_2. \quad (8.67\text{i})$$

Es sei noch angemerkt, daß sich die Koeffizientenmatrix von Gl. (8.66) auch direkt aufstellen läßt, indem man von einem linearisierten System ausgeht. Die beschriebene *Reduktionsmethode* ist vorzuziehen, wenn für eine Schaltung auf jeden Fall die TR-Analyse durchgeführt wird.

8.4.3 Transformation in den Frequenzbereich

Bei der Frequenzbereichsdarstellung der Kleinsignalwerte der abhängigen und unabhängigen Variablen nach Gl. (8.66) kommen der Differentiations- und der Verschiebungssatz der Fourier-Transformation zur Anwendung (vgl. Abschn. 1.2.3 des ersten Bandes):

$$\Delta \dot{w}(t) \; \circ\!\!-\!\!\bullet \; j\omega W(j\omega), \qquad \Delta w(t) \; \circ\!\!-\!\!\bullet \; W(j\omega), \quad (8.68\text{a,b})$$

$$\Delta z(t+\tau) \; \circ\!\!-\!\!\bullet \; e^{j\omega\tau} Z(j\omega), \qquad \Delta z(t) \; \circ\!\!-\!\!\bullet \; Z(j\omega), \quad (8.68\text{c,d})$$

$$\Delta y(t) \; \circ\!\!-\!\!\bullet \; Y(j\omega), \qquad \Delta x(t) \; \circ\!\!-\!\!\bullet \; X(j\omega), \quad (8.68\text{e,f})$$

mit der Diagonalmatrix

$$e^{j\omega\tau} = \mathrm{diag}(e^{j\omega\tau_n}), \quad n = 1,\ldots,2N, \quad (8.68\text{g})$$

wobei N die Anzahl der Einfachleitungen darstellt. Damit lautet das

Gleichungssystem (8.66) im Frequenzbereich

$$\begin{pmatrix} j\omega W(\omega) \\ e^{j\omega\tau} Z(j\omega) \\ Y(j\omega) \end{pmatrix} = \begin{pmatrix} \tilde{A}_{11} & \tilde{A}_{13} & \tilde{B}_1 \\ \tilde{A}_{31} & \tilde{A}_{33} & \tilde{B}_3 \\ \tilde{C}_1 & \tilde{C}_3 & \tilde{D} \end{pmatrix} \begin{pmatrix} G_A W(j\omega) \\ Z(j\omega) \\ X(j\omega) \end{pmatrix}. \quad (8.69)$$

Durch zwei weitere Reduktionsschritte werden nacheinander die Vektoren Z und W eliminiert, und man erhält zunächst

$$Z(j\omega) = \tilde{F}(j\omega\tau)[\tilde{A}_{31} G_A W(j\omega) + \tilde{B}_3 X(j\omega)], \quad (8.70a)$$

mit

$$\tilde{F}(j\omega\tau) = (e^{j\omega\tau} - \tilde{A}_{33})^{-1}. \quad (8.70b)$$

Hiermit folgt aus Gl. (8.69)

$$\begin{pmatrix} j\omega W(j\omega) \\ Y(j\omega) \end{pmatrix} = \begin{pmatrix} \tilde{\tilde{A}}(j\omega) & \tilde{\tilde{B}}(j\omega) \\ \tilde{\tilde{C}}(j\omega) & \tilde{\tilde{D}}(j\omega) \end{pmatrix} \begin{pmatrix} G_A W(j\omega) \\ X(j\omega) \end{pmatrix}, \quad (8.71)$$

wobei

$$\tilde{\tilde{A}}(j\omega) = \tilde{A}_{11} + \tilde{A}_{13} \tilde{F}(j\omega\tau) \tilde{A}_{31}, \quad (8.72a)$$

$$\tilde{\tilde{B}}(j\omega) = \tilde{B}_1 + \tilde{A}_{13} \tilde{F}(j\omega\tau) \tilde{B}_3, \quad (8.72b)$$

$$\tilde{\tilde{C}}(j\omega) = \tilde{C}_1 + \tilde{C}_3 \tilde{F}(j\omega\tau) \tilde{A}_{31}, \quad (8.72c)$$

$$\tilde{\tilde{D}}(j\omega) = \tilde{D} + \tilde{C}_3 \tilde{F}(j\omega\tau) \tilde{B}_3. \quad (8.72d)$$

Aus Gl. (8.71) ergibt sich im letzten Reduktionsschritt

$$W(j\omega) = \tilde{\tilde{F}}(j\omega) \tilde{\tilde{B}}(j\omega) X(j\omega), \quad (8.73a)$$

mit

$$\tilde{\tilde{F}}(j\omega) = [j\omega \mathbf{1} - \tilde{\tilde{A}}(j\omega) G_A]^{-1}. \quad (8.73b)$$

Nun läßt sich der Vektor der Ausgangssignale darstellen in der Form

$$Y(j\omega) = H(j\omega) X(j\omega), \quad (8.74a)$$

wobei die *Übertragungsmatrix* H wie folgt berechnet wird:

$$H(j\omega) = \tilde{\tilde{C}}(j\omega) G_A \tilde{\tilde{F}}(j\omega) \tilde{\tilde{B}}(j\omega) + \tilde{\tilde{D}}(j\omega). \quad (8.74b)$$

8.4 Gleich- und lineare Wechselstromanalyse

In der linearen Wechselstromanalyse (*AC-Analyse*) interessiert man sich meistens für den Quotienten aus den komplexen Amplituden eines harmonischen Ausgangs- und Eingangssignales, d.h. für die Übertragungsfunktion

$$\frac{Y_\mu(j\omega)}{X_\nu(j\omega)} = H_{\mu\nu}(j\omega) = A_{\mu\nu}(\omega)e^{j\varphi_{\mu\nu}(\omega)}. \qquad (8.75)$$

Hierin stellen $A_{\mu\nu}(\omega)$ und $\varphi_{\mu\nu}(\omega)$ den *Betrags-* bzw. *Phasenfrequenzgang* der Übertragungsfunktion dar.

8.4.4 Ein erläuterndes Beispiel

Als Anwendungsbeispiel betrachten wir die Schaltung von Aufg. 8.2 mit der EZU für die Transientanalyse

$$\begin{pmatrix} \dot{w}(t) \\ s(t) \\ y(t) \end{pmatrix} = \begin{pmatrix} -1/R_1 & 1 & 0 \\ -1 & 0 & 1 \\ 1 & 0 & 0 \end{pmatrix} \begin{pmatrix} v(t) \\ r(t) \\ x(t) \end{pmatrix},$$

$$v = w/C_1, \qquad r = h(s).$$

Die Erregung $x(t) = x_A + \Delta x(t)$ setzt sich zusammen aus dem konstanten Gleichanteil x_A und dem Kleinsignalbeitrag $\Delta x(t)$. Der Arbeitspunkt des nichtlinearen Widerstandes R ergibt sich durch Gleichsetzen der DC-Zustandsgleichung $s = x_A - R_1 r$ bzw. der nach r aufgelösten *Arbeitsgeraden*

$$r = (x_A - s)/R_1$$

und der nichtlinearen Beziehung

$$r = h(s).$$

Die Lösung entspricht dem Schnittpunkt (s_A, r_A) in der graphischen Darstellung von Bild 8.13. Im Arbeitspunkt hat die nichtlineare Beziehung die Steigung $m_A = 1/R_A$, so daß zusammen mit der linearen Kapazität C_1 aus Gl. (8.63) folgt

$$G_A = 1/C_1, \qquad H_A = 1/R_A.$$

Da die Schaltung keine Leitung enthält, sind die Elemente der dritten Zeile und Spalte der Koeffizientenmatrix von Gl. (8.64) nicht vorhanden. Mit

$$\tilde{H}_A = H_A = 1/R_A,$$

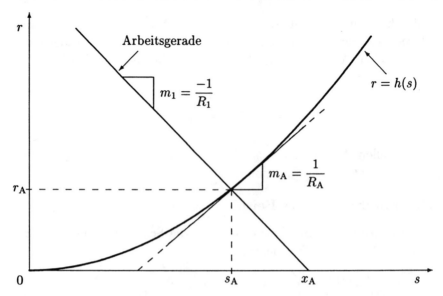

Bild 8.13 Zur Linearisierung um den Arbeitspunkt des betrachteten Beispieles

nach Gl. (8.65b), liefert der erste Reduktionsschritt mit dem Gleichungssatz (8.67)

$$\tilde{A}_{11} = -1/R_1 - 1/R_A, \qquad \tilde{B}_1 = 1/R_A,$$
$$\tilde{C}_1 = 1, \qquad \tilde{D} = 0.$$

Für ein System ohne Leitungen erhält man im zweiten Reduktionsschritt aus den Gln. (8.72)

$$\tilde{\tilde{A}} = \tilde{A}_{11} = -1/R_1 - 1/R_A, \qquad \tilde{\tilde{B}} = \tilde{B}_1 = 1/R_A,$$
$$\tilde{\tilde{C}} = \tilde{C}_1 = 1, \qquad \tilde{\tilde{D}} = \tilde{D} = 0.$$

Mit den Gln. (8.73b) und (8.74b) kann nun die Übertragungsfunktion berechnet werden zu

$$H(j\omega) = \frac{1}{C_1 \left[j\omega + \left(\frac{1}{R_1} + \frac{1}{R_A}\right)\frac{1}{C_1}\right] R_A}$$
$$= \frac{R_1}{R_1 + R_A + j\omega C_1 R_1 R_A},$$

in Übereinstimmung mit dem direkt berechenbaren Ergebnis.

8.5 Modellbildung

Die Aufstellung der Netzwerkgleichungen nach Abschn. 8.1 erfolgt auf der Grundlage von zwölf Basiselementen, wenn man nicht zwischen linearen und nichtlinearen Energiespeichern unterscheidet und den Leerlauf- bzw. Kurzschlußzweig als Sonderfall der Strom- bzw. Spannungsquelle betrachtet. Diese Elementeklasse wurde so gewählt, daß sich praktisch jedes Netzwerkmodell hierdurch beschreiben läßt und die Gewinnung der EZU nicht unnötig kompliziert wird.

Bei der Modellierung realer Bauelemente stößt man auf die Problematik, daß einerseits nicht jeder physikalische Effekt berücksichtigt werden kann und andererseits die meßbaren Parameter z.T. großen fertigungsbedingten Schwankungen unterliegen. Erstrebenswert sind also Modelle, die mit möglichst wenig Parametern eine ausreichende Genauigkeit liefern. Integrierte Schaltungen aus der Analog- und Digitaltechnik lassen sich grundsätzlich auf der Ebene diskreter Elemente simulieren. Effizienter sind jedoch sog. *Makromodelle*, die in der Regel aus erheblich weniger Netzwerkelementen bestehen, deren Parameter direkt den Meßergebnissen des Torverhaltens zugeordnet werden können.

In hochfrequenten Analog- und schnellen Digitalschaltungen spielen Leitungseffekte eine nicht unwesentliche Rolle. Die verzerrungsfreie Einfachleitung als Hauptbestandteil eines Leitungsmodells ist deshalb bereits in die EZU einbezogen. Ferner treten elektromagnetische Verkopplungen in parallelen Signalleitungen auf, zu deren Berücksichtigung ein Modell für *Mehrleitersysteme* angegeben wird. Leitungsmodelle sind ebenfalls von großer Bedeutung im Zusammenhang mit der Simulation elektroakustischer Systeme wie z.B. Piezoschwinger [8.8].

8.5.1 Weitere Netzwerkelemente

Zur Modellierung realer Bauelemente werden oft Netzwerkelemente verwendet, die nicht zu den Basiselementen gehören. Anhand wichtiger Vertreter dieser Elementeklasse soll gezeigt werden, daß stets eine Rückführung auf die Basiselemente möglich ist. Die weiteren nichtlinearen Netzwerkelemente lassen sich grundsätzlich vermeiden durch die Einführung beliebig gesteuerter nichtlinearer Quellen gemäß Aufg. 8.8. Durch topologische Rückführung auf nichtlineare Energieverbraucher ergibt sich stets eine reine Diagonalmatrix H, die numerische Vorteile bei der Newton-Iteration mit sich bringt.

Den sog. *Übersetzerzweitoren* kommt eine besondere Bedeutung im Rahmen der linearen Netzwerktheorie zu, und sie werden unterteilt in Proportional- und Dualübersetzer. Von praktischem Interesse sind hierbei der ideale Übertrager und der Gyrator mit den Kettenmatrizen

$$\boldsymbol{A}_{\ddot{U}} = \begin{pmatrix} \ddot{u} & 0 \\ 0 & 1/\ddot{u} \end{pmatrix}, \qquad \boldsymbol{A}_G = \begin{pmatrix} 0 & 1/g \\ g & 0 \end{pmatrix}, \qquad (8.76\mathrm{a,b})$$

wobei $\ddot{u}$ das Übersetzungsverhältnis und g den Gyrationsleitwert darstellen. Beide Netzwerkelemente lassen sich durch ein Paar gesteuerter Quellen realisieren, wie Bild 8.14 zeigt. Ersatzschaltungen des realen Übertragers bestehen schließlich aus dem idealen Übertrager und einem Zweipolnetzwerk, das die Abweichungen vom Idealfall beschreibt (vgl. Abschn. 4.2.3). Hierbei ist darauf zu achten, daß keine unnötigen LI-Schnittmengen entstehen.

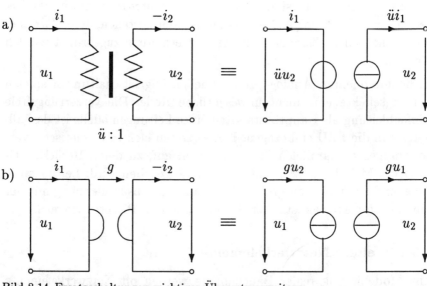

Bild 8.14 Ersatzschaltungen wichtiger Übersetzerzweitore:
 a) idealer Übertrager und b) Gyrator

Halbleiter- und auch Makromodelle werden häufig mit Hilfe von *nichtlinearen gesteuerten Quellen* angegeben. Es läßt sich jedoch leicht zeigen, daß jede nichtlineare gesteuerte Quelle durch zwei lineare gesteuerte Quellen und einen nichtlinearen Energieverbraucher ersetzt werden kann. Als Beispiel zeigt Bild 8.15 die Umwandlung einer nichtlinearen spannungsgesteuerten Stromquelle (UIQ) in eine lineare span-

8.5 Modellbildung

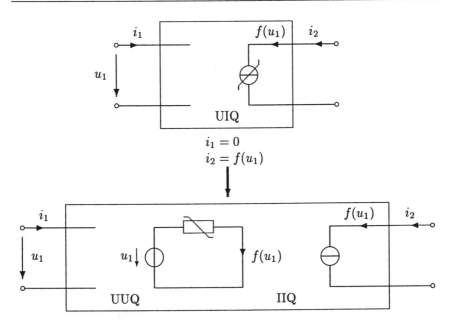

Bild 8.15 Umwandlung einer nichtlinearen UIQ in eine lineare UUQ, einen nichtlinearen Widerstand und eine lineare IIQ

nungsgesteuerte Spannungsquelle (UUQ), einen nichtlinearen Widerstand und eine lineare stromgesteuerte Stromquelle (IIQ).

Nichtlineare gesteuerte Quellen werden manchmal in verschiedenen Arbeitsbereichen von unterschiedlichen Netzwerkgrößen beeinflußt. Als Beispiel soll wieder eine nichtlineare UIQ betrachtet werden, deren Strom i_3 abschnittsweise von den Spannungen u_1 und u_2 abhängt:

$$i_3 = (1 - \lambda)f(u_1) + \lambda g(u_2), \qquad \lambda \in \{0,1\}. \tag{8.77}$$

Das zugehörige Netzwerkmodell, in dem eine der beiden steuernden Spannungen identisch mit u_3 sein kann, ist in Bild 8.16 dargestellt. Die Boolsche Variable λ hängt von Schwellwerten ab, die sich wiederum aus Variablen der EZU ergeben müssen.

Bei einigen Halbleitermodellen ist es notwendig, mehrere Netzwerkgrößen miteinander zu multiplizieren. Als Produkt zweier allgemeiner Faktoren sei das Beispiel

$$u_3 = f(u_1)g(u_2) \tag{8.78a}$$

betrachtet, wofür man auch schreiben kann

$$u_3 = \frac{1}{4}[f(u_1) + g(u_2)]^2 - \frac{1}{4}[f(u_1) - g(u_2)]^2. \tag{8.78b}$$

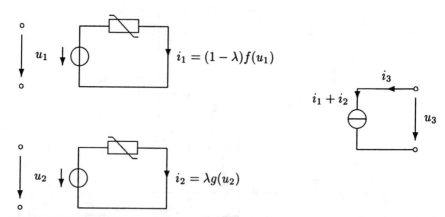

Bild 8.16 Modell einer abschnittsweise definierten UIQ

Es läßt sich leicht nachprüfen, daß dieser Beziehung die Ersatzschaltung des *Multiplizierers* von Bild 8.17 entspricht. Gewisse Vereinfachungen ergeben sich für die Sonderfälle $f(u_1) = k_1 u_1$ bzw. $g(u_2) = k_2 u_2$, wo die UUQ der Spannung u_1 und der nichtlineare Widerstand $f(u_1)$ bzw. die UUQ der Spannung u_2 und der nichtlineare Widerstand $g(u_2)$ entfallen.

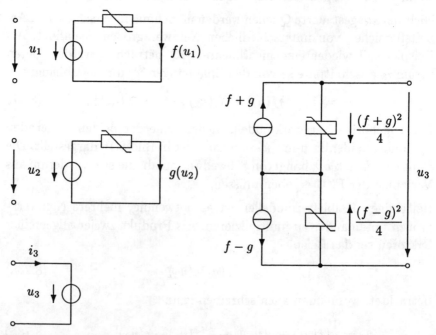

Bild 8.17 Modell des allgemeinen Multiplizierers

8.5 Modellbildung

Ein weiterer wichtiger Sonderfall des allgemeinen Multiplizierers ist der *gesteuerte Leitwert*

$$u_3 = f(u_1)i_3. \tag{8.79}$$

Hierbei entfällt wiederum die UUQ der Spannung u_2 mit dem nichtlinearen Widerstand $g(u_2)$. Dafür wird der Teilstrom g der beiden IIQs direkt von i_3 gesteuert. Der duale Fall des *gesteuerten Widerstandes* ergibt sich aus dem Produkt

$$i_3 = f(i_1)g(i_2), \tag{8.80}$$

wofür sich ein entsprechendes Modell aus Basiselementen angeben läßt.

8.5.2 Diskrete Halbleiter

Bei der analogen Simulation elektronischer Schaltungen treten neben den Basiselementen hauptsächlich diskrete Halbleiter auf. Die *Halbleitermodelle* müssen so ausgelegt sein, daß keine unnötigen topologischen bzw. numerischen Schwierigkeiten entstehen. Gemeint sind hiermit CU-Maschen bzw. beliebig große Steigungen der Nichtlinearitäten. Es zeigt sich, daß derartige Entschärfungen dem realen physikalischen Verhalten dieser Bauelemente sogar entgegenkommen und die Simulationszeiten entscheidend verkürzen helfen.

8.5.2.1 Die Diode

Das einfachste und gleichzeitig wichtigste Halbleiterelement ist die *Diode*, die als pn-Übergang wiederum einen wesentlichen Bestandteil der Transistormodelle bildet. Die Ersatzschaltung einer Diode zeigt Bild 8.18, wobei der nichtlineare Widerstand R_{pn} das statische und die nichtlineare Kapazität C_{pn} das dynamische Verhalten des pn-Übergangs beschreiben. Die linearen Widerstände R'_S und R'_D, die dem maximalen Sperrwiderstand bzw. minimalen Durchlaßwiderstand entsprechen, bewirken außerdem, daß stets R_{pn} als Verbindungszweig- und C_{pn} als Baumzweigelement gewählt werden können.

Numerisch brauchbar im Hinblick auf die Newton-Iteration erweist sich für R_{pn} der Ansatz

$$i = \begin{cases} (u + U_T - U_S)/R'_S - I_S & \text{für} \quad u \leq U_S \\ I_S(e^{u/U_T} - 1) & \text{für} \quad U_S < u \leq U_D \\ (u + U_T - U_D)/R'_D - I_S & \text{für} \quad U_D < u \end{cases}, \tag{8.81a}$$

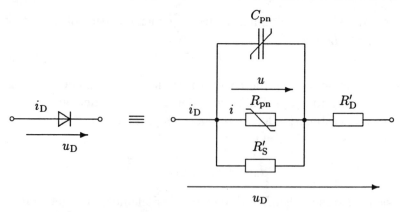

Bild 8.18 Modell einer Halbleiterdiode

mit

$$U_S = U_T \ln \frac{U_T}{I_S R'_S}, \qquad U_D = U_T \ln \frac{U_T}{I_S R'_D}, \qquad (8.81\text{b,c})$$

$$R'_S = 2R_S, \qquad R'_D = R_D/2. \qquad (8.81\text{d,e})$$

Die technologischen Modellparameter sind:

U_T Temperaturspannung (26 mV bei 300 Kelvin),
I_S Sperrstrom (ca 10 nA für Silizium und 10 μA bei Germanium),
R_S Maximaler Sperrwiderstand (ca. 10 GΩ für Silizium und 10 MΩ bei Germanium),
R_D minimaler Durchlaßwiderstand (ca. 1 Ω).

Die *statische Diodenkennlinie*, deren Verlauf in Bild 8.19 dargestellt ist, hat die Eigenschaft, daß sowohl die Strom-Spannungs-Beziehung $i = h(u)$ als auch deren Ableitung

$$\frac{\mathrm{d}i}{\mathrm{d}u} = \begin{cases} 1/R'_S & \text{für} \quad u \leq U_S \\ \dfrac{I_S}{U_T} e^{u/U_T} & \text{für} \quad U_S < u \leq U_D \\ 1/R'_D & \text{für} \quad U_D < u \end{cases}, \qquad (8.82)$$

stetig ist. Soll der in Bild 8.19 gestrichelt eingezeichnete *Zener-Durchbruch* mit berücksichtigt werden, so empfiehlt sich der Ansatz

$$i = \begin{cases} (u - U_Z)/R'_Z + I_Z + I_\Delta & \text{für} \quad u \leq U_Z \\ I_Z e^{(u-U_Z)/(R'_Z I_Z)} + I_\Delta & \text{für} \quad U_Z < u \leq U_x \end{cases}, \qquad (8.83\text{a})$$

8.5 Modellbildung

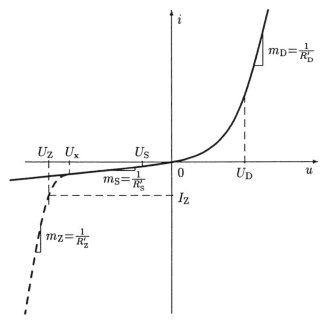

Bild 8.19 Prinzipieller Verlauf der statischen Diodenkennlinie

mit

$$I_\Delta = (U_x + U_T - U_S - R'_Z I_Z)/R'_S - I_S, \qquad (8.83b)$$
$$U_x = U_Z - R'_Z I_Z \ln(R'_S/R'_Z). \qquad (8.83c)$$

Als weitere Modellparameter müssen die Zener-Spannung U_Z und der Zener-Strom I_Z (vorzeichenrichtig) sowie der differentielle Zener-Widerstand R_Z vorgegeben werden. Da dieser kleiner sein kann als der Durchlaßwiderstand R_D, gilt in diesem Fall

$$R'_Z = R_Z - \min(R_D, R_Z)/2, \qquad (8.84a)$$
$$R'_D = R_D - \min(R_D, R_Z)/2, \qquad (8.84b)$$

wobei der Serienwiderstand R'_D von Bild 8.18 durch den Ausdruck $\min(R_D, R_Z)/2$ zu ersetzen ist. Die Eigenschaft der Stetigkeit gilt weiterhin auch für den Verlauf nach Gl. (8.83) und dessen Ableitung

$$\frac{di}{du} = \begin{cases} \dfrac{1}{R'_Z} & \text{für} \quad u \leq U_Z \\ \dfrac{1}{R'_Z} e^{(u-U_Z)/(R'_Z I_Z)} & \text{für} \quad U_Z < u \leq U_x \end{cases}. \qquad (8.85)$$

Das dynamische Verhalten des pn-Überganges wird durch zwei unterschiedliche Mechanismen beeinflußt. Unterhalb der Diffusionsspannung U_D kommt es wegen der Ausbildung eines Raumladungsgebietes zu Speichereffekten, die sich in der sog. *Sperrschichtkapazität* ausdrücken:

$$C_S = C_{S0}(1 - u/U_D)^{-N}, \qquad u < U_D. \tag{8.86}$$

Hierin ist C_{S0} die Kapazität bei $u = 0$ (ca. $2 \ldots 10\,\mathrm{pF}$) und N der vom Dotierungsprofil abhängige Kapazitätsgradient (etwa $0{,}33 \ldots 0{,}5$). Der reale Verlauf von Bild 8.20 wird durch Gl. (8.86) nur bis knapp unterhalb der Polstelle richtig wiedergegeben. Zur Vermeidung numerischer Schwierigkeiten nähert man die Sperrschichtkapazität für $u \geq U_D/2$ häufig durch eine Tangente an. Der hierdurch entstehende Fehler ist zu vernachlässigen, weil in diesem Bereich bereits die zweite nichtlineare Kapazität überwiegt.

Ist die Diode in Flußrichtung gepolt, so nehmen bei zunehmendem Diffusionsstrom auch die im pn-Übergang befindlichen Ladungsträger zu. Die im Stromfluß gespeicherte Ladung bewirkt eine von der anlie-

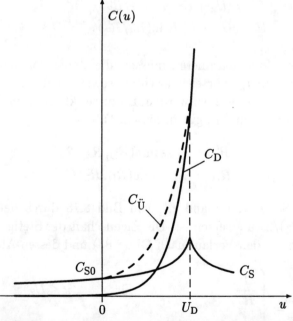

Bild 8.20 Qualitativer Verlauf der Sperrschichtkapazität C_S und der Diffusionskapazität C_D sowie der numerischen Übergangskapazität $C_{\ddot{U}}$

8.5 Modellbildung

genden Spannung abhängige *Diffusionskapazität*

$$C_D = \frac{\tau I_S}{U_T} e^{u/U_T},\qquad(8.87)$$

mit der Trägerlebensdauer τ ($\approx 10\ldots 50$ ns). Auch dieser Verlauf ist in Bild 8.20 dargestellt und es zeigt sich, daß C_D oberhalb der Diffusionsspannung dominiert, während C_S im Sperrbereich überwiegt. In dem Diodenmodell von Bild 8.18 werden beide Kapazitäten meistens im Sinne einer Parallelschaltung addiert, wobei die Sperrschichtkapazität für $u \geq U_D/2$ durch eine Tangente approximiert wird.

Ein grundsätzlich anderer Ansatz, der aus topologischen und numerischen Gründen zu bevorzugen ist, besteht in der Einführung einer *Übergangskapazität*

$$C_{\text{Ü}} = C_{S0} e^{u/U_0}\quad\text{für}\quad 0 \leq u \leq U_D,\qquad(8.88\text{a})$$

mit

$$U_0 = U_D / \ln \frac{\tau}{R'_D C_{S0}}.\qquad(8.88\text{b})$$

Dieser Verlauf, der in Bild 8.20 gestrichelt eingetragen ist, wird für $u < 0$ durch C_S und für $u > U_D$ durch C_D stetig fortgesetzt. Da die nichtlineare Kapazität allgemein als Differentialquotient $C(u) = dq(u)/du$ beschrieben wird, erhält man die Ladung $q(u)$ durch eine Integration der Kapazität $C(u)$ über die Spannung u mit $q(0) = 0$. Hierbei zeigt sich, daß die Diffusionsladung q_D dem Diodenstrom proportional ist. Unter Zugrundelegung von Gl. (8.81) ergibt sich damit folgender Ansatz für die Spannungsabhängigkeit der Ladung:

$$q(u) = \begin{cases} \dfrac{C_{S0} U_D}{1-N}\left[1 - \left(1 - \dfrac{u}{U_D}\right)^{1-N}\right] & \text{für} \quad u \leq 0 \\ C_{S0} U_0 (e^{u/U_0} - 1) & \text{für} \quad 0 < u \leq U_D \\ \tau(u + U_0 - U_D)/R'_D - C_{S0} U_0 & \text{für} \quad U_D < u \end{cases}\qquad(8.89)$$

Hieraus erhält man die in der erweiterten Zustandsbeschreibung benötigte Umkehrfunktion

$$u(q) = \begin{cases} U_D \left[1 - \left(1 - \dfrac{1-N}{C_{S0}U_D}q\right)^{\frac{1}{1-N}}\right] & \text{für} \quad q \leq 0 \\ U_0 \ln\left(1 + \dfrac{q}{C_{S0}U_0}\right) & \text{für} \quad 0 < q \leq Q_D \\ R'_D \dfrac{q + C_{S0}U_0}{\tau} + U_D - U_0 & \text{für} \quad Q_D < q \end{cases}$$

(8.90a)

mit

$$Q_D = U_0(\tau/R'_D - C_{S0}). \tag{8.90b}$$

Auch diese Kennlinie sowie deren Ableitung

$$\frac{du}{dq} = \begin{cases} \dfrac{1}{C_{S0}} \cdot \left(1 - \dfrac{1-N}{C_{S0}U_D}q\right)^{N/(1-N)} & \text{für} \quad q \leq 0 \\ (q/U_0 + C_{S0})^{-1} & \text{für} \quad 0 < q \leq Q_D, \\ \dfrac{R'_D}{\tau} & \text{für} \quad Q_D < q \end{cases} \quad (8.91)$$

besitzen die Eigenschaft der Stetigkeit. Außerdem ist die Ableitung beschränkt, was für die Konvergenz der Newton-Iteration von entscheidender Bedeutung ist.

8.5.2.2 Der Bipolartransistor

In vielen Simulationsprogrammen wird mit dem sog. erweiterten *Ebers-Moll-Modell* gerechnet, das in Bild 8.21 für einen npn-Transistor angegeben ist. Für die beiden gegensinnig geschalteten Dioden, die hier ausgefüllt dargestellt sind, gelten die statischen Beziehungen von Abschn. 8.5.2.1. Das dynamische Verhalten findet Berücksichtigung in den nichtlinearen Kapazitäten C_C und C_E, die ebenfalls entsprechend Abschn. 8.5.2.1 beschrieben werden. Die enge Kopplung zwischen den beiden Halbleitergrenzschichten wird durch zwei IIQs mit den Stromverstärkungsfaktoren β_n und β_i für den Normal- bzw. Inversbetrieb modelliert, während die Bahn- und Kontaktwiderstände durch R_C, R_B und R_E berücksichtigt werden. Im Fall eines pnp-Transistors sind sowohl die beiden Dioden als auch die gesteuerten Stromquellen herumzudrehen.

8.5 Modellbildung

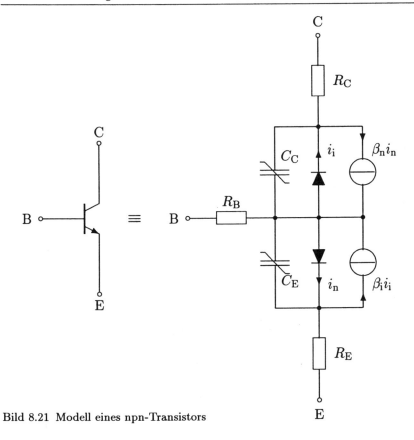

Bild 8.21 Modell eines npn-Transistors

Dieses relativ einfache Modell ist ursprünglich für Legierungstransistoren entwickelt worden. Es läßt sich für Planartransistoren nur als Modell erster Ordnung verwenden, dessen 18 Parameter jedoch unmittelbar den Datenblattangaben entnommen werden können:

U_T \hspace{1em} Temperaturspannung,
I_{SC}, I_{SE} \hspace{1em} Sperrstrom der Kollektor- bzw. Emitterdiode,
R_{SC}, R_{SE} \hspace{1em} Sperrwiderstand der Kollektor- bzw. Emitterdiode,
R_{DC}, R_{DE} \hspace{1em} Durchlaßwiderstand der Kollektor- bzw. Emitterdiode,
C_{0C}, C_{0E} \hspace{1em} Sperrschichtkapazität der Kollektor- bzw. Emitterdiode,
N_C, N_E \hspace{1em} Kapazitätsgradient der Kollektor- bzw. Emitterdiode,
τ_C, τ_E \hspace{1em} Trägerlebensdauer der Kollektor- bzw. Emitterdiode,
β_n, β_i \hspace{1em} Stromverstärkungsfaktor für Normal- bzw. Inversbetrieb,
R_C, R_E, R_B \hspace{1em} Kollektor-, Emitter- und Basisbahnwiderstand.

Effekte höherer Ordnung, wie z.B. die stromabhängige Stromverstärkung und die Basisweitenmodulation, werden in dem angegebenen Ebers-Moll-Modell nicht berücksichtigt. Eine Weiterentwicklung, für die ca. 40 (schwer verfügbare) Parameter benötigt werden, stellt das *Gummel-Poon-Modell* dar.

8.5.2.3 Der Feldeffekttransistor

Feldeffekttransistoren (Abkürzung „FET") unterteilt man in die beiden Hauptgruppen *Sperrschichtfet* und *Mosfet*, die auf der Basis p- oder n-dotierter Halbleiter hergestellt werden. Allen Fets gemeinsam ist die Spannungssteuerung des Drainstromes i_D nach Bild 8.22a, für die man zwischen sechs Betriebszuständen unterscheidet. Im Fall eines n-Kanal-Fets ergibt sich für den sog. *Normalbetrieb* ($u_{DS} \geq 0$):

1. Sperrbereich ($u_{GS} - U_{th} \leq 0$):

$$i_D = 0,$$

2. Sättigungsbereich ($0 < u_{GS} - U_{th} \leq u_{DS}$):

$$i_D = K_0(u_{GS} - U_{th})^2,$$

3. Widerstandsbereich ($0 \leq u_{DS} < -U_{GS} - U_{th}$):

$$i_D = K_0[2(u_{GS} - U_{th}) - u_{DS}]u_{DS}.$$

Für den sogenannten *Inversbetrieb* ($u_{DS} < 0$) gilt entsprechend:

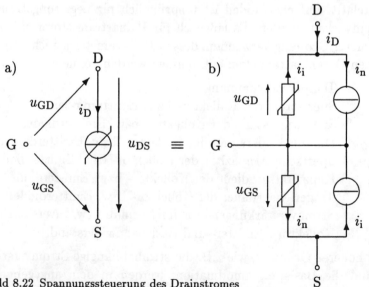

Bild 8.22 Spannungssteuerung des Drainstromes
   a) als nichtlineare UIQ und b) als Injektionsmodell

8.5 Modellbildung

4. Sperrbereich ($u_{GD} - U_{th} \leq 0$):

$$i_D = 0,$$

5. Sättigungsbereich ($0 < u_{GD} - U_{th} \leq u_{DS}$):

$$i_D = -K_0(u_{GD} - U_{th})^2,$$

6. Widerstandsbereich ($0 < -u_{DS} < u_{GD} - U_{th}$):

$$i_D = K_0[2(u_{GD} - U_{th}) + u_{DS}]u_{DS}.$$

Die Konstante K_0 wird auch als Übertragungsleitwert bezeichnet, während U_{th} die Thresholdspannung darstellt.

Mit der Substitution

$$u_{DS} = u_{GS} - u_{GD} \tag{8.92}$$

läßt sich der Drainstrom in allen Betriebszuständen, auch im Widerstandsbereich (siehe Aufg. 8.10), in eine normale und eine inverse Komponente zerlegen:

$$i_D = i_n - i_i, \tag{8.93a}$$

mit

$$i_n = \begin{cases} 0 & \text{für } u_{GS} \leq U_{th} \\ K_0(u_{GS} - U_{th})^2 & \text{für } u_{GS} > U_{th} \end{cases}, \tag{8.93b}$$

$$i_i = \begin{cases} 0 & \text{für } u_{GD} \leq U_{th} \\ K_0(u_{GD} - U_{th})^2 & \text{für } u_{GD} > U_{th} \end{cases}. \tag{8.93c}$$

Dieser Zerlegung entspricht die Ersatzschaltung von Bild 8.22b, die man auch als „Injektionsmodell des Feldeffekttransistors" bezeichnen könnte. Der Vorteil besteht darin, daß die nichtlineare UIQ nach Bild 8.22a, die jeweils von zwei Torspannungen gesteuert wird, durch zwei nichtlineare Widerstände und zwei lineare IIQs ersetzt wird. Die Ersatzschaltung ist allpolig äquivalent und besitzt insbesondere auch die Eigenschaft, daß der Gatestrom stets identisch verschwindet. Im Fall eines p-Kanal-Fets müssen nur alle Pfeilrichtungen herumgedreht werden.

Zur Durchführung der Newton-Iteration ist wiederum von Bedeutung, daß sowohl die Kennlinien der Gln. (8.93) aus auch deren Ableitungen

$$\frac{\mathrm{d}i_n}{\mathrm{d}u_{\mathrm{GS}}} = \begin{cases} 0 & \text{für } u_{\mathrm{GS}} \leq U_{\mathrm{th}} \\ 2K_0(u_{\mathrm{GS}} - U_{\mathrm{th}}) & \text{für } u_{\mathrm{GS}} > U_{\mathrm{th}} \end{cases}, \quad (8.94\mathrm{a})$$

$$\frac{\mathrm{d}i_i}{\mathrm{d}u_{\mathrm{GD}}} = \begin{cases} 0 & \text{für } u_{\mathrm{GD}} \leq U_{\mathrm{th}} \\ 2K_0(u_{\mathrm{GD}} - U_{\mathrm{th}}) & \text{für } u_{\mathrm{GD}} > U_{\mathrm{th}} \end{cases}, \quad (8.94\mathrm{b})$$

an den Grenzen der Definitionsbereiche stetig sind.

Die angegebenen Beziehungen beschreiben nur in erster Näherung das statische Großsignalverhalten des Fets. In zweiter Näherung muß noch der Einfluß der Kanallängenmodulation berücksichtigt werden. Für die vollständige Modellbildung ist nach den beiden Hauptgruppen zu unterscheiden.

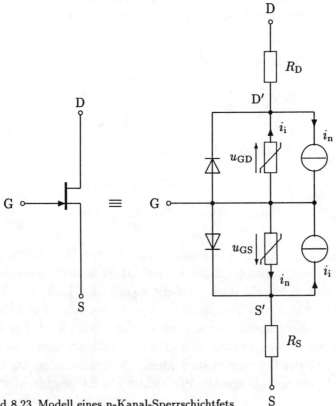

Bild 8.23 Modell eines n-Kanal-Sperrschichtfets

8.5 Modellbildung

Bei *Sperrschichtfets* ist das Gate durch einen pn- bzw. np-Übergang vom Kanal D'S' getrennt. Bei richtiger Polung von u_{GS} bzw. u_{GD} sperren diese Dioden und isolieren das Gate; bei umgekehrter Polung werden sie leitend. Bild 8.23 zeigt die Ersatzschaltung des n-Kanal-Sperrschichtfets, wobei die beiden Dioden sowohl das statische als auch das dynamische Verhalten des pn-Übergangs entsprechend Abschn. 8.5.2.1 beschreiben. Die konstanten Bahnwiderstände R_D und R_S liegen zwischen den äußeren Kontakten und der aktiven Kanalzone. Die Anzahl der Modellparameter entspricht im wesentlichen der des Bipolartransistors.

Bei *Mosfets* isoliert eine dünne SiO_2-Schicht das Gate vom Kanal D'S'. Daher kann bei ihnen kein Gatestrom fließen, unabhängig von der Polung des Gates. Häufig ist ein vierter Anschluß, das Substrat (engl. „Bulk"), herausgeführt. Diese Elektrode, die durch den pn-Übergang vom Kanal getrennt ist, hat ebenfalls eine steuernde Wirkung. In der Ersatzschaltung des n-Kanal-Mosfets vom Bild 8.24 beschreiben die beiden Dioden wiederum das statische und dynamische Verhalten des pn-Übergangs. Aufwendiger wird dieses Modell durch die drei span-

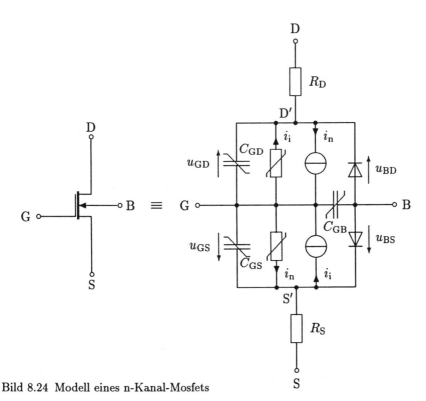

Bild 8.24 Modell eines n-Kanal-Mosfets

nungsgesteuerten Kapazitäten C_{GS}, C_{GD} und C_{GB}, für deren Berücksichtigung die EZU gemäß Aufgabe 8.3 zu modifizieren ist:

$$C_{GS} = \begin{cases} C_{GS0} & \text{für } u_{GS} \leq U_{th} \\ 2/3 C_{0x} & \text{für } u_{GS} > U_{th}, \ u_{GD} \leq U_{th} \\ 2/3 C_{0x}[1 - (1 + u'_{GS}/u'_{GD})^{-2}] + C_{GS0} \\ \approx 1/2 C_{0x} + C_{GS0} & \text{für } u_{GS} > U_{th}, \ u_{GD} > U_{th} \end{cases}, \quad (8.95a)$$

$$C_{GD} = \begin{cases} C_{GD0} & \text{für } u_{GD} \leq U_{th} \\ 2/3 C_{0x} & \text{für } u_{GD} > U_{th}, \ u_{GS} \leq U_{th} \\ 2/3 C_{0x}[1 - (1 + u'_{GD}/u'_{GS})^{-2}] + C_{GD0} \\ \approx 1/2 C_{0x} + C_{GD0} & \text{für } u_{GD} > U_{th}, \ u_{GS} > U_{th} \end{cases}, \quad (8.95b)$$

$$C_{GB} = \begin{cases} C_{0x} + C_{GB0} & \text{für } u_{GS} \leq U_{th} \ u_{GD} \leq U_{th} \\ C_{GB0} & \text{sonst} \end{cases}, \quad (8.95c)$$

mit

$$u'_{GS} = u_{GS} - U_{th}, \qquad u'_{GD} = u_{GD} - U_{th}. \quad (8.95d,e)$$

Die Vereinfachungen in den Gln. (8.95a,b) sind zulässig im Sinne einer ersten Näherung. Alle drei Kapazitäten werden in diesem Fall stückweise konstant und lassen sich während der Simulation in Abhängigkeit der Schwellwerte umschalten. Ein Effekt zweiter Ordnung, der beim Mosfet gegebenenfalls berücksichtigt werden muß, ist die Abhängigkeit der Thresholdspannung vom Substratpotential.

8.5.3 Makromodellierung

Integrierte Schaltungen (Abkürzung „ICs") wie Operationsverstärker und Digitalinverter bestehen aus einer Vielzahl von Schaltelementen, deren Parameter meistens nur dem Hersteller bekannt sind. Für die Simulation elektronischer Schaltungen, die ICs enthalten, ist die Verwendung sog. *Makromodelle* von Vorteil, weil die entsprechenden Modellparameter aus dem Klemmenverhalten gewonnen werden können, und die Anzahl der Netzwerkelemente erheblich geringer ist.

8.5.3.1 Der Operationsverstärker

In Bild 8.25 wird eine Ersatzschaltung des *Operationsverstärkers* (Abkürzung „Op") vorgeschlagen, die sich ausschließlich aus Basiselementen der EZU zusammensetzt.

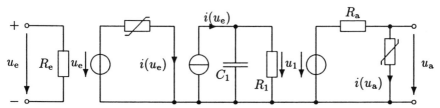

Bild 8.25 Makromodell des Operationsverstärkers

Die *Großsignal-Übertragungskennlinie*

$$i(u_e) = I_m \tanh(u_e G_m / I_m) \tag{8.96}$$

zeigt Bild 8.26.

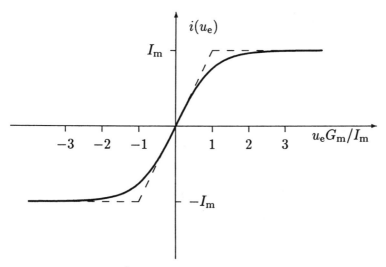

Bild 8.26 Großsignal-Übertragungskennlinie des Ops

Hierin sorgt der Hyperbeltangens für die stetige Ableitung

$$\frac{di}{du_e} = \frac{G_m}{\cosh^2(u_e G_m / I_m)}. \tag{8.97}$$

Die *Ausgangskennlinie* $i(u_a)$ ist in Bild 8.27 dargestellt, wobei man

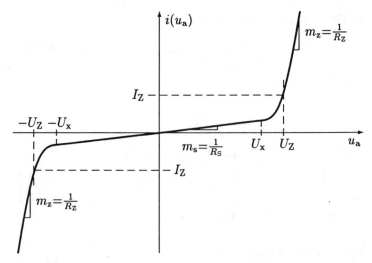

Bild 8.27 Ausgangskennlinie des Ops

sich den Verlauf als Ergebnis der Gegeneinanderschaltung zweier Zenerdioden gemäß Abschn. 8.5.2.1 vorstellen kann:

$$i(u_a) = \begin{cases} (u_a + U_Z)/R_Z - I_Z - I_\Delta & \text{für} \quad u_a < -U_Z \\ -I_Z e^{-(u_a+U_Z)/(R_Z I_Z)} - I_\Delta & \text{für} \quad -U_Z \le u_a < -U_x \\ u_a/R_S & \text{für} \quad -U_x \le u_a < U_x \\ I_Z e^{(u_a-U_Z)/(R_Z I_Z)} + I_\Delta & \text{für} \quad U_x \le u_a < U_Z \\ (u_a - U_Z)/R_Z + I_Z + I_\Delta & \text{für} \quad U_Z \le u_a \end{cases}$$

(8.98a)

mit

$$I_\Delta = (U_x - R_Z I_Z)/R_S,\qquad (8.98b)$$
$$U_x = U_Z - R_Z I_Z \ln(R_S/R_Z). \qquad (8.98c)$$

Diese Kennlinie besitzt die stetige und begrenzte Ableitung

$$\frac{di}{du_a} = \begin{cases} 1/R_Z & \text{für} \quad u_a < -U_Z \\ \dfrac{1}{R_Z} e^{-(u_a+U_Z)/(R_Z I_Z)} & \text{für} \quad -U_Z \le u_a < -U_x \\ 1/R_S & \text{für} \quad -U_x \le u_a < u_x \\ \dfrac{1}{R_Z} e^{(u_a-U_Z)/(R_Z I_Z)} & \text{für} \quad U_x \le u_a < U_Z \\ 1/R_Z & \text{für} \quad U_Z \le u_a \end{cases}$$

(8.99)

8.5 Modellbildung

Zur Charakterisierung des Klemmenverhaltens stehen meistens folgende Daten zur Verfügung, wobei die in Klammern angegebenen Werte sich auf den Op μA741 bei ± 15 V Versorgungsspannung beziehen:

R_e Gegentakt-Eingangswiderstand (2 MΩ),
A_0 Gleichspannungsverstärkung (106 dB),
Sr Anstiegssteilheit (engl. „Slew Rate", 0,5 V/μs),
f_1 tiefste Grenzfrequenz (5 Hz),
R_a Kleinsignal-Ausgangswiderstand (75 Ω),
$\hat{u}_\text{a}$ maximale Ausgangsspannung (14 V).

Zwischen drei dieser Größen und vier Modellparametern bestehen die Beziehungen

$$A_0 = G_\text{m} R_1 , \quad Sr = I_\text{m}/C_1 , \quad f_1 = 1/(2\pi R_1 C_1) . \qquad (8.100\text{a,b,c})$$

Da ein Parameter frei wählbar ist, setzt man z.B. $R_1 = 200$kΩ und erhält für den Op μA741: $G_\text{m} = 1$ S, $I_\text{m} = 80$ mA und $C_1 = 0{,}16\,\mu$F. Die Ausgangskennlinie nach Bild 8.27 läßt sich beschreiben durch die Parameter $U_\text{Z} = 14$ V, $I_\text{Z} = 100$ mA, $R_\text{Z} = 75$ mΩ und $R_S = 75$ kΩ.

Auch in diesem Fall handelt es sich wieder um ein Modell erster Ordnung. Effekte höherer Ordnung, wie z.B. Offsetgrößen und weitere Grenzfrequenzen, können jedoch in einfacher Weise berücksichtigt werden.

8.5.3.2 Der Digitalinverter

Das Standardhilfsmittel zur Entwicklung digitaler Systeme ist die Logiksimulation, die nur mit wenig Amplitudenzuständen und stark vereinfachten Modellen arbeitet. In einigen Fällen interessiert man sich jedoch auch für die analogen Eigenschaften digitaler Komponenten; insbesondere wenn sie zusammen mit analogen Elementen verwendet werden, wie in integrierten Kippschaltungen oder beim Auftreten von Leitungseffekten. Auch hierfür bietet sich eine Makromodellierung an, weil sie mit relativ wenig Netzwerkelementen auskommt, deren Parameter direkt aus dem Klemmenverhalten gewonnen werden können.

Als Beispiel hierzu zeigt Bild 8.28 die Ersatzschaltung eines *Digitalinverters*. Sie berücksichtigt den nichtlinearen Eingangswiderstand R_e, die nichtlineare *Spannungsübertragungskennlinie* (Abkürzung „SpÜK")

$$u_1(u_\text{e}) = R_1 i(u_\text{e}) \qquad \text{für } C_1 = 0 , \qquad (8.101)$$

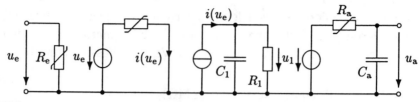

Bild 8.28 Makromodell des Digitalinverters

die Signalverzögerung $\tau \sim R_1 C_1$ sowie den nichtlinearen Ausgangswiderstand im High- bzw. Low-Zustand R_{aH} und R_{aL}. In Bild 8.29 sind die prinzipiellen Verläufe der vier nichtlinearen Kennlinien für den Fall eines TTL-Inverters dargestellt.

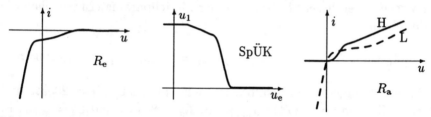

Bild 8.29 Nichtlineare Kennlinien des TTL-Inverters

Ein Vorteil der beschriebenen Analysemethode besteht darin, daß man die nichtlinearen Kennlinien einem Datenblatt punktweise entnehmen kann. Zwischenwerte und die Ableitungen werden durch *Spline-Approximation* bestimmt. Die Umschaltung zwischen R_{aH} und R_{aL} wird durch Über- bzw. Unterschreitung der Schwellspannung U_S gesteuert:

$$R_a = \begin{cases} R_{aH} & \text{für } u_1 > U_S \\ R_{aL} & \text{für } u_1 \leq U_S \end{cases}. \tag{8.102}$$

Ein LH-Wechsel am Ausgang bewirkt, daß der Ausgangswiderstand gleich R_{aH} gesetzt wird, während ein HL-Wechsel auf R_{aL} umschaltet. Der Kondensator C_a, der die Pinkapazität repräsentiert, sorgt dabei für die Stetigkeit der Spannung und des Stromes von R_a.

Das Inverter-Makro läßt sich zu anderen Gatterbausteinen erweitern, indem man die logische Verknüpfung mit einer idealen Diodenlogik durchführt. Jeder Eingang wird hierbei durch einen nichtlinearen Widerstand R_e beschrieben, während der Ausgang des Verknüpfungsnetzwerkes den Eingang der SpÜK darstellt. Die unterschiedlichen Signalverzögerungen für den LH- bzw. HL-Übergang bei TTL-Gattern können noch durch eine umschaltbare Kapazität C_1 berücksichtigt werden.

8.5.4 Mehrleitersysteme

Die elektromagnetische Verkopplung paralleler Signalleitungen wird einerseits in bestimmten Hochfrequenzschaltungen – wie z.B. Richtkoppler – ausgenutzt und stellt andererseits einen parasitären Effekt dar, der als Neben- oder Übersprechen bezeichnet wird (vgl. Abschn. 5.4). Im Zusammenhang mit digitalen Schaltungen interessiert man sich hauptsächlich für die Überkopplung von Impulsen zwischen parallelen Leitungen inhomogener Koppelmedien.

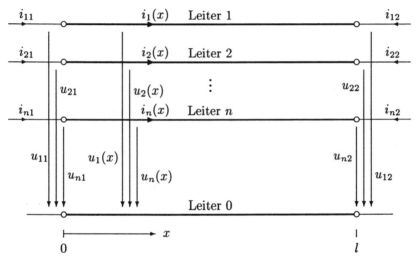

Bild 8.30 Definition der Ströme und Spannungen eines $(n+1)$-Leitersystems mit der Ortskoordinate x

Unter der Annahme rein transversaler Feldkomponenten und bei Vernachlässigung von Verlusten gelten für die Anordnung aus $n+1$ parallelen, längshomogenen Leitern in Bild 8.30 die Leitungsdifferentialgleichungen (5.46). Die *Leitungsbeläge* $\boldsymbol{L'}$ und $\boldsymbol{C'}$ müssen entweder gemessen oder numerisch bestimmt werden, wofür leistungsfähige Verfahren und Programme existieren. Da die magnetischen Eigenschaften des Koppelmediums sich meistens nicht von denen des Vakuums unterscheiden, gilt in diesen Fällen mit Gl. (5.49b)

$$\boldsymbol{L'} = \boldsymbol{L'_0} = c_0^{-2} \boldsymbol{C'}_0^{-1}.$$

Hierin ist $\boldsymbol{C'_0}$ die Matrix der Kapazitätsbeläge für Vakuum als Dielektrikum und c_0 die dazugehörige Lichtgeschwindigkeit.

Während das Koppelmedium bzw. Dielektrikum bezüglich der Ortskoordinate x als homogen vorausgesetzt wird, kann es in der dazu

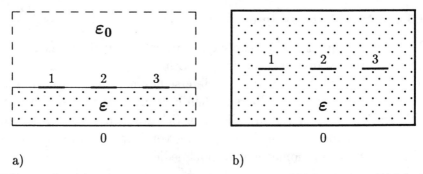

Bild 8.31 (3 + 1)-Leitersystem mit a) inhomogenem und b) homogenem Dielektrikum im Querschnitt

senkrechten Ebene durchaus inhomogen, z.B. geschichtet sein. Dieser Fall, den Bild 8.31a zeigt, liegt bei den sog. Streifenleitungen meistens vor. Es gibt aber auch Mehrleitersysteme, in denen das Dielektrikum mit der Permittivität ε und der Permeabilität $\mu = \mu_0$ im Bereich des Koppelraumes als homogen betrachtet wird, wie in Bild 8.31b.

Die allgemeine Lösung der Leitungsgleichungen läßt sich im inhomogenen Fall in der Form [8.7]

$$u(x,t) = A[f_1(x,t) + f_2(x,t)], \quad (8.103a)$$
$$i(x,t) = C'AV[f_1(x,t) - f_2(x,t)], \quad (8.103b)$$

mit der Eigenvektormatrix

$$A = (a_1, \ldots, a_n) \quad (8.104)$$

angeben. Hierin stellen die Spaltenvektoren a_j ($j = 1, \ldots, n$) die Eigenvektoren der n unterschiedlichen Wellenmoden dar. Weiter sind die Elemente v_j der Diagonalmatrix

$$V = \mathrm{diag}(v_j), \quad j = 1, \ldots, n \quad (8.105)$$

die Wellenausbreitungsgeschwindigkeiten dieser Moden, deren Orts- und Zeitabhängigkeit durch die Vektoren $f_{1/2}(x,t)$ beschrieben wird. Die allgemeine Lösung, Gl. (8.103), in die Leitungsgleichungen eingesetzt, liefert die *Eigenwertgleichung*

$$(L'C' - v_j^{-2}\mathbf{1})a_j = 0. \quad (8.106)$$

Mit den Verfahren der linearen Algebra erhält man hieraus die insgesamt n Eigenwerte $\lambda_j = v_j^{-2}$ und Eigenvektoren a_j (vgl. Abschn. 1.5.3 des ersten Bandes).

8.5 Modellbildung

In Gl. (8.103) bewirkt die Multiplikation der Vektoren $f_1 \pm f_2$ mit den Matrizen A bzw. $C'AV$ eine Modenverkopplung der Spannungs- und Stromwellen. Diese Verkopplung läßt sich aufheben für die transformierten Größen

$$\tilde{u} = A^{-1}u, \qquad \tilde{i} = B^{-1}i \qquad (8.107\text{a,b})$$

mit

$$B^{-1} = A^T, \qquad (8.107\text{c})$$

die ein System von n entkoppelten Einfachleitungen beschreiben. Dieses wird vollständig charakterisiert durch die auf Diagonalform transformierte *Wellenleitwertmatrix*

$$\tilde{Y}_\text{w} = B^{-1}C'AV \qquad (8.108)$$

und die *Wellenlaufzeitmatrix*

$$\tau = lV^{-1}. \qquad (8.109)$$

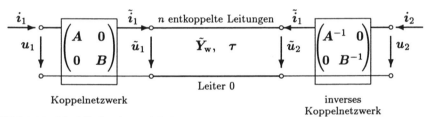

Bild 8.32 Modell des $(n+1)$-Leitersystems

Um die vollständige Ersatzschaltung von Bild 8.32 zu gewinnen, werden noch die Transformationsbeziehungen (8.107a,b) für beide Leitungsenden in Kettenform gebracht (mit Kettenbepfeilung):

$$\begin{pmatrix} u_1 \\ i_1 \end{pmatrix} = \begin{pmatrix} A & 0 \\ 0 & B \end{pmatrix} \begin{pmatrix} \tilde{u}_1 \\ \tilde{i}_1 \end{pmatrix}, \quad \begin{pmatrix} \tilde{u}_2 \\ \tilde{i}_2 \end{pmatrix} = \begin{pmatrix} A^{-1} & 0 \\ 0 & B^{-1} \end{pmatrix} \begin{pmatrix} u_2 \\ i_2 \end{pmatrix}.$$
(8.110a,b)

Diese beiden Koppelnetzwerke stellen zueinander inverse Mehrtor-Proportionalübersetzer dar; d.h. bei einer direkten Kettenschaltung erhält man als resultierende Kettenmatrix die Einheitsmatrix. Realisierungen lassen sich in unterschiedlicher Weise durch mehrfach gesteuerte Spannungs- und Stromquellen angeben, wobei eine Variante in Bild 8.33 in vektorieller Form dargestellt ist.

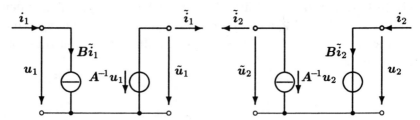

Bild 8.33 Ersatzschaltbilder der beiden Koppelnetzwerke (Variante mit inneren Spannungs- und äußeren Stromquellen)

Ist das Dielektrikum im Bereich des Koppelraumes homogen, so gilt nach Abschn. 5.4.1

$$v_j = c = (\mu\varepsilon)^{-1/2}, \quad j = 1,\ldots,n,$$
$$\boldsymbol{L'C'} = c^{-2}\boldsymbol{1}.$$

In diesem Fall ist die Eigenwertgleichung (8.106) für beliebige $a_j \neq 0$ erfüllt, und man geht von dem Lösungsansatz gemäß Gl. (5.48) aus. Es liegt ein Sonderfall des dargestellten Modelles vor, wenn man z.B.

$$\boldsymbol{A} = \boldsymbol{1} \qquad \boldsymbol{B} = \boldsymbol{Y}_\mathrm{w}\tilde{\boldsymbol{Y}}_\mathrm{w}^{-1} \qquad (8.111\mathrm{a,b})$$

setzt, wobei $\tilde{\boldsymbol{Y}}_\mathrm{w}$ eine beliebige, invertierbare Diagonalmatrix ist. In Aufgabe 8.12 wird das entsprechende Modell eines Dreileitersystems bei Vorgabe des Gleich- und Gegentakt-Wellenwiderstandes hergeleitet.

8.6 Simulationsbeispiele

Anhand von drei charakteristischen Beispielen sollen einerseits die Möglichkeiten und Eigenschaften des beschriebenen Analyseverfahrens und des darauf basierenden Simulators SIMULACE verdeutlicht werden. Andererseits zeigen die den Kapiteln 4, 5 und 6 entnommenen Problemstellungen, daß die Simulation ein unentbehrliches Handwerkszeug der Nachrichtenübertragung darstellt. Alle drei Beispiele entstammen der Literatur [8.3, 8.4] und wurden mit unterschiedlichen Versionen von SPICE simuliert. Die Ergebnisse stimmen im wesentlichen überein, wobei kleinere Abweichungen beim zweiten Beispiel durch die unterschiedliche Modellbildung zu erklären sind. Das hier eingesetzte Makromodell des Digitalinverters ist in SPICE nicht verfügbar. Für das letzte Beispiel wird von den Verfassern eine Rechenzeit von fünf Stunden angegeben. Hier konnte eine vollständige

Übereinstimmung der Ergebnisse auf einem vergleichbaren Rechner bei nur zehn Minuten Simulationsdauer erzielt werden.

8.6.1 Aktiver RC-Bandpaß

Mit Hilfe eines Filterkataloges wurde ein aktiver Bandpaß entworfen, der folgende Eigenschaften besitzen soll:

- Durchlaßgrenzen 90 Hz, 110 Hz
- Verstärkung im Durchlaßbereich 20 dB
- max. Verstärkungsschwankung 1 dB
- max. Verstärkung im Sperrbereich -10 dB
  für $f \leq 75$ Hz bzw. $f \geq 133$ Hz.

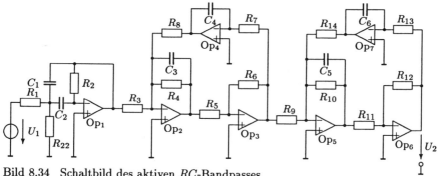

Bild 8.34 Schaltbild des aktiven RC-Bandpasses

Bei Tschebyscheff-Approximation ergibt sich der Filtergrad zu $n = 6$ und die Realisierung von Bild 8.34. Die Kondensatoren C_1 bis C_6 haben alle einen Wert von 100 nF, während für die Widerstände folgende Tabelle gilt:

$R_1 = 12{,}95$ kΩ	$R_5 = 15{,}00$ kΩ	$R_{10} = 356{,}6$ kΩ
$R_{22} = 0{,}846$ kΩ	$R_6 = 15{,}00$ kΩ	$R_{11} = 15{,}00$ kΩ
$R_2 = 322{,}2$ kΩ	$R_7 = 15{,}00$ kΩ	$R_{12} = 15{,}00$ kΩ
$R_3 = 150{,}0$ kΩ	$R_8 = 14{,}05$ kΩ	$R_{13} = 15{,}00$ kΩ
$R_4 = 293{,}8$ kΩ	$R_9 = 47{,}00$ kΩ	$R_{14} = 20{,}71$ kΩ

Mit dem in Abschn. 8.5.3.1 dargestellten Makromodell des Operationsverstärkers und den Parametern des μA 741 soll nun das Verhalten der realen Schaltung im Frequenz- und Zeitbereich simuliert werden. Der Betragsfrequenzgang von Bild 8.35 zeigt, daß die obigen Spezifikationen eingehalten werden.

Zur Überprüfung der Dynamik und der Großsignalstabilität wird der Bandpaß noch mit einer geschalteten Sinusschwingung der Mittenfre-

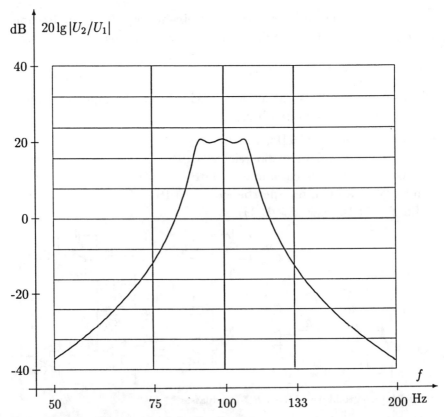

Bild 8.35 Betragsfrequenzgang des Bandpasses

quenz angeregt (Bild 8.36). Bei einer Anregungsamplitude von $\hat{u}_1 = 1,5\,\text{V}$ und der Verstärkung im Durchlaßbereich erreicht die Ausgangsamplitude die Größenordnung der Versorgungsspannung. Damit ist das Filter hinsichtlich der Dynamik optimiert. Da die Ausgangsspannung bei verschwindender Erregung wieder abklingt, liegt für die aktive Schaltung auch *Großsignal-Stabilität* vor.

8.6.2 Antiparalleles Nebensprechen

Als Anwendungsbeispiel zu Kapitel 5 soll das aus der Literatur bekannte antiparallele Nebensprechen gem. Bild 8.37 betrachtet werden. Hierbei wird ein Digitalsignal auf einem verkoppelten Dreileitersystem in die eine Richtung und ein zweites Signal in die andere Richtung übertragen. In diesem ungünstigen Betriebsfall liegt neben dem niederohmigen Sendegatter der störenden Leitung das hochohmige Empfangsgatter der gestörten Leitung. Die durch eine Schalt-

8.6 Simulationsbeispiele

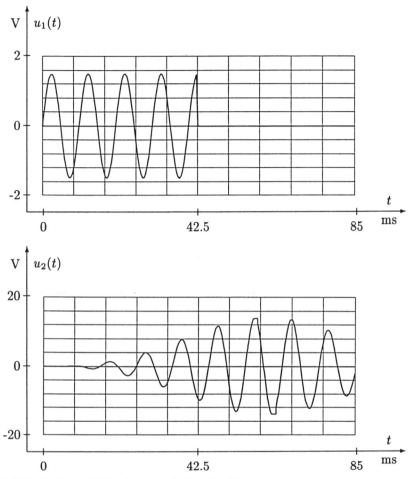

Bild 8.36 Großsignal-Einschwingverhalten des Bandpasses

flanke übergekoppelte Spannung kann nicht sofort abgebaut werden. Liegt die gestörte Leitung beispielsweise auf dem H-Pegel, dann erzeugt eine HL-Flanke auf der störenden Leitung einen negativen Spannungsimpuls auf der gestörten Leitung, der so groß sein kann, daß der Schwellwert unterschritten und der Störimpuls zum Gatterausgang übertragen wird.

Für die Simulation dieses Effektes sind als Sende- und Empfangsgatter vier gleiche Inverter ($I_1, \ldots, I_4$) verwendet worden, die durch das Makromodell von Abschn. 8.5.3.2 beschrieben werden. Beim Dreileitersystem (DLTG) handelt es sich um das Modell nach Aufg. 8.12, das durch den Gleich- und Gegentaktwellenwiderstand parametrisiert

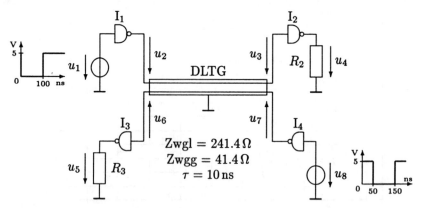

Bild 8.37 Schaltbild zum antiparallelen Nebensprechen

ist. Die entsprechenden Werte $Z_\text{wgl}, Z_\text{wgg}$ und die Laufzeit τ sind im Schaltbild angegeben.

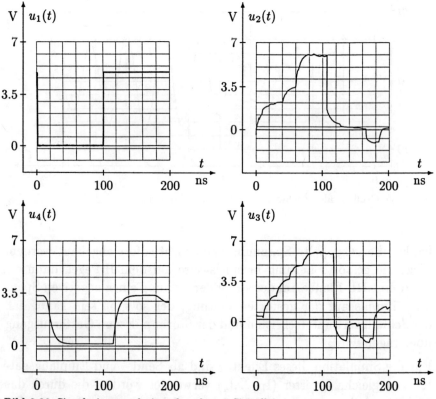

Bild 8.38 Simulationsergebnisse der oberen Signalleitung

In der Ergebnisdarstellung zur oberen Signalleitung gem. Bild 8.38

sieht man, daß das Sendesignal ungestört übertragen wird. Die Summe der Laufzeiten der beiden TTL-Inverter und der Leitung beträgt ca. 20 ns. Bild 8.39 zeigt deutlich den durch die HL-Flanke der oberen Signalleitung erzeugten Störimpuls.

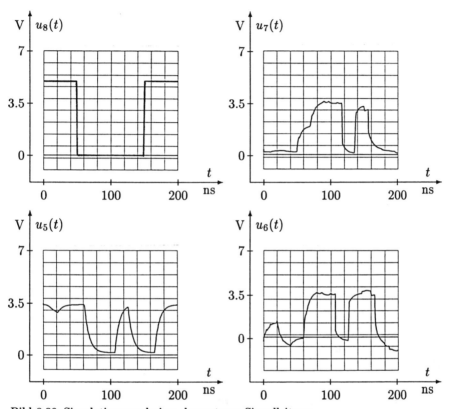

Bild 8.39 Simulationsergebnisse der unteren Signalleitung

8.6.3 Phase-Locked-Loop

Das dritte Simulationsbeispiel beschäftigt sich mit dem in Abschn. 6.3.3 vorgestellen Phasenregelkreis (abgekürzt „PLL"). Die in Bild 8.40 dargestellte Schaltung, bestehend aus einem Frequenzmodulator oder „VCO", einem Phasendetektor und einen RC-Glied als Tiefpaß, wird z.B. zur Demodulation von FM-Signalen eingesetzt. Der zweite VCO, der nur für die Simulation benötigt wird, erzeugt am Ausgang eine frequenzmodulierte Schwingung, deren Frequenz durch die Rampenfunktion $v(t)$ gesteuert wird:

$$x(t) = A_0 \sin[2\pi f_0 t + K_v \int v(t)\,dt]. \tag{8.112}$$

Da der Phasendetektor meist digital realisiert wird, gilt für diesen

$$y(t) = K_p \, \text{sgn}[x(t)] \, \text{sgn}[w(t)] \,.$$

Während das Makromodell des VCO in Aufg. 8.11 angegeben wird, stellt der digitale Phasendetektor lediglich einen Sonderfall von Gl. (8.77) dar.

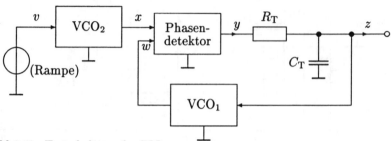

Bild 8.40 Testschaltung des PLL

Durch Simulation sollen nun die Fang- und Haltebereiche für folgende Parametrisierung bestimmt werden:

$$A_0 = 1\,\text{V}, \quad f_0 = 2,5\,\text{kHz}, \quad K_v = 1\,\text{kHz/V},$$
$$K_p = -1\,\text{V}, \quad R_T = 3,6\,\text{k}\Omega, \quad C_T = 170\,\text{nF}\,.$$

Im ersten Fall wird die Rampenfunktion von $-1\,\text{V}$ bis $1.5\,\text{V}$ in $80\,\text{ms}$ durchlaufen, wobei die Frequenz des Signales $x(t)$ zwischen $1500\,\text{Hz}$ und $4000\,\text{Hz}$ variiert wird. In Bild 8.41 ist die Steuerspannung $z(t)$ des VCO für diesen Fall dargestellt. Sie folgt der Rampenfunktion zwischen $2000\,\text{Hz}$ und $3500\,\text{Hz}$. Damit ergibt sich der untere Fangbereich zu $500\,\text{Hz}$ und der obere Haltebereich zu $1000\,\text{Hz}$.

Nun wird die Rampenfunktion in $80\,\text{ms}$ zwischen $1\,\text{V}$ und $-1,5\,\text{V}$ durchlaufen, was einer Frequenzvariation im Bereich von $3500\,\text{Hz}$ bis $1000\,\text{Hz}$ entspricht (Bild 8.42). In diesem Fall folgt die Steuerspannung $z(t)$ der Rampenfunktion zwischen $3000\,\text{Hz}$ und $1500\,\text{Hz}$. Damit ergibt sich der obere Fangbereich zu $500\,\text{Hz}$ und der untere Haltebereich zu $1000\,\text{Hz}$. Beide Fangbereiche sind damit halb so groß wie die Haltebereiche von jeweils $1000\,\text{Hz}$.

8.6 Simulationsbeispiele

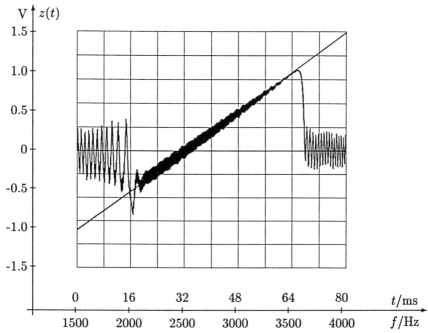

Bild 8.41 Simulation des unteren Fang- und oberen Haltebereichs des PLL

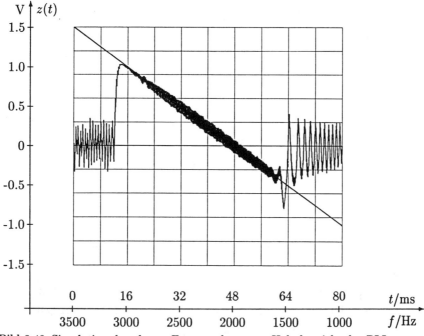

Bild 8.42 Simulation des oberen Fang- und unteren Haltebereichs des PLL

8.7 Aufgaben zu Kapitel 8

Aufgabe 8.1

Treten in einem Netzwerk Kondensatormaschen und Spulenschnittmengen auf, so liegt jeweils eine Kapazität in einem Verbindungszweig bzw. eine Induktivität in einem Baumzweig. Die damit verbundenen topologischen und numerischen Probleme lassen sich durch den Einbau zusätzlicher Energieverbraucher (Widerstände bzw. Leitwerte) beseitigen.

a) Durch welches Element läßt sich eine Verbindungszweigkapazität bzw. Baumzweiginduktivität beseitigen? Wie lautet die entsprechende Bedingung, damit der Fehler für Frequenzen $f \leq f_{max}$ begrenzt bleibt?

b) In den topologischen Netzwerkgleichungen

$$0 = \begin{pmatrix} 1 & 0 & 0 & \vdots & 1 & -1 \\ 0 & 1 & 0 & \vdots & 0 & 1 \\ 0 & 0 & 1 & \vdots & -1 & 0 \end{pmatrix} \begin{pmatrix} i_1 \\ i_2 \\ i_3 \\ \hdashline i_4 \\ i_5 \end{pmatrix} \begin{matrix} \\ \leftarrow \text{Induktivität } L_B \\ \text{in Zweig 2} \end{matrix}$$

mit $\underbrace{}_{1}$ und $\underbrace{}_{S}$

stellt i_2 den Strom durch eine Baumzweiginduktivität L_B dar. Zeigen Sie hieran den Einbau eines zusätzlichen Energieverbrauchers.

Aufgabe 8.2

Gesucht ist die EZU der gegebenen Schaltung mit dem nichtlinearen Widerstand R.

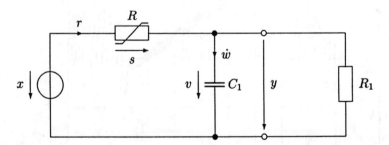

Aufgabe 8.3

Die nichtlinearen Energiespeicher werden oft durch $C(u)$ bzw. $L(i)$ beschrieben. Diese Form ergibt sich aus den Ansatzgleichungen

$$i_{CB} = \frac{dq_{CB}}{dt} = \frac{dq_{CB}}{du_{CB}} \frac{du_{CB}}{dt} = C(u_{CB})\dot{u}_{CB},$$

$$u_{\text{LV}} = \frac{\mathrm{d}\varphi_{\text{LV}}}{\mathrm{d}t} = \frac{\mathrm{d}\varphi_{\text{LV}}}{\mathrm{d}i_{\text{LV}}}\frac{\mathrm{d}i_{\text{LV}}}{\mathrm{d}t} = L(i_{\text{LV}})\dot{i}_{\text{LV}}\,.$$

Zeigen Sie unter Einführung der Matrizenschreibweise

$$\boldsymbol{G}(\boldsymbol{v}) = \begin{pmatrix} \boldsymbol{C}(u_{\text{CB}}) \\ \boldsymbol{L}(i_{\text{LV}}) \end{pmatrix},$$

wie Gl. (8.17) bzw. Bild 8.5 hierfür zu modifizieren ist.

Aufgabe 8.4
Die Sprungantwort der *RC*-Schaltung soll durch numerische Integration bestimmt werden. Wenden Sie hierzu die Trapezregel mit der konstanten Schrittweite $T_n = 0{,}25\,T$ ($T = RC$) an. Stellen Sie die drei Ergebnisse für $b_0 = 0$, $1/2$ und 1 in einem Diagramm im Bereich $0 \le t_n \le 2T$ dar.

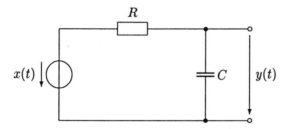

Aufgabe 8.5
Zur Berechnung des Integrationsfehlers geht man von der analytischen Darstellung einer Komponenten des Zustandsvektors $\boldsymbol{w}$ im Zeitpunkt t_n aus:

$$w(t_n) = w(t_{n-1}) + \int\limits_{t_{n-1}}^{t_n} f(t)\,\mathrm{d}t\,. \tag{8.113}$$

Der Integrand $f(t) = \dot{w}(t)$ wird hierbei an einer Stelle Θ, mit $t_{n-1} < \Theta < t_n$, in eine Taylorsche Reihe entwickelt:

$$f(t) = f(\Theta) + (t-\Theta)\dot{f}(\Theta) + \frac{(t-\Theta)^2}{2}\ddot{f}(\Theta) + \cdots\,. \tag{8.114}$$

Mit dem Ergebnis $\tilde{w}(t_n)$ der numerischen Integration kann nun der Quadraturfehler des n-ten Zeitschrittes

$$\delta(n) = \tilde{w}(t_n) - w(t_n) \tag{8.115}$$

ermittelt werden.

Berechnen Sie hiermit den Integrationsfehler der Trapezregel nach Gl. (8.26) für $b_0 = 1/2$.

Aufgabe 8.6

Zur Untersuchung der Stabilität betrachtet man die lineare Test-Differentialgleichung 1. Ordnung

$$\dot{w}(t) = \lambda w(t), \qquad (8.116)$$

mit der analytischen Lösung

$$w(t) = w(t_0) e^{\lambda(t-t_0)} \quad \text{für} \quad t \geq t_0. \qquad (8.117)$$

Diese Lösung ist stabil, wenn für die komplexe Eigenfrequenz $\lambda = u + jv$ gilt

$$\text{Re}(\lambda) = u \leq 0. \qquad (8.118)$$

Zeigen Sie durch Zeitdiskretisierung von Gl. (8.116), daß für die Trapezregel ($b_0 = 1/2$) Stabilität in der abgeschlossenen linken $T_n \lambda$-Ebene vorliegt.

Aufgabe 8.7

Der Arbeitspunkt der dargestellten Schaltung mit dem nichtlinearen Widerstand R läßt sich graphisch durch Bild 8.13 interpretieren.

Veranschaulichen Sie hieran die Entstehung des numerischen Lösungspunktes für die Fixpunkt- und die Newton-Iteration.

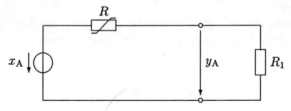

Aufgabe 8.8

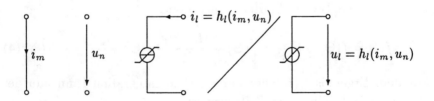

Gegeben ist eine mehrfach gesteuerte nichtlineare Strom- bzw. Spannungsquelle. Zur Durchführung der Newton-Iteration werden die partiellen Ableitungen $\partial h_l / \partial i_m$ und $\partial h_l / \partial u_n$ gebildet.

8.7 Aufgaben zu Kapitel 8

a) Geben Sie die **H**-Matrix im Bereich der Zeilen und Spalten l, m, n an für den Fall $i_m, u_n \in \boldsymbol{s}$.

b) Welche Ergänzungen sind im Fall $i_m, u_n \notin \boldsymbol{s}$ erforderlich?

Aufgabe 8.9
Ein Problem stellt die Tatsache dar, daß die Umkehrfunktionen der nichtlinearen Energiespeicher gem. Gl. (8.56) zum Teil nicht explizit vorliegen. Dieser Vektor $\boldsymbol{w}'_A$ läßt sich jedoch iterativ bestimmen aus den gegebenen nichtlinearen Beziehungen

$$\boldsymbol{v}' = \boldsymbol{g}'(\boldsymbol{w}') . \tag{8.119}$$

Leiten Sie eine entsprechende Iterationsformel her, indem Sie Gl. (8.119) linearisieren und mit dem bereits berechneten Fixpunkt $\hat{\boldsymbol{v}}' = \boldsymbol{v}'(n)$ gleichsetzen.

Aufgabe 8.10
Man beweise die Gültigkeit der Gln. (8.93) für den Widerstandsbereich des Feldeffekttransistors.

Aufgabe 8.11
Entwerfen Sie das Makromodell des VCO nach Gl. (8.112) unter Berücksichtigung des linearen Ein- und Ausgangswiderstandes R_e bzw. R_a.

Aufgabe 8.12
Das symmetrische Dreileitersystem läßt sich nach Abschn. 5.4.2 durch die Wellenwiderstände für den Gleich- und Gegentaktbetrieb Z_{wgl}, Z_{wgg} sowie die Laufzeit τ parametrisieren. Hiermit soll nun schrittweise ein Modell entsprechend Bild 8.32 entwickelt werden, wobei es sich als vorteilhafter erweist, von Wellenleitwerten auszugehen.

a) Bestimmen Sie zunächst die Kapazitätsbeläge C' und C'_{12} durch Auflösung des Gleichungssystems (5.55) und daraus die Wellenleitmatrix $\boldsymbol{Y}_w$ von Gl. (5.49a).

b) Mit dem Ansatz

$$\tilde{\boldsymbol{Y}}_w = \begin{pmatrix} Y_w & 0 \\ 0 & Y_w \end{pmatrix}, \qquad Y_w = (Y_{wgl} Y_{wgg})^{1/2}$$

können nun die Matrizen $\boldsymbol{A}$ und $\boldsymbol{B}$ gem. Gl. (8.111) berechnet werden.

c) Zeichnen Sie das Ersatzschaltbild des Dreileitersystems, bestehend aus zwei Einfachleitungen und den beiden Koppelnetzwerken entsprechend Bild 8.33.

Anhang

A.1 Umrechnungsformeln der Zweitormatrizen

$$Z = \begin{pmatrix} \dfrac{Y_{22}}{\det Y} & \dfrac{-Y_{12}}{\det Y} \\ \dfrac{-Y_{21}}{\det Y} & \dfrac{Y_{11}}{\det Y} \end{pmatrix} = \begin{pmatrix} \dfrac{\det H}{H_{22}} & \dfrac{H_{12}}{H_{22}} \\ \dfrac{-H_{21}}{H_{22}} & \dfrac{1}{H_{22}} \end{pmatrix} = \begin{pmatrix} \dfrac{1}{P_{11}} & \dfrac{-P_{12}}{P_{11}} \\ \dfrac{P_{21}}{P_{11}} & \dfrac{\det P}{P_{11}} \end{pmatrix} = \begin{pmatrix} \dfrac{A_{11}}{A_{21}} & \dfrac{\det A}{A_{21}} \\ \dfrac{1}{A_{21}} & \dfrac{A_{22}}{A_{21}} \end{pmatrix}$$

$$Y = \begin{pmatrix} \dfrac{Z_{22}}{\det Z} & \dfrac{-Z_{12}}{\det Z} \\ \dfrac{-Z_{21}}{\det Z} & \dfrac{Z_{11}}{\det Z} \end{pmatrix} = \begin{pmatrix} \dfrac{1}{H_{11}} & \dfrac{-H_{12}}{H_{11}} \\ \dfrac{H_{21}}{H_{11}} & \dfrac{\det H}{H_{11}} \end{pmatrix} = \begin{pmatrix} \dfrac{\det P}{P_{22}} & \dfrac{P_{12}}{P_{22}} \\ \dfrac{-P_{21}}{P_{22}} & \dfrac{1}{P_{22}} \end{pmatrix} = \begin{pmatrix} \dfrac{A_{22}}{A_{12}} & \dfrac{-\det A}{A_{12}} \\ \dfrac{-1}{A_{12}} & \dfrac{A_{11}}{A_{12}} \end{pmatrix}$$

$$H = \begin{pmatrix} \dfrac{\det Z}{Z_{22}} & \dfrac{Z_{12}}{Z_{22}} \\ \dfrac{-Z_{21}}{Z_{22}} & \dfrac{1}{Z_{22}} \end{pmatrix} = \begin{pmatrix} \dfrac{1}{Y_{11}} & \dfrac{-Y_{12}}{Y_{11}} \\ \dfrac{Y_{21}}{Y_{11}} & \dfrac{\det Y}{Y_{11}} \end{pmatrix} = \begin{pmatrix} \dfrac{P_{22}}{\det P} & \dfrac{-P_{12}}{\det P} \\ \dfrac{-P_{21}}{\det P} & \dfrac{P_{11}}{\det P} \end{pmatrix} = \begin{pmatrix} \dfrac{A_{12}}{A_{22}} & \dfrac{\det A}{A_{22}} \\ \dfrac{-1}{A_{22}} & \dfrac{A_{21}}{A_{22}} \end{pmatrix}$$

$$P = \begin{pmatrix} \dfrac{1}{Z_{11}} & \dfrac{-Z_{12}}{Z_{11}} \\ \dfrac{Z_{21}}{Z_{11}} & \dfrac{\det Z}{Z_{11}} \end{pmatrix} = \begin{pmatrix} \dfrac{\det Y}{Y_{22}} & \dfrac{Y_{12}}{Y_{22}} \\ \dfrac{-Y_{21}}{Y_{22}} & \dfrac{1}{Y_{22}} \end{pmatrix} = \begin{pmatrix} \dfrac{H_{22}}{\det H} & \dfrac{-H_{12}}{\det H} \\ \dfrac{-H_{21}}{\det H} & \dfrac{H_{11}}{\det H} \end{pmatrix} = \begin{pmatrix} \dfrac{A_{21}}{A_{11}} & \dfrac{-\det A}{A_{11}} \\ \dfrac{1}{A_{11}} & \dfrac{A_{12}}{A_{11}} \end{pmatrix}$$

$$A = \begin{pmatrix} \dfrac{Z_{11}}{Z_{21}} & \dfrac{\det Z}{Z_{21}} \\ \dfrac{1}{Z_{21}} & \dfrac{Z_{22}}{Z_{21}} \end{pmatrix} = \begin{pmatrix} \dfrac{-Y_{22}}{Y_{21}} & \dfrac{-1}{Y_{21}} \\ \dfrac{-\det Y}{Y_{21}} & \dfrac{-Y_{11}}{Y_{21}} \end{pmatrix} = \begin{pmatrix} \dfrac{-\det H}{H_{21}} & \dfrac{-H_{11}}{H_{21}} \\ \dfrac{-H_{22}}{H_{21}} & \dfrac{-1}{H_{21}} \end{pmatrix} = \begin{pmatrix} \dfrac{1}{P_{21}} & \dfrac{P_{22}}{P_{21}} \\ \dfrac{P_{11}}{P_{21}} & \dfrac{\det P}{P_{21}} \end{pmatrix}$$

A.2 Frequenztransformationen

	Reaktanzfunktion	graphische Darstellung
HP	$\Omega = -\dfrac{\omega_D}{\omega}$, $\quad p' = \dfrac{\omega_D}{p}$	
BP	$\Omega = \dfrac{\omega - \omega_0^2/\omega}{\omega_D - \omega_{-D}}$, $\quad p' = \dfrac{p + \omega_0^2/p}{\omega_D - \omega_{-D}}$	
BS	$\Omega = -\dfrac{\omega_D - \omega_{-D}}{\omega - \omega_0^2/\omega}$, $\quad p' = \dfrac{\omega_D - \omega_{-D}}{p + \omega_0^2/p}$	

$$\omega_{-D}\omega_D = \omega_0^2$$

A.3 Entnormierung der Bauelemente

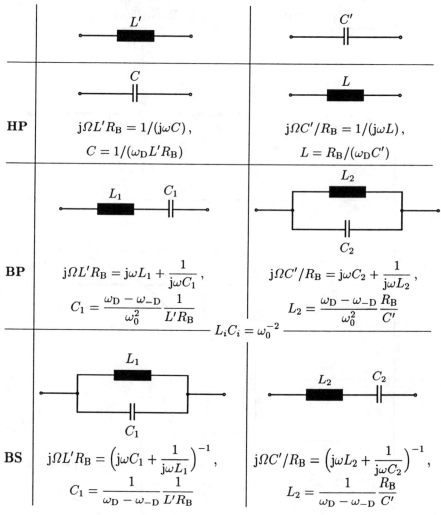

HP	$j\Omega L' R_B = 1/(j\omega C)$, $\quad C = 1/(\omega_D L' R_B)$	$j\Omega C'/R_B = 1/(j\omega L)$, $\quad L = R_B/(\omega_D C')$
BP	$j\Omega L' R_B = j\omega L_1 + \dfrac{1}{j\omega C_1}$, $\quad C_1 = \dfrac{\omega_D - \omega_{-D}}{\omega_0^2} \dfrac{1}{L' R_B}$	$j\Omega C'/R_B = j\omega C_2 + \dfrac{1}{j\omega L_2}$, $\quad L_2 = \dfrac{\omega_D - \omega_{-D}}{\omega_0^2} \dfrac{R_B}{C'}$
	$L_i C_i = \omega_0^{-2}$	
BS	$j\Omega L' R_B = \left(j\omega C_1 + \dfrac{1}{j\omega L_1}\right)^{-1}$, $\quad C_1 = \dfrac{1}{\omega_D - \omega_{-D}} \dfrac{1}{L' R_B}$	$j\Omega C'/R_B = \left(j\omega L_2 + \dfrac{1}{j\omega C_2}\right)^{-1}$, $\quad L_2 = \dfrac{1}{\omega_D - \omega_{-D}} \dfrac{R_B}{C'}$

A.4 Allpaßtransformationen

	Hintransformation	Rücktransformation
HP	$\Omega' = 2\arctan\left[\dfrac{a_0+1}{a_0-1}\dfrac{1}{\tan(\Omega/2)}\right]$	$z' = -\dfrac{z+a_0}{a_0 z+1}$
BP	$\Omega' = 2\arctan\left[\dfrac{(a_0+1)\cos\Omega + a_1}{(a_0-1)\sin\Omega}\right]$	$z' = -\dfrac{z^2 + a_1 z + a_0}{a_0 z^2 + a_1 z + 1}$
BS	$\Omega' = 2\arctan\left[\dfrac{(1-a_0)\sin\Omega}{(1+a_0)\cos\Omega + a_1}\right]$	$z' = \dfrac{z^2 + a_1 z + a_0}{a_0 z^2 + a_1 z + 1}$

	Koeffizientenbedingung
HP	$a_0 = \tan\left(\dfrac{\Omega_\mathrm{D}}{2} - \dfrac{\pi}{4}\right)$
BP	$a_0 = \tan\left(\dfrac{\pi}{4} - \dfrac{\Omega_\mathrm{D} - \Omega_\mathrm{-D}}{2}\right),$
BS	$a_1 = -\dfrac{2\cos[(\Omega_\mathrm{D}+\Omega_\mathrm{-D})/2]}{\cos[(\Omega_\mathrm{D}-\Omega_\mathrm{-D})/2] + \sin[(\Omega_\mathrm{D}-\Omega_\mathrm{-D})/2]}$

A.5 Bessel-Funktionen 1. Art der Ordnung n

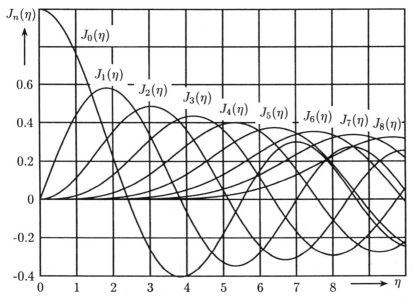

A.6 Grundlagen elektromagnetischer Wellen

Die Gleichungen, die das räumliche und zeitliche Verhalten des elektromagnetischen Felds beschreiben, lassen sich aus den vier Maxwellschen Feldgleichungen ableiten.

A.6.1 Mathematische Grundlagen

Die Maxwell-Gleichungen können in integraler oder differentieller Form geschrieben werden, wobei die differentielle Form unmittelbar zur Wellengleichung führt.

Als wesentliches Werkzeug wird der sog. Nablaoperator ∇ verwendet. Dabei handelt es sich um einen Vektor, der Differentialquotienten für die drei Raumrichtungen enthält, z.B. in kartesischen Koordinaten

$$\nabla = \begin{pmatrix} \delta/\delta x \\ \delta/\delta y \\ \delta/\delta z \end{pmatrix}.$$

Dieser Operator kann wie jeder Vektor mit anderen skalaren oder vektoriellen Größen verknüpft werden:

ϕ = beliebiges skalares Feld z.B. Temperaturverteilung

$\boldsymbol{A}$ = beliebiges vektorielles Feld z.B. elektrisches Feld

$$\nabla \cdot \varphi = \begin{pmatrix} \delta\varphi/\delta x \\ \delta\varphi/\delta y \\ \delta\varphi/\delta z \end{pmatrix} = \operatorname{grad} \varphi \quad \text{Gradient} \rightarrow \text{räumliche Änderung von } \varphi$$

$$\nabla \cdot \boldsymbol{A} = \left(\frac{\delta Ax}{\delta x} + \frac{\delta Ay}{\delta y} + \frac{\delta Az}{\delta z}\right) = \operatorname{div} \boldsymbol{A} \quad \text{Divergenz} \rightarrow \text{Quellen/Senken des Feldes } \boldsymbol{A}$$

$$\nabla \times \boldsymbol{A} = \begin{pmatrix} \dfrac{\delta Ay}{\delta z} - \dfrac{\delta Az}{\delta y} \\ \dfrac{\delta Az}{\delta x} - \dfrac{\delta Ax}{\delta z} \\ \dfrac{\delta Ax}{\delta y} - \dfrac{\delta Ay}{\delta x} \end{pmatrix} = \operatorname{rot} \boldsymbol{A} \quad \text{Rotation} \rightarrow \text{Wirbel im Feld } \boldsymbol{A}$$

Dabei gilt folgende Identität:

$$\operatorname{rot}(\operatorname{rot} \boldsymbol{A}) = \operatorname{grad}(\operatorname{div} \boldsymbol{A}) - \Delta \cdot \boldsymbol{A}$$

mit $\Delta = \dfrac{\delta^2}{\delta x^2} + \dfrac{\delta^2}{\delta y^2} + \dfrac{\delta^2}{\delta z^2}$ = Laplace-Operator.

A.6.2 Physikalische Grundlagen

Die vier Maxwellschen Gleichungen beschreiben das räumliche und zeitliche Verhalten des elektrischen Felds $\boldsymbol{E}$ und des magnetischen Felds $\boldsymbol{H}$ sowie deren Verknüpfung.

Sie fassen bekannte physikalische Gesetzmäßigkeiten zusammen.

a) $\operatorname{rot} \boldsymbol{E} = -\mu \cdot \dfrac{\delta \boldsymbol{H}}{\delta t}$ (Faradaysches Induktionsgesetz)

b) $\operatorname{div} \boldsymbol{E} = \dfrac{1}{\varepsilon} \cdot \varrho$ (Gaußsches Gesetz, Ladungen = Quellen des $\boldsymbol{E}$-Felds)

c) $\operatorname{rot} \boldsymbol{H} = \varepsilon \cdot \dfrac{\delta \boldsymbol{E}}{\delta t} + \boldsymbol{S}$ (Amperesches Gesetz)

d) $\operatorname{div} \boldsymbol{H} = 0$ (Quellenfreiheit des Magnetfelds)

Dabei ist ϱ die (elektrische) Ladungsträgerdichte und $\boldsymbol{S}$ die Stromdichte.

A.6.3 Wellengleichung

Für den Fall, daß sich die Wellen in einem homogenen und isotropen Dielektrikum ausbreiten, gilt:

$\varrho = 0$, d.h. es gibt keine Netto-Ladung;

$\mu_r = 1$, d.h. das Material ist unmagnetisch.

Mit Hilfe der nun bekannten Beziehungen läßt sich beispielsweise für das $\boldsymbol{E}$-Feld die Wellengleichung herleiten:

$$\operatorname{rot}(\operatorname{rot} \boldsymbol{E}) \stackrel{a)}{=} \operatorname{rot}\left(-\mu \frac{\delta \boldsymbol{H}}{\delta t}\right),$$

$$\operatorname{grad} \underbrace{\operatorname{div} \boldsymbol{E}}_{=0} - \Delta \boldsymbol{E} = -\mu \cdot \frac{\delta}{\delta t}(\operatorname{rot} \boldsymbol{H}),$$

$$-\Delta \boldsymbol{E} \stackrel{c)}{=} -\mu \cdot \varepsilon \cdot \frac{\delta^2 \boldsymbol{E}}{\delta t^2}$$

und damit für die x-Komponente stellvertretend für die y- und z-Komponente

$$\Delta E_x - \mu \varepsilon \frac{\delta^2 E_x}{\delta t^2} = 0$$

Dies reduziert sich auf eine einfachere Form im Falle, daß die Ausbreitung nur in z-Richtung erfolgen soll, in x- und y-Richtung dagegen keinerlei Beschränkungen vorliegen:

$$\frac{\delta^2 E_x}{\delta z^2} - \mu\varepsilon \frac{\delta^2 E_x}{\delta t^2} = 0.$$

Dies ist die Gleichung die die Ausbreitung einer sog. „ebenen" Welle im freien Raum beschreibt. Dabei hat das E-Feld nur Komponenten senkrecht zur Ausbreitungsrichtung. Analoge Gleichungen gelten für das Magnetfeld, wobei noch zusätzlich gilt, daß E senkrecht auf H steht.

A.7 Ausbreitungsgeschwindigkeiten elektromagnetischer Wellen

Bei den bisherigen Betrachtungen zur Ausbreitung von Wellen (allgemein und speziell elektromagnetische Wellen) war immer nur von einer festen Frequenz ω und damit verbunden einer festen Wellenlänge λ die Rede. Dies deshalb, damit die nötige Mathematik noch überschaubar bleibt.

In der Wirklichkeit treten jedoch immer mehrere Frequenzen auf, die zu unterschiedlichen n für die Ausbreitungsgeschwindigkeit führen, da die Frequenzabhängigkeit von Parametern wie z.B. der Brechzahl, berücksichtigt werden muß.

A.7.1 Ausbreitung monochromatischer Wellen

Festlegung: Ausbreitungsrichtung identisch mit z-Achse

Damit findet man als Lösung der eindimensionalen Wellengleichung:

$$E(z,t) = E_0 \cos(wt - kz)$$

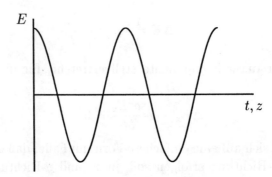

A.7 Ausbreitungsgeschwindigkeiten elektromagnetischer Wellen

Die Ausbreitungsgeschwindigkeit dieser Welle erhält man, wenn man die Frage beantwortet: Wie bewegt sich ein Punkt fester Phase φ_0 fort? Dies bedeutet mathematisch formuliert:

$$\omega t - kz = \varphi_0 = \text{konstant},$$
$$\frac{d\varphi_0}{dt} = \omega - k\frac{dz}{dt} = 0,$$
$$\frac{dz}{dt} = \frac{\omega}{k}.$$

Damit ist die „Phasengeschwindigkeit" berechnet, d.h. die Geschwindigkeit, mit der sich ein Punkt konstanter Phase in z-Richtung bewegt:

$$v_p = \frac{\omega}{k}$$

A.7.2 Fourier-Zerlegung

Aus den Grundlagen der Elektrotechnik ist bekannt, daß jede (periodische) Funktion zusammengesetzt werden kann durch entsprechend gewichtete Überlagerung von Sinus- und Cosinusfunktionen einer festen Grundfrequenz und deren ganzzahligen Vielfachen (Oberwellen, Harmonische). Durch die Angabe des „Gewichts" (d.h. mit welchem Anteil trägt die entsprechende Oberwelle bei) erhält man das „Frequenz-Spektrum" der betrachteten Funktion.

Diesen Vorgang der spektralen Zerlegung nennt man „Fourier-Analyse", die Zusammensetzung der Funktion aus den Grund-/Oberwellen nennt man „Fourier-Synthese".

Dabei kann die Funktion sowohl eine zeitliche wie eine räumliche Abhängigkeit beschreiben; dies bedeutet beispielsweise:

$$\text{Funktion (Zeit)} \underset{\text{Fourier-Synthese}}{\overset{\text{Fourier-Analyse}}{\rightleftarrows}} \text{Funktion (Frequenz)}$$

Anmerkung: Auch nichtperiodische Signale lassen sich in ihre Fourier-Komponenten zerlegen; dies führt dann zu kontinuierlichen Spektren (vgl. Bd. 1).

Beispiele

a) Monochromatisches Licht ist Licht einer einzigen Frequenz ω_0.

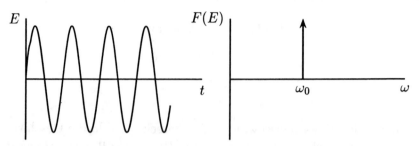

$F(E)$: Spektrale Verteilung

Dies ist mathematisch streng genommen nur möglich für eine zeitlich unbegrenzte Schwingung. In der physikalischen Wirklichkeit muß aber jede Schwingung einen Anfang und ein Ende haben, d.h. der Wellenzug ist zeitlich begrenzt.

Damit ist als Konsequenz verbunden, daß das zugehörige Spektrum aus mehr als nur einer Frequenz bestehen muß: Jede Beschneidung des Wellenzugs hat als Folge das Auftreten zusätzlicher Frequenzanteile.

b) Zerlegung einer Rechteck-Funktion $F(t)$:

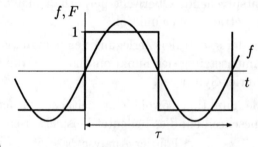

$f \sim \sin\left(\frac{2\pi}{\tau} \cdot t\right)$

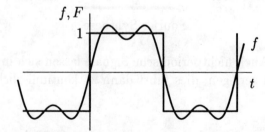

$f \sim \sin\left(\frac{2\pi}{\tau} \cdot t\right) + \frac{1}{3}\left(\frac{2\pi}{\tau} \cdot 3t\right)$

A.7 Ausbreitungsgeschwindigkeiten elektromagnetischer Wellen

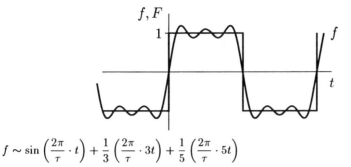

$$f \sim \sin\left(\frac{2\pi}{\tau} \cdot t\right) + \frac{1}{3}\left(\frac{2\pi}{\tau} \cdot 3t\right) + \frac{1}{5}\left(\frac{2\pi}{\tau} \cdot 5t\right)$$

Die Abbildung zeigt, daß durch Überlagerung harmonischer Funktionen eine Rechteckfunktion beliebig genau angenähert werden kann.

A.7.3 Signalübertragung

In einem streng monochromatischen Wellenzug steckt keine Information; Information ist erst dann enthalten, wenn sich an dem Wellenzug etwas verändert, z.B. indem er an- und ausgeschaltet wird (Pulsmodulation).

Erst durch diese Modulation der Wellenparameter (egal ob Amplitude, Frequenz oder Phase) kann also eine Information, ein Signal übertragen werden.

In jedem Fall ist damit nach dem vorigen Abschnitt eine mehr oder weniger große Anzahl von Frequenzen (diskrete oder kontinuierliche Verteilung) verbunden.

Da jedoch, wie in Abschnitt A.7.1 gezeigt, in dispersiven Medien (Brechzahl $n = n(\lambda)$) zu jeder Frequenz eine eigene Phasengeschwindigkeit gehört, stellt sich damit die Frage, mit welcher Geschwindigkeit sich nun das Signal (z.B. der Puls) fortbewegt, da er sich ja aus Anteilen unterschiedlicher Geschwindigkeit zusammensetzt.

A.7.4 Überlagerung von Wellen unterschiedlicher Frequenz: Schwebung

In diesem Abschnitt soll gezeigt werden, daß sich eine Pulsfolge in erster Näherung bereits durch Überlagerung zweier Wellen mit leicht unterschiedlicher Frequenz darstellen läßt. An Hand dieses vereinfachten Modells läßt sich dann die Geschwindigkeit ermitteln, mit der sich ein Signal ausbreitet.

Betrachten wir folgendes Modell: Zwei elektromagnetische Wellen haben gleiche Amplitude:

$$E_1(z,t) = E_0 \cos(\omega_1 t - k_1 z)$$
$$E_2(z,t) = E_0 \cos(\omega_2 t - k_2 z)$$

wobei gelten soll: $\omega_1 \approx \omega_2$ und $k_1 \approx k_2$, d.h.

$$\frac{\Delta k}{k_0} \ll 1 \quad \text{mit} \quad \Delta k = \frac{k_1 - k_2}{2} \quad \text{und} \quad k_0 = \frac{k_1 + k_2}{2}$$
$$\frac{\Delta \omega}{\omega_0} \ll 1 \quad \text{mit} \quad \Delta \omega = \frac{\omega_1 - \omega_2}{2} \quad \text{und} \quad \omega_0 = \frac{\omega_1 + \omega_2}{2}$$

Damit ergibt sich für die Überlagerung als Gesamtwelle:

$$E_G = E_0(\cos(\omega_1 t - k_1 z) + \cos(\omega_2 t - k_2 z))$$

Unter Ausnutzung der trigonometrischen Beziehung

$$\cos \alpha + \cos \beta = 2 \cos\left(\frac{\alpha + \beta}{2}\right) \cos\left(\frac{\alpha - \beta}{2}\right)$$

errhält man

$$E_G = 2 E_0 \cos\left(\frac{\omega_1 - \omega_2}{2} t - \frac{k_1 - k_2}{2} z\right) \cos\left(\frac{\omega_1 + \omega_2}{2} t - \frac{k_1 + k_2}{2} z\right)$$

und damit

$$E_G = 2 E_0 \cos(\omega_0 t - k_0 z) \cos(\Delta \omega t - \Delta k z)$$

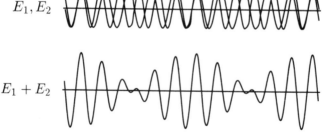

Dabei handelt es sich nun um eine Welle
– mit $w_0 (\approx w_1, w_2)$ und $k_0 (\approx k_1, k_2)$ (d.h. im wesentlichen gleich den Teilwellen)

A.7 Ausbreitungsgeschwindigkeiten elektromagnetischer Wellen

– deren Amplitude mit einer Cosinus-Funktion $(\Delta w, \Delta k)$ moduliert wird (auch „Einhüllende" genannt, siehe Abbildung).

Dazu gehören nun auch zwei Geschwindigkeiten, die sich analog zu Abschnitt A.7.1 ergeben:

a) die Phasengeschwindigkeit

$$v_P = \frac{\omega_0}{k_0}$$

mit der sich also Punkte konstanter Phase der Gesamtwelle ausbreiten,

b) die Gruppengeschwindigkeit

$$v_G = \frac{\Delta \omega}{\Delta k}$$

mit der sich die Punkte gleicher Amplitude (d.h. die Einhüllende) ausbreiten (vgl. Abschn. 1.3.5, Bd. 1).

Für kleiner werdende Unterschiede kann der Differenzenquotient durch den Differentialquotienten ersetzt werden

$$v_G = \frac{d\omega}{dk}$$

Dies ist also die Geschwindigkeit, mit der sich die Wellengruppen (-pakete, Pulse) (siehe Abbildung) und damit Signale ausbreiten.

Da

$$\omega = v_P k,$$

gilt

$$v_G = \frac{d\omega}{dk} = v_P + k \frac{dv_P}{dk}.$$

Für elektromagnetische Wellen, speziell Licht, gilt bekanntlich:

$$v_P = c_0/n$$

und damit

$$v_G = v_P + k \frac{d(c_0/n)}{dk} = v_P - k \frac{c_0}{n^2} \frac{dn}{dk}$$
$$= v_P \left(1 - \frac{k}{n} \frac{dn}{dk}\right).$$

Da weiterhin gilt:

$$k = 2\pi \frac{n}{\lambda} \rightarrow \frac{dk}{d\lambda} = -\frac{2\pi}{\lambda^2} n = -\frac{k}{\lambda},$$

$$\rightarrow dk = -\frac{k}{\lambda} d\lambda,$$

läßt sich die Gruppengeschwindigkeit auch schreiben:

$$v_G = v_P \cdot \left(1 + \frac{\lambda}{n}\frac{dn}{d\lambda}\right)$$

Dies bedeutet

- im dispersionsfreien Fall (z.B. im Vakuum) mit $dn/d\lambda = 0$, daß Phasen- und Gruppengeschwindigkeit gleich groß sind; alle spektralen Anteile bewegen sich mit der gleichen Geschwindigkeit (d.h. Einhüllende gleich schnell wie Trägerwelle) und damit bleibt das Wellenpaket in seiner Form erhalten
- im Fall, daß Dispersion vorliegt, d.h. $n(\lambda_1) \neq n(\lambda_2)$ und damit unterschiedliche Phasengeschwindigkeiten der Komponenten, ein Auseinanderlaufen des Wellenpakets, das sich mit $v_G < v_P$ (wg. $dn/d\lambda < 0$, normale Dispersion im optischen Bereich) fortbewegt.

An Hand dieser elementaren Herleitung kann also demonstriert werden, daß

- sich Signale mit einer anderen Geschwindigkeit (v_G) ausbreiten als monochromatische Wellen (v_P)
- im Fall einer Ausbreitung in einem dispersiven Medium ($n = n(\lambda)$) es zu einem Auseinanderlaufen (Verzerren) von Signalen kommt.

In der Literatur finden sich häufig Größen wie Gruppenlaufzeit und Gruppenbrechzahl, die sich einfach aus den obigen Beziehungen herleiten lassen.

A.8 Halbleiter-Grundlagen

A.8.1 Bändermodell

Aus den Grundlagenvorlesungen über Physik ist bekannt, daß sich die Elektronen eines Atoms auf festen, diskreten Bahnen, den Energieniveaus befinden. Dabei gilt das „Pauli-Prinzip", welches besagt, daß sich innerhalb eines abgeschlossenen Systems, z.B. einem Atom zwei Elektronen in mindestens einer Zustandsgröße, ausgedrückt durch

A.8 Halbleiter-Grundlagen

eine Quantenzahl, unterscheiden müssen. Diese Quantenzahl kann die „Nummer" der Elektronenbahn sein, der Bahndrehimpuls oder der Eigendrehimpuls des Elektrons (Spin). Das Pauli-Prinzip ist somit verantwortlich für den Schalenaufbau der Elektronenhülle.

Bringt man nun mehrere Atome zusammen, so nimmt durch die gegenseitige Beeinflussung (Wechselwirkung) die Zahl der Energieniveaus zu; dies umso mehr je größer die Dichte wird (Bild A.1).

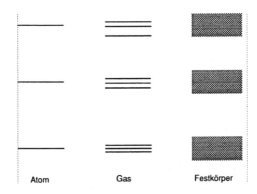

Bild A.1 Energieniveaus

Am größten ist diese Wechselwirkung bei Festkörpern, wo es dann nicht mehr sinnvoll ist, von einzelnen Energieniveaus zu sprechen. Hier werden dann die Niveaus zu sog. „Bändern" zusammengefaßt.

Für die hier interessierenden Eigenschaften der Festkörper sind nur die beiden obersten Energiebänder von Bedeutung: Valenzband (V) und Leitungsband (L).

Analog zum Schalenmodell beim Atom werden die Bänder von unten mit Elektronen gefüllt; das letzte vollständig gefüllte Band ist das Valenzband, das erste nicht oder teilweise gefüllte ist das Leitungsband.

Ausschlaggebend für die elektrische Leitfähigkeit eines Materials ist die Beweglichkeit der Ladungsträger: In einem gefüllten Band ist diese gleich Null, da keine freien Plätze vorhanden sind, die ein Ladungsträger einnehmen könnte. Ladungsträger in diesem Fall können sein:

– Elektronen
– Löcher, d.h. Stellen, an denen ein Elektron fehlt und die durch benachbarte Elektronen besetzt werden können. Dieses Wandern der Löcher ist gleichbedeutend mit dem Wandern einer positiven Ladung.

Je nach dem Füllungsgrad des Leitungsbands und dem Abstand E_G

zum darunterliegenden Valenzband unterscheidet man Isolatoren, Metalle und dazwischen Halbleiter (Bild A.2).

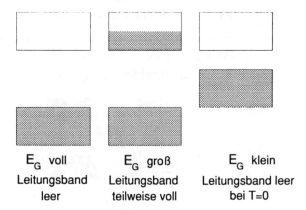

Bild A.2 Bändermodell für verschiedene Festkörper

Halbleiter sind bei tiefen Temperaturen Isolatoren und leiten mit zunehmender Temperatur den Strom immer besser. Grund für dieses Verhalten ist die Besetzungsdichte.

A.8.2 Besetzungsdichte

Die Besetzungsdichte $N(E)$ ist ein Maß für die Zahl der Elektronen mit einer bestimmten Energie E. Sie ist das Produkt zweier Faktoren (Bild A.3):

– Die Verteilungsfunktion, die die Wahrscheinlichkeit P angibt, daß sich ein Elektron bei vorgegebener Temperatur bei einer bestimmten

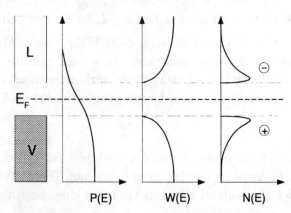

Bild A.3 Zur Entstehung der Besetzungsdichte $N(E)$

A.8 Halbleiter-Grundlagen

Energie findet. Für Elektronen gilt die sog. „Fermi-Dirac-Statistik"

$$P(E) = \frac{1}{1 + e^{\frac{E-E_F}{kT}}},$$

wobei E_F die sog. „Fermi-Energie" ist, bei der $P(E_F) = 0{,}5$. k ist die Boltzmannkonstante, T die absolute Temperatur in Kelvin.
– Die Zustandsdichte $W(E)$, die angibt, wieviele Energiezustände überhaupt möglich sind.

A.8.3 Materialien

Der bekannteste Halbleiter ist Silizium (Si), ein vierwertiges Element, d.h. es hat vier Elektronen in seiner äußersten Elektronenschale. Diese vier Elektronen teilt es im Kristall mit seinen vier nächsten Nachbarn um damit einen energetisch günstigeren Zustand einzunehmen.

Die elektrische Leitfähigkeit, die sich beim reinen Material zeigt, ist die „intrinsische" Leitfähigkeit. Durch Zugabe von bestimmten Stoffen – der „Dotierung" – läßt sich die Leitfähigkeit erhöhen:

– p-Dotierung: Zugabe von dreiwertigen Elementen, z.B. Aluminium (Al); diese binden ein Elektron der umgebenden Si-Atome und erzeugen damit ein Loch. Daher heißen diese Stoffe „Akzeptoren"; die überwiegende Anzahl von Ladungsträgern (daher Majoritäts-Ladungsträger) sind also Löcher.
– n-Dotierung: Zugabe von fünfwertigen Elementen, z.B. Phospor (P); diese geben ein Elektron an die Umgebung ab. Daher heißen diese Stoffe „Donatoren"; Majoritäts-Ladungsträger sind in diesem Fall die Elektronen.

Dadurch verschiebt sich im Fall der p-Dotierung die Fermienergie in die Nähe der Valenzbandkante (d.h. die Entstehung von Löchern wird erleichtert) und im Fall der n-Dotierung in die Nähe der Leitungsbandkante (d.h. der Übergang der Elektronen ins Leitungsband wird erleichtert).

Für die Optoelektronik von größter Bedeutung sind Mischhalbleiter aus drei- und fünfwertigen Elementen (III-V - Verbindungen) wie beispielsweise Gallium (III) und Arsen (V). Durch Mischen dieser Verbindungen läßt sich u.a. der Abstand zwischen Valenz- und Leitungsband (Bandlücke, bandgap) einstellen.

A.8.4 Der p-n-Übergang

Für die Anwendung von größter Bedeutung ist nun die Kombination von p- und n-dotiertem Material (Bild A.4).

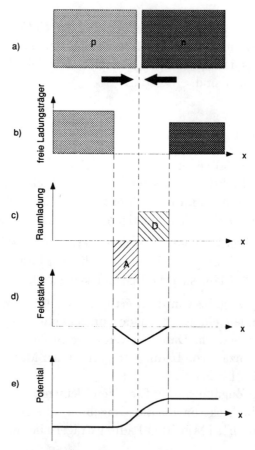

Bild A.4 Verhältnisse am pn-Übergang

Bringt man p- und n-Material zusammen, so wird ein Gleichgewichtszustand angestrebt (sichtbar an der gleichen Fermienergie): Auf Grund des Konzentrationsgefälles strömen die jeweiligen Majoritätsladungsträger über die Grenzschicht (den p-n-Übergang) in das jeweils andere Gebiet und werden dort zu Minoritätsladungsträgern. Als solche haben sie eine geringe Lebensdauer, d.h. Elektronen, die vom n- ins p-Gebiet diffundiert sind, fallen in ein Loch unter Abgabe von Energie; umgekehrt gilt dies für Löcher aus dem p-Gebiet. Diese Energie kann in Form eines Photons frei werden.

A.8 Halbleiter-Grundlagen

Dieser Diffusionsprozeß wird jedoch gebremst dadurch, daß die wegströmenden Ladungsträger nun Ionen hinterlassen, die, da fest im Kristall eingebaut, nicht beweglich sind. Somit baut sich auf der p-Seite auf Grund der zurückgebliebenen Akzeptoren eine negative Raumladung auf und auf der n-Seite wegen der dort sitzenden Donatoren eine positive Raumladung (Bild A.4c).

Diese Raumladungen führen zum Aufbau eines elektrischen Feldes E, das in seiner Wirkung der Diffusion entgegengerichtet ist (Bild A.4d). Damit ergibt sich die in Bild A.4e gezeigte Potentialverteilung.

Zur Erinnerung: Potential ist die Energie, die aufgebracht werden muß um eine positive Einheitsladung von $-\infty$ an den Ort x zu bringen. Für Elektronen ist daher der Potentialverlauf umgekehrt (Bild A.5).

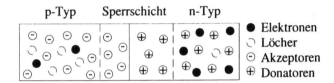

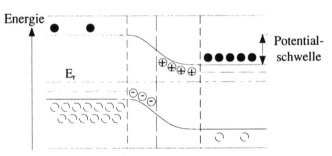

Bild A.5 Ladungsträger und Potentialverlauf am pn-Übergang

Am p-n-Übergang bildet sich damit ein Bereich aus, der überwiegend frei ist von beweglichen Ladungsträgern, die „Sperrschicht".

Löcher, die nun noch ins n-Gebiet strömen möchten, müssen diese Potentialschwelle überwinden. Dies kann geschehen durch Anlegen einer hinreichend hohen Spannung (in etwa der Potentialdifferenz), die so gepolt (Vorwärtsrichtung) ist, daß sie Löcher ins n-Gebiet drückt und Elektronen ins p-Gebiet: Es fließt Strom.

Bei umgedrehter Polarität (Sperrichtung) der angelegten Spannung wird die Potentialschwelle erhöht und damit die Sperrschicht vergrößert.

Damit ist also ein p-n-Übergang in seiner Wirkung eine Diode, welche den Strom in einer Richtung durchläßt, in der anderen hingegen sperrt.

A.9 Laser-Grundlagen

Das Wort „Laser " entsteht aus den Anfangsbuchstaben von

> **L**ight
> **A**mplification by
> **S**timulated
> **E**mision
> **R**adiation

also Lichtverstärkung durch stimulierte (auch: induzierte) Aussendung von Strahlung.

Induzierte Emission ihrerseits setzt eine Besetzungsinversion benachbarter Energieniveaus voraus, d.h. im höher gelegenen Niveau befinden sich mehr Elektronen als im tiefer gelegenen.

Dies ist jedoch kein stabiler Zustand, da physikalische Systeme immer danach streben, den niedrigst möglichen energetischen Zustand einzunehmen, im sog. „thermischen Gleichgewicht " mit der Umgebung zu sein.

In diesem Gleichgewicht sind nach Gesetzen der Thermodynamik die Energieniveaus E_i mit Elektronen besetzt, deren Zahl N_i sich aus der Boltzmannschen Verteilungsfunktion ergibt (Bild A.6a)

$$N_i \sim e^{-\frac{E_i}{kT}}$$

wobei k die Boltzmann-Konstante ($k = 1{,}38 \cdot 10^{-23}$ J/K) und T die absolute Temperatur in Kelvin ist.

Eine Besetzungsinversion läßt sich also nur durch Energiezufuhr von außen erreichen, das sog. „Pumpen". Die Inversion stellt sich leichter ein, wenn die Elektronen möglichst lang im oberen Niveau (sog. „metastabiles " Niveau) bleiben, während sie aus dem darunteiliegenden Niveau möglichst schnell in noch weiter unten liegende fallen.

In einem idealen 4-Niveausystem (Bild A.6b) laufen dann folgende Prozesse ab:

Elektronen im Grundzustand E_0 werden durch Energiezufuhr (z.B. Injektionsstrom, zweiter Laser) in ein möglichst breites Energie-Band

A.9 Laser-Grundlagen

E_3 gepumpt, von wo aus sie mit kurzer Verweilzeit in das obere Laserniveau (metastabil) gelagen. Nun befinden sich mehr Elektronen in E_2 als im darunterliegenden E_1, d.h. es liegt Besetzungsinversion vor, induzierte Emission kann stattfinden.

Aus dem unteren Laserniveau, wo sich die Elektronen möglichst nur kurz aufhalten sollen, gelangen die Elektronen zurück in den Grundzustand.

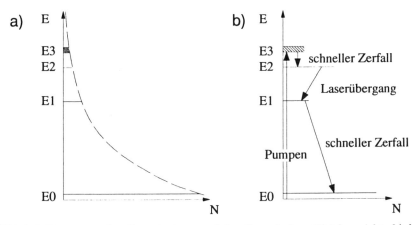

Bild A.6 Besetzung der Energieniveaus a) im thermischen Gleichgewicht, b) bei Besetzungsinversion zwischen E_1 und E_2

Damit ist die Voraussetzung gegeben für Lichtverstärkung innerhalb eines „aktiven" Bereichs, in dem Besetzungsinversion vorliegt. Die Verstärkung läßt sich noch beträchtlich erhöhen, wenn der Lichtstrahl durch Spiegel an den Enden des aktiven Bereichs zum mehrfachen Durchlaufen der Verstärkungzone gezwungen wird (Bild A.7).

Damit werden der Welle neue Randbedingungen aufgezwungen, die

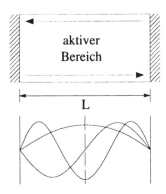

Bild A.7 Laserresonator

analog zum Lichtwellenleiter nur die Ausbreitung ganz bestimmter Wellen gestatten, die die Resonatorbedingung erfüllen

$$L = m \cdot \frac{\lambda}{2} \qquad m = 1, 2, 3 \ldots$$

Dies bedeutet, daß das abgestrahlte Licht in seiner Frequenz festgelegt ist durch

- die Verstärkungskurve, abhängig von E_1 und E_2
- die Resonatorlänge (Bild A.8)

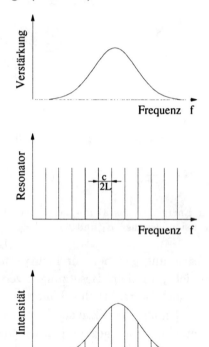

Bild A.8 Lasermoden

Aus der Resonatorbedingung ergibt sich

$$\lambda = \frac{2 \cdot L}{m},$$
$$f = \frac{c}{\lambda} = \frac{c}{2L} \cdot m,$$
$$\Delta f = f_{m+1} - f_m = \frac{c}{2L},$$

d.h. der Laser emittiert, festgelegt durch die obigen Bedingungen, Licht einer oder mehrerer äquidistanter Frequenzen.

A.10 Ergebnisse zu den Aufgaben

Aufgabe 4.1

$$Y = \begin{pmatrix} G_1 + G_3 & -G_3 \\ -G_3 & G_2 + G_3 \end{pmatrix}$$

$$Z = \frac{1}{R_1 + R_2 + R_3} \begin{pmatrix} R_1(R_2 + R_3) & R_1 R_2 \\ R_1 R_2 & R_2(R_1 + R_3) \end{pmatrix}$$

Aufgabe 4.2

$$Z = \frac{1}{R_1 + R_2 + R_3} \begin{pmatrix} R_1(R_2 + R_3) & -R_1 R_2 & -R_1 R_3 \\ -R_1 R_2 & R_2(R_1 + R_3) & -R_2 R_3 \\ -R_1 R_3 & -R_2 R_3 & R_3(R_1 + R_2) \end{pmatrix}$$

Aufgabe 4.3

a) $Y_K = \begin{pmatrix} 1 & 0 & 0 \\ 0 & 2 & 0 \\ 0 & 0 & 4 \end{pmatrix}$ S

b) $Y_R = \left(\begin{array}{ccc|c} 1 & 0 & 0 & -1 \\ 0 & 2 & 0 & -2 \\ 0 & 0 & 4 & -4 \\ \hline -1 & -2 & -4 & 7 \end{array} \right)$ S

c) $\widetilde{Y} = \frac{1}{7} \begin{pmatrix} 6 & -2 & -4 \\ -2 & 10 & -8 \\ -4 & -8 & 12 \end{pmatrix}$ S

Aufgabe 4.4

a) $Y_K = \left(\begin{array}{cc|c} Y+G_1 & -G_1 & -Y \\ -G_1 & G_1+G_2 & -G_2 \\ \hline -Y & -G_2 & Y+G_2+G_3 \end{array} \right)$

b) $\widetilde{Y} = \dfrac{1}{Y + G_2 + G_3}$

$\cdot \begin{pmatrix} G_1(Y+G_2+G_3)+Y(G_2+G_3) & -G_1(Y+G_2+G_3)-YG_2 \\ -G_1(Y+G_2+G_3)-YG_2 & G_1(Y+G_2+G_3)+G_2(Y+G_3) \end{pmatrix}$

Aufgabe 4.5

$U_2 = 2\,\text{V}$, $U_3 = 2{,}5\,\text{V}$, $I_1 = 3{,}5\,\text{A}$

Aufgabe 4.6

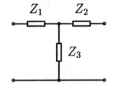

a) $Z_1 = Z_{e11} - Z_3$
$Z_2 = Z_{e21} - Z_3$
$Z_3 = [Z_{e21}(Z_{e11} - Z_{e1k})]^{1/2}$

b) $Z_{e2k} = Z_{e21} Z_{e1k}/Z_{e11}$

Aufgabe 4.7

$$\frac{U_2}{U_{01}} = \frac{-Y_{21}}{Y_{22} + 1/R}, \quad Y_{21} = \frac{\omega^2 C^2 R_1}{1 + j\omega 2CR_1} - \frac{1/R_2}{2 + j\omega CR_2}$$

$$Y_{22} = \frac{j\omega C - \omega^2 C^2 R_1}{1 + j\omega 2CR_1} + \frac{1/R_2 + j\omega C}{2 + j\omega CR_2}$$

Aufgabe 4.8

$$U_1 = \frac{U_{01}}{1 + \dfrac{5}{4}RY_{11} - \dfrac{9}{4}\dfrac{R^2 Y_{12} Y_{21}}{1 + 2RY_{22}}}$$

Aufgabe 4.9

a) $Y_K = \begin{pmatrix} 0 & 0 & 0 & -üg \\ 0 & 0 & 0 & ü^2g \\ 0 & 0 & 0 & üg \\ -üg & ü^2g & üg & 0 \end{pmatrix}$

b) $U_{14} = U_{13} + U_{34}$

$\begin{pmatrix} I_1 \\ I_2 \\ I_3 \\ 0 \end{pmatrix} = \underbrace{\begin{pmatrix} 0 & 0 & 0 & -üg \\ 0 & 0 & 0 & ü^2g \\ 0 & 0 & 0 & üg \\ -üg & ü^2g & 0 & 0 \end{pmatrix}}_{Y_{KT}} \begin{pmatrix} U_{13} \\ U_{24} \\ U_{34} \\ U_{24} \end{pmatrix}$

Aufgabe 4.10

a) $\widetilde{Y} = \begin{pmatrix} G & -G \\ -(S + G + \frac{S^2}{G+G_1}) & S + G + G_2 + \frac{S^2}{G+G_1} \end{pmatrix}$

b) $H_{U1} = -\dfrac{\widetilde{Y}_{21}}{\widetilde{Y}_{22}} = \dfrac{S^2 + (S+G)(G+G_1)}{S^2 + (S+G+G_2)(G+G_1)}$

c) $H_{U1} = \dfrac{\beta^2 + (\beta+1)(1+G_1/G)}{\beta^2 + (\beta+1+G_2/G)(1+G_1/G)} \approx 1$

d) $Y_{e1} = G(1 - H_{U1}) = \dfrac{G_2(1+G_1/G)}{\beta^2 + (\beta+1+G_2/G)(1+G_1/G)} \approx \dfrac{G_2}{\beta^2}$

Aufgabe 4.11

a)

```
1 ──[L/2]──┬──[L/2]── 2
           │
         [-L/4]
           │
           3
```

$Z_\mathrm{w} = \left(\dfrac{L}{C}\right)^{1/2}$

b) $\left.\begin{array}{l} P_1 = \dfrac{|U_1|^2}{Z_\mathrm{w}} \\[4pt] P_2 = \dfrac{|U_2|^2}{Z_\mathrm{w}} \end{array}\right\} \dfrac{|U_2|}{|U_1|} = 1$

Aufgabe 4.12

a) $Z_\mathrm{w} = \pm(Z_1 Z_2)^{1/2}$

b) $I_1 = U_0/(2R)$, $\quad U_1 = U_0/2$, $\quad U_2 = \dfrac{U_0}{2}\dfrac{Z_2 - Z_1}{Z_1 + Z_2 + 2R}$

$P_2 = \dfrac{|U_0|^2}{4R}\dfrac{|Z_2 - Z_1|^2}{|Z_1 + Z_2 + 2R|^2}$

Aufgabe 4.13

a) $R_1 = R_2 = Z_\mathrm{w}$, $\quad Z_\mathrm{w}^2 = Z_1 Z_2$

$Z_1 = Z_\mathrm{w}\dfrac{1 - S_{12}}{1 + S_{12}}, \quad Z_2 = Z_\mathrm{w}\dfrac{1 + S_{12}}{1 - S_{12}}$

b) $|S_{12}| \le 1$

Aufgabe 4.14

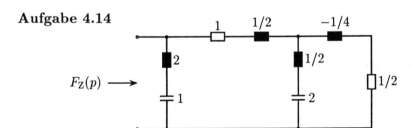

Wegen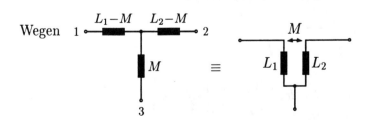

läßt sich obige Schaltung realisieren durch:

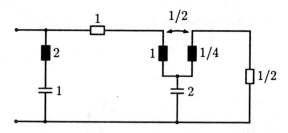

(fest gekoppelter Übertrager, da $k^2 = \frac{M^2}{L_1 L_2} = 1$)

Aufgabe 4.15

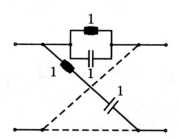

Aufgabe 4.16

a) $n = 2$

b) $S_{21}(j\Omega) = \dfrac{1}{1 - \Omega^2 + j\sqrt{2}\Omega}$

Aufgabe 4.17

$n_P = 11$, $n_T = 5$

Aufgabe 4.18

a)
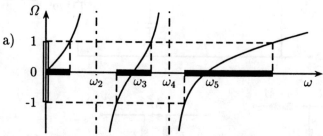

$$\Omega = h_\infty \frac{\omega(\omega_3^2 - \omega^2)(\omega_5^2 - \omega^2)}{(\omega_2^2 - \omega^2)(\omega_4^2 - \omega^2)}$$

A.10 Ergebnisse zu den Aufgaben   451

b) $p'L' = \left(h_\infty p + \dfrac{h_2 p}{p^2 + \omega_2^2} + \dfrac{h_4 p}{p^2 + \omega_4^2}\right) L'$

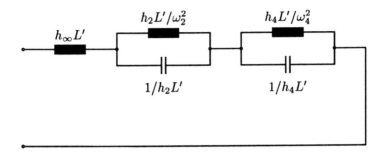

Aufgabe 4.19

$$\varepsilon = 0{,}1\,, \quad n = 2\,, \quad S_{11}(p) = \dfrac{\pm p^2}{p^2 + 2\sqrt{5}\,p + 10}$$

Die Darlington-Synthese liefert die normierten Tiefpässe:

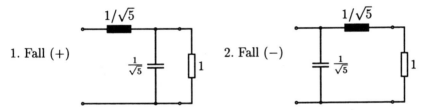

Durch Reaktanztransformation erhält man die entnormierten Schaltungen des frequenzreziproken Bandpasses:

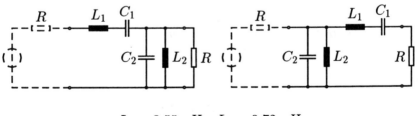

$$L_1 = 3{,}55\,\text{mH} \quad L_2 = 0{,}72\,\text{mH}$$
$$C_1 = 0{,}72\,\text{nF} \quad C_2 = 3{,}55\,\text{nF}$$

Aufgabe 4.20

Nicht kurzschlußstabil, leerlaufstabil

Aufgabe 4.21

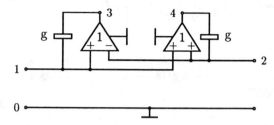

Aufgabe 4.22

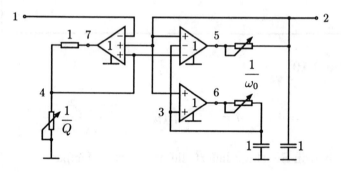

Aufgabe 4.23

$$H_B(p) = \frac{0{,}1109}{(p^2 + 0{,}4417p + 0{,}333)(p^2 + 1{,}0664p + 0{,}333)}$$

$$H(z) = \frac{0{,}026(1 + z^{-1})^4}{(1 - 0{,}752z^{-1} + 0{,}502z^{-2})(1 - 0{,}556z^{-1} + 0{,}111z^{-2})}$$

Aufgabe 4.24

$$H_{\text{III}}(e^{j\Omega}) = 2 \sum_{\mu=0}^{k-1} a_\mu \sin(k - \mu)\Omega \cdot e^{-j(k\Omega - \pi/2)}$$

Aufgabe 5.1

$Z_{\text{el}} = 0:$ $Z_2 = -jZ_w \tan \omega_0 l/c$, realisierbar durch eine

$$\text{Kapazität} \quad C = \frac{1}{\omega_0 Z_w \tan \omega_0 l/c}$$

$Z_{\text{el}} \to \infty:$ $Z_2 = jZ_w \cot \omega_0 l/c$, realisierbar durch eine

$$\text{Induktivität} \quad L = \frac{Z_w}{\omega_0 \tan \omega_0 l/c}$$

Aufgabe 5.2

a) Z_{w1} beliebig, $Z_{w2} = \sqrt{Z_{e1} R_2} = 150\,\Omega$
b) $Z_{e1} = R_2 = 300\,\Omega$

Aufgabe 5.3

a) $\dfrac{U_2}{U_{01}} = \dfrac{Z_w}{Z_1 + Z_w}\, e^{-\gamma l}$, $\left|\dfrac{U_x}{U_1}\right| = e^{-\alpha x}$

b) $U_{2l} = U_{01}\, e^{-\gamma l}$, $Z_i = Z_w$, $I_{2k} = \dfrac{U_{2l}}{Z_i}$

Aufgabe 5.4

a) $Z_{e1} \approx Z_w = 75\,\Omega$, $U_1 = U_{01} \dfrac{Z_{e1}}{R_1 + Z_{e1}}$, $|U_1| \approx 5{,}45\,\text{V}$

$I_1 = \dfrac{U_{01}}{R_1 + Z_{e1}}$, $|I_1| \approx 72{,}73\,\text{mA}$

b) Die Zahlenwerte ändern sich praktisch nicht.

Aufgabe 5.5

a) 1. $\dfrac{U_1}{U_{01}} = \dfrac{Z_{w2}}{Z_{w1} + Z_{w2}}$, 2. $\dfrac{U_1}{U_{01}} = \dfrac{Z_{w1}}{Z_{w1} + Z_{w2}}$

b) $a = 10\,\text{Np} \approx 86{,}86\,\text{dB}$

Aufgabe 5.6

a) $I_1 \approx 3{,}16\,\text{mA}$, $U_2 \approx -j1{,}89\,\text{V}$
b) $Z_w = \sqrt{R_1 R_2} \approx 141\,\Omega$

Aufgabe 5.7

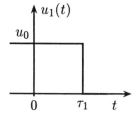
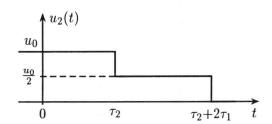

Aufgabe 5.8

a) $u_2(t) = \dfrac{3}{8} \sum_{n=0}^{\infty} \left(\dfrac{1}{4}\right)^n u_{01}[t - (2n+1)\tau]$

$u_1(t) = \dfrac{Z_w}{R + Z_w} u_{01}(t) + r u_2(t - \tau)$, $r = r_1 = r_2 = \dfrac{1}{2}$

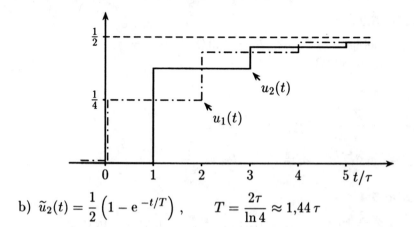

b) $\tilde{u}_2(t) = \dfrac{1}{2}\left(1 - e^{-t/T}\right)$, $\qquad T = \dfrac{2\tau}{\ln 4} \approx 1{,}44\,\tau$

Aufgabe 5.9

$$\dfrac{U_{11}}{U_{01}} = \dfrac{1}{2}, \qquad \dfrac{U_{12}}{U_{01}} = -\dfrac{j}{4}\sqrt{3}$$

$$\dfrac{U_{21}}{U_{01}} = \dfrac{1}{4}, \qquad \dfrac{U_{22}}{U_{01}} = 0 \qquad \text{(Richtkoppler)}$$

Aufgabe 5.10

$$u_{12/22}(t) = \dfrac{u_0}{4}(1 \pm 1) - \dfrac{3u_0}{64} \sum_{n=0}^{\infty} \left[4\left(\dfrac{1}{4}\right)^n \pm 5\left(\dfrac{1}{16}\right)^n\right] s\left[t - (2n+1)\tau\right]$$

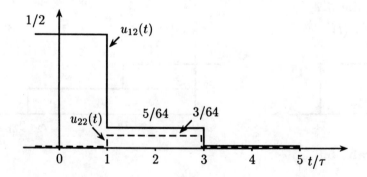

Aufgabe 5.11

$$H_{\mathrm{E}}(j\omega) = 1 - \varrho\, e^{-j\omega 2\tau_1}, \qquad \varrho = \dfrac{(Z_1 - Z_{\mathrm{w}1})(Z_2 - Z_{\mathrm{w}1})}{(Z_1 + Z_{\mathrm{w}1})(Z_2 + Z_{\mathrm{w}1})}$$

A.10 Ergebnisse zu den Aufgaben

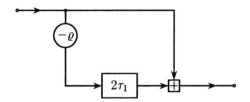

Aufgabe 5.12

$$H_{\mathrm{E}}(\mathrm{j}\omega) = \frac{1}{1 + a\,\mathrm{e}^{-\mathrm{j}\omega T}}$$

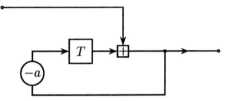

Aufgabe 6.1

a)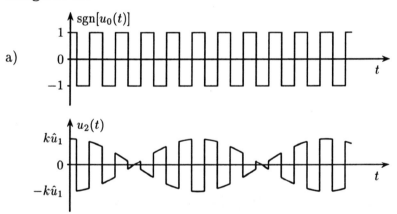

b) $U_2(\mathrm{j}\omega) = \dfrac{2k}{\pi} \displaystyle\sum_{n=0}^{\infty} \dfrac{(-1)^n}{2n+1} \left[U_1(\omega - (2n+1)\Omega_0) + U_1(\omega + (2n+1)\Omega_0)\right]$

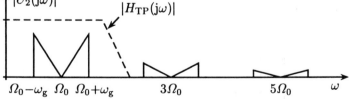

c) Durch Tiefpaßfilterung mit $H_{\mathrm{TP}}(\mathrm{j}\omega)$ erhält man aus $u_2(t)$ eine linear modulierte Schwingung $m_1(t)$.

Aufgabe 6.2

a) $m_2(t) = s_1(t)[\cos\phi + \cos(2\Omega_0 t + \phi)]/2$
$\pm [s_1(t) * h_H(t)][-\sin\phi + \sin(2\Omega_0 t + \phi)]/2$

b) $s_2(t) = \frac{1}{2}s_1(t)\cos\phi \mp \frac{1}{2}[s_1(t) * h_H(t)]\sin\phi$

$\circ\!\!-\!\!\bullet$

$S_2(j\omega) = \frac{1}{2}S_1(j\omega)\cos\phi \mp \frac{1}{2}S_1(j\omega)H_H(j\omega)\sin\phi$

c) $s_2(t) = \frac{1}{2}\hat{s}_1\cos(\omega_1 t \pm \phi)$

Aufgabe 6.3

a) $f_{ZF} = |f_M \pm f_0|$

b) $f_{01/2} = f_M \pm f_{ZF}$
Der Empfang der Spiegelfrequenzen kann durch einen Bandpaß am Empfängereingang unterdrückt werden.

c) $f_{ZF} \geq \frac{1}{2}(f_{0\max} - f_{0\min}) = 0{,}5\,\text{MHz}$

$f_{0\min} \pm f_{ZF} \leq f_M \leq f_{0\max} \pm f_{ZF}$

$B_{ZF} = 2f_g = 10\,\text{kHz}$

Aufgabe 6.4

a) $m_1(t) = A\sin(\Omega_0 t)\left[\text{rect}\left(\frac{t}{T}\right) * \sum_{n=-\infty}^{\infty}\delta(t-n2T)\right]$

$m_2(t) = m_1(t) + A\sin(2\Omega_0 t)\left[1 - \text{rect}\left(\frac{t}{T}\right) * \sum_{n=-\infty}^{\infty}\delta(t-n2T)\right]$

b) $M_1(j\omega) = \frac{\pi A}{2j}\sum_{n=-\infty}^{\infty}\text{si}\left(n\frac{\pi}{2}\right)[\delta(\omega-\Omega_0-n\Omega_0/4)-\delta(\omega+\Omega_0-n\Omega_0/4)]$

$$M_2(\mathrm{j}\omega) = M_1(\mathrm{j}\omega) + \frac{\pi A}{\mathrm{j}}[\delta(\omega - 2\Omega_0) - \delta(\omega + 2\Omega_0)]$$
$$- \frac{\pi A}{2\mathrm{j}} \sum_{n=-\infty}^{\infty} \mathrm{si}\left(n\frac{\pi}{2}\right)\left[\delta\left(\omega - 2\Omega_0 - \frac{n\Omega_0}{4}\right)\right.$$
$$\left. - \delta\left(\omega + 2\Omega_0 - n\frac{\Omega_0}{4}\right)\right]$$

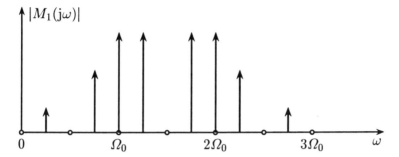

Aufgabe 6.5

$$m_1(t) \approx \cos(\Omega_0 t + \widehat{s}_1 \cos \omega_1 t) \Rightarrow \mathrm{PM}$$

Aufgabe 6.6

a)
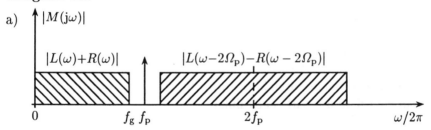

b)
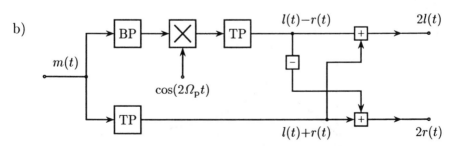

c) Die Pilotfrequenz f_p wurde so gewählt, daß keine hohen Anforderungen an die Flankensteilheiten der Trennfilter zu stellen sind.

Aufgabe 6.7

a) $SN_{\text{HF}} = \dfrac{A^2}{4S_0 B_{\text{HF}}}$

b) $SN_{\text{NF}} = \dfrac{A^2}{4S_0} \dfrac{\overline{s^2(t)}}{B_{\text{NF}}} = \dfrac{A^2}{4S_0} \dfrac{(\Delta\phi)^2}{2B_{\text{NF}}}$

c) $\dfrac{SN_{\text{NF}}}{SN_{\text{HF}}} = (\Delta\phi)^2 (\Delta\phi + 1)$

Aufgabe 6.8

a) $h(t) = \operatorname{rect}\left(\dfrac{t - T_a/2}{T_a}\right)$

b) $H(j\omega) = \dfrac{1}{j\omega}\left(1 - e^{-j\omega T_a}\right)$

$|H(j\omega)| = T_a \left|\operatorname{si}\left(\dfrac{\omega T_a}{2}\right)\right|$

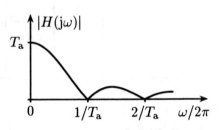

c) $H_E(j\omega) = j\omega \dfrac{1}{1 - e^{-j\omega T_a}} = F_1(j\omega) \dfrac{1}{1 - F_2(j\omega)}$

$F_1(j\omega) = j\omega$ (Differenzierer)

$F_2(j\omega) = e^{-j\omega T_a}$ (Verzögerungsglied)

Aufgabe 6.9

a) $W_{\text{bbip}} = \dfrac{1}{2} \operatorname{erfc}\left(\dfrac{P_{s1}}{2P_{n1}}\right)^{1/2}$

b) W_{bbip} erhält man durch horizontale Verschiebung des Verlaufes von W_b in Bild 6.30 um 6 dB nach links.

Aufgabe 6.10

a)

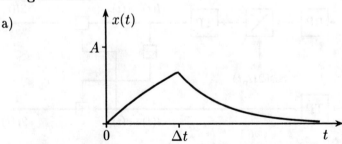

$$\max\{x(t)\} = x(t = \Delta t) = A\left(1 - e^{-\Delta t/T}\right)$$

b) $SN_1 = \dfrac{A^2 \left(1 - e^{-\Delta t/T}\right)^2}{S_0/2T}$

c) $T\left(1 - e^{-\Delta t/T}\right)^2$ wird maximal für $T \approx 0{,}8\,\Delta t$.
$SN_{1\,\text{max}} \approx 0{,}81\, SN_{1\,\text{opt}}$

Aufgabe 6.11

Die Faltung zweier si-Funktionen im Zeitbereich

$$f(t) = \text{si}(\pi t/\Delta t) * \text{si}(\pi t/\Delta t)$$

liefert im Frequenzbereich

$$F(j\omega) = \Delta t^2\, \text{rect}\left(\dfrac{\omega \Delta t}{2\pi}\right).$$

Hierzu gehört wiederum die Zeitfunktion

$$f(t) = \Delta t\, \text{si}(\pi t/\Delta t)$$

mit der Eigenschaft

$$f(n\Delta t) = \Delta t\, \text{si}(n\pi) = 0 \quad \text{für} \quad n \neq 0.$$

Aufgabe 6.12

a) $b = 7\,\text{bit}$, $10\,\lg SN_1\,\text{dB} \approx 18{,}3\,\text{dB}$

b) $B_{\text{PCM}} = 1{,}5\, b f_g = 42\,\text{kHz}$

Aufgabe 7.1

Verspiegeltes Rohr : 17%
Glasstab   : 92%

Aufgabe 7.2

A geeignet; $\Theta_{\text{max}} = \pm 14{,}1°$

B nicht geeignet

C geeignet; $\Theta_{\text{max}} = \pm 30{,}8°$

Aufgabe 7.3

Ansatz: $E_y(x,z,t) = f(x) \cdot e^{-j\beta_p \cdot z} \cdot e^{j\omega t}$ eingesetzt in Wellengleichung führt zur DGL

$$\frac{\partial^2 f(x)}{\partial x^2} - \gamma_p^2 \cdot f(x) = 0 \quad \text{mit} \quad \gamma_p^2 = \beta_p^2 - n_m \cdot k_0^2.$$

Die Lösung dieser DGL ist bekannt, so daß mit den Beziehungen

$$\beta_p = \beta \cdot \sin\alpha_p \quad \text{und} \quad \sin\alpha_g = \frac{n_m}{n_k}$$

das gewünschte Ergebnis erzielt wird.

Aufgabe 7.4

a) $v_p = \dfrac{c_0}{n} = 2{,}07 \cdot 10^8 \text{ m/s}$

b) $v_g = v_p \left(1 + \dfrac{\lambda}{n} \cdot \dfrac{\mathrm{d}n}{\mathrm{d}\lambda}\right) = 2{,}05 \cdot 10^8 \text{ m/s}$

Aufgabe 7.5

a) $\varnothing = 29\,\mu\text{m}$, b) $\varnothing = 4{,}7\,\mu\text{m}$, c) $n_m = 1{,}498$

Aufgabe 7.6

$R = 3\,\text{mm}$

Aufgabe 7.7

a) $\Delta T_{\text{Si}} = 45{,}7\,\text{ns}$, b) $\Delta T_{\text{Gl}} = 85\,\text{ps}$, c) $\Theta_{r=12,5} = \pm 10{,}3°$

Aufgabe 7.8

Gl. (7.44): $\Delta T_m = 0$ setzen. Dann: $\lambda = 1280\,\text{nm}$

Aufgabe 7.9

ca. 2%

Aufgabe 7.10

$\Delta T \leq 0{,}025\,\text{K}$

Aufgabe 7.11

a) $41\,\text{nA}$, b) $0{,}133\,\mu\text{W}$

Aufgabe 7.12

a) 4%, b) 16%

Aufgabe 7.13

a) 1,6 dB/km, b) 1,78 μW, c) 340 μW

Aufgabe 7.14

Analog Tab. 7.5.2: $\tau_{\text{sys}} = 46$ ns

Aufgabe 7.15

maximal 0,525 mW; minimal 0,43 mW

Aufgabe 7.16

8,5 m

Aufgabe 8.1

a)

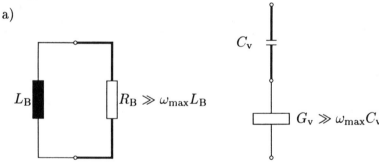

b) $\quad \mathbf{0} = \left(\underbrace{\begin{array}{ccc} 1 & 0 & 0 \\ 0 & 1 & 0 \\ 0 & 0 & 1 \end{array}}_{\mathbf{1}} \middle| \underbrace{\begin{array}{ccc} 1 & -1 & 0 \\ 0 & 1 & 1 \\ -1 & 0 & 0 \end{array}}_{\tilde{S}} \right) \begin{pmatrix} i_1 \\ i_2 \\ i_3 \\ -- \\ i_4 \\ i_5 \\ i_6 \end{pmatrix}$

$i_2 \leftarrow L_B$

$i_6 \leftarrow R_B$

vertauschen

Aufgabe 8.2

$$\begin{pmatrix} \dot{w} \\ s \\ y \end{pmatrix} = \begin{pmatrix} -1/R_1 & 1 & 0 \\ -1 & 0 & 1 \\ 1 & 0 & 0 \end{pmatrix} \begin{pmatrix} v \\ r \\ x \end{pmatrix}$$

$$v = w/C_1, \quad r = h(s)$$

Aufgabe 8.3

$$\dot{v} = G(v)^{-1}\dot{w}$$

$\dot{w} \longrightarrow \boxed{G^{-1}} \xrightarrow{\dot{v}} \boxed{\int} \xrightarrow{v}$

Aufgabe 8.4

a) $b_0 = 0:$ $\quad y(n) = \dfrac{3}{4}y(n-1) + \dfrac{1}{4}x(n-1)$

b) $b_0 = 1/2:$ $\quad y(n) = \dfrac{7}{9}y(n-1) + \dfrac{1}{9}[x(n) + x(n-1)]$

c) $b_0 = 1:$ $\quad y(n) = \dfrac{4}{5}y(n-1) + \dfrac{1}{5}x(n)$

t_n	0	$0{,}25T$	$0{,}5T$	$0{,}75T$	T	$1{,}25T$	$1{,}5T$	$1{,}75T$	$2T$
y_a	0	0,250	0,438	0,578	0,684	0,763	0,822	0,867	0,900
y_b	0,111	0,309	0,462	0,582	0,675	0,747	0,803	0,847	0,881
y_c	0,200	0,360	0,488	0,590	0,672	0,738	0,790	0,832	0,866
y_{ex}	0	0,221	0,393	0,528	0,632	0,713	0,777	0,826	0,865

Aufgabe 8.5

$$\delta(n) = \frac{1}{12}T_n^3 \ddot{f}(\Theta), \qquad t_{n-1} < \Theta < t_n$$

Aufgabe 8.6

$$\left| \frac{1 + 0{,}5T_n\lambda}{1 - 0{,}5T_n\lambda} \right| \leq 1$$

Aufgabe 8.7

a) Fixpunkt-Iteration:
$$s(m+1) = x_A - R_1 r(m)$$
$$r(m) = h[s(m)]$$

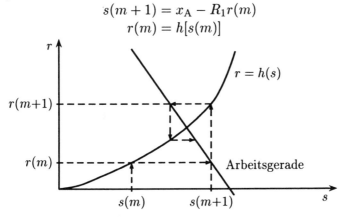

b) Newton-Iteration:
$$s(m+1) = x_A - R_1 r(m+1)$$
$$r(m+1) = r(m) + \left.\frac{dh}{ds}\right|_{s(m)} [s(m+1) - s(m)]$$

Aufgabe 8.8

a)
$$\boldsymbol{H} = \begin{pmatrix} 0 & \dfrac{\partial h_l}{\partial i_m} & \dfrac{\partial h_l}{\partial u_n} \\ \times & \times & \times \\ \times & \times & \times \end{pmatrix} \begin{matrix} l \\ m \\ n \end{matrix}$$

with column labels l, m, n.

b)

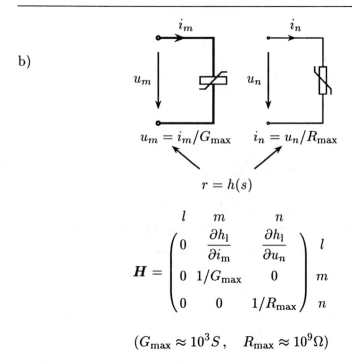

Aufgabe 8.9

$$w'(m+1) = w'(m) + G'(m)^{-1}\left[\widehat{v}' - v'(m)\right]$$
$$G'(m) = \left.\frac{\partial g'}{\partial w'}\right|_{w'=w'(m)}$$

Aufgabe 8.10

Sowohl im Normal- als auch im Inversbetrieb gilt mit der Substitution (8.92)

$$i_D^n = i_D^i = K_0(u_{GS} - U_{th})^2 - K_0(u_{GD} - U_{th})^2.$$

Hieraus folgt die Gültigkeit der Gln. (8.93) auch im Widerstandsbereich.

Aufgabe 8.11

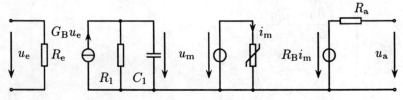

(R_1 wird nur für die DC-Analyse benötigt.)

$$u_m = \frac{G_B}{C_1} \int u_e(t)\,dt$$

$$i_m = \frac{A_0}{R_B} \sin\left[2\pi f_0 t + K_v \frac{C_1}{G_B} u_m\right]$$

Aufgabe 8.12

a) $\boldsymbol{Y}_w = c\boldsymbol{C}' = \dfrac{1}{2}\begin{pmatrix} Y_{wgl} + Y_{wgg} & Y_{wgl} - Y_{wgg} \\ Y_{wgl} - Y_{wgg} & Y_{wgl} + Y_{wgg} \end{pmatrix}$

b) $\boldsymbol{A} = \begin{pmatrix} 1 & 0 \\ 0 & 1 \end{pmatrix}$

$\boldsymbol{B} = \boldsymbol{Y}_w \tilde{\boldsymbol{Y}}_w^{-1} = \dfrac{1}{2Y_w}\begin{pmatrix} Y_{wgl} + Y_{wgg} & Y_{wgl} - Y_{wgg} \\ Y_{wgl} - Y_{wgg} & Y_{wgl} + Y_{wgg} \end{pmatrix}$

$B_{11} = B_{22} = \dfrac{Z_w}{2Z_{wgl}} + \dfrac{Z_w}{2Z_{wgg}}$

$B_{12} = B_{21} = \dfrac{Z_w}{2Z_{wgl}} - \dfrac{Z_w}{2Z_{wgg}}, \qquad Z_w = (Z_{wgl} Z_{wgg})^{1/2}$

c)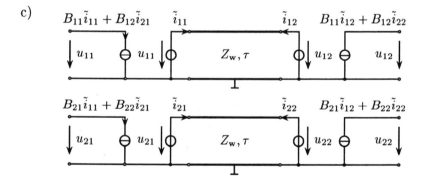

Literaturverzeichnis

[4.1] *Bosse, G.*: Grundlagen der Elektrotechnik, Bd. III. Bibliographisches Institut, Mannheim 1978

[4.2] *Desoer, C.A.; Kuh, E.S.*: Basic Circuit Theory. McGraw-Hill, New York 1969

[4.3] *Klein, W.*: Mehrtortheorie. Akademie, Berlin 1976

[4.4] *Klein, W.*: Vierpoltheorie. Bibliographisches Institut, Mannheim 1972

[4.5] *Lacroix, A.*: Digitale Filter. Eine Einführung in zeitdiskrete Signale und Systeme. Oldenbourg, München, Wien 1988

[4.6] *Lücker, R.*: Grundlagen digitaler Filter. Einführung in die Theorie linearer zeitdiskreter Systeme und Netzwerke. Springer, Berlin, Heidelberg 1985

[4.7] *Mitra, S.K.*: Analysis and Synthesis of Linear Active Networks. Wiley, New York 1969

[4.8] *Rupprecht, W.*: Netzwerksynthese. Springer, Berlin, Heidelberg 1972

[4.9] *Saal, R.*: Handbuch zum Filterentwurf. AEG, Frankfurt 1988

[4.10] *Schwarz, R.*: Zur Synthese linearer aktiver RC-Netzwerke durch Matrixerweiterung. AEÜ **41** [1987], 133–139

[4.11] *Unbehauen, R.*: Synthese elektrischer Netzwerke und Filter. Oldenbourg, München, Wien 1988

[4.12] *Wunsch, G.*: Theorie und Anwendung linearer Netzwerke, Teil I und II. Geest & Portig, Leipzig 1961 und 1964

[5.1] *Bosse, G.*: Grundlagen der Elektrotechnik, Bd. III. Bibliographisches Institut, Mannheim 1978

[5.2] *Hilberg, W.*: Impulse auf Leitungen. Oldenbourg, München, Wien 1981

[5.3] *Kammeyer, K.D.*: Nachrichtenübertragung. Teubner, Stuttgart 1992

[5.4]   *Küpfmüller, K.*: Einführung in die theoretische Elektrotechnik. Springer, Berlin, Heidelberg 1984

[5.5]   *Lüke, H.D.*: Signalübertragung. Grundlagen der digitalen und analogen Nachrichtenübertragungssysteme. Springer, Berlin, Heidelberg 1992

[5.6]   *Zinke, O.; Brunswig, H.*: Lehrbuch der Hochfrequenztechnik, Bd. I. Springer, Berlin, Heidelberg 1986

[6.1]   *Fritzsche, G.*: Informationsübertragung. Technik, Berlin 1977

[6.2]   *Herter, E.; Lörcher, W.*: Nachrichtentechnik. Hanser, München 1987

[6.3]   *Hölzler, E.; Holzwarth, H.*: Pulstechnik, Bd. I und II. Springer, Berlin, Heidelberg 1982 und 1984

[6.4]   *Kammeyer, K.D.*: Nachrichtenübertragung. Teubner, Stuttgart 1992

[6.5]   *Lüke, H.D.*: Signalübertragung. Grundlagen der digitalen und analogen Nachrichtenübertragungssysteme. Springer, Berlin, Heidelberg 1992

[6.6]   *Steinbuch, K.; Rupprecht, W.*: Nachrichtentechnik, Bd. II. Springer, Berlin, Heidelberg 1982

[6.7]   *Tröndle, K.; Weiß, R.*: Einführung in die Puls-Code-Modulation. Oldenbourg, München, Wien 1974

[6.8]   *Zinke, O.; Brunswig, H.*: Lehrbuch der Hochfrequenztechnik, Bd. II. Springer, Berlin, Heidelberg 1986

[7.1]   *Kersten, R.Th.*: Einführung in die Optische Nachrichtentechnik. Springer, Berlin, Heidelberg 1983

[7.2]   *Teich, M.; Saleh, B.*: Fundamentals of Photonics. Wiley, New York 1991

[7.3]   *Börner, M.; Trommer, G.*: Lichtwellenleiter. Teubner, Stuttgart 1989

[7.4]   *Geckeler, S.*: Lichtwellenleiter für die optische Nachrichtenübertragung. Springer, Berlin, Heidelberg 1988

[7.5]   *Lutzke, D.*: Lichtwellenleitertechnik. Pflaum, München 1986

[7.6]   *Barabas, U.*: Optische Signalübertragung. Oldenbourg, München, Wien 1993

[7.7] *Faßhauer, P.*: Optische Nachrichtensysteme. Hüthig, Heidelberg 1984

[7.8] *Lutz, E.; Tröndle, K.*: Systemtheorie der optischen Nachrichtentechnik. Oldenbourg, München, Wien 1983

[8.1] *Calahan, D.A.*: Rechnergestützter Schaltungsentwurf. Oldenbourg, München, Wien 1973

[8.2] *Chua, L.O.; Lin, P.M.*: Computer-aided analysis of electronic circuits. Prentice-Hall, Englewood Cliffs, NJ 1975

[8.3] *Connelly, J.A.; Choi, P.*: Macromodeling with SPICE. Prentice-Hall, Englewood Cliffs, NJ 1992

[8.4] *Höfer, E.E.E.; Nielinger, H.*: SPICE. Analyseprogramm für elektronische Schaltungen. Springer, Berlin, Heidelberg 1985

[8.5] *Horneber, E.-H.*: Simulation elektrischer Schaltungen auf dem Rechner. Springer, Berlin, Heidelberg 1980

[8.6] *Mellert, F.-T.*: Rechnergestützter Entwurf elektrischer Schaltungen. Oldenbourg, München, Wien 1981

[8.7] *Schwarz, R.*: Ein Modell für Mehrleitersysteme. ntz Archiv **9** [1987], 263–267

[8.8] *Schwarz, R.*: Analyse nichtlinearer Netzwerke im erweiterten Zustandsraum. Oldenbourg, München, Wien 1989

Sachverzeichnis

Abbruchkriterium 381
Ableitungsbelag 143
Abschlußleitwertmatrix 159
Absorption 274, 293
Abtastfrequenz 108, 218
Abzweigschaltung 68
AC-Analyse 389
Admittanz 63
Akzeptanzwinkel 245
Allpaß-Frequenztransformationen 118
Alternantenbedingung 125
AM, gewöhnliche 185
Amplitudenmodulation 182, 208
–, gewöhnliche 182
Amplitudentastung 182, 234
Analogrechnerstruktur 98
Anpassung 151
–, ausgangsseitige 153
–, eingangsseitige 153
Anpassungs-Wechselleistung 60
Antispiegelpolynom 120
Apertur, numerische 245
Arbeitsgerade 389
A-Stabilität 372
Augendiagramm 227
Ausbreitungsgeschwindigkeit 138, 140
Ausbreitungskonstante 247
Ausgangskennlinie 407

bandbegrenztes Spektrum 167
Bandbreite 338
Bandbreitedehnung 197
Bandkante 295
Bandlücke 295
Bandpaß 80
Bandpaßsignale 224
Bandsperre 80

Bandstruktur 295
Basiselemente 353
Baumfindungsalgorithmus 356
Baumkomplement 354
Besetzungsinversion 302
Besselfunktion 196
–, modifizierte 123
Betragsfrequenzgang 389
Betriebsreflexionsfaktor 61
Betriebsübertragungsfaktor 61
Betriebsübertragungsfunktion 59
Bezugsknoten 19
–, lokaler 21
Bezugspfeile, symmetrische 14
Bitfehlerhäufigkeit 333
Bitfehlerrate 330
Bitfehlerwahrscheinlichkeit 222
Bitrate 219
Brechung 242
Brechungsgesetz 242
Brechzahl 242
Brechzahlprofil 283
Breitband-FM 197
Brücken-T-Schaltung 73
Butterworth-TP 80

Carson-Bandbreite 197
Cauer-Realisierung, erste 68
–, zweite 69
Cauer-TP 81
Codewortfehler 227
Codierung 181
CU-Maschen 362
Cut-Off-Frequenz 267
CVD-Verfahren 269

Dämpfung 273
Dämpfungsbelag, komplexer 145
–, reeller 145
Dämpfungsverlauf 79

DBR-Laser 305
DC-Analyse 383
Deltamodulation 210, 217
Demodulation, kohärente 192
–, synchrone 192
DFB-Laser 305
Differenz-Pulscodemodulation 217
Diffusionskapazität 399
Digitalinverter 409
Diode 395
Diodenkennlinie, statische 396
Direktempfang 346
Dispersion 278
–, chromatische 279
Dispersionsrelation 253
Dreileitersystem 156, 159
–, symmetrisches 160
Dualwandler 149
Dualzahlencode 213
Durchlaßbereich 80

Ebers-Moll-Modell 400
Echoentzerrer 169
Echokompensation 174
Echomethode 169
Echosignale 155
Eckfrequenzen 90
Effektivwerte, komplexe 44
Eigenfrequenz 65
Eigeninterferenz 226
Eigenwertgleichung 412
Eindringtiefe 257
Einmoden 267
Einseitenband-AM 185, 187
Elemente, konzentrierte 13
Emission 293
–, induzierte 294
–, spontane 294
Empfindlichkeit 311
Empfindlichkeitseigenschaften 97
Energiebänder 295
Energieniveau 295
Entnormierung 90
Entzerrerkonzept, adaptives 171

Fabry-Perot-Laser 303
Faltungsprodukt 62, 107
Faserverstärker 342

Fehlanpassung 151
Fehler, lokaler 378
Fehlerquadrat, mittleres 171
Feld, evaneszentes 260
Fensterfunktionen 123
Fernnebensprechen 163
Filter-Forderungen 79
Filterkatalog 81, 112
Fixpunkt-Iteration 375
FM-Diskriminator 198
Fotodioden-Betrieb 314
Fotoelement-Betrieb 314
Fourier-Transformation, diskrete 127
Frequenz, normierte 80, 109
Frequenzabtastverfahren 127
Frequenzhub 195
Frequenzmodulation 182, 208
Frequenzmultiplextechnik 181, 192
Frequenznormierung 63
Frequenzumtastung 182, 234
Fresnel-Gleichungen 257
Funktion, positiv-reelle 67
Fusionsspleißen 327

Gabelschaltung 174
Gegeninduktivität 40
Gegentaktbetrieb 160
geränderte Leitwertmatrix 23
Gibbssches Phänomen 122
Gleichtaktbetrieb 160
Gleichung, charakteristische 264
Gradientenalgorithmus 172
Gradientenindex (GI)-Fasern 283
Großsignal-Stabilität 416
Großsignal-Übertragungskennlinie 407
Gruppengeschwindigkeit 255
Gummel-Poon-Modell 402
Gyrationswiderstand 47
Gyrator 47
–, idealer 47
Gyrator-C-Methode 97

Halbleitermodell 395
Halbwertsbreite 301, 307
Hall-Effekt 46
Heterostrukturen 297
HF-Leistung 203

Hilbert-Transformation 188, 233
Hilfspolynom 98
Hochpaß 80
Homostrukturen 297
Hüllkurve 181
–, komplexe 184
Hüllkurvendemodulation 192
Hüllkurvendetektor 204
Hurwitz-Polynom 64

Impedanz 63
Impedanztransformation 55
Impulsfahrplan 153
Impulsformfilter 229
Induktivitätsbelag 139
Induktivitätsbelagsmatrix 158
Interferenzbedingung 251
Inversbetrieb 402
Inzidenzmatrix 357
IR-Fasern, Werkstoffe 278
Iterationsfehler 380
Iterationsvorschrift, explizite 374
–, implizite 375

Jakobimatrix 376

Kaiser-Fenster 123
kanonisch 69
Kantenemitter 299
Kapazitätsbelag 139
Kapazitätsbelagsmatrix 158
Kausalität 167
Kehrlage 186
Kettenbepfeilung 32
Kettenbruchentwicklung 68
Kettenmatrix 32
– der verlustfreien Leitung 142
–, reziproke 33
Kettenschaltung 38
Kettenstruktur 97
Kleinsignalersatzschaltbild 52
Knoten 13
Knotenleitwertmatrix 21
–, reduzierte 28
Knotenpotential 20
Knotenpotentialverfahren 25
Kompandierung 216
Konsistenzordnung 371
Koppellänge 329

Koppelwirkungsgrad 321
Koppler 328
Kopplung, axiale 325
Kopplungsfaktor 40
Kopplungssymmetrie 32, 33
Kosinusfilter 170
Kreisfrequenz 247
Kunststoff-LWL 278
Kurzschluß-Eingangsadmittanz 18
Kurzschlußimpedanz 57
Kurzschluß-Kopplungsadmittanz 18
Kurzschlußstabilität 94
Kurzschluß-Stromübersetzung 33
Kurzschluß-Übertragungsadmittanz 18

Lambert-Strahler 300
Längssymmetrie 32
Laser, gewinngeführter 304
–, indexgeführter 304
Laserdiode 302
Laufzeit 152
Laufzeitdifferenz 285
Lawinenverstärkung 318
Least-Mean-Square-Algorithmus 174
Lebensdauer 293
Leerlauf-Eingangsimpedanz 16
Leerlaufimpedanz 57
Leerlauf-Kopplungsimpedanz 16
Leerlauf-Spannungsübersetzung 33
Leerlauf-Spannungsübertragungsfunktion 54, 97
Leerlaufstabilität 94
Leerlauf-Übertragungsimpedanz 16
Leistungsbilanz 338
Leitung, homogene 138
–, verzerrungsfrei 145
Leitung, verzerrungsfreie 146
Leitungsband 295
Leitungsbelag 411
Leitungsdiagramm 58
Leitungsgleichung 143
Leitungswellenwiderstand 141
Leitwert, gesteuerter 395
Leitwertgleichungen, transformierte 93
Leitwertmatrix 17
– des Zweitores 32

Leitwertmatrix, geränderte 23
–, transformierte 29
Lichtwellenleiter 241
–, planarer 271
lineare Mehrtore 14
LI-Schnittmengen 362
lokaler Bezugsknoten 21
Lumineszenz 296
LZI-System 13

Makromodell 391, 406
Maschengleichungen 355
Maschenmatrix 356
matched filter 223, 224, 237
Matrix, additiv erweiterte 101
–, multiplikativ erweiterte 99
–, reziproke 18
Maximum-Norm 379
Maxwellgleichungen 241
Maxwellsche Gleichungen 138
Mehrleitersystem 391
Mehrschrittverfahren, lineares 371
Mehrtore, lineare 14
–, quellenfreie 14
–, zeitinvariante 14
Meridionalstrahlen 262
Minimalreaktanzfunktion 70
Mittenwellenlänge 301
Mode 250
Modendispersion 278
Moden-Gleichgewichtsverteilung 282
Modengleichverteilung 281
Modenkonversion 275
Modenmischer 282
Modenmischung 282
Modenzahl 264
Modulation 181
–, lineare 182, 185
Modulationsindex 195
Momentanfrequenz 181
Monitordiode 331
Monomode 267
Mosfet 402, 405
Multiplex-Übertragung 180
Multiplikationsrauschen 333
Multiplizierer 394

Nebensprechen 156

Netzwerk 344
–, normales 362
Netzwerksynthese 13
Newton-Algorithmus 377, 385
Niveau, metastabiles 294
Normalbetrieb 402
Nyquistflanke 188
Nyquist-Kriterium 226, 238

Oberflächenstrahler 298
Operationsverstärker 407
Optik, integrierte 273
Oszillator, lokaler 347

Parallelreihenmatrix 33
Parallelreihenschaltung 37
Parallelschaltung 23, 37
Partialbruchdarstellung 66
Peltierelement 331
Phase, lineare 118
Phasenbelag 141, 145
Phasendiagramm 231
Phasenfrequenzgang 389
Phasengeschwindigkeit 246
Phasenhub 200
Phasenmodulation 182
Phasenregelkreis 198
Phasenumtastung 182
Photostrom 311
PIN-Diode 315
π-Schaltung 37
Plancksches Wirkungsquantum 293
Pol 13
Polpaar 14
Polynomvierpol 81
Positivdualübersetzer 47
positiv-reelle Funktion 67
Potenzansatz 82
Prädiktion 378
Primärsignal 155
Profilparameter 285
Pulsamplitudenmodulation 209
Pulscodemodulation 210
Pulsdauermodulation 209
Pulsphasenmodulation 209
Pulsverbreiterung 281

Quadraturfehler 371
Quadraturkomponenten 184

Quantenwirkungsgrad 301
Quantisierungsfehler 213, 219
Quantisierungsrauschen 214
quarternäre Bitfehlerwahrscheinlichkeit 231
– Bitrate 231
– Phasenumtastung 230
Quelle, gesteuerte 48
–, nichtlinear gesteuerte 392
–, unabhängige 48
quellenfreie Mehrtore 14

Randbedingungen 141
Raumladungszone 296
Rauschen, weißes 201
Rayleigh-Streuung 275
Reaktanzfunktion 65
Reduktionsformel 26
Reduktionsmethode 387
reduzierte Knotenleitwertmatrix 28
Regellage 186
Reihenparallelmatrix 33
Reihenparallelschaltung 37
Reihenschaltung 35
Rekombination, strahlende 295
Réméz-Algorithmus 125
Repeater 342
Residuen 66
Restseitenband-AM 188
reziproke Kettenmatrix 33
– Matrix 18
Richtkoppler 156
Ringmodulator 232
roll-off-Faktor 230

Schliffkoppler 329
Schmalband-FM 197
Schmalbandrauschen 201
Schmelzkoppler 329
Schnittmengengleichungen 354
Schnittmengenmatrix 355
Schrittweite, minimale 380
Schrotrauschen 333
Schwellstrom 306
Seitenband, oberes 185
–, unteres 185
Signal-/Rauschverhältnis 330
Signal-Rausch-Verhältnis 202

Signumfunktion 128
Singlemode 267
Spannungsquelle, beliebig gesteuerte 361
–, spannungsgesteuerte 49
–, stromgesteuerte 49
Spannungsübertragungsfunktion 58
Spannungsübertragungskennlinie 409
Sperrbereich 80
Sperrschicht 296
Sperrschichtfet 402, 405
Sperrschichtkapazität 398
Spiegelpolynom 120
Spline-Approximation 376, 410
Stabilität, absolute 94, 95, 97
Stereophonie-Übertragung 235
Stetigkeitsbedingung 153
Strahldichte 298
Strahlen, helische 262
Strahlenoptik 241
Streufaktor 41
Streugleichungen 61
Streumatrix 61
Streuung 274
Streuvariable 59
Stromquelle, spannungsgesteuerte 48
–, stromgesteuerte 49
Stufenindex (SI)-Fasern 283
Summierverstärker 101
symmetrische Bezugspfeile 14
Synchrondetektor 203
Synthese im Frequenzbereich 108
– – Zeitbereich 108
System, nichtrekursives 108
–, rekursives 108
–, verzerrungsfreies 167

Taper 324
Tastung 182
T-Ersatzschaltung 40
Tiefpaß 80
–, normierter 80
Tor 14
Totalreflexion 243
Trägerfrequenz 181
Trainingssequenz 172
TR-Analyse 383
Transformation, bilineare 110

Transformator 39
Transientverhalten 371
Transimpedanz-Verstärker 334
Trapezregel 372
Trennvierpol 36
T-Schaltung 36
Tschebyscheff-Approximation, gewichtete 125
Tschebyscheff-Filter 85
Tschebyscheff-TP 81

Übergangskapazität 399
Übergangsverhalten 371
Überlagerungsempfang 347
Überlagerungsempfänger 193, 234
Übersetzerzweitor 392
Übersetzungsverhältnis 41
Übertrager 36, 39
–, idealer 41
Übertragung, bipolare 237
–, unipolare 223
Übertragungsbandbreite 229
Übertragungsfunktion 63, 108, 331
Übertragungsmatrix 388
Übertragungssymmetrie 32, 33
Umrechnungsformeln der Streuvariablen 60
– – Zweitormatrizen 33
Unteranpassung 156

Valenzband 295
Verstärker, hochohmiger 334
–, optischer 342
Vierpol, echter 28
–, rückwirkungsfreier 49
Vierpoltheorie 30
vollständiger Baum 354
Vorform 270
V-Parameter 266

Wechsel des Bezugsknotens 23
Wechselleistung 60
Wechselleistung, reflektierte 60
Welle, ebene 246
–, kohärente 347
Wellendämpfungsmaß 58
Wellendurchgangsfaktor 153
Wellengleichung 140
Wellenlänge 138
Wellenlängenmultiplexbetrieb 344
Wellenlaufzeitmatrix 413
Wellenleiter, dielektrischer 256
Wellenleitwertmatrix 413
Wellenoptik 241
Wellenreflexionsfaktor 57, 150
Wellenübertragungsfaktor 58
Wellenwiderstand 56, 144
Wellenwiderstands-Anpassung 148
Wellenwiderstandsmatrix 158
Widerstand, gesteuerter 395
Widerstandsbelag 143
Widerstandsmatrix 16, 32
Widerstandsnormierung 63
Widerstandssymmetrie 32, 34
Winkelmodulation 182
Wirkleistung 43
Wirkungsgrad, optischer 301

X-Schaltung, symmetrische 29, 33, 34, 73

Zeilensummen-Norm 375
zeitinvariante Mehrtore 14
Zeitmultiplextechnik 181
Zener-Durchbruch 396
Zustand, angeregter 293
Zustandsbeschreibung, erweiterte 364
Zweipolfunktion 63
Zweipolnetzwerk 19
Zweiseitenband-AM 184
Zweitor, allgemeines 51
–, passives 59
–, umgedrehtes 34